수학 좀 한다면

디딤돌 초등수학 기본+응용 1-1

펴낸날 [개정판 1쇄] 2024년 7월 24일 | **펴낸이** 이기열 | **펴낸곳** (주)디딤돌 교육 | **주소** (03972) 서울특별시 마포구 월드컵북로 122 청원선와이즈타워 | **대표전화** 02-3142-9000 | **구입문의** 02-322-8451 | **내용문의** 02-323-9166 | **팩시밀리** 02-338-3231 | **홈페이지** www.didimdol.co.kr | **등록번호** 제10-718호 | 구입한 후에는 철회되지 않으며 잘못 인쇄된 책은 바꾸어 드립니다.

내 실력에 딱!
최상위로 가는 '맞춤 학습 플랜'

STEP 1 On-line

나에게 맞는 공부법은?
맞춤 학습 가이드를 만나요.

교재 선택부터 공부법까지! 디딤돌에서 제공하는 시기별 맞춤 학습 가이드를 통해 아이에게 맞는 학습 계획을 세워 주세요.
(학습 가이드는 디딤돌 학부모카페 '맘이가'를 통해 상시 공지합니다.
cafe.naver.com/didimdolmom)

STEP 2 Book

맞춤 학습 스케줄표
계획에 따라 공부해요.

교재에 첨부된 '맞춤 학습 스케줄표'에 맞춰 공부 목표를 달성합니다.

STEP 3 On-line

이럴 땐 이렇게!
'맞춤 Q&A'로 해결해요.

궁금하거나 모르는 문제가 있다면,
'맘이가' 카페를 통해 질문을 남겨 주세요.
디딤돌 수학쌤 및 선배맘님들이 친절히 답변해 드립니다.

STEP 4 Book

다음에는 뭐 풀지?
다음 교재를 추천받아요.

학습 결과에 따라 후속 학습에 사용할 교재를 제시해 드립니다.
(교재 마지막 페이지 수록)

★ 디딤돌 플래너 만나러 가기

디딤돌 초등수학 기본+응용 1-1

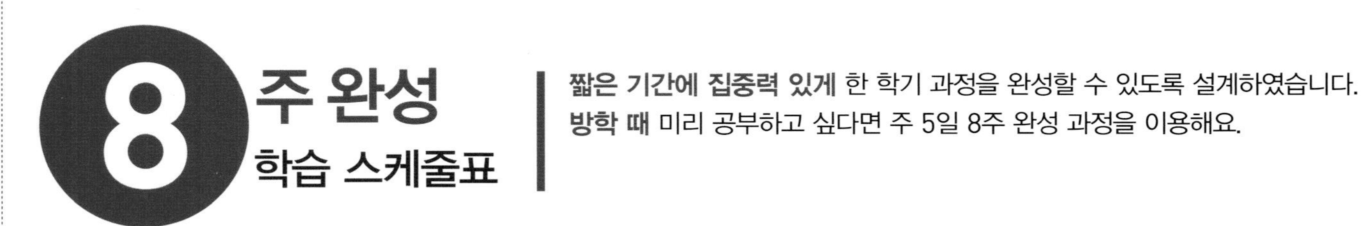

8 주 완성 학습 스케줄표

짧은 기간에 집중력 있게 한 학기 과정을 완성할 수 있도록 설계하였습니다.
방학 때 미리 공부하고 싶다면 주 5일 8주 완성 과정을 이용해요.

공부한 날짜를 쓰고 하루 분량 학습을 마친 후, 부모님께 확인 check ☑를 받으세요.

1 9까지의 수

1주					2주	
☐	☐	☐	☐	☐	☐	☐
월 일	월 일	월 일	월 일	월 일	월 일	월 일
8~11쪽	12~15쪽	16~19쪽	20~23쪽	24~27쪽	28~31쪽	32~34쪽

3 덧셈과 뺄셈

3주					4주	
☐	☐	☐	☐	☐	☐	☐
월 일	월 일	월 일	월 일	월 일	월 일	월 일
49~53쪽	54~56쪽	57~59쪽	62~65쪽	66~69쪽	70~73쪽	74~77쪽

4 비교하기

5주					6주	
☐	☐	☐	☐	☐	☐	☐
월 일	월 일	월 일	월 일	월 일	월 일	월 일
90~93쪽	94~97쪽	98~100쪽	101~103쪽	106~109쪽	110~113쪽	114~117쪽

5 50까지의 수

7주					8주	
☐	☐	☐	☐	☐	☐	☐
월 일	월 일	월 일	월 일	월 일	월 일	월 일
129~131쪽	134~137쪽	138~141쪽	142~145쪽	146~149쪽	150~153쪽	154~157쪽

MEMO

☐ 월 일	☐ 월 일	☐ 월 일
28~29쪽	30~31쪽	32~33쪽

☐ 월 일	☐ 월 일	☐ 월 일
54~55쪽	56~57쪽	58~59쪽

☐ 월 일	☐ 월 일	☐ 월 일
82~84쪽	85~87쪽	88~91쪽

고하기

☐ 월 일	☐ 월 일	☐ 월 일
110~113쪽	114~116쪽	117~119쪽

가지의 수

☐ 월 일	☐ 월 일	☐ 월 일
138~140쪽	141~142쪽	143~145쪽

☐ 월 일	☐ 월 일	☐ 월 일
162~163쪽	164~165쪽	166~167쪽

효과적인 수학 공부 비법

X 시켜서 억지로

O 내가 스스로

억지로 하는 일과 즐겁게 하는 일은 결과가 달라요.
목표를 가지고 스스로 즐기면 능률이 배가 돼요.

X 가끔 한꺼번에

O 매일매일 꾸준히

급하게 쌓은 실력은 무너지기 쉬워요.
조금씩이라도 매일매일 단단하게 실력을 쌓아가요.

X 정답을 몰래

O 개념을 꼼꼼히

모든 문제는 개념을 바탕으로 출제돼요.
쉽게 풀리지 않을 땐, 개념을 펼쳐 봐요.

X 채점하면 끝

O 틀린 문제는 다시

왜 틀렸는지 알아야 다시 틀리지 않겠죠?
틀린 문제와 어림짐작으로 맞힌 문제는
꼭 다시 풀어 봐요.

디딤돌 초등수학 기본+응용 1-1

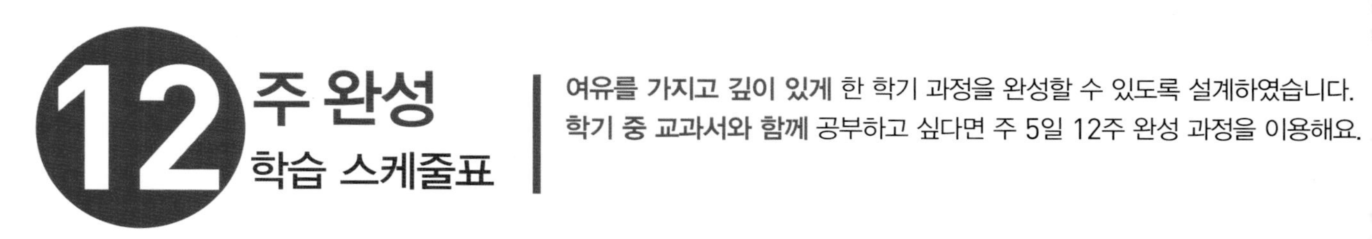

12 주 완성
학습 스케줄표
여유를 가지고 깊이 있게 한 학기 과정을 완성할 수 있도록 설계하였습니다.
학기 중 교과서와 함께 공부하고 싶다면 주 5일 12주 완성 과정을 이용해요.

공부한 날짜를 쓰고 하루 분량 학습을 마친 후, 부모님께 확인 check ☑를 받으세요.

1주 (1 9까지의 수)					2주	
☐ 월 일	☐ 월 일	☐ 월 일	☐ 월 일	☐ 월 일	☐ 월 일	☐ 월 일
8~11쪽	12~14쪽	15~16쪽	17~19쪽	20~23쪽	24~25쪽	26~27쪽
3주		(2 여러 가지 모양)			4주	
☐ 월 일	☐ 월 일	☐ 월 일	☐ 월 일	☐ 월 일	☐ 월 일	☐ 월 일
34~35쪽	36~37쪽	40~43쪽	44~46쪽	47~49쪽	50~51쪽	52~53쪽
5주 (3 덧셈과 뺄셈)					6주	
☐ 월 일	☐ 월 일	☐ 월 일	☐ 월 일	☐ 월 일	☐ 월 일	☐ 월 일
62~65쪽	66~68쪽	69~70쪽	71~73쪽	74~76쪽	77~78쪽	79~81쪽
7주					8주	(4 비)
☐ 월 일	☐ 월 일	☐ 월 일	☐ 월 일	☐ 월 일	☐ 월 일	☐ 월 일
92~93쪽	94~95쪽	96~97쪽	98~99쪽	100~101쪽	102~103쪽	106~109쪽
9주					10주	(5 50)
☐ 월 일	☐ 월 일	☐ 월 일	☐ 월 일	☐ 월 일	☐ 월 일	☐ 월 일
120~121쪽	122~123쪽	124~125쪽	126~127쪽	128~129쪽	130~131쪽	134~137쪽
11주					12주	
☐ 월 일	☐ 월 일	☐ 월 일	☐ 월 일	☐ 월 일	☐ 월 일	☐ 월 일
146~148쪽	149~151쪽	152~153쪽	154~155쪽	156~157쪽	158~159쪽	160~161쪽

	2 여러 가지 모양	
☐ 월 일 35~37쪽	☐ 월 일 40~43쪽	☐ 월 일 44~48쪽

☐ 월 일 78~81쪽	☐ 월 일 82~85쪽	☐ 월 일 86~89쪽

☐ 월 일 118~121쪽	☐ 월 일 122~125쪽	☐ 월 일 126~128쪽

☐ 월 일 158~161쪽	☐ 월 일 162~164쪽	☐ 월 일 165~167쪽

효과적인 수학 공부 비법

시켜서 억지로

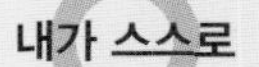

내가 스스로

억지로 하는 일과 즐겁게 하는 일은 결과가 달라요.
목표를 가지고 스스로 즐기면 능률이 배가 돼요.

가끔 한꺼번에

매일매일 꾸준히

급하게 쌓은 실력은 무너지기 쉬워요.
조금씩이라도 매일매일 단단하게 실력을 쌓아가요.

정답을 몰래

개념을 꼼꼼히

모든 문제는 개념을 바탕으로 출제돼요.
쉽게 풀리지 않을 땐, 개념을 펼쳐 봐요.

채점하면 끝

틀린 문제는 다시

왜 틀렸는지 알아야 다시 틀리지 않겠죠?
틀린 문제와 어림짐작으로 맞힌 문제는
꼭 다시 풀어 봐요.

수학 좀 한다면 디딤돌

초등수학 기본+응용

상위권으로 가는 **응용심화 학습서**

1-1

기본부터 실력까지 한 권으로 끝내는 공부 전략!

1 한 권에 보이는 개념 정리로 개념 이해!

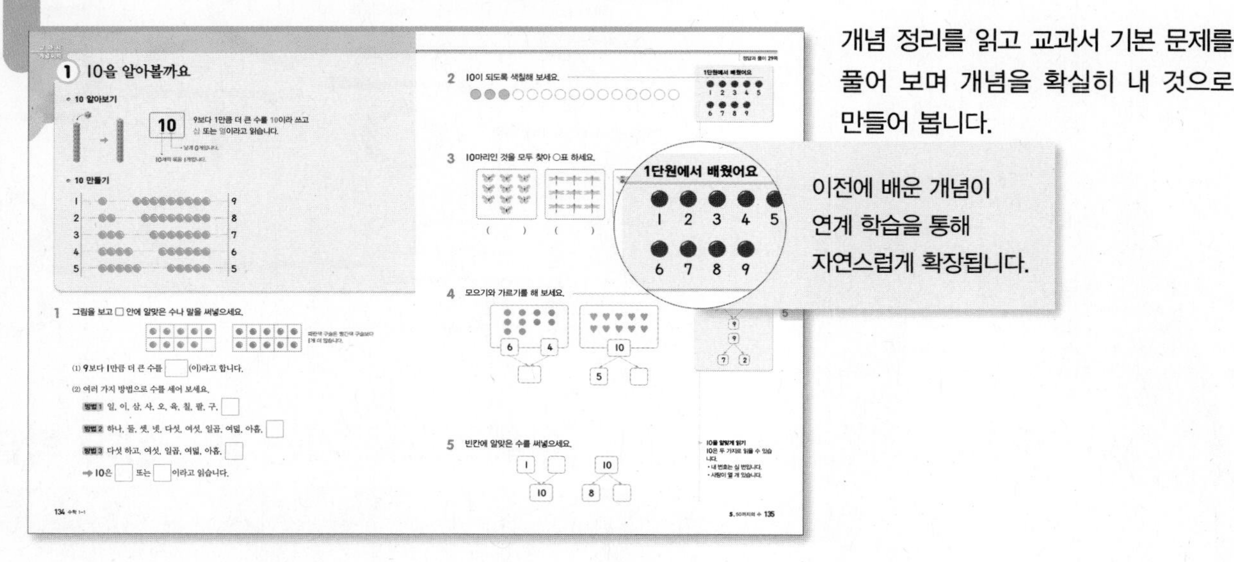

개념 정리를 읽고 교과서 기본 문제를 풀어 보며 개념을 확실히 내 것으로 만들어 봅니다.

2 개념 대표 문제로 개념 확인!

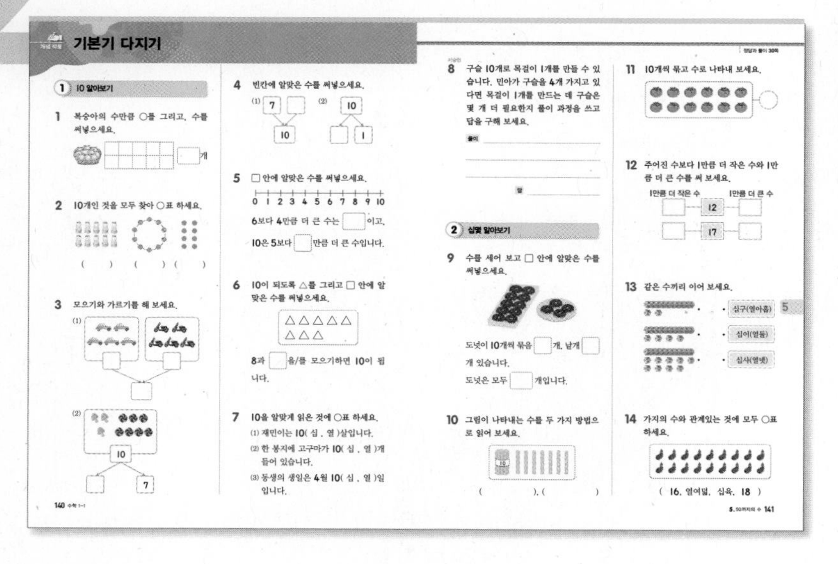

개념별 집중 문제로 교과서, 익힘책은 물론 서술형 문제까지 기본기에 필요한 모든 문제를 풀어 봅니다.

3 응용 문제로 실력 완성!

응용력 기르기

정답과 풀이 19쪽

심화유형 3 나누어 가지는 방법의 수 구하기

연필이 5자루 있습니다. 지은이와 민정이가 이 연필을 모두 나누어 가지는 데 각각 적어도 1자루씩은 가지려고 합니다. 나누어 가지는 방법은 모두 몇 가지인지 구해 보세요.

( )

핵심 NOTE • 하나의 수를 두 수로 가르기하는 것을 이용합니다.

3-1 사탕이 6개 있습니다. 민주와 정호가 이 사탕을 모두 나누어 가지는 데 각각 적어도 1개씩은 가지려고 합니다. 나누어 가지는 방법은 모두 몇 가지인지 구해 보세요.

( )

3-2 클립이 8개 있습니다. 서아와 형우가 이 클립을 모두 나누어 가지는 데 각각 적어도 1개씩은 가지려고 합니다. 서아가 형우보다 더 많이 가지는 방법은 모두 몇 가지인지 구해 보세요.

( )

심화유형 4 덧셈식과 뺄셈식 만들기

5장의 수 카드 중에서 2장을 골라 차가 가장 큰 뺄셈식을 만들어 계산해 보세요.

7 4 3 2 6

□-□=□

1단계 차가 가장 큰 뺄셈식을 만들 수 있는 수 카드 2장 고르기

2단계 차가 가장 큰 뺄셈식 만들기

핵심 NOTE 1단계 어떤 경우에 차가 가장 큰지 생각해 봅니다.
2단계 가장 큰 수에서 가장 작은 수를 뺄 때 차가 가장 큰 뺄셈식이 만들어집니다.

4-1 5장의 수 카드 중에서 2장을 골라 차가 가장 큰 뺄셈식을 만들어 계산해 보세요.

4 1 2 5 8

□-□=□

4-2 5장의 수 카드 중에서 2장을 골라 합이 가장 큰 덧셈식과 차가 가장 큰 뺄셈식을 각각 만들어 계산해 보세요.

2 1 3 5 4

덧셈식 □+□=□

뺄셈식 □-□=□

96 수학 1-1 / 3. 덧셈과 뺄셈 97

심화유형 4 덧셈식과 뺄셈식 만들기

5장의 수 카드 중에서 2장을 골라 차가 가장 큰 뺄셈식을 만들어 계산해 보세요.

7 4 3 2 6

단원별 대표 응용 문제를 풀어 보며 실력을 완성해 봅니다.

한 단계 더 나아간 심화 문제를 풀어 보며 문제 해결력을 완성해 봅니다.

4 단원 평가로 실력 점검!

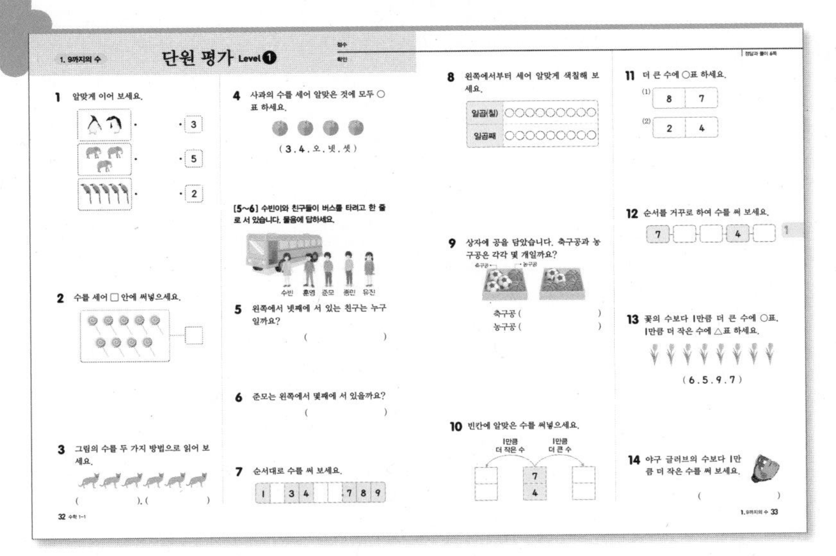

1. 9까지의 수
단원 평가 Level ❶
1 알맞게 이어 보세요.
2 수를 세어 □ 안에 써넣으세요.
3 그림의 수를 두 가지 방법으로 읽어 보세요.
4 사과의 수를 세어 알맞은 것에 모두 ○표 하세요.
(3, 4, 오, 넷, 셋)
[5~6] 수빈이와 친구들이 버스를 타려고 한 줄로 서 있습니다. 물음에 답하세요.
5 왼쪽에서 넷째에 서 있는 친구는 누구일까요?
6 준모는 왼쪽에서 몇째에 서 있을까요?
7 순서대로 수를 써 보세요.
8 왼쪽에서부터 세어 알맞게 색칠해 보세요.
일곱(칠)
일곱째
9 상자에 공을 담았습니다. 축구공과 농구공은 각각 몇 개일까요?
축구공 ( )
농구공 ( )
10 빈칸에 알맞은 수를 써넣으세요.
1만큼 더 작은 수
1만큼 더 큰 수
11 더 큰 수에 ○표 하세요.
12 순서를 거꾸로 하여 수를 써 보세요.
13 꽃의 수보다 1만큼 더 큰 수에 ○표, 1만큼 더 작은 수에 △표 하세요.
(6, 5, 9, 7)
14 야구 글러브의 수보다 1만큼 더 작은 수를 써 보세요.
32 수학 1-1
1. 9까지의 수 33

공부한 내용을 마무리하며 틀린 문제나 헷갈렸던 문제는 반드시 개념을 살펴 봅니다.

이 책의 **차례**

1 9까지의 수

구슬이 하나, 둘, 셋, 넷, ...

마지막까지 세면 구슬이 몇 개인지 알 수 있어!

수는 양과 순서를 모두 나타낼 수 있어!

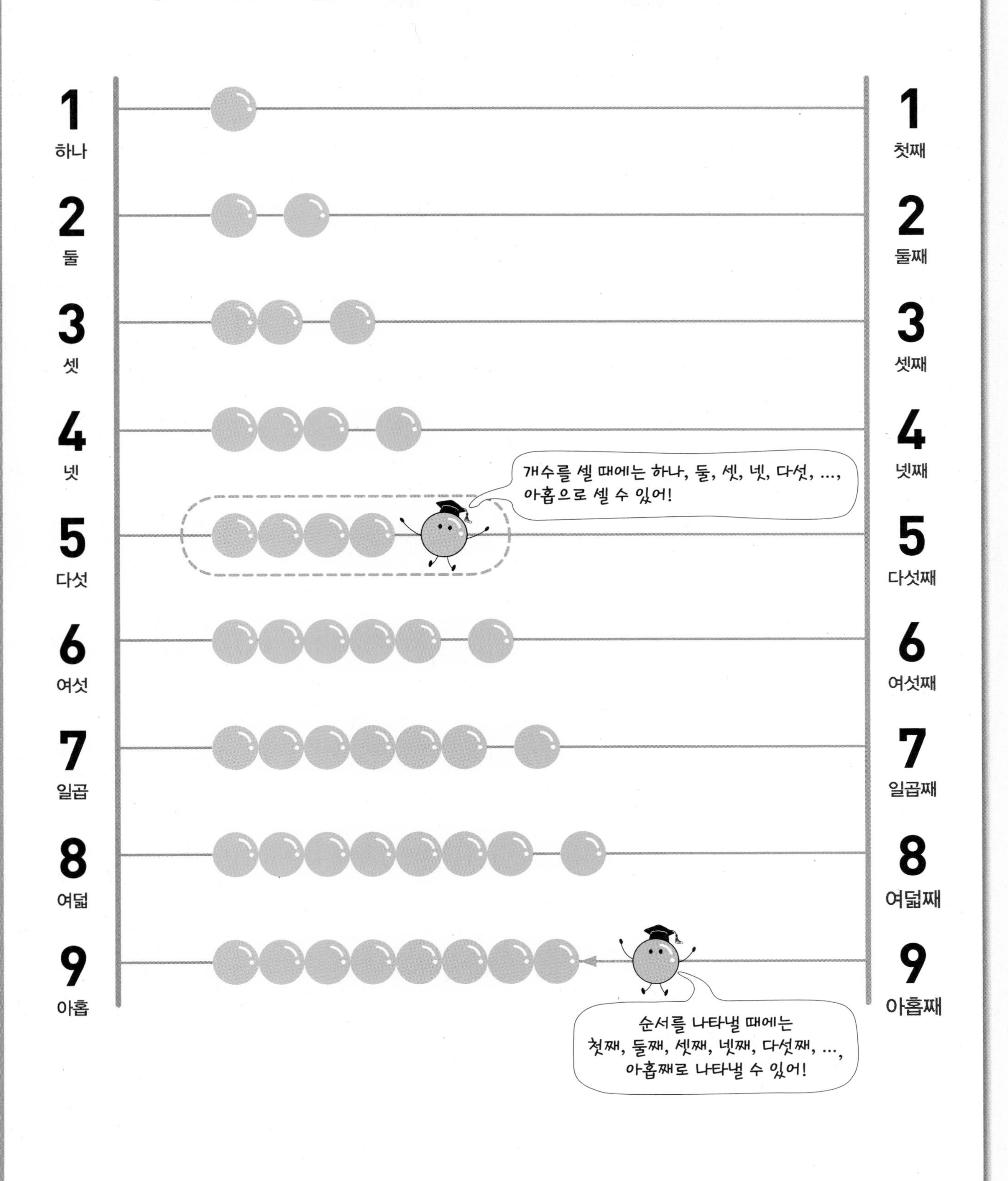

1 1, 2, 3, 4, 5를 알아볼까요

- **1, 2, 3, 4, 5 알아보기**

		수	읽기		쓰기
🍉	●	1	하나	일	①1
🍊🍊	●●	2	둘	이	①2
🍎🍎🍎	●●●	3	셋	삼	①3
🍓🍓🍓🍓	●●●●	4	넷	사	①4②
🍒🍒🍒🍒🍒	●●●●●	5	다섯	오	①5②

1 그림을 보고 수만큼 ◌를 색칠하고, 수를 써넣으세요.

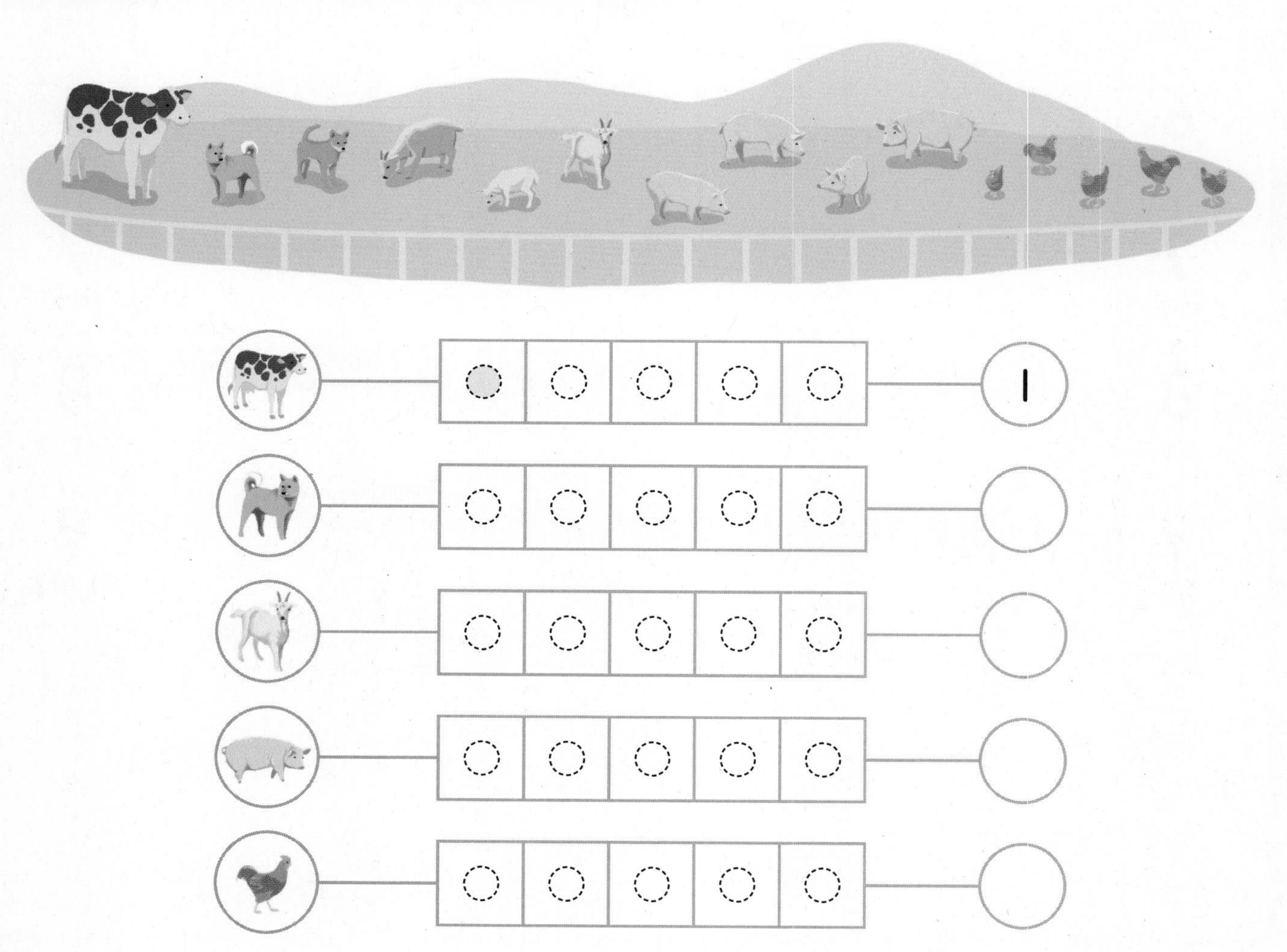

2 수를 세어 알맞은 수에 ○표 하세요.

(1)

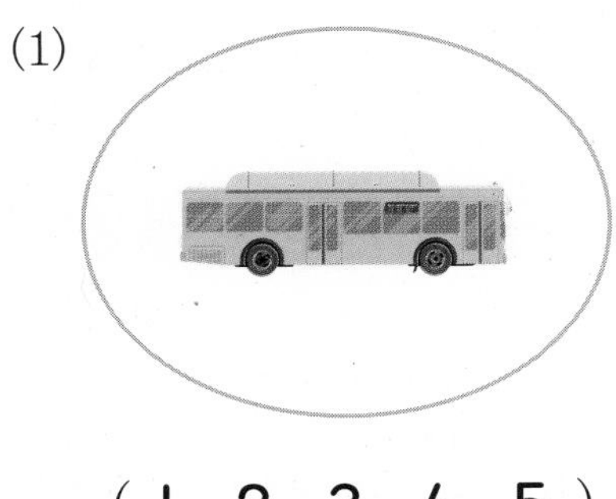

(1 , 2 , 3 , 4 , 5)

(2)

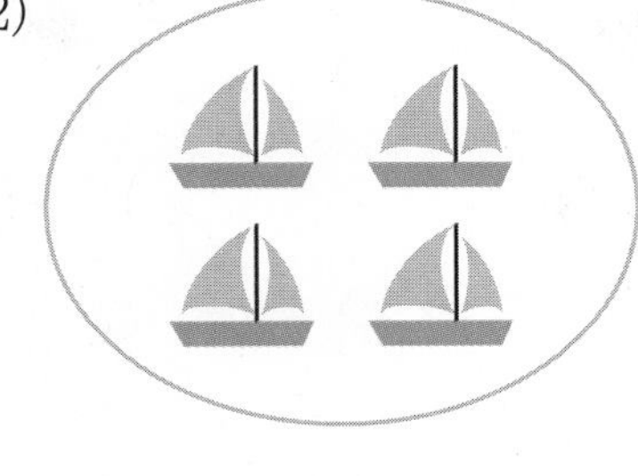

(1 , 2 , 3 , 4 , 5)

▶ 물건을 셀 때 하나, 둘, 셋, 넷, 다섯으로 세었더라도 수로는 1, 2, 3, 4, 5로 씁니다.

3 수를 세어 □ 안에 알맞은 수를 써넣으세요.

(1)

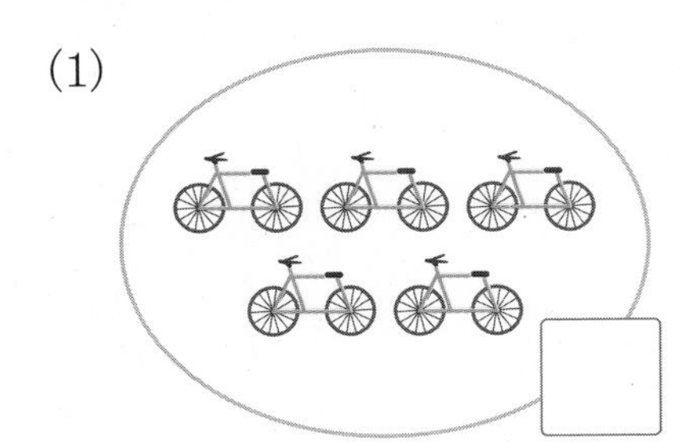

□

(2)

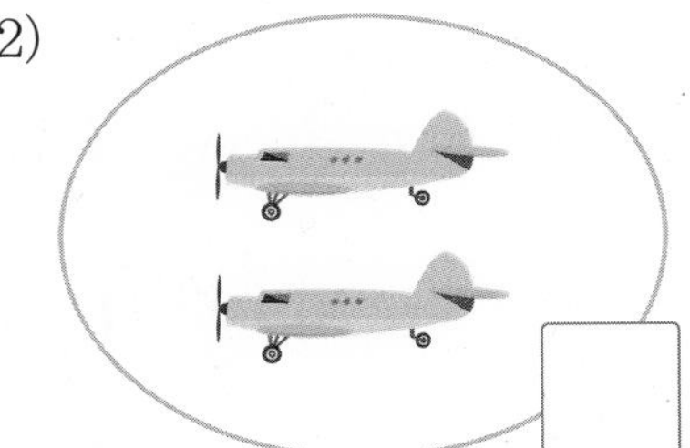

□

▶ 수는 위에서 아래로, 왼쪽에서 오른쪽으로 씁니다.

4 알맞은 수에 ○표 하고 이어 보세요.

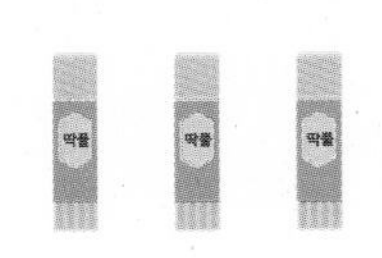

1 2 3 4 5	•	•	하나(일)

1 2 3 4 5	•	•	넷(사)

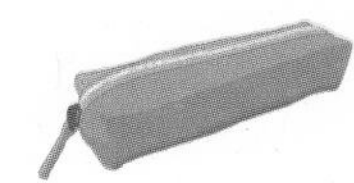

1 2 3 4 5	•	•	셋(삼)

1 2 3 4 5	•	•	다섯(오)

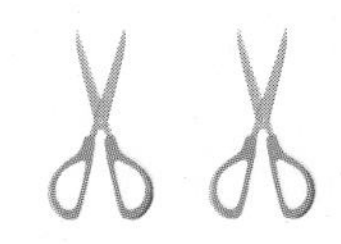

1 2 3 4 5	•	•	둘(이)

▶ 개수를 세어 읽을 때에는 하나, 둘, 셋, ...이고 순서나 번호를 세어 읽을 때에는 일, 이, 삼, ...입니다.

2 6, 7, 8, 9를 알아볼까요

● **6, 7, 8, 9 알아보기**

		수	읽기		쓰기
호박 6개	●●●●● ●	6	여섯	육	6
피망 7개	●●●●● ●●	7	일곱	칠	7
당근 8개	●●●●● ●●●	8	여덟	팔	8
오이 9개	●●●●● ●●●●	9	아홉	구	9

1 그림을 보고 수만큼 ◌를 색칠하고, 수를 써넣으세요.

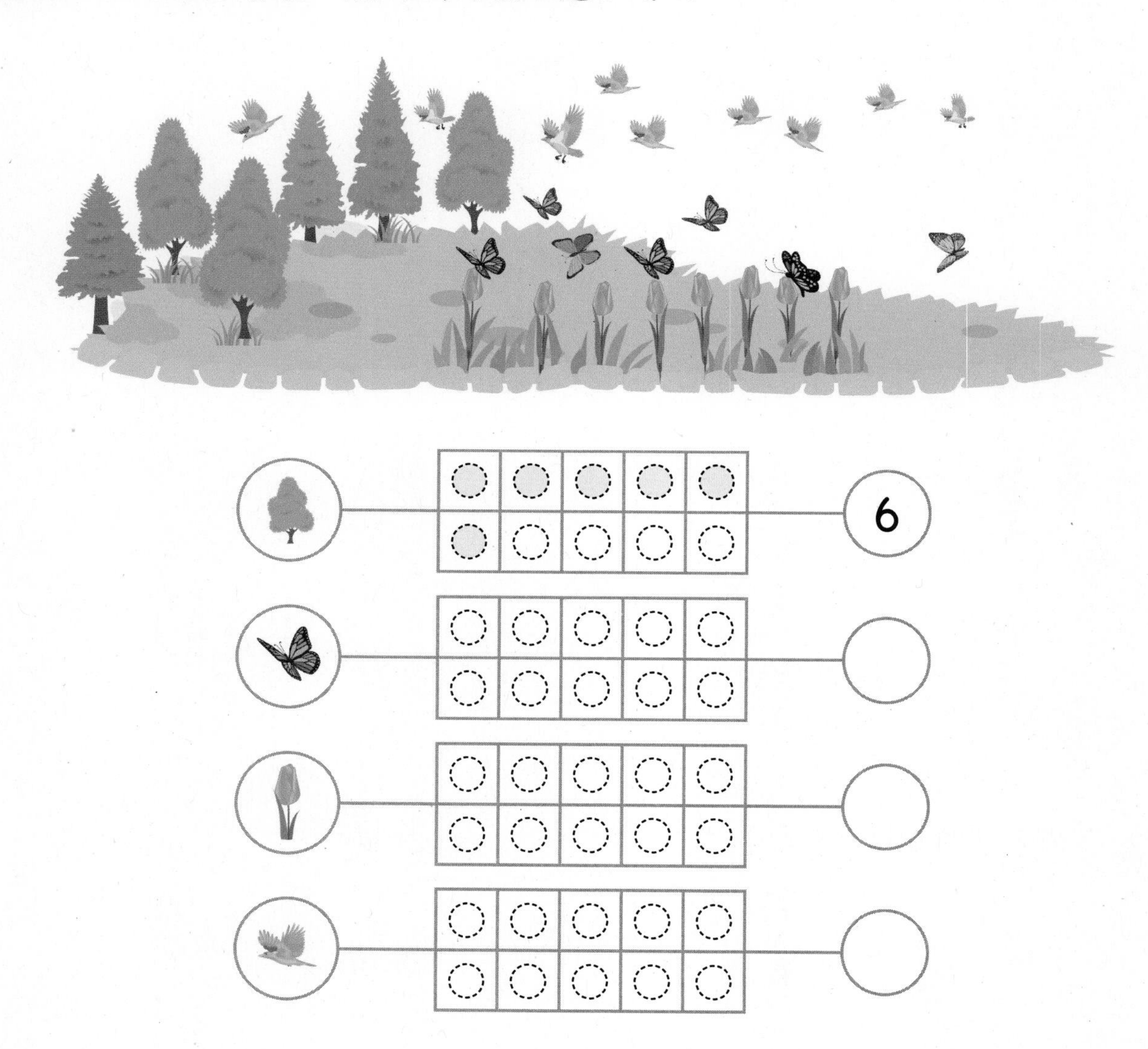

2 수를 세어 □ 안에 알맞은 수를 써넣으세요.

(1)

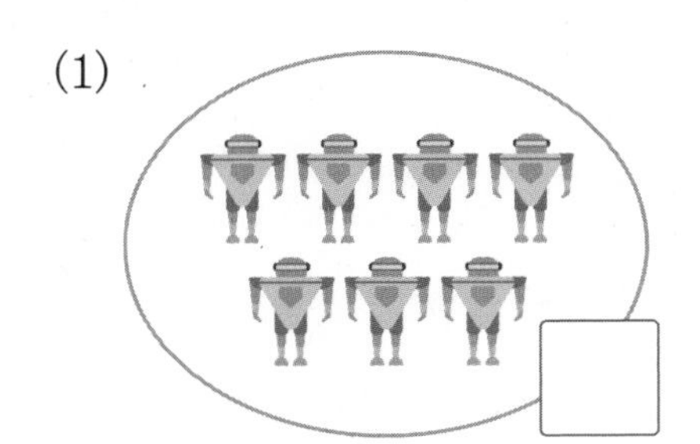

(2)

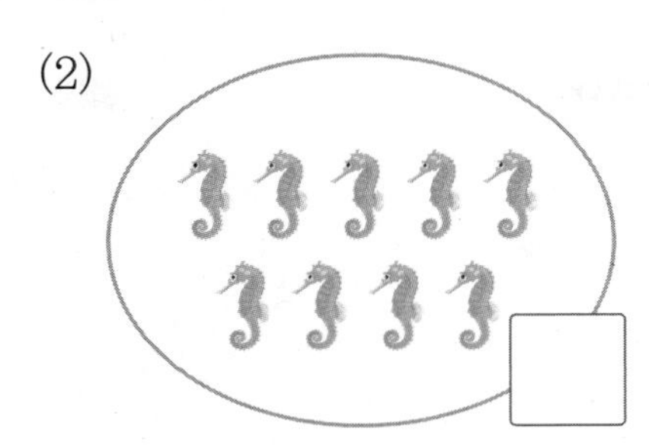

▶ 두 번 세거나 빠뜨리지 않도록 표시를 해 가며 세어 봅니다.

3 수가 8인 것을 찾아 ○표 하세요.

( )

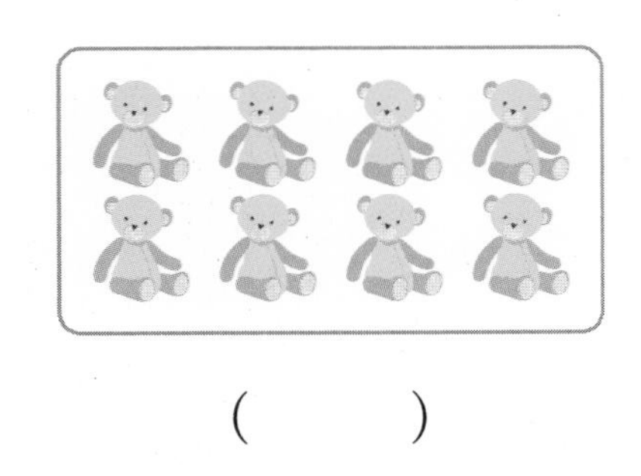

( )

▶ 물건의 수를 셀 때에는 마지막으로 센 수가 물건의 수가 됩니다.

4 알맞은 수에 ○표 하고 이어 보세요.

6 7 8 9 • • 여섯(육)

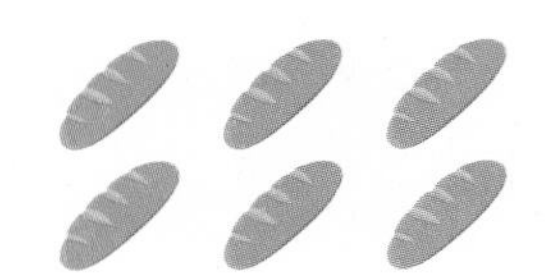

6 7 8 9 • • 여덟(팔)

6 7 8 9 • • 일곱(칠)

6 7 8 9 • • 아홉(구)

▶ 수는 두 가지 방법으로 읽을 수 있습니다.

3 수로 순서를 나타내 볼까요

● **수로 순서를 나타내 보기**

수로 순서를 나타낼 때에는 수 뒤에 '째'를 붙입니다.

● 둘, 셋, 넷, ...이니까 둘째, ☐, ☐, ...이고 하나는 하나째가 아니고 ☐입니다.

1 ☐ 안에 알맞은 수를 써넣으세요.

2 순서에 알맞게 이어 보세요.

첫째

3 □ 안에 알맞은 말을 써넣으세요.

> 왼쪽에서부터 첫째, 둘째, 셋째, ...로 순서를 알아봅니다.

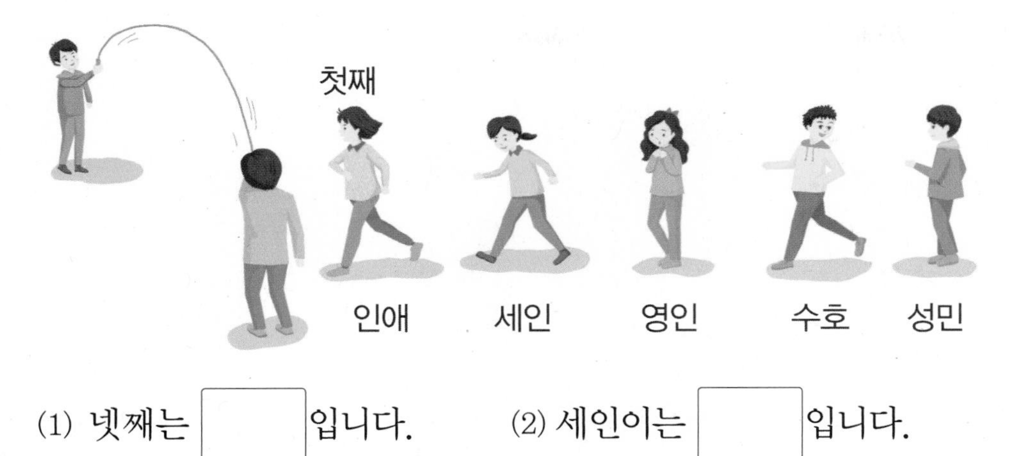

(1) 넷째는 □ 입니다.　　(2) 세인이는 □ 입니다.

1

4 알맞게 이어 보세요.

> 위에서부터인지 아래에서부터인지 주의하여 순서를 알아봅니다.

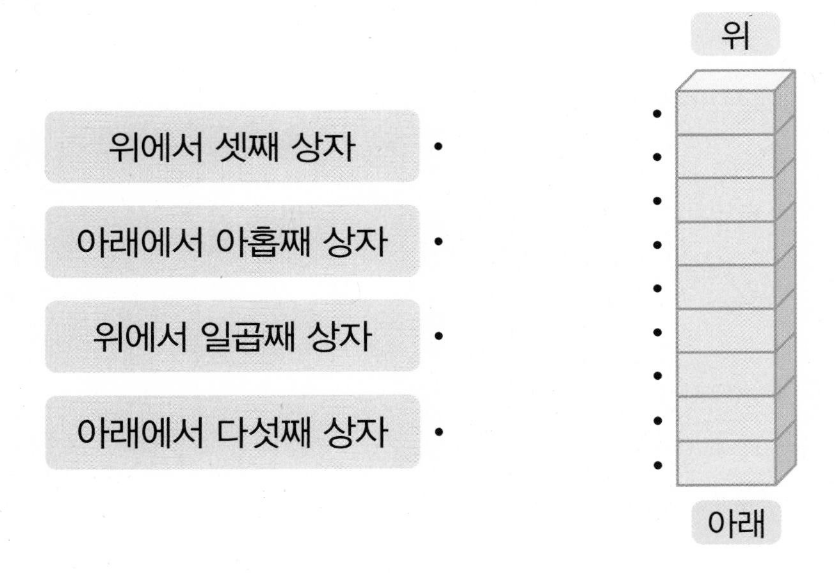

5 왼쪽에서부터 세어 알맞게 색칠해 보세요.

> 개수를 나타내는 말인지 순서를 나타내는 말인지 생각해 봅니다.

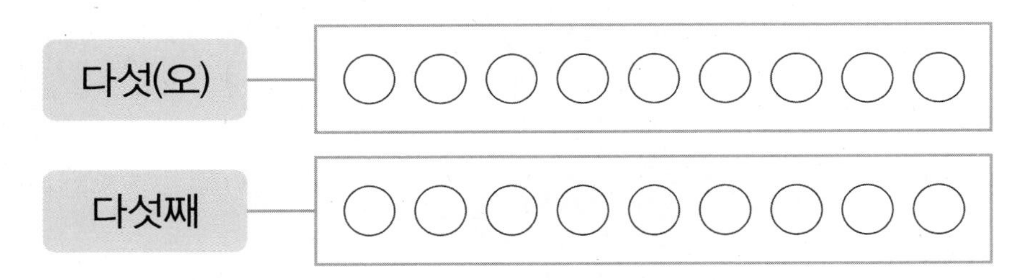

기본기 다지기

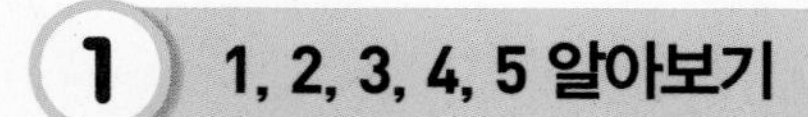

1 1, 2, 3, 4, 5 알아보기

1 수를 세어 알맞은 수에 ○표 하세요.

(1 , 2 , 3 , 4 , 5)

2 알맞게 이어 보세요.

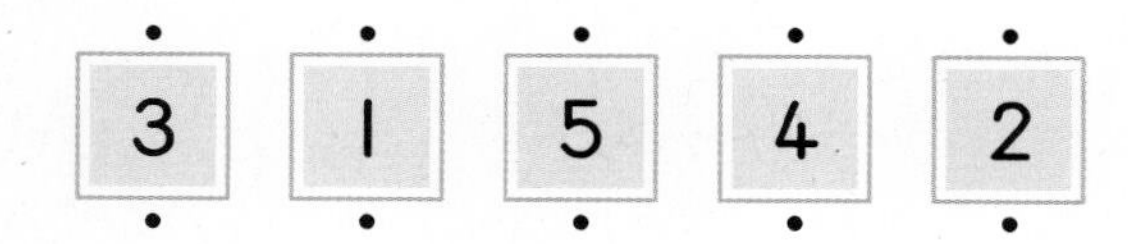

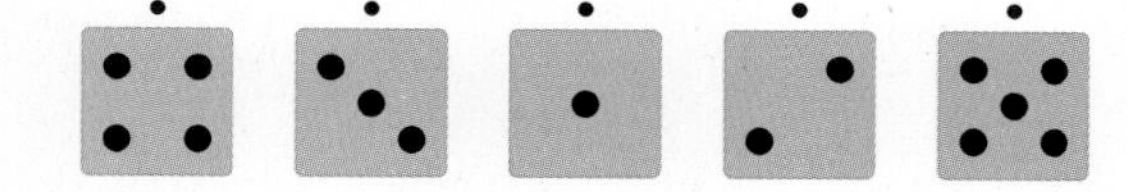

3 왼쪽의 수만큼 색칠하고, 수를 두 가지 방법으로 읽어 보세요.

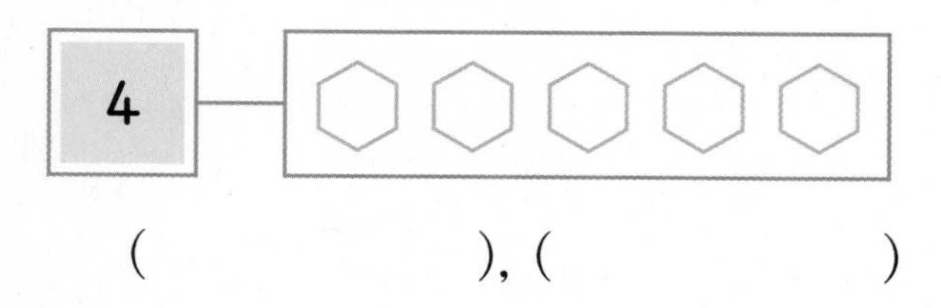

( ), ( )

4 그림을 보고 잘못 말한 수를 바르게 고쳐 □ 안에 써넣으세요.

5 그림을 보고 수만큼 ◌를 색칠하고, 수를 써넣으세요.

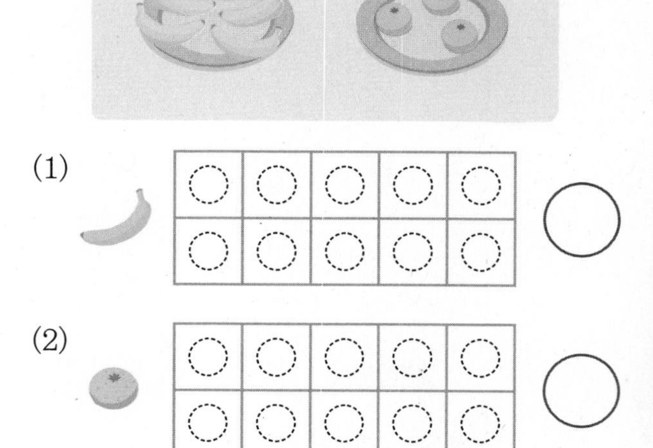

(1)

(2)

6 알맞게 이어 보세요.

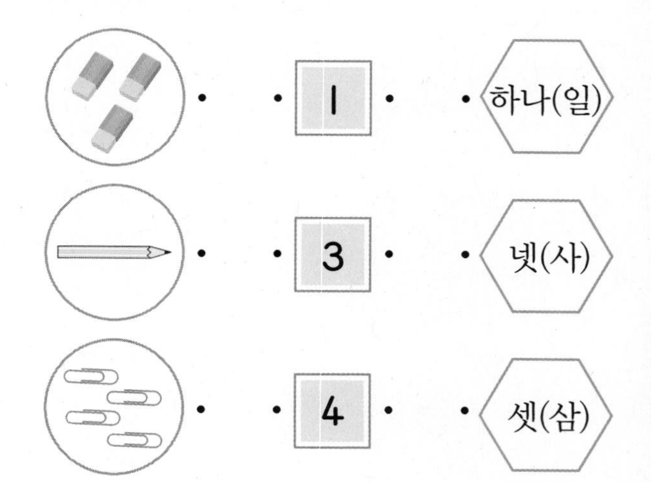

7 ◯ 안의 수만큼 야구공을 묶고, 묶지 않은 것의 수를 □ 안에 써넣으세요.

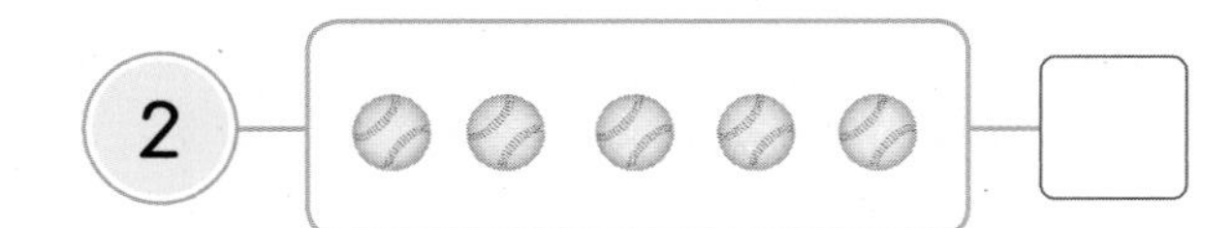

8 그림을 보고 알맞은 수를 사용하여 이야기를 하고 있는 사람을 찾아 ○표 하세요.

2 6, 7, 8, 9 알아보기

9 그림의 수만큼 ○를 그려 보세요.

10 풍선의 수를 세어 보고 알맞은 것에 모두 ○표 하세요.

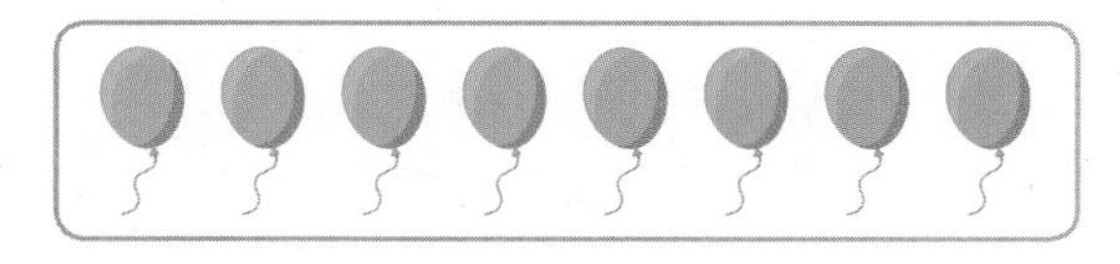

(여섯 , 7 , 여덟 , 아홉 , 8)

11 알맞게 이어 보세요.

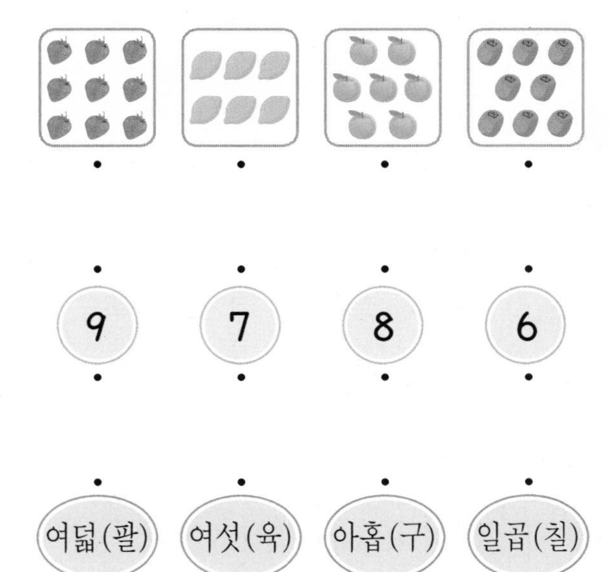

12 그림을 보고 나타내는 수가 7인 것에는 파란색을, 8인 것에는 노란색을 칠해 보세요.

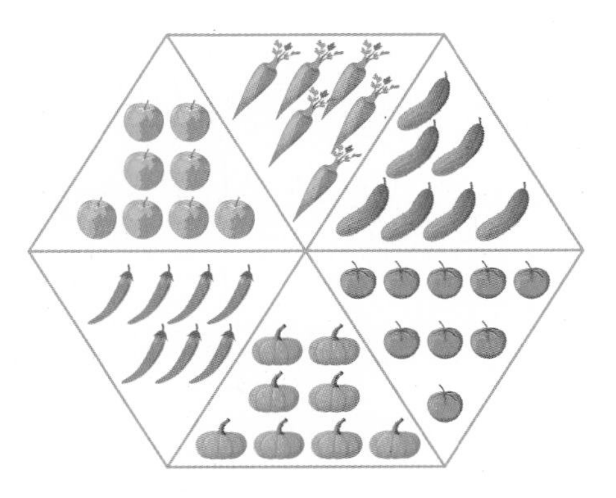

13 그림을 보고 알맞은 수를 사용하여 이야기를 만들어 보세요.

다람쥐 □마리가 도토리 □개를 먹으려고 합니다.

14 수현이는 필통에 연필을 일곱 자루 넣었습니다. 수현이가 필통에 넣은 연필 수만큼 연필에 ○표 하세요.

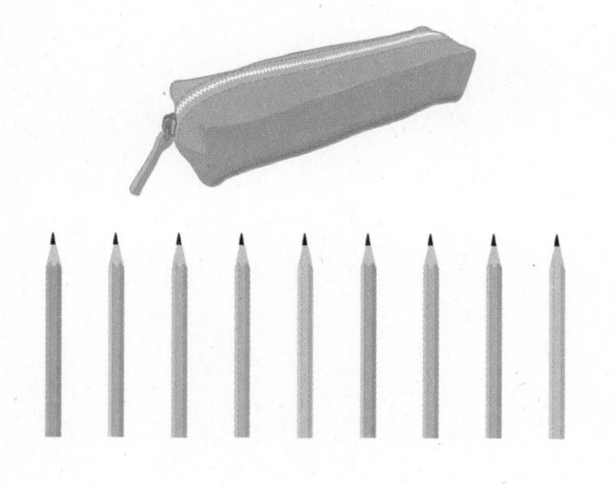

15 ◯ 안의 수만큼 그림을 묶고, 묶지 않은 것의 수를 □ 안에 써넣으세요.

16 재석이는 고리를 8개 던져 넣으려고 합니다. 지금까지 넣은 고리는 다음과 같습니다. 고리를 몇 개 더 넣어야 할까요?

( )

3 수로 순서를 나타내 보기

17 친구들이 달리기를 하고 있습니다. 순서에 알맞게 이어 보세요.

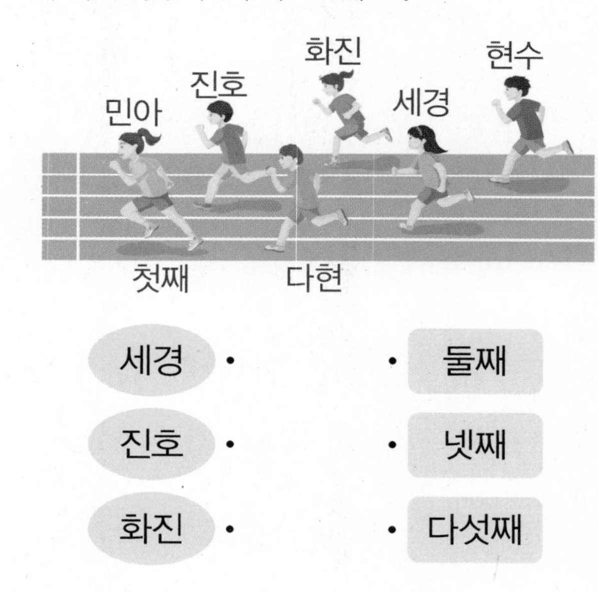

18 □ 안에 알맞은 수를 써넣으세요.

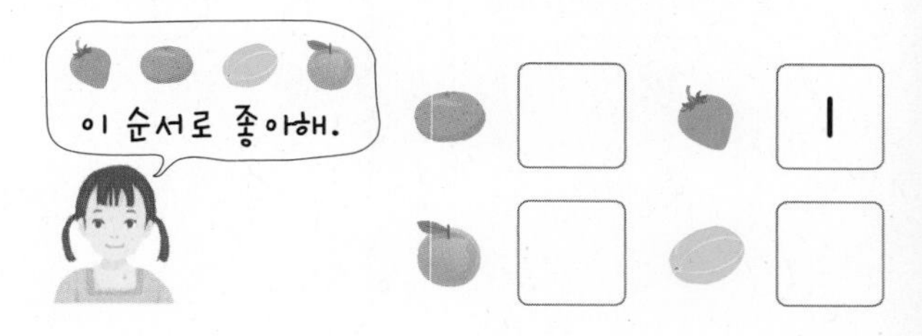

19 캔이 오른쪽 그림과 같이 쌓여 있습니다. 물음에 답하세요.

위
노란색
하늘색
빨간색
연두색
보라색
주황색
갈색
아래

(1) 보라색 캔은 아래에서 몇째일까요?

( )

(2) 위에서 넷째에 있는 캔은 무슨 색일까요?

( )

20 정욱이는 교실에 있는 화분에 물을 주었습니다. 정욱이가 물을 준 화분은 오른쪽에서 둘째 화분입니다. 정욱이가 물을 준 화분에 색칠해 보세요.

21 윤아는 아파트 계단을 올라가고 있습니다. 윤아는 아래에서 몇째 계단에 서 있을까요?

( )

22 왼쪽에서부터 세어 알맞게 색칠해 보세요.

여섯(육)	◇◇◇◇◇◇◇◇◇
여섯째	◇◇◇◇◇◇◇◇◇

23 학생들이 순서대로 줄을 섰습니다. □ 안에 알맞은 수를 써넣으세요.

서술형

24 왼쪽에서 넷째에 있는 구슬은 오른쪽에서 몇째에 있는지 풀이 과정을 쓰고 답을 구해 보세요.

풀이 ....

답 ....

4 수의 순서를 알아볼까요

● 수의 순서 알아보기

1부터 9까지의 수를 순서대로 쓰면 다음과 같습니다.

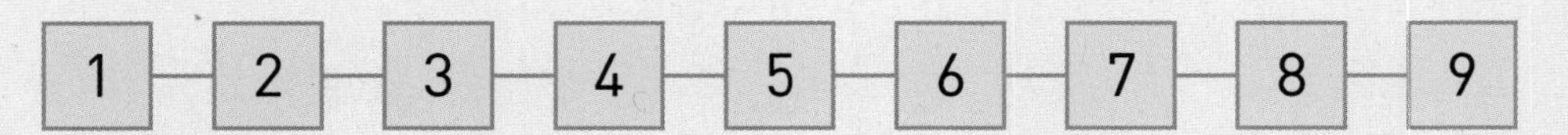

● 거꾸로 하여 수의 순서 알아보기

순서를 거꾸로 하여 9부터 1까지의 수를 쓰면 다음과 같습니다.

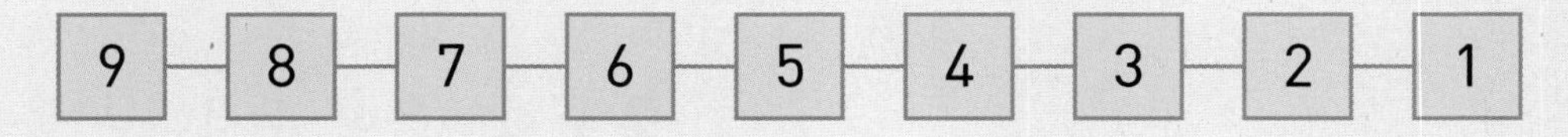

1 수를 순서대로 이어 보세요.

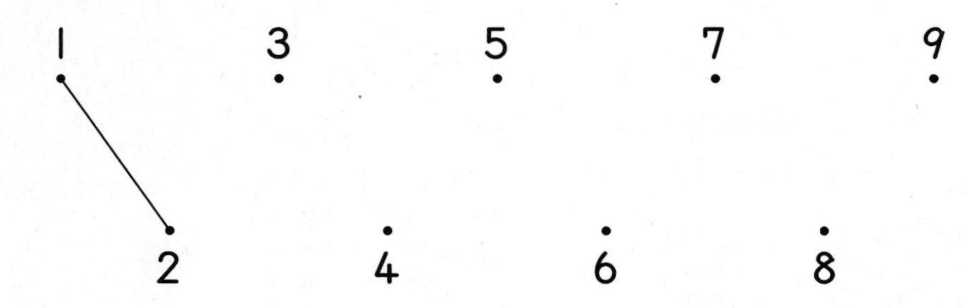

2 순서를 거꾸로 하여 수를 이어 보세요.

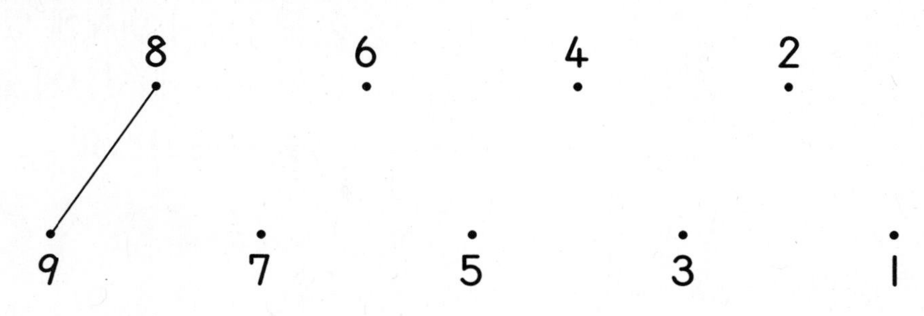

3 순서대로 수를 써 보세요.

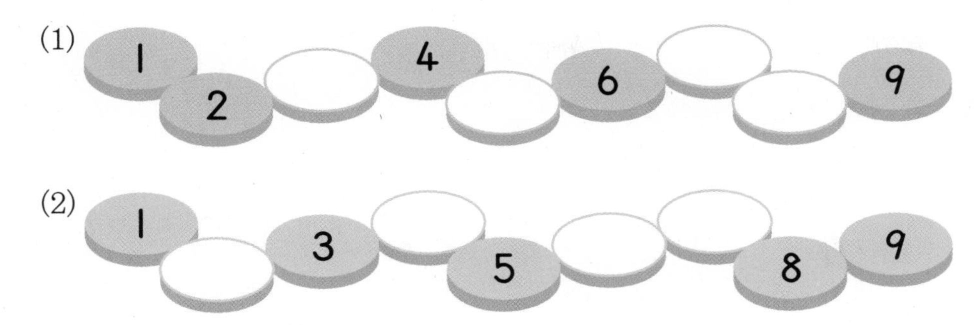

▶ 1부터 순서대로 수를 써 봅니다.

4 수를 순서대로 이어 보세요.

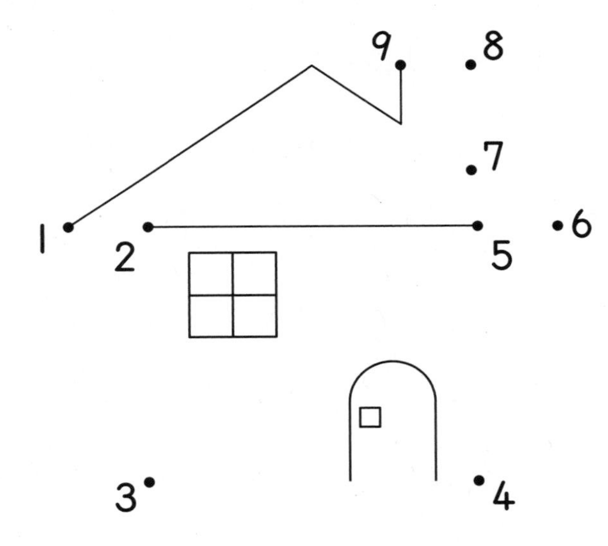

▶ 1부터 9까지의 수를 순서대로 선으로 연결합니다.

5 순서를 거꾸로 하여 수를 써 보세요.

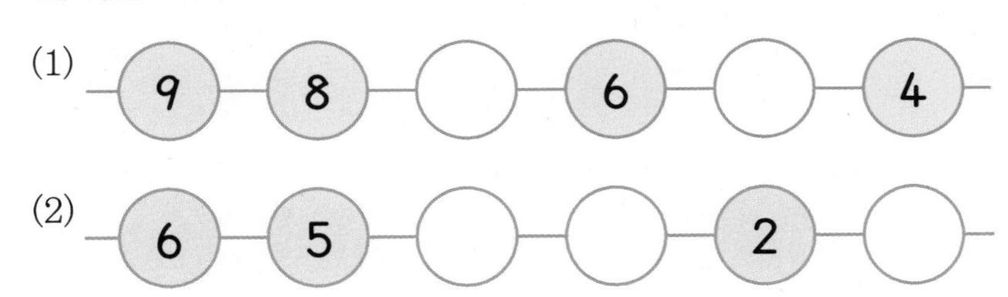

▶ 9부터 순서를 거꾸로 하여 수를 써 봅니다.

5 1만큼 더 큰 수와 1만큼 더 작은 수를 알아볼까요 / 0을 알아볼까요

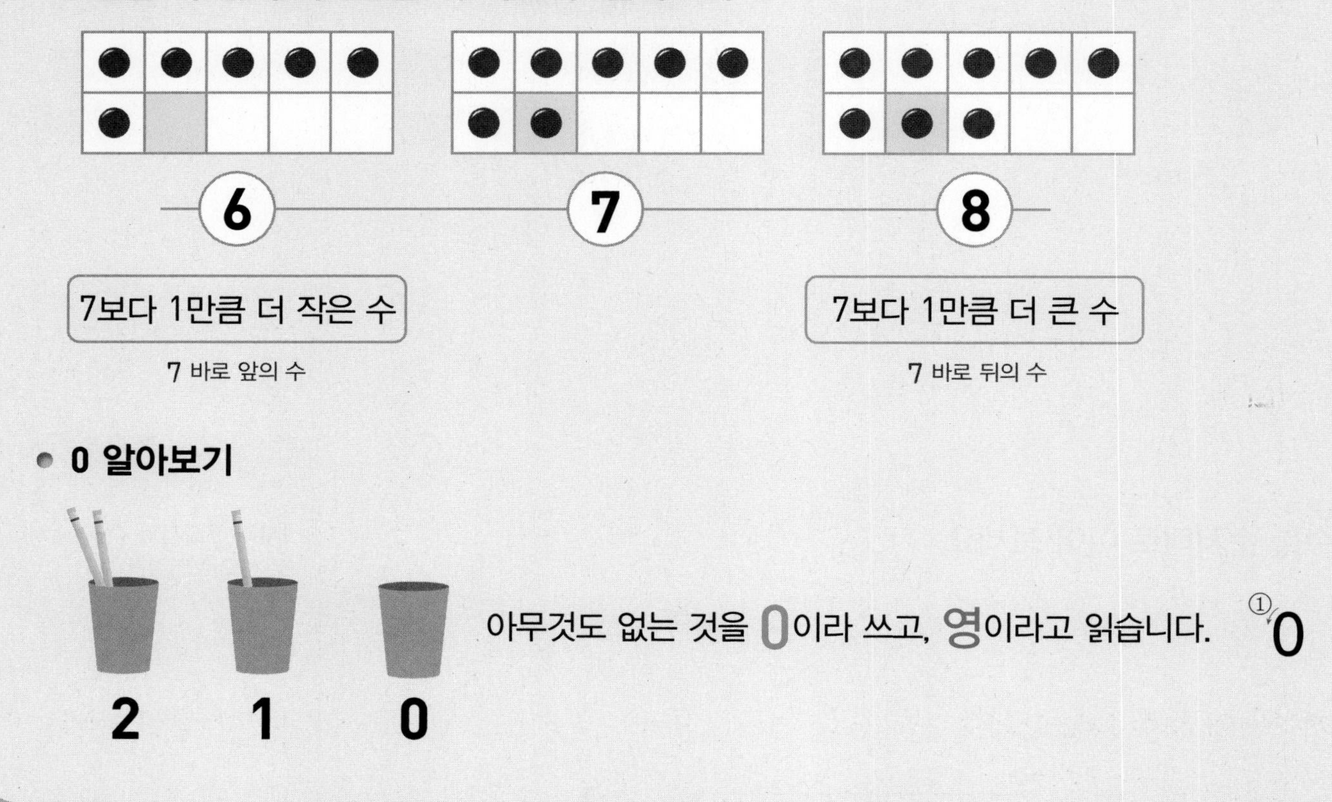

1 5보다 1만큼 더 작은 수와 1만큼 더 큰 수만큼 ○를 그리고, 수를 써넣으세요.

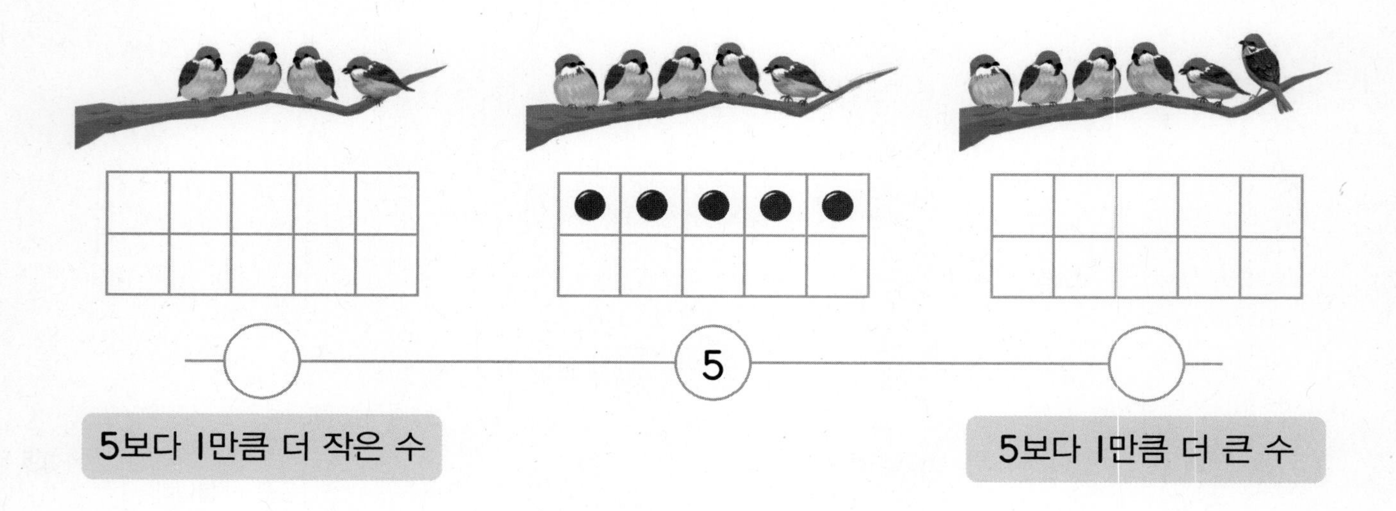

2 6보다 1만큼 더 큰 수를 나타내는 것에 ○표 하세요.

( ) ( ) ( )

▶ 6보다 1만큼 더 큰 수는 여섯보다 하나 더 많은 수입니다.

3 4보다 1만큼 더 작은 수와 1만큼 더 큰 수를 써넣으세요.

1만큼 더 작은 수 1만큼 더 큰 수

□ — 4 — □

▶ 수를 순서대로 썼을 때 4 바로 앞의 수와 4 바로 뒤의 수를 알아봅니다.

4 개구리의 수를 써넣으세요.

□ □ □

▶ 1보다 1만큼 더 작은 수는 0입니다.

5 □ 안에 알맞은 수를 써넣으세요.

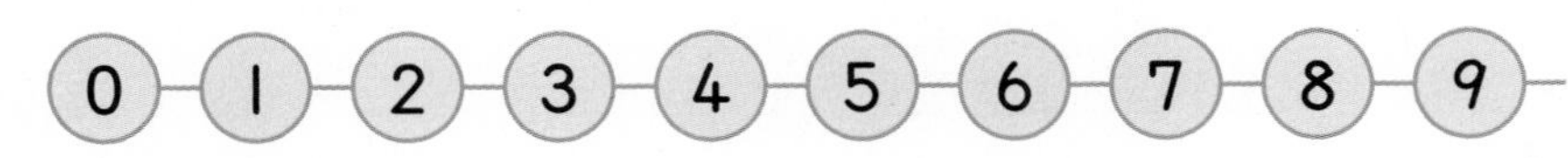

(1) 3보다 1만큼 더 큰 수는 □입니다.

(2) 8보다 1만큼 더 작은 수는 □입니다.

(3) 1보다 1만큼 더 작은 수는 □입니다.

▶ 수를 순서대로 썼을 때 1만큼 더 작은 수는 바로 앞의 수, 1만큼 더 큰 수는 바로 뒤의 수입니다.

1

6 수의 크기를 비교해 볼까요

- **수의 크기 비교하기**

방법 1 하나씩 연결하여 비교하기

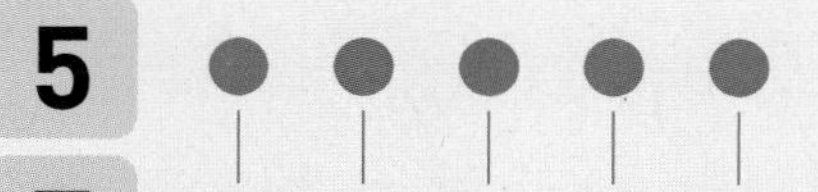

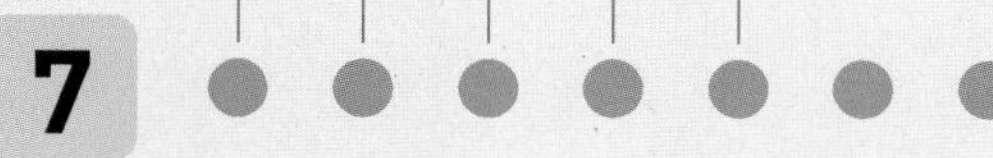

하나씩 연결하였을 때 남는 쪽은 7입니다.

➡ 7은 5보다 큽니다. 5는 7보다 작습니다.

방법 2 수의 순서로 비교하기

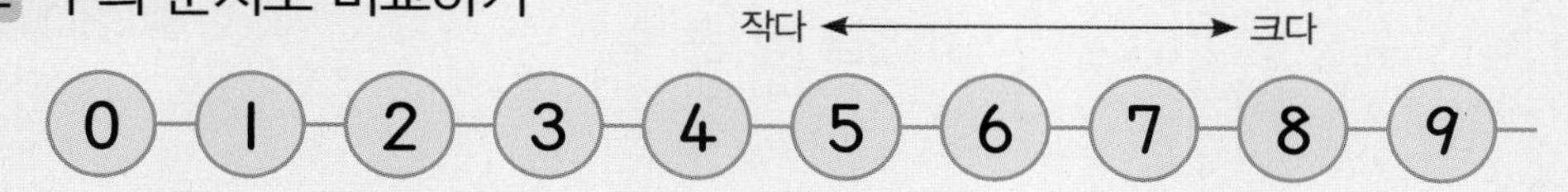

수를 순서대로 썼을 때 앞에 있을수록 작은 수이고, 뒤에 있을수록 큰 수입니다.

➡ 7은 5보다 큽니다. 5는 7보다 작습니다.

1 케이크와 접시의 수만큼 ○를 그리고, 두 수의 크기를 비교해 보세요.

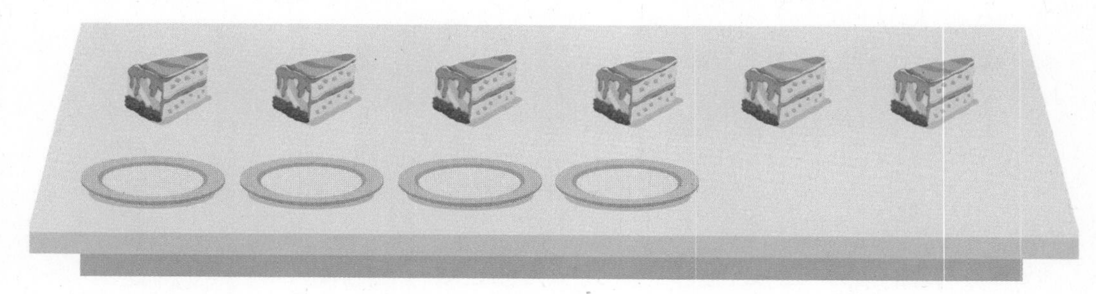

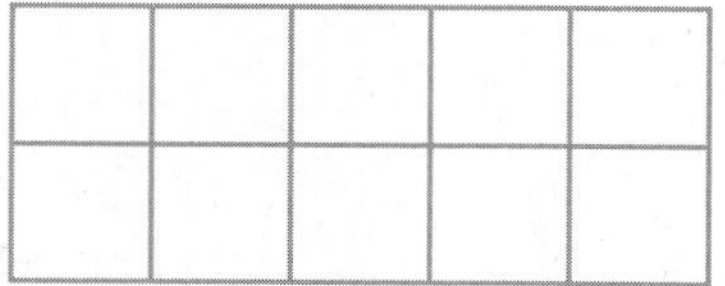

케이크는 접시보다 (많습니다 , 적습니다).

6은 ☐ 보다 (큽니다 , 작습니다).

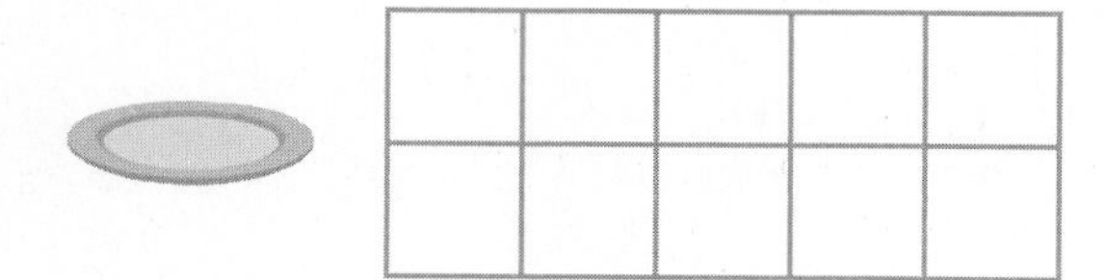

접시는 케이크보다 (많습니다 , 적습니다).

☐ 은/는 6보다 (큽니다 , 작습니다).

2 그림을 보고 수를 세어 비교해 보세요.

사람은 자전거보다 (많습니다 , 적습니다).

3은 [ ] 보다 (큽니다 , 작습니다).

▶ 물건의 수를 비교할 때에는 많다, 적다로 나타내고, 수의 크기를 비교할 때에는 크다, 작다로 나타냅니다.

3 수만큼 ○를 그리고, 두 수의 크기를 비교해 보세요.

5									
4									

5는 4보다 (큽니다 , 작습니다).

4는 5보다 (큽니다 , 작습니다).

▶ ■가 ▲보다 클 때 '■는 ▲보다 큽니다.' 또는 '▲는 ■보다 작습니다.'로 나타냅니다.

4 6과 8의 크기를 비교해 보세요.

[ ] 은 [ ] 보다 큽니다.

[ ] 은 [ ] 보다 작습니다.

▶ 수를 순서대로 썼을 때 앞의 수가 뒤의 수보다 작은 수이고, 뒤의 수가 앞의 수보다 큰 수입니다.

기본기 다지기

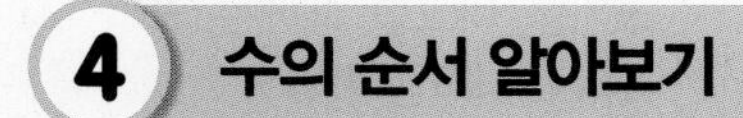

4 수의 순서 알아보기

25 순서대로 수를 써 보세요.

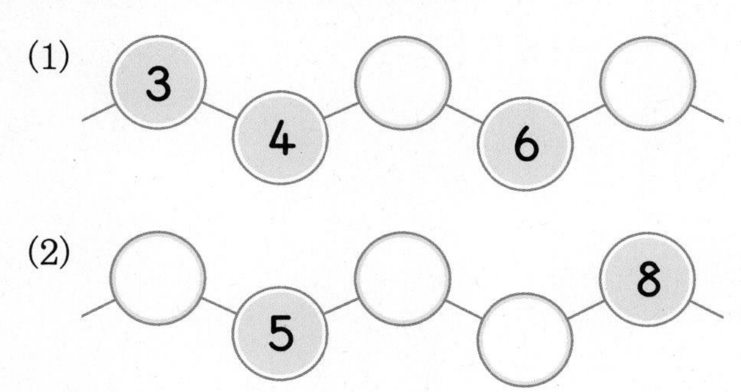

26 수를 순서대로 이어 보세요.

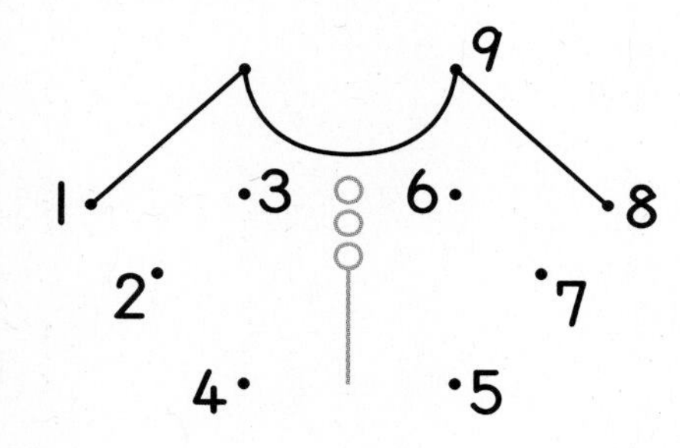

27 순서를 거꾸로 하여 수를 써 보세요.

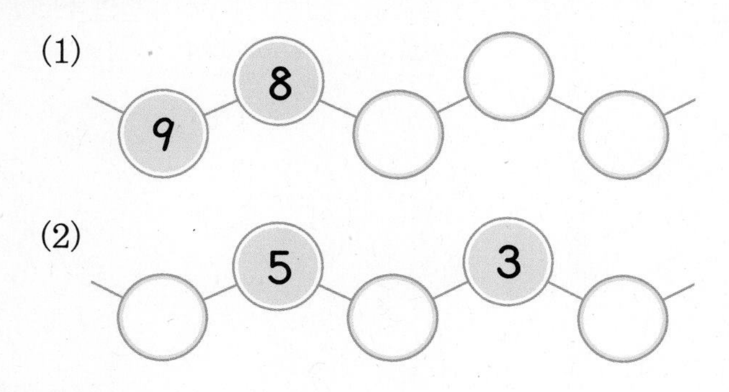

28 신발장의 번호를 순서대로 써넣으세요.

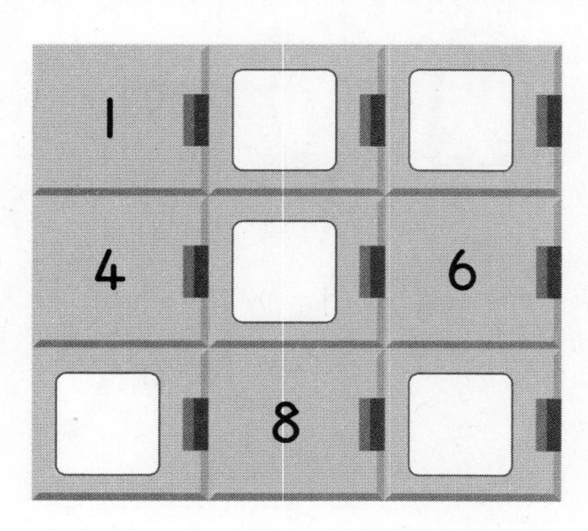

29 4장의 수 카드를 작은 수부터 연속하는 수가 되도록 늘어놓았을 때 ♥에 알맞은 수를 구해 보세요.

( )

5 1만큼 더 큰 수와 1만큼 더 작은 수 알아보기

30 4보다 1만큼 더 큰 수를 나타내는 것에 ○표 하세요.

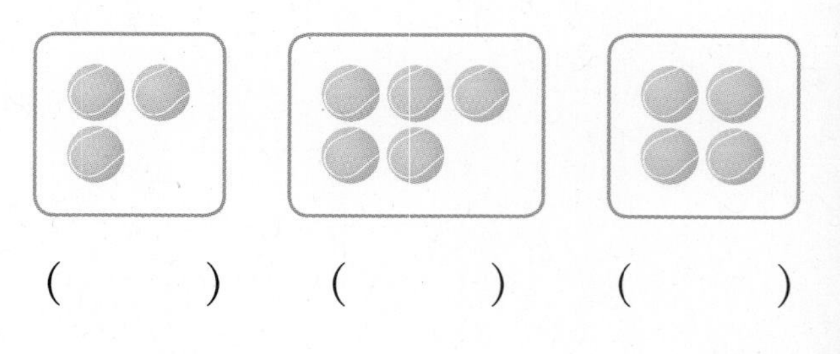

( ) ( ) ( )

31 □ 안에 알맞은 수를 써넣으세요.

(1) 6보다 1만큼 더 큰 수는 □입니다.

(2) 9보다 1만큼 더 작은 수는 □입니다.

32 연결 모형을 보고 □ 안에 알맞은 수를 써넣으세요.

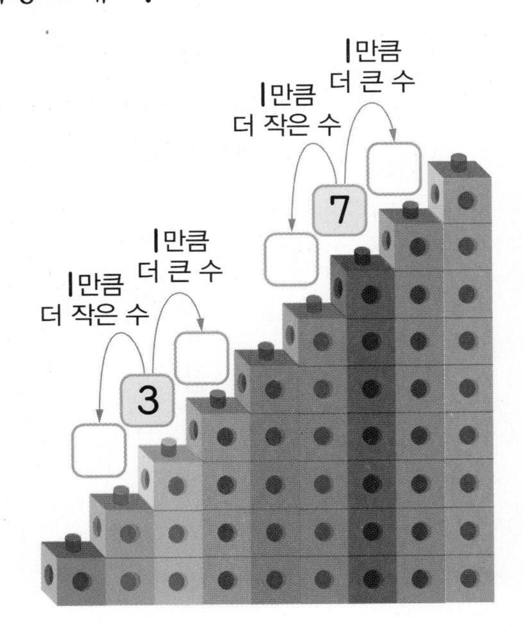

33 빈칸에 알맞은 수를 써넣으세요.

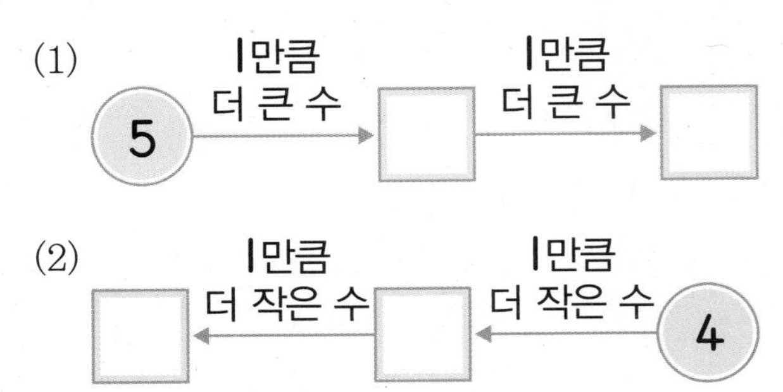

34 □ 안에 알맞은 수를 써넣으세요.

(1) 7은 □보다 1만큼 더 큰 수이고, □보다 1만큼 더 작은 수입니다.

(2) □은/는 4보다 1만큼 더 큰 수이고, □보다 1만큼 더 작은 수입니다.

35 지우가 모은 칭찬 붙임딱지입니다. □ 안에 알맞은 수를 써넣으세요.

지우가 모은 칭찬 붙임딱지의 수는 □입니다. 한 개를 더 받으면 칭찬 붙임딱지의 수는 □보다 1만큼 더 큰 수인 □이/가 됩니다.

36 6을 바르게 설명한 사람은 누구인지 써 보세요.

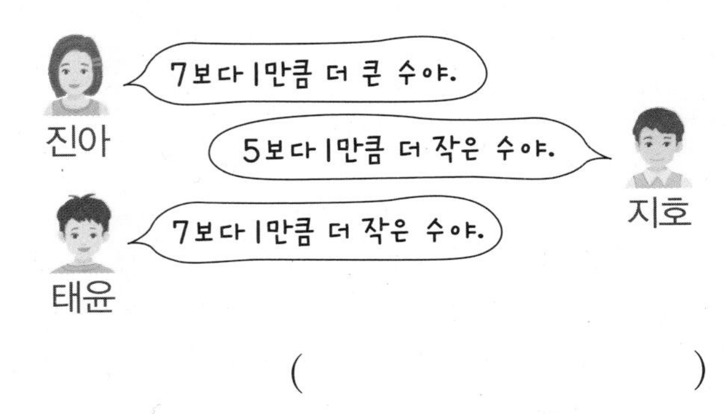

7보다 1만큼 더 큰 수야.
진아
5보다 1만큼 더 작은 수야.
지호
7보다 1만큼 더 작은 수야.
태윤

(   )

6 0 알아보기

37 바나나의 수를 세어 보세요.

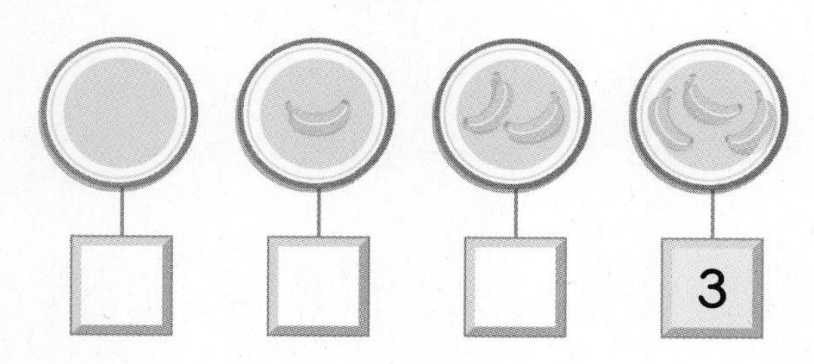

38 펼친 손가락의 수를 세어 보세요.

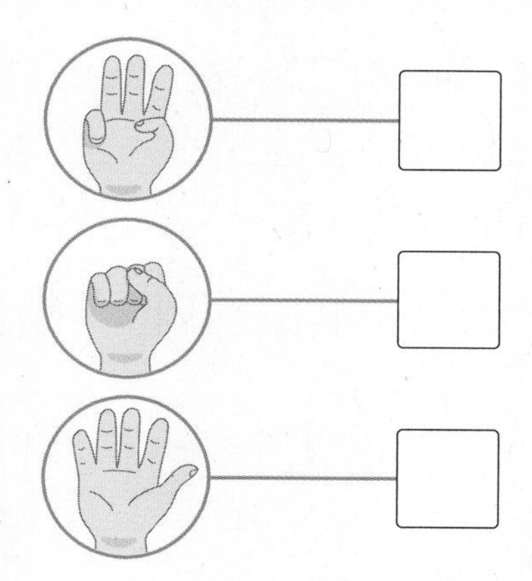

39 1보다 1만큼 더 작은 수와 1만큼 더 큰 수를 써넣으세요.

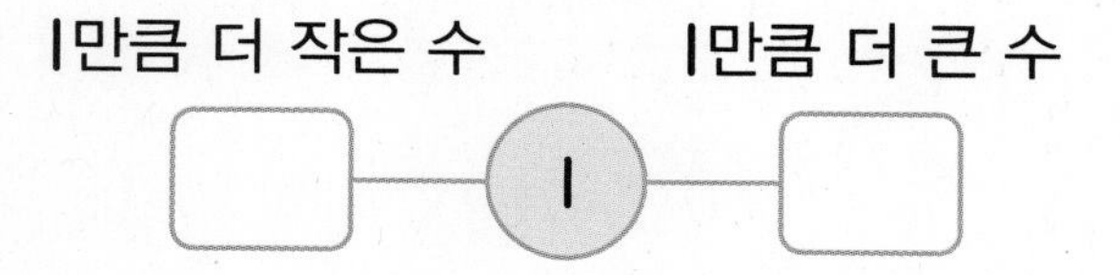

7 수의 크기 비교하기

40 더 큰 수에 ○표, 더 작은 수에 △표 하세요.

(1)

6	8

(2)

5	4

41 그림을 보고 수를 세어 비교해 보세요.

사과는 멜론보다 (많습니다 , 적습니다).

8은 ☐보다 (큽니다 , 작습니다).

42 수만큼 ○를 그리고, 두 수의 크기를 비교해 보세요.

7									
4									

7은 4보다 (큽니다 , 작습니다).

4는 7보다 (큽니다 , 작습니다).

43 가장 큰 수에 ○표 하세요.

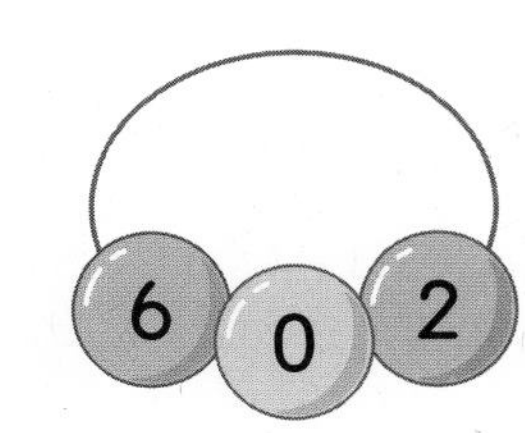

44 그림을 보고 ╲, 📘, ▬의 수를 세어 □ 안에 알맞은 수를 써넣으세요.

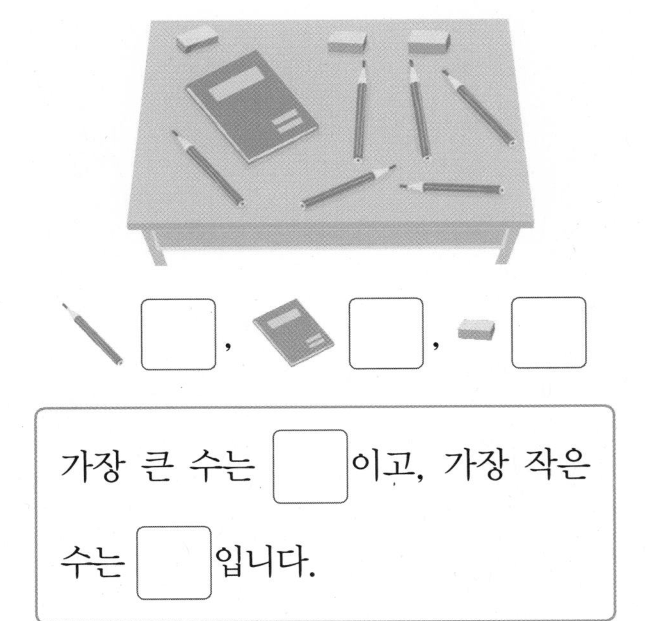

╲ □, 📘 □, ▬ □

가장 큰 수는 □이고, 가장 작은 수는 □입니다.

45 4보다 작은 수에 모두 색칠해 보세요.

0 - 1 - 2 - 3 - 4 - 5 - 6

46 5보다 큰 수에 모두 색칠해 보세요.

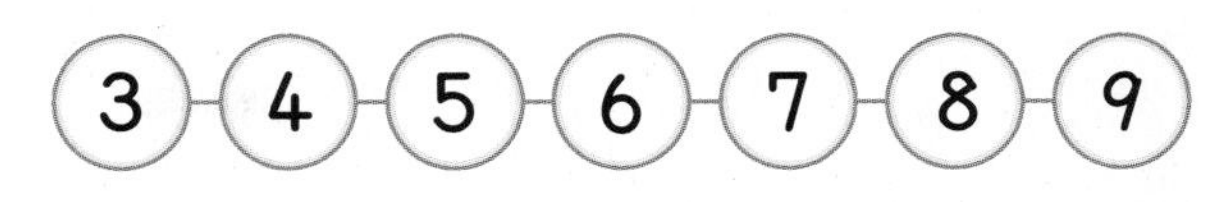

47 7보다 작은 수를 모두 찾아 써 보세요.

8	4	7	6	1

(　　　　　　　　)

48 큰 수부터 차례로 쓸 때 셋째에 있는 수는 무엇일까요?

4	7	0	9

(　　　　　　　　)

서술형

49 3보다 크고 7보다 작은 수는 모두 몇 개인지 풀이 과정을 쓰고 답을 구해 보세요.

풀이 ....

답 ....

1

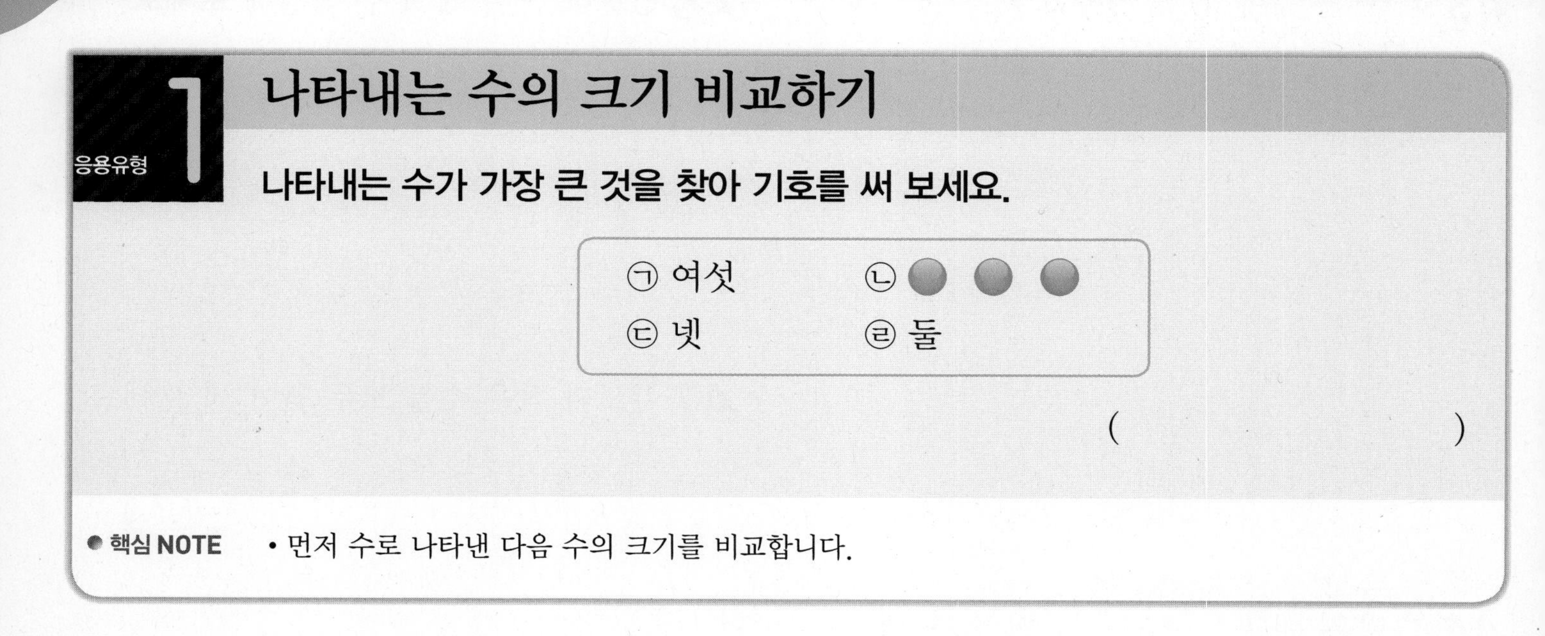

응용유형 1 나타내는 수의 크기 비교하기

나타내는 수가 가장 큰 것을 찾아 기호를 써 보세요.

㉠ 여섯 ㉡ ● ● ●
㉢ 넷 ㉣ 둘

( )

● 핵심 NOTE • 먼저 수로 나타낸 다음 수의 크기를 비교합니다.

1-1 나타내는 수가 가장 작은 것을 찾아 기호를 써 보세요.

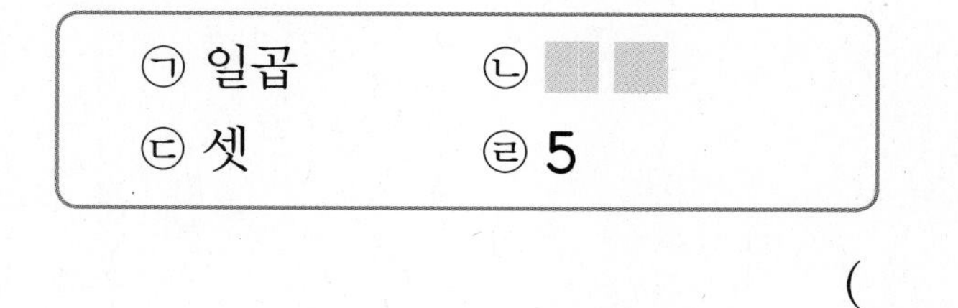

( )

1-2 나타내는 수가 큰 것부터 차례로 기호를 써 보세요.

㉠ 아홉 ㉡ ◆◆◆◆
㉢ 칠 ㉣ 8

( )

응용유형 2

조건을 만족하는 수 모두 구하기

다음을 만족하는 수를 모두 구해 보세요.

- 4와 9 사이에 있는 수입니다.
- 6보다 큰 수입니다.

(　　　　　　　　)

● 핵심 NOTE
- ■와 ▲ 사이에 있는 수는 ■보다 크고 ▲보다 작은 수입니다.
- ■보다 큰 수, ■보다 작은 수에 ■는 포함되지 않습니다.

2-1 **다음을 만족하는 수를 모두 구해 보세요.**

- 2와 7 사이에 있는 수입니다.
- 5보다 작은 수입니다.

(　　　　　　　　)

2-2 **다음을 만족하는 수는 모두 몇 개인지 구해 보세요.**

- 3과 8 사이에 있는 수입니다.
- 7보다 작은 수입니다.

(　　　　　　　　)

응용유형 3 몇째에 있는 수 구하기

수 카드를 작은 수부터 차례로 늘어놓을 때 왼쪽에서 셋째에 있는 수를 써 보세요.

6 3 1 7 0

(　　　　　　　　)

● 핵심 NOTE • 먼저 수를 작은 수부터 차례로 늘어놓은 다음 기준에서 몇째에 있는 수를 찾습니다.

3-1 수 카드를 작은 수부터 차례로 늘어놓을 때 오른쪽에서 둘째에 있는 수를 써 보세요.

2 1 8 4 7

(　　　　　　　　)

3-2 수 카드를 큰 수부터 차례로 늘어놓을 때 오른쪽에서 다섯째에 있는 수를 써 보세요.

7 5 4 9 2 8

(　　　　　　　　)

몇 층인지 구하기

문구점은 3층입니다. 병원은 문구점보다 1층 더 높고, 약국은 병원보다 3층 더 낮습니다. 약국은 몇 층인지 구해 보세요.

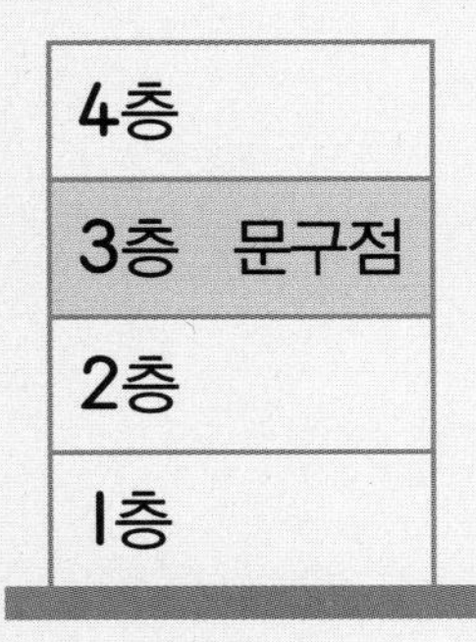

1단계 병원은 몇 층인지 구하기

2단계 약국은 몇 층인지 구하기

(　　　　　　　　)

● **핵심 NOTE**

1단계 ●층보다 ▲층 더 높은 층은 ●보다 ▲만큼 더 큰 수를 구합니다.

2단계 ●층보다 ▲층 더 낮은 층은 ●보다 ▲만큼 더 작은 수를 구합니다.

4-1

서점은 5층입니다. 카페는 서점보다 3층 더 낮고, 영화관은 카페보다 4층 더 높습니다. 영화관은 몇 층인지 구해 보세요.

(　　　　　　　　)

단원 평가 Level 1

점수

확인

1 알맞게 이어 보세요.

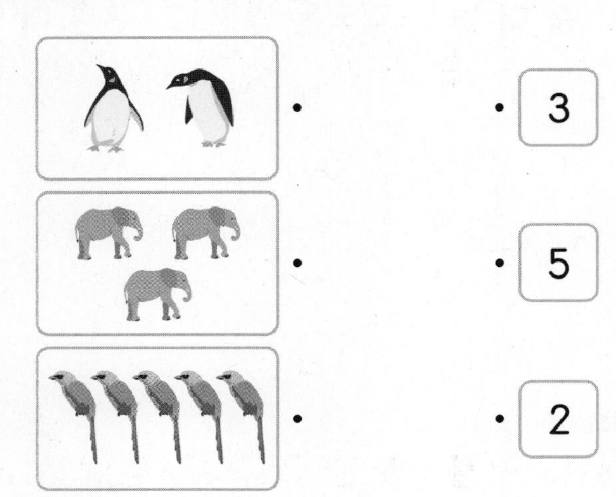

2 수를 세어 □ 안에 써넣으세요.

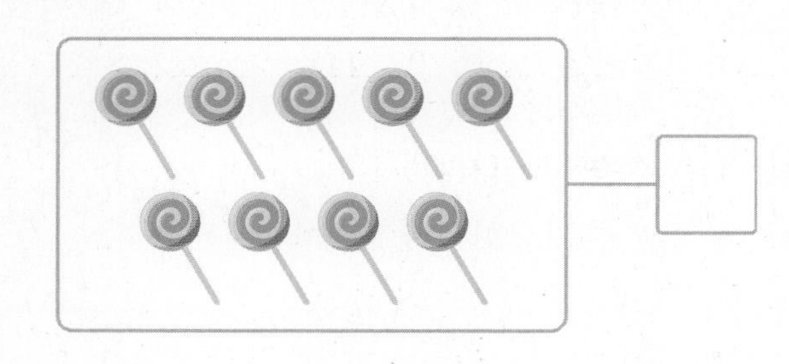

3 그림의 수를 두 가지 방법으로 읽어 보세요.

( ), ( )

4 사과의 수를 세어 알맞은 것에 모두 ○표 하세요.

(3 , 4 , 오 , 넷 , 셋)

[5~6] 수빈이와 친구들이 버스를 타려고 한 줄로 서 있습니다. 물음에 답하세요.

5 왼쪽에서 넷째에 서 있는 친구는 누구일까요?

( )

6 준모는 왼쪽에서 몇째에 서 있을까요?

( )

7 순서대로 수를 써 보세요.

1		3	4			7	8	9

8 왼쪽에서부터 세어 알맞게 색칠해 보세요.

일곱(칠)	○○○○○○○○○
일곱째	○○○○○○○○○

9 상자에 공을 담았습니다. 축구공과 농구공은 각각 몇 개일까요?

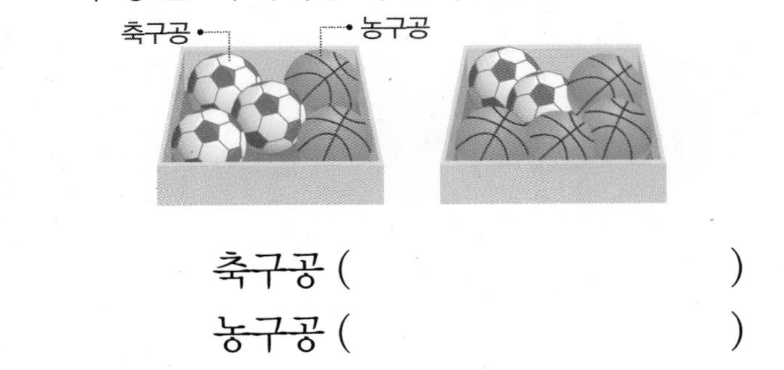

축구공 (　　　　　　)
농구공 (　　　　　　)

10 빈칸에 알맞은 수를 써넣으세요.

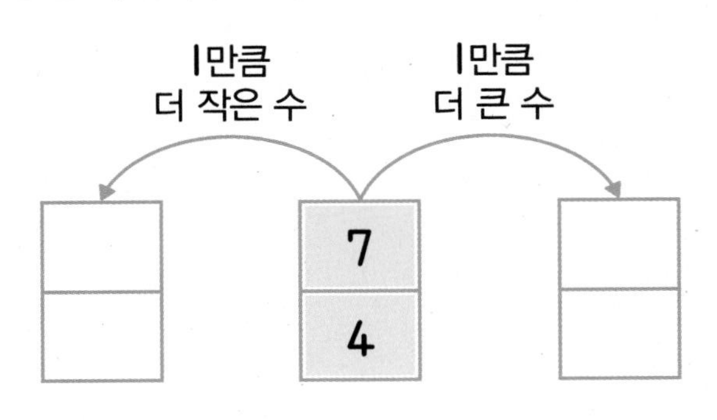

11 더 큰 수에 ○표 하세요.

(1)

8	7

(2)

2	4

12 순서를 거꾸로 하여 수를 써 보세요.

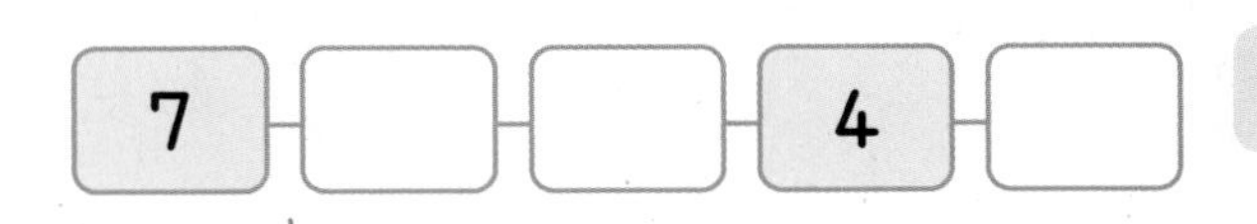

13 꽃의 수보다 1만큼 더 큰 수에 ○표, 1만큼 더 작은 수에 △표 하세요.

(6 , 5 , 9 , 7)

14 야구 글러브의 수보다 1만큼 더 작은 수를 써 보세요.

(　　　　　　)

15 왼쪽의 수만큼 묶으면 묶지 않은 것은 몇 개일까요?

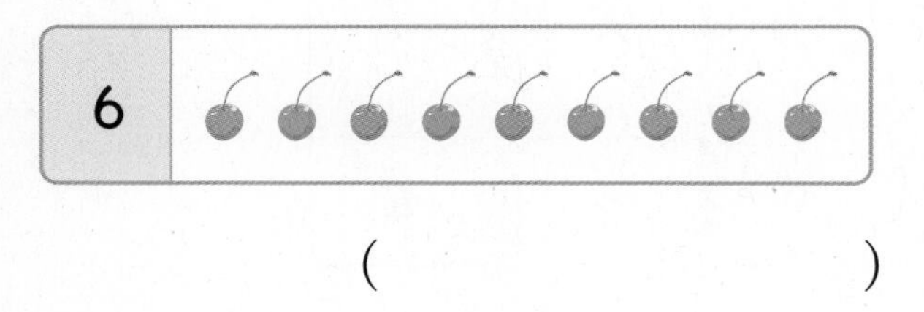

( )

16 작은 수부터 차례로 써 보세요.

0 6 7 4

( )

17 왼쪽에서 셋째에 있는 모양은 오른쪽에서 몇째에 있을까요?

○△□☆♡▽✿◇♧

( )

18 학생 9명이 한 줄로 나란히 서 있습니다. 연아는 셋째에 서 있고, 다현이는 여덟째에 서 있습니다. 연아와 다현이 사이에는 몇 명이 서 있을까요?

( )

19 지난주에 동화책을 수림이는 5권 읽었고 민지는 6권 읽었습니다. 누가 동화책을 몇 권 더 많이 읽었는지 풀이 과정을 쓰고 답을 구해 보세요.

풀이

답 ,

20 다음을 만족하는 수는 모두 몇 개인지 풀이 과정을 쓰고 답을 구해 보세요.

- 1과 6 사이에 있는 수입니다.
- 3보다 큰 수입니다.

풀이

답

단원 평가 Level 2

점수

확인

1 당근의 수를 세어 보고 알맞은 수에 ○표 하세요.

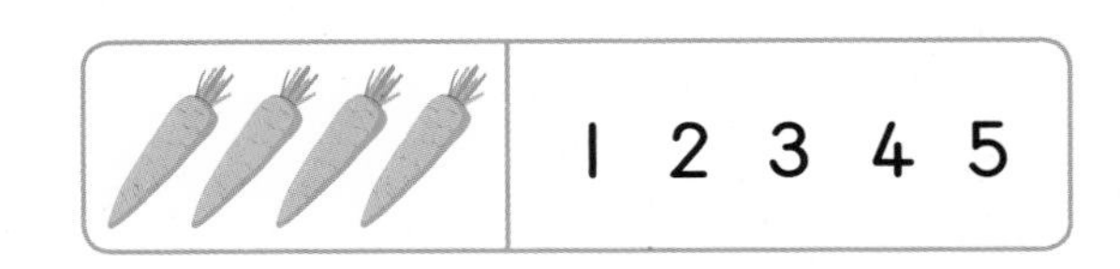

	1 2 3 4 5

2 수를 두 가지 방법으로 읽어 보세요.

9

(   ), (   )

3 알맞게 이어 보세요.

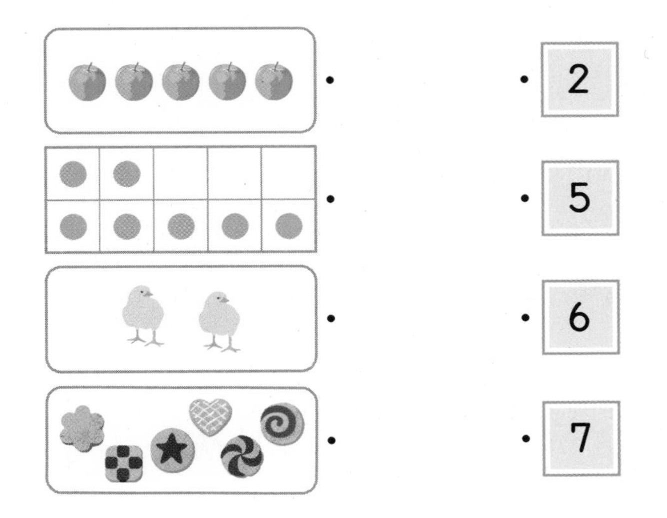

4 나비의 수를 세어 보고 알맞은 것에 모두 ○표 하세요.

(2 , 셋 , 5 , 이 , 3 , 다섯 , 삼)

5 지원이는 방울토마토를 여섯 개 먹었습니다. 지원이가 먹은 방울토마토의 수만큼 ○표 하세요.

6 위에서 다섯째 칸에는 노란색, 아래에서 여섯째 칸에는 파란색을 칠해 보세요.

위

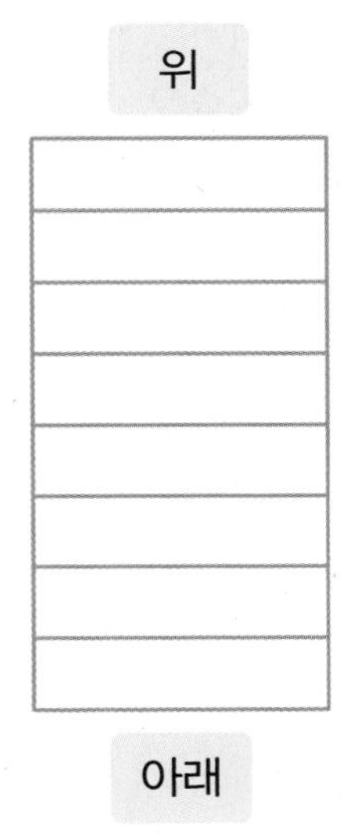

아래

7 순서대로 수를 써 보세요.

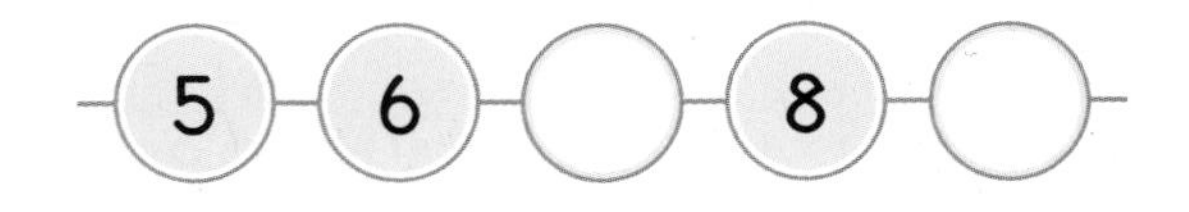

8 주어진 수보다 1만큼 더 큰 수만큼 묶어 보세요.

9 순서를 거꾸로 하여 수를 써 보세요.

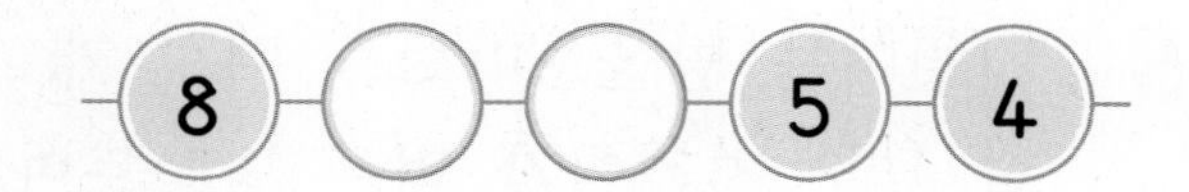

10 나타내는 수가 나머지와 다른 하나는 어느 것일까요? (　　　)

① 8
② 팔
③ 여덟
④ 9보다 1만큼 더 작은 수
⑤ 6과 8 사이에 있는 수

11 그림의 수보다 1만큼 더 작은 수와 1만큼 더 큰 수를 각각 써 보세요.

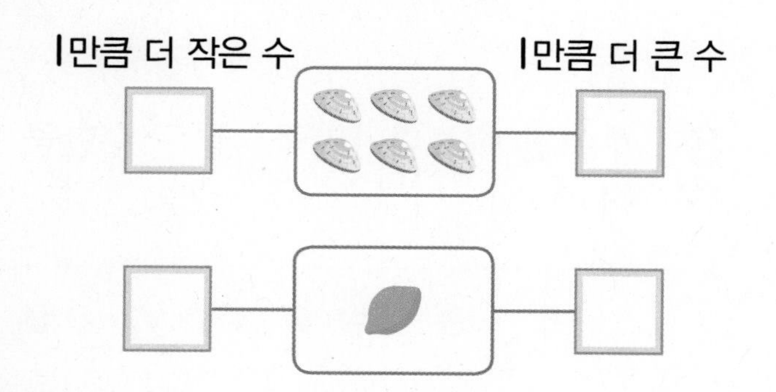

12 알맞은 말에 ○표 하세요.

6은 3보다 (큽니다 , 작습니다).

13 □ 안에 알맞은 수를 써넣으세요.

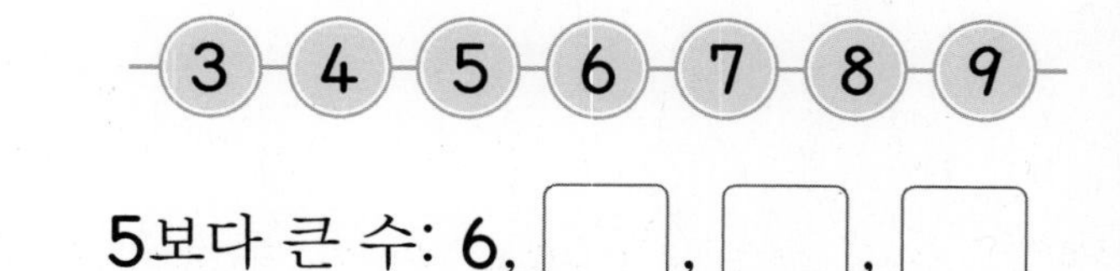

5보다 큰 수: 6, □, □, □

14 가장 큰 수에 ○표, 가장 작은 수에 △표 하세요.

8　　2　　6　　7

15 세윤이는 초콜릿을 3개 사서 모두 먹었습니다. 세윤이에게 남은 초콜릿은 몇 개일까요?

(　　　　　　　　)

16 5명의 학생이 달리기 시합을 하고 있습니다. 재환이 앞에는 3명이 달리고 있습니다. 재환이는 몇 등으로 달리고 있을까요?

(   )

17 작은 수부터 차례로 쓸 때 왼쪽에서 셋째에 있는 수는 얼마일까요?

6	0	5	1	9

(   )

18 1부터 9까지의 수 중에서 친구들이 말하는 수는 모두 같은 수입니다. 어떤 수인지 써 보세요.

세윤: 7보다 작아요.
안나: 4보다 커요.
선아: 6은 아니에요.

(   )

19 오른쪽과 같은 사물함 자물쇠에서 맨 위의 수와 맨 아래의 수는 얼마인지 풀이 과정을 쓰고 답을 구해 보세요.

□
6
□

- 가운데 수는 맨 위의 수보다 1만큼 더 작은 수입니다.
- 맨 아래의 수는 맨 위의 수보다 1만큼 더 큰 수입니다.

풀이

답 맨 위의 수: , 맨 아래의 수:

20 주어진 수 중에서 4보다 크고 8보다 작은 수는 모두 몇 개인지 풀이 과정을 쓰고 답을 구해 보세요.

5	4	1	9	0	6	8

풀이

답

1

2 여러 가지 모양

이것들 중 잘 굴러가는 것은 무엇일까?

각각의 모양을 보고 특징을 알 수 있어!

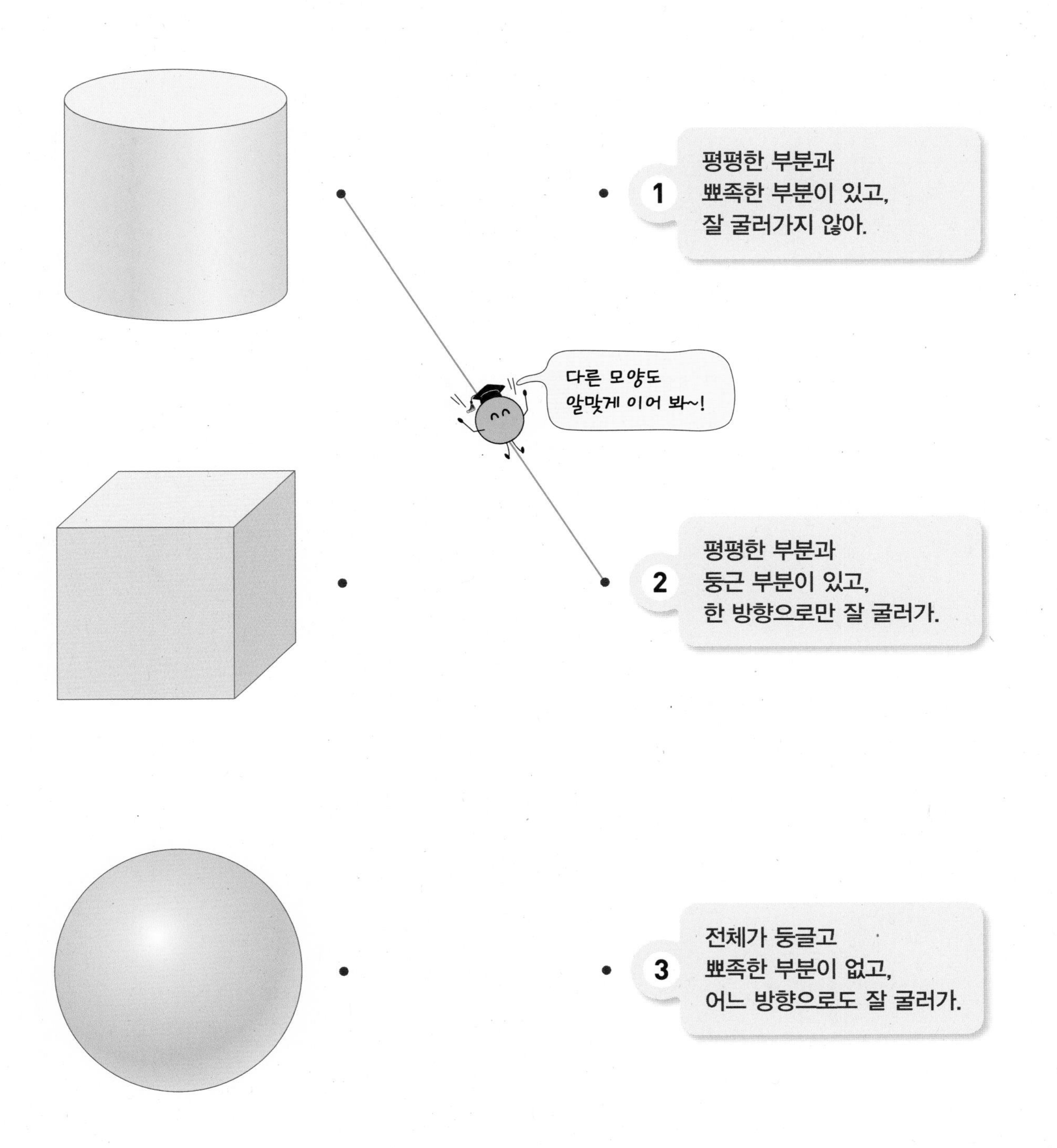

평평한 부분과
뾰족한 부분이 있고,
잘 굴러가지 않아.
1
다른 모양도
알맞게 이어 봐~!
평평한 부분과
둥근 부분이 있고,
한 방향으로만 잘 굴러가.
2
전체가 둥글고
뾰족한 부분이 없고,
어느 방향으로도 잘 굴러가.
3

답 2, 1, 3

1 여러 가지 모양을 찾아볼까요

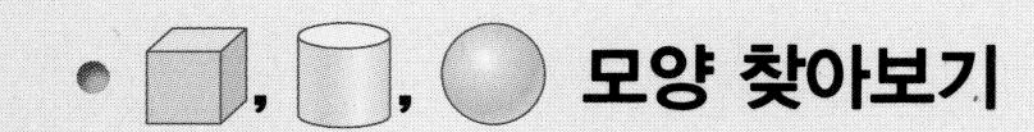

• 모양 찾아보기

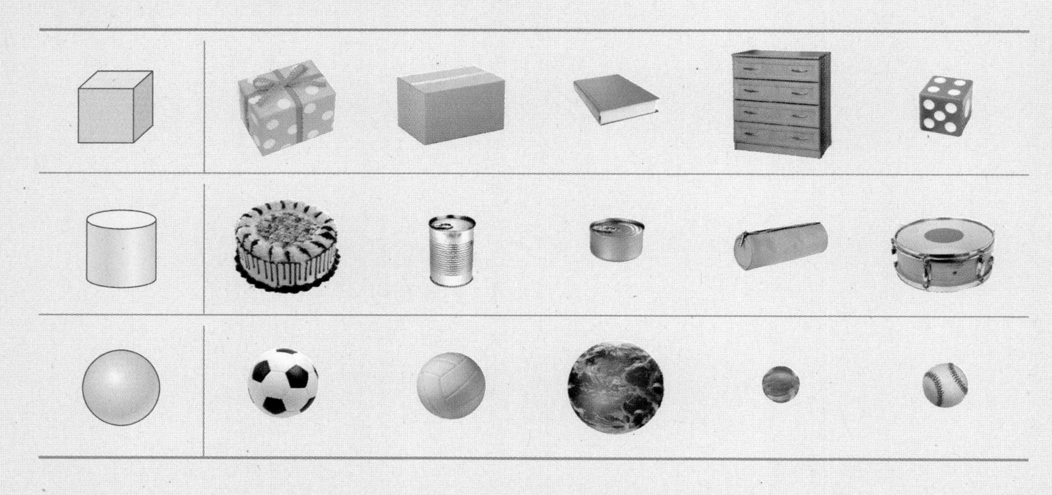

물건들의 색깔이나 크기, 성질이 달라도 모양의 공통점을 생각하여 ▢, ▢, ◯ 모양으로 나눌 수 있습니다.

1 ▢ 모양에 □표, ▢ 모양에 △표, ◯ 모양에 ○표 하세요.

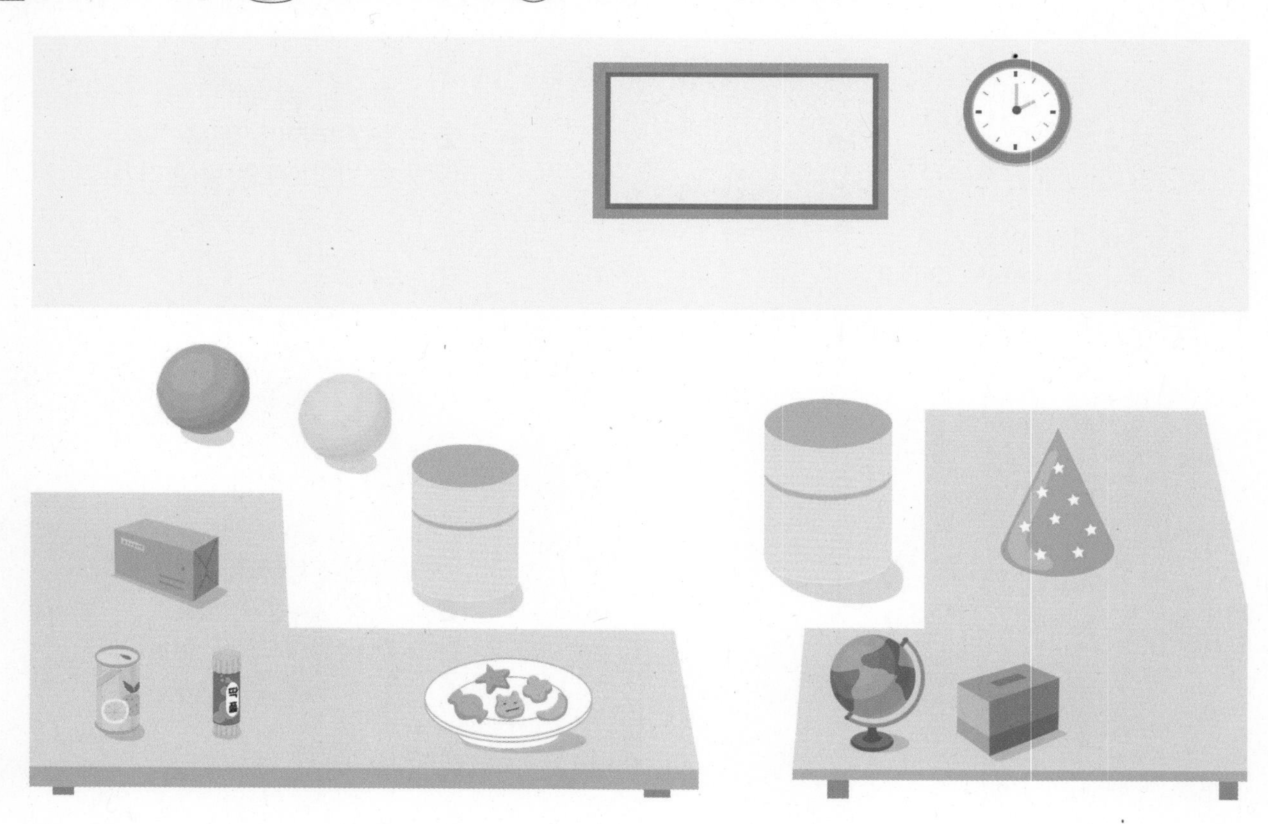

2 모양에 ○표 하세요.

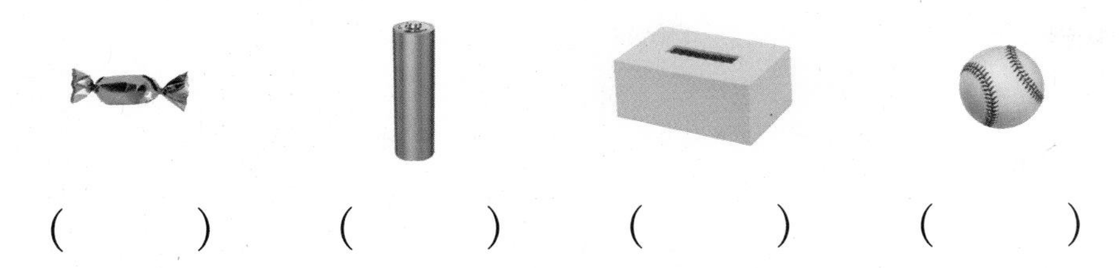

(　　) (　　) (　　) (　　)

> 같은 모양을 찾을 때에는 크기나 색깔은 생각하지 않아도 됩니다.

3 모양에 ○표 하세요.

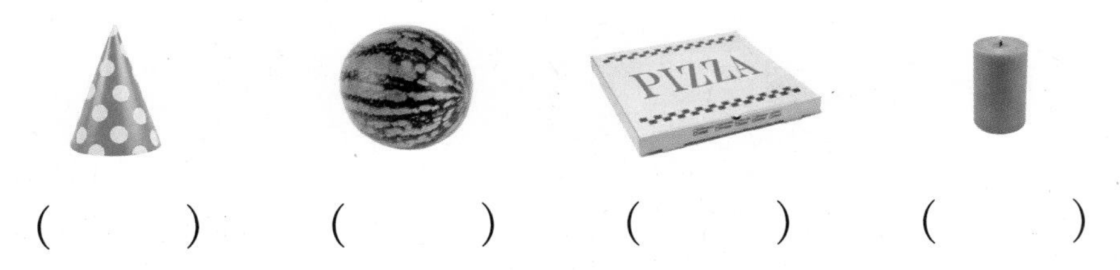

(　　) (　　) (　　) (　　)

> 고깔모자는 , , 모양이라고 할 수 없습니다.

4 모양에 ○표 하세요.

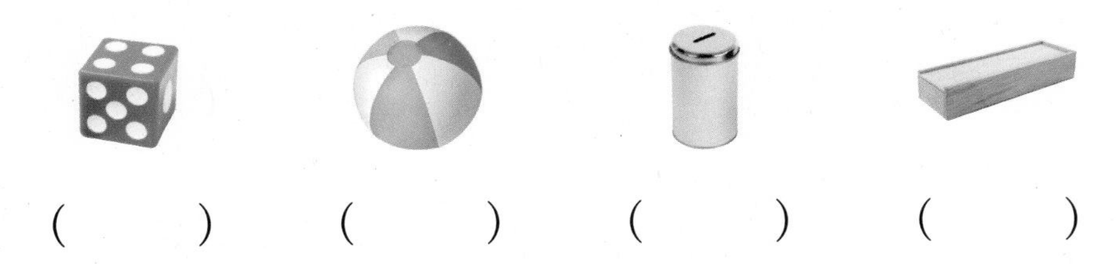

(　　) (　　) (　　) (　　)

5 같은 모양끼리 이어 보세요.

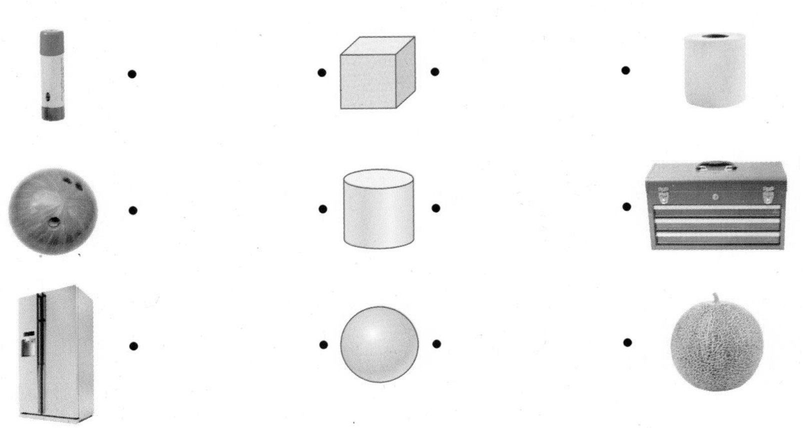

> 냉장고에는 손잡이, 버튼 등이 있지만 평평한 부분으로 둘러싸인 모양의 특징만을 생각하여 같은 모양을 찾아봅니다.

2 여러 가지 모양을 알아볼까요

- ▢, ▢, ◯ 모양 알아보기

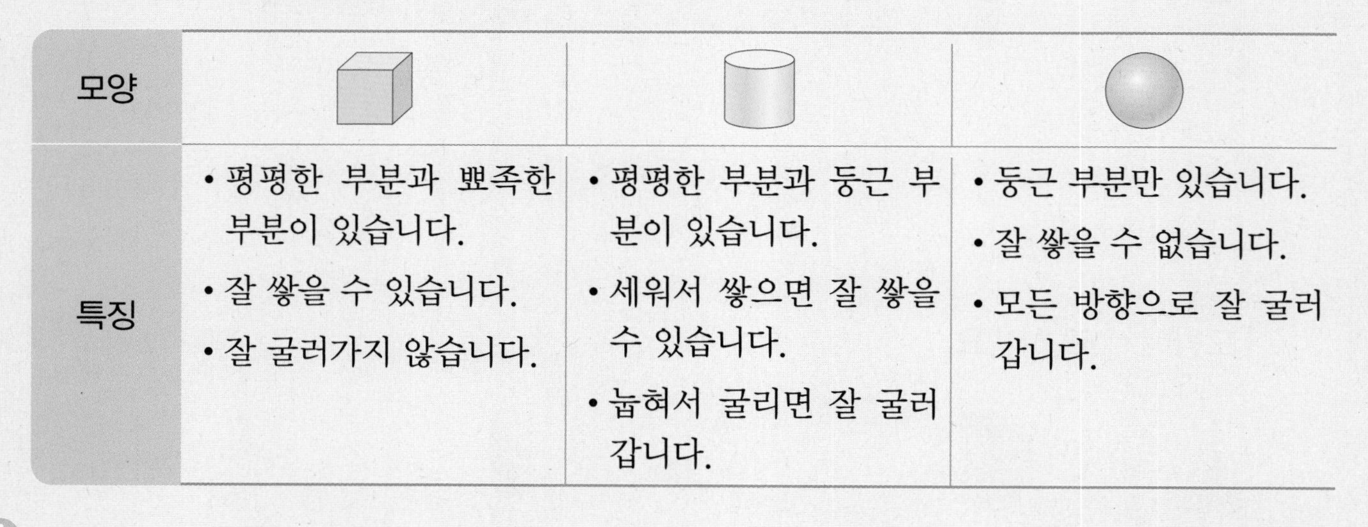

모양	(상자 모양)	(둥근기둥 모양)	(공 모양)
특징	• 평평한 부분과 뾰족한 부분이 있습니다. • 잘 쌓을 수 있습니다. • 잘 굴러가지 않습니다.	• 평평한 부분과 둥근 부분이 있습니다. • 세워서 쌓으면 잘 쌓을 수 있습니다. • 눕혀서 굴리면 잘 굴러갑니다.	• 둥근 부분만 있습니다. • 잘 쌓을 수 없습니다. • 모든 방향으로 잘 굴러갑니다.

!

- 평평한 부분과 뾰족한 부분이 있습니다. ➡ (▢, ▢, ◯)
- 평평한 부분과 둥근 부분이 있습니다. ➡ (▢, ▢, ◯)
- 둥근 부분만 있습니다. ➡ (▢, ▢, ◯)

1 민수가 비밀 상자 속에서 잡은 물건에 ○표 하세요.

( ) ( ) ( )

2 여러 가지 모양으로 놀이를 할 때 굴리기 어려운 모양을 찾아 ○표 하세요.

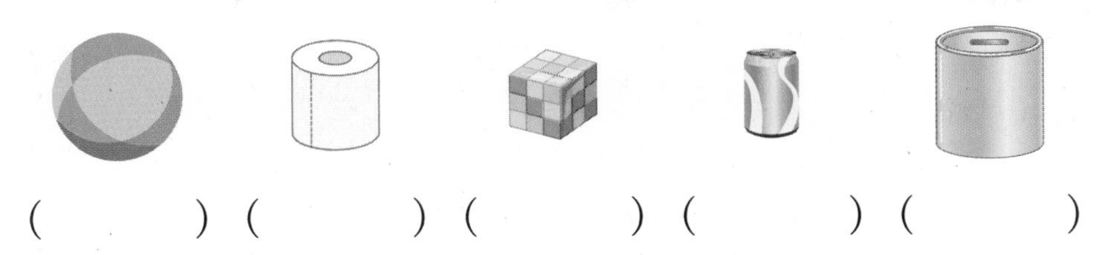

( ) ( ) ( ) ( ) ( )

▶ 둥근 부분이 있어야 잘 굴러 갑니다.

3 여러 방향에서 보았을 때 항상 둥근 모양을 찾아 ○표 하세요.

( ) ( ) ( )

4 친구의 설명에 알맞는 모양을 찾아 이어 보세요.

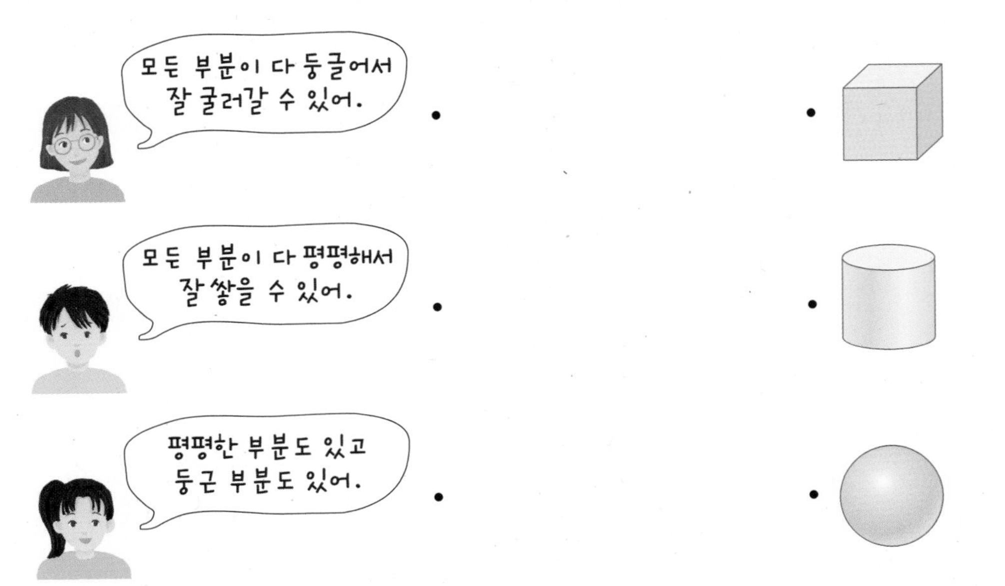

▶ 잘 굴러가려면 둥근 부분이 있어야 하고, 잘 쌓으려면 평평한 부분이 있어야 합니다.

3 여러 가지 모양으로 만들어 볼까요

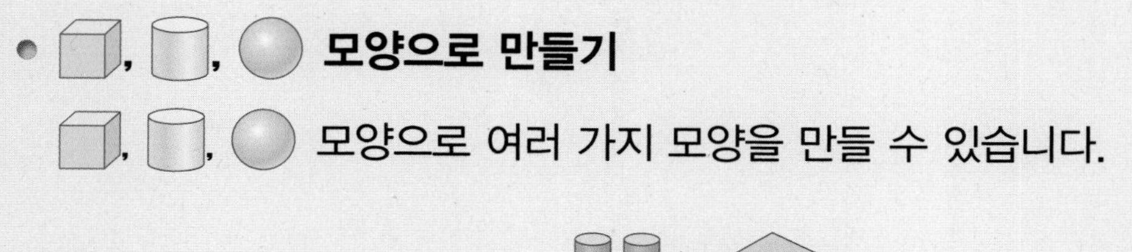

- , , 모양으로 만들기

, , 모양으로 여러 가지 모양을 만들 수 있습니다.

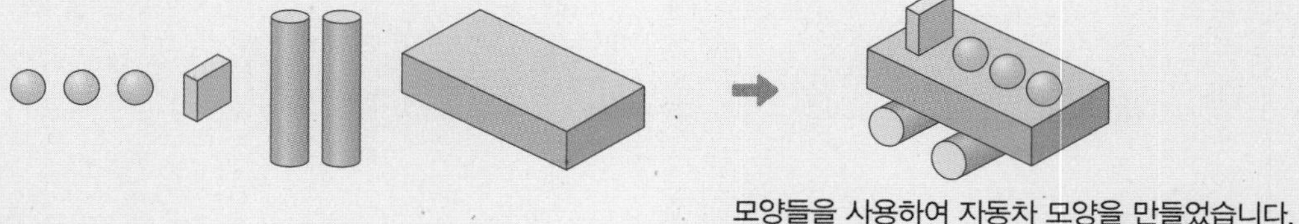

모양들을 사용하여 자동차 모양을 만들었습니다.

1 혜진이와 성민이가 , , 모양의 물건으로 여러 가지 모양을 만들고 있습니다. 물음에 답하세요.

(1) 혜진이가 만든 모양입니다. 사용하지 않은 모양에 ○표 하세요.

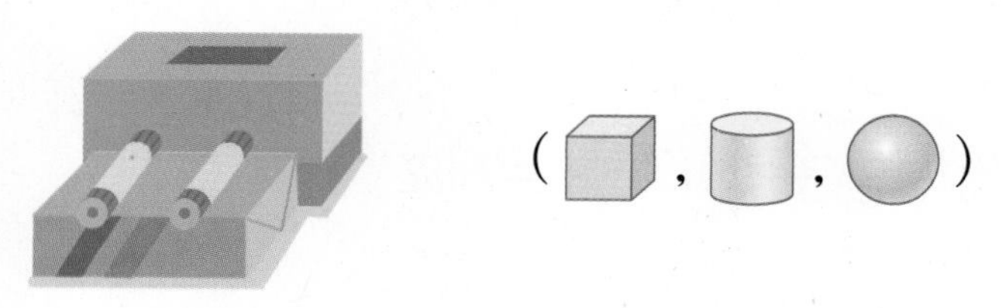

(, ,)

(2) 성민이가 만든 모양입니다. , , 모양을 각각 몇 개 사용했는지 세어 보세요.

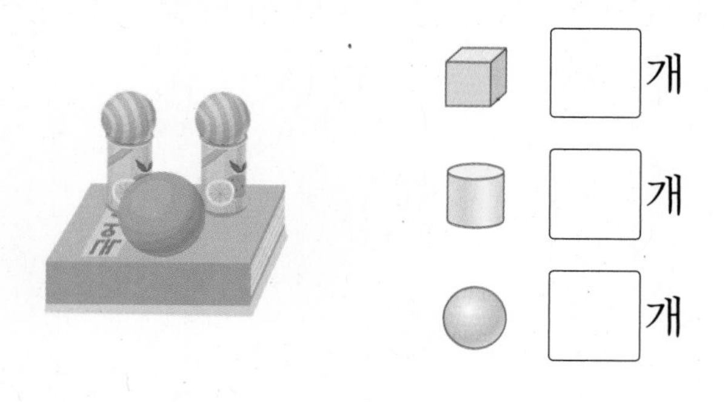

□개

□개

□개

2 지희는 다음과 같은 모양을 만들었습니다. 물음에 답하세요.

(1) 지희가 사용한 모양에 ○표 하세요.

(□, □, ○)

(2) 지희는 (1)에서 고른 모양을 몇 개 사용했나요?

(   )

▶ 여러 가지 모양을 만들 때에는 각 모양의 특징을 생각해야 합니다.

□: 평평한 부분과 뾰족한 부분이 있습니다.

□: 평평한 부분과 둥근 부분이 있습니다.

○: 둥근 부분만 있습니다.

3 □, □, ○ 모양을 각각 몇 개 사용했는지 세어 보세요.

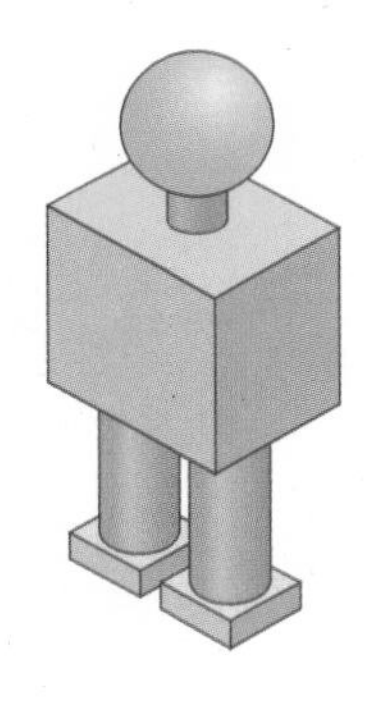

□ (   )

▶ 사용한 모양의 개수를 셀 때에는 빠뜨리거나 두 번 세지 않도록 모양별로 다른 표시를 하며 세어 봅니다.

4 왼쪽 모양을 모두 사용하여 만든 모양을 찾아 이어 보세요.

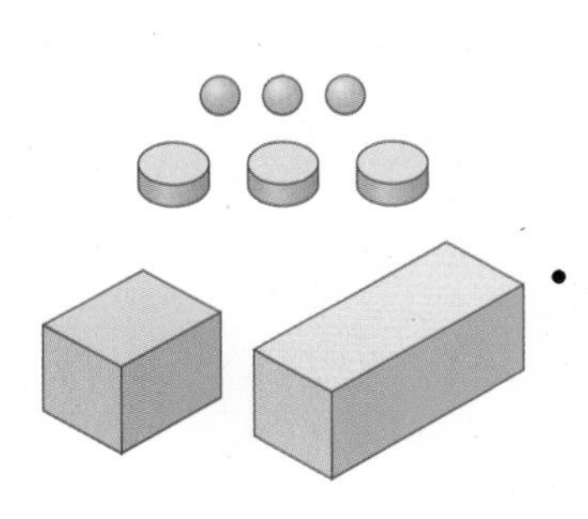

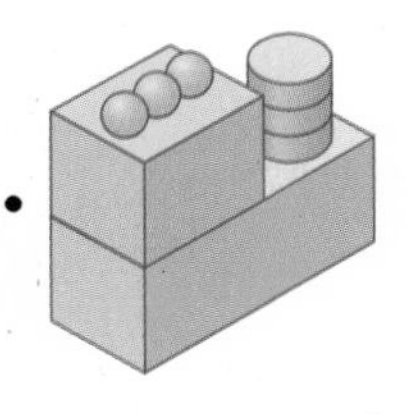

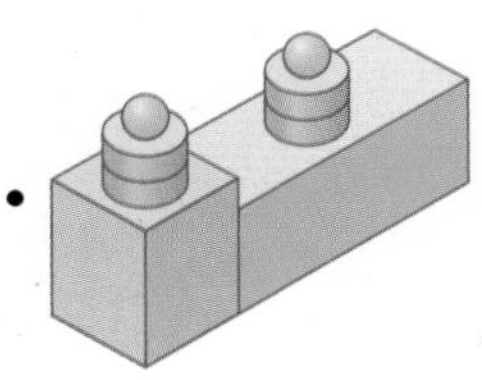

▶ 왼쪽에 있는 모양과 오른쪽에 만들어진 모양을 비교해 봅니다.

기본기 다지기

1 여러 가지 모양 찾아보기

1 모양에 ○표 하세요.

( ) ( ) ( )

2 모양이 아닌 것에 ○표 하세요.

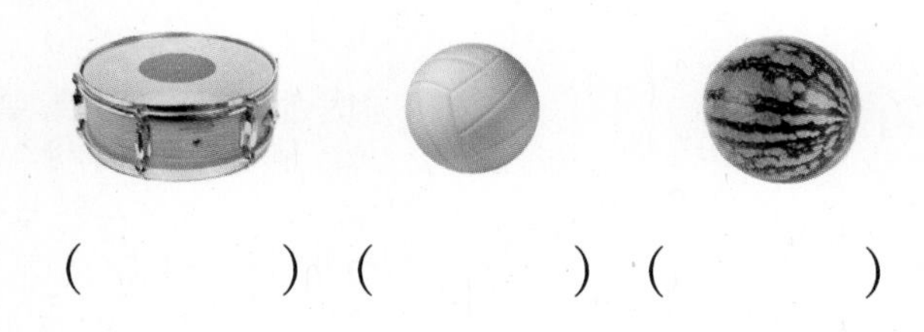

( ) ( ) ( )

3 여러 가지 물건을 보고 물음에 답하세요.

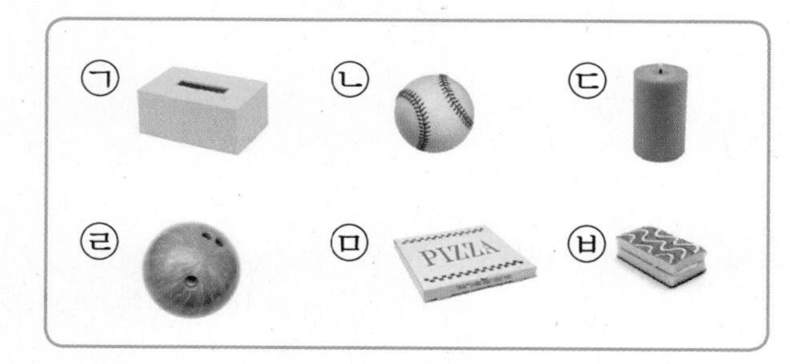

(1) 모양의 물건을 모두 찾아 기호를 써 보세요.

( )

(2) 모양의 물건은 몇 개일까요?

( )

4 모양이 나머지와 다른 것에 ○표 하세요.

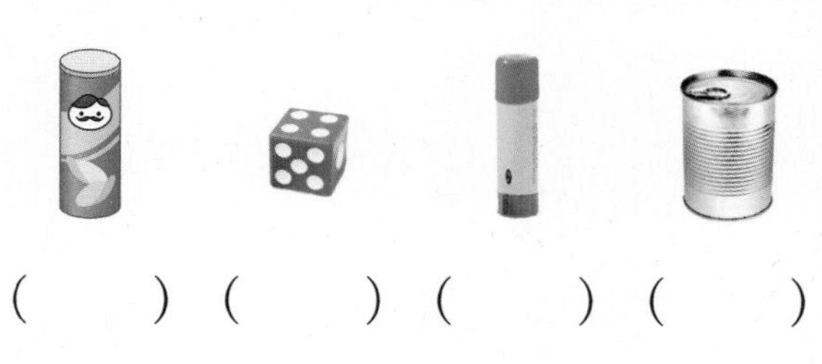

( ) ( ) ( ) ( )

5 같은 모양끼리 이어 보세요.

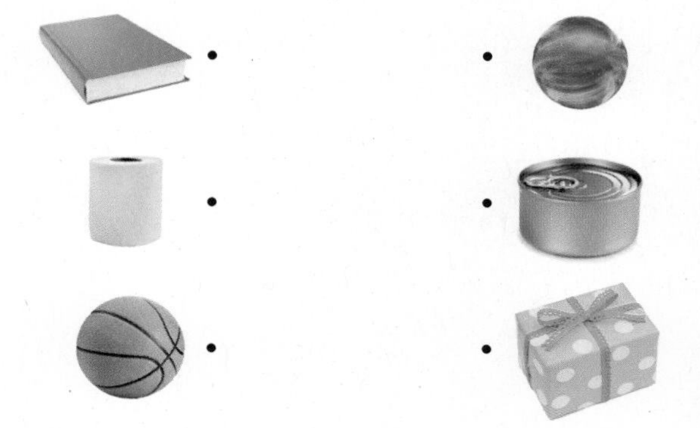

6 다음은 어떤 모양을 모아 놓은 것인지 찾아 ○표 하세요.

(, ,)

7 주연이가 살 물건을 계산대 위에 올려 놓았습니다. 찾을 수 있는 모양을 모두 찾아 (상자) 모양은 □표, (원기둥) 모양은 △표, (공) 모양은 ○표 하세요.

2 여러 가지 모양 알아보기

8 민정이가 상자 속에 있는 물건을 손으로 만져 보았더니 둥근 부분도 있고 평평한 부분도 있었습니다. 이 물건을 찾아 ○표 하세요.

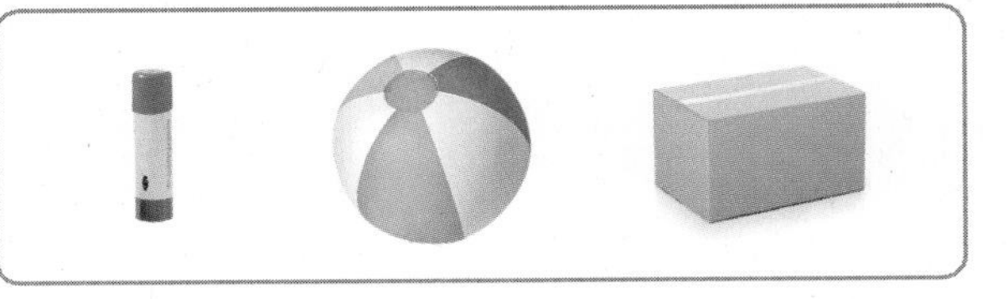

9 다음에서 설명하는 모양의 물건을 찾아 ○표 하세요.

모든 방향으로 잘 굴러갑니다.

10 침대로 사용하기에 알맞은 모양을 찾아 ○표 하세요.

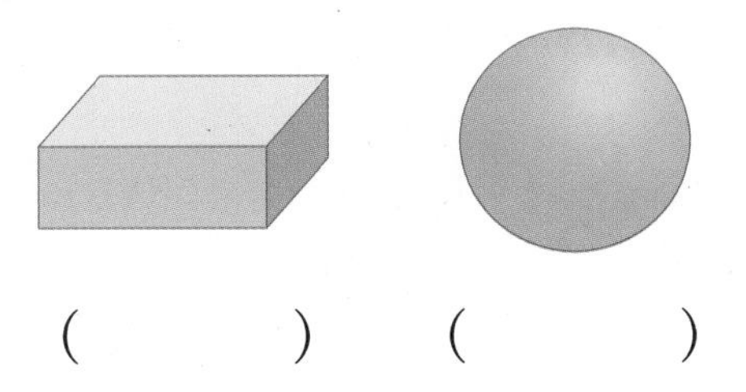

(　　　) (　　　)

11 지수가 설명하는 모양으로 알맞은 것에 ○표 하세요.

잘 굴러도 가지만
잘 쌓을 수도 있어.
지수

((상자), (원기둥), (공))

12 다음은 어떤 모양에 대한 설명인지 찾아 ○표 하세요.

- 뾰족한 부분이 있습니다.
- 굴리면 잘 굴러가지 않습니다.

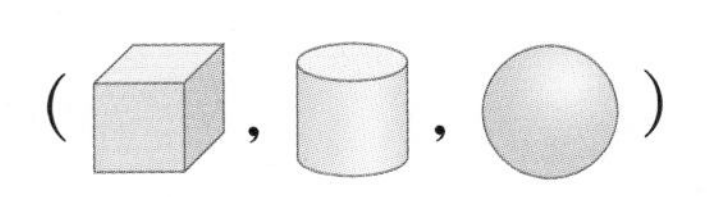

13 일부분만 보이는 모양을 보고 어떤 모양인지 찾아 ○표 하세요.

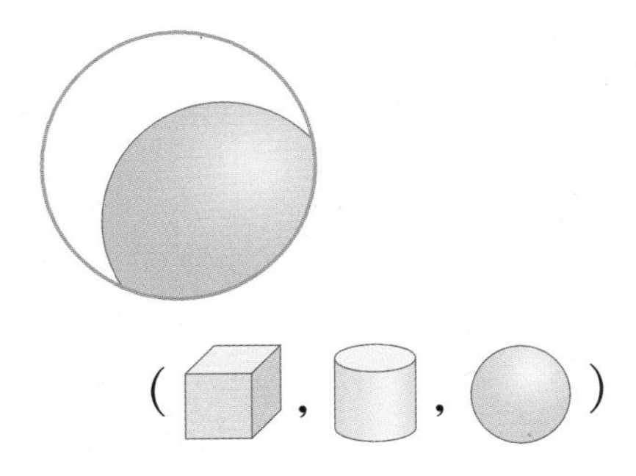

((상자), (원기둥), (공))

14 평평한 부분의 수에 알맞은 모양의 물건을 모두 찾아 기호를 써 보세요.

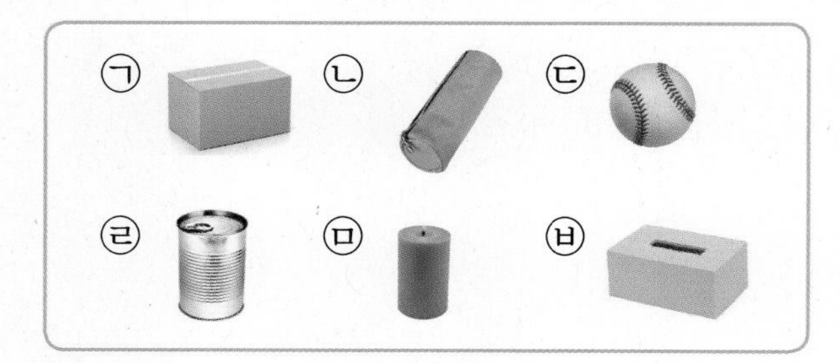

평평한 부분의 수(개)	물건
0	
2	
6	

15 지아네 모둠 친구들이 종이에 구멍을 뚫어 모양을 관찰하고 있습니다. 종이 뒤에 있는 모양을 잘못 설명한 친구의 이름을 써 보세요.

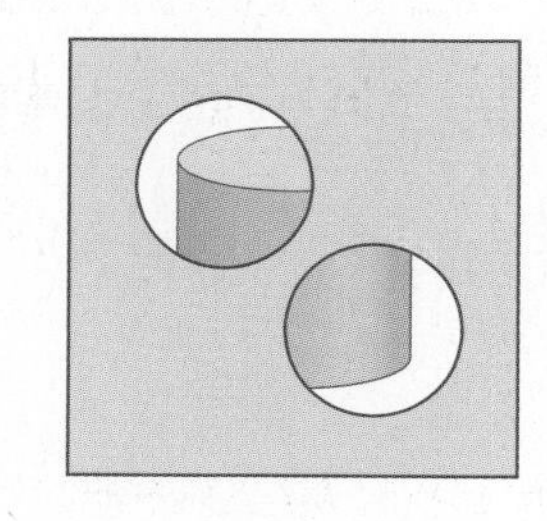

지아: 평평한 부분과 둥근 부분이 있습니다.
민수: 잘 쌓을 수 없습니다.
소라: 눕히면 잘 굴러갑니다.

( )

3 여러 가지 모양으로 만들기

16 사용한 모양을 찾아 ○표 하세요.

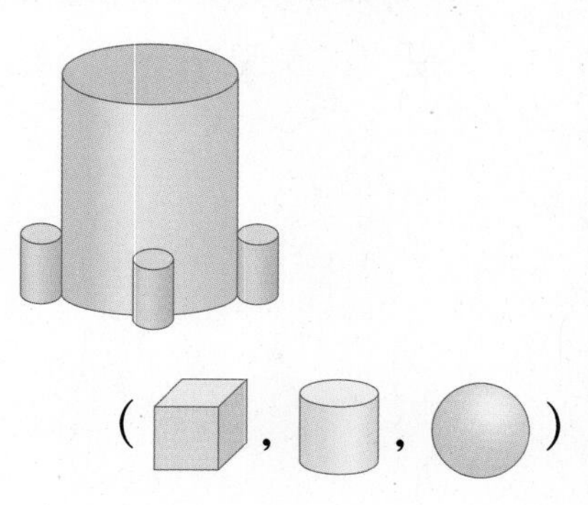

(□, □, ○)

17 사용하지 않은 모양을 찾아 ○표 하세요.

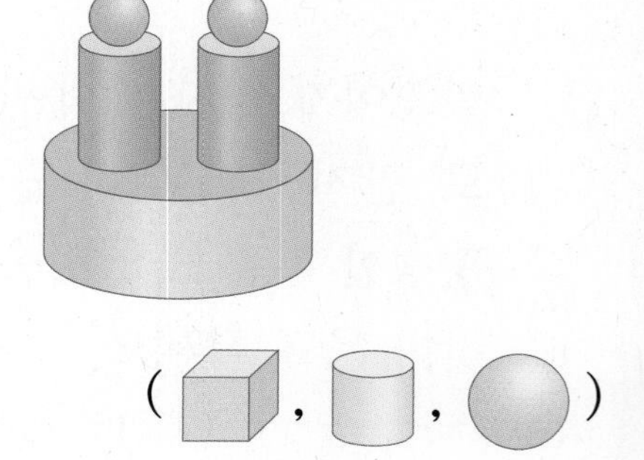

(□, □, ○)

18 □, □, ○ 모양을 각각 몇 개 사용했는지 세어 보세요.

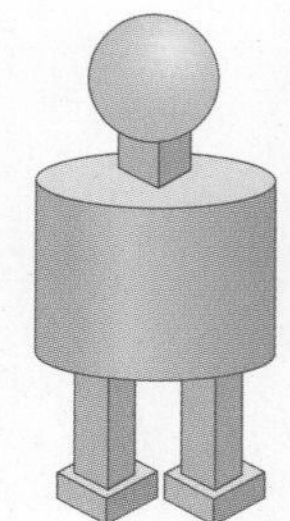

□ ( )
□ ( )
○ ( )

19 주어진 모양을 모두 사용하여 만든 모양을 찾아 기호를 써 보세요.

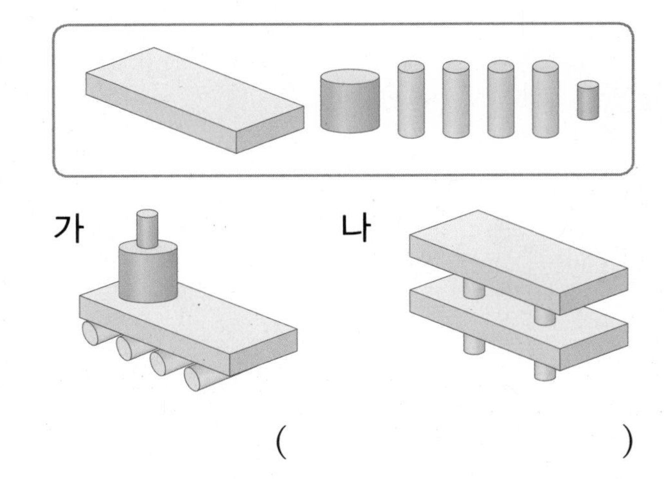

( )

20 다음 모양을 만드는 데 가장 많이 사용한 모양에 ○표 하세요.

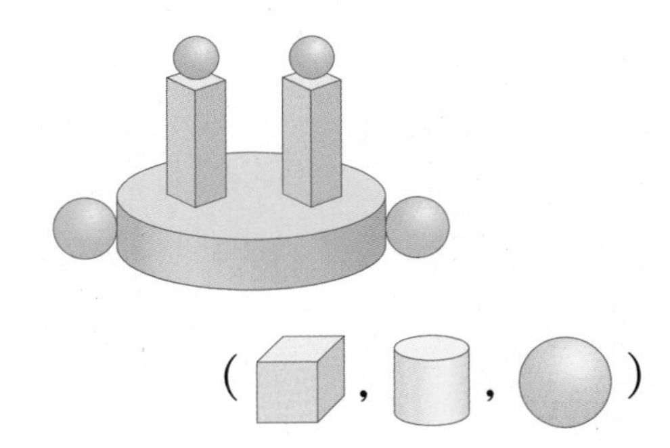

(, ,)

21 서로 다른 부분은 모두 몇 군데일까요?

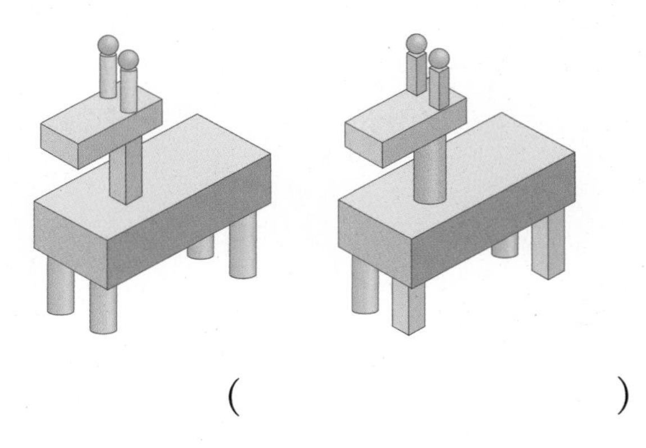

( )

22 모양을 만드는 데 모양을 더 많이 사용한 사람은 누구일까요?

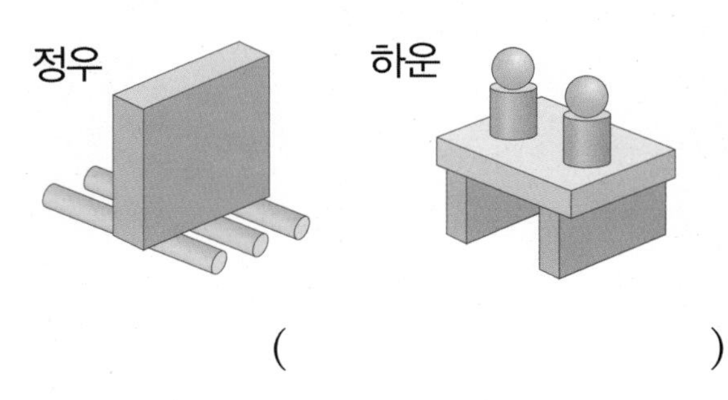

( )

서술형

23 다음 모양을 만드는 데 모양은 모양보다 몇 개 더 많이 사용했는지 풀이 과정을 쓰고 답을 구해 보세요.

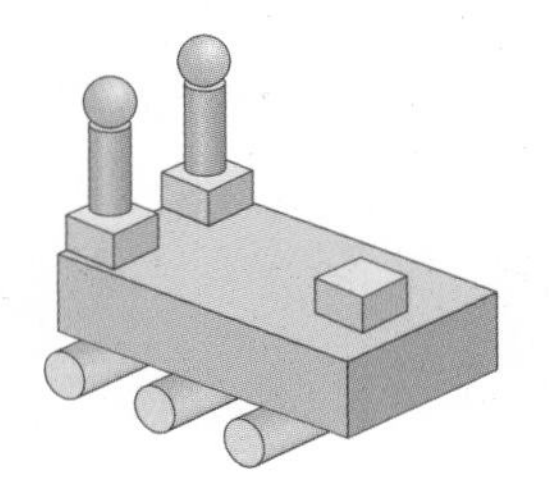

풀이 ....

답 ....

2

응용력 기르기

응용유형 1 공통으로 사용한 모양 찾기

두 모양을 만드는 데 공통으로 사용한 모양을 찾아 ○표 하세요.

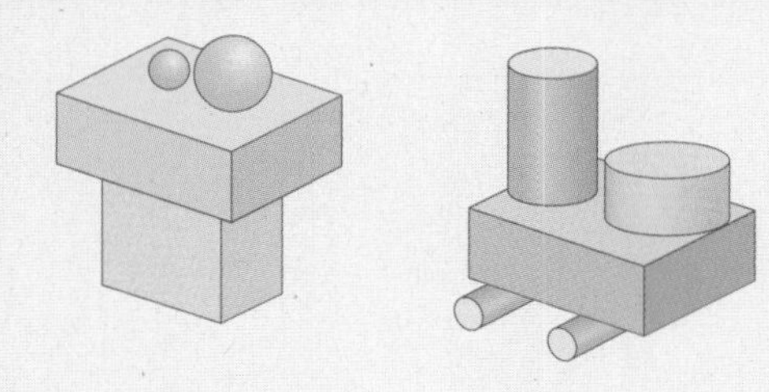

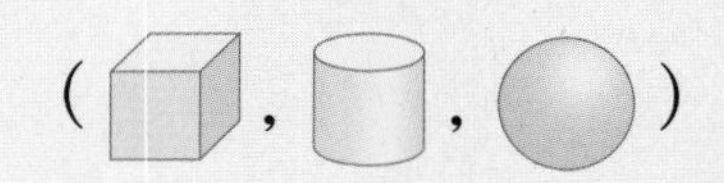

● 핵심 NOTE • 두 모양을 만드는 데 사용한 모양을 각각 알아본 다음 공통으로 사용한 모양을 알아봅니다.

1-1 **두 모양을 만드는 데 공통으로 사용한 모양을 찾아 ○표 하세요.**

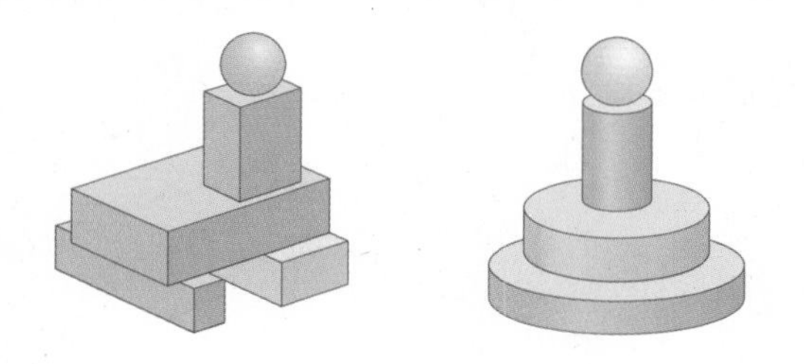

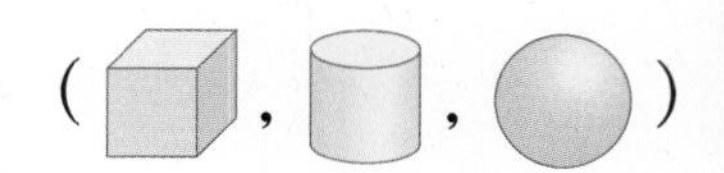

1-2 **두 모양을 만드는 데 공통으로 사용한 모양을 찾아 ○표 하고, 모두 몇 개 사용했는지 구해 보세요.**

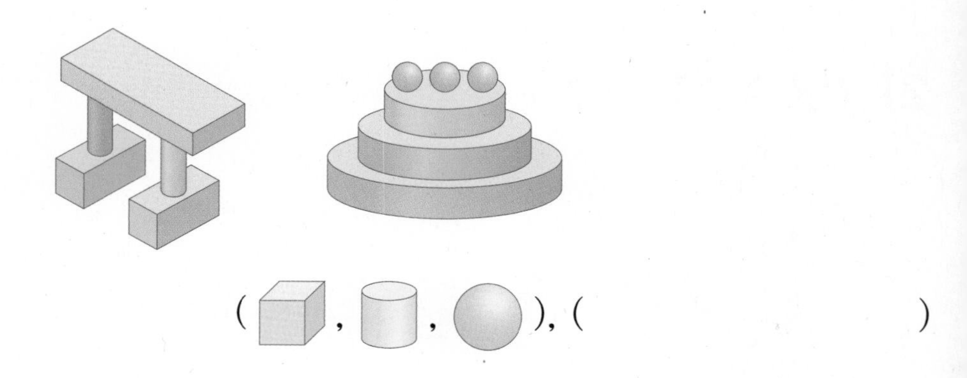

( ), ( )

응용유형 2

사용한 모양의 개수 비교하기

다음 모양을 만드는 데 가장 많이 사용한 모양을 찾아 ○표 하세요.

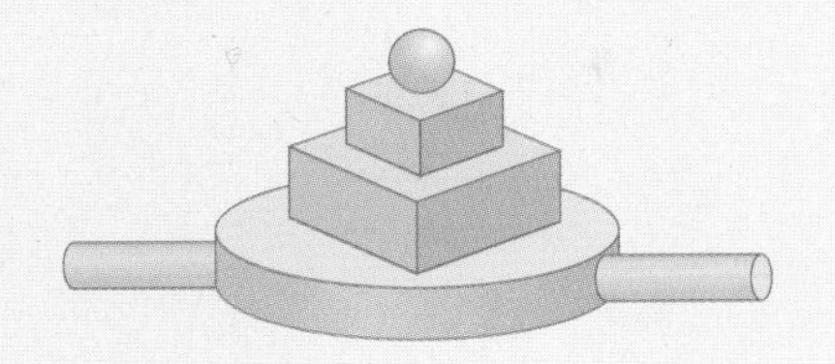

● 핵심 NOTE • 크기와 색깔은 달라도 모양이 같으면 같은 모양입니다.

2-1 **다음 모양을 만드는 데 가장 적게 사용한 모양을 찾아 ○표 하세요.**

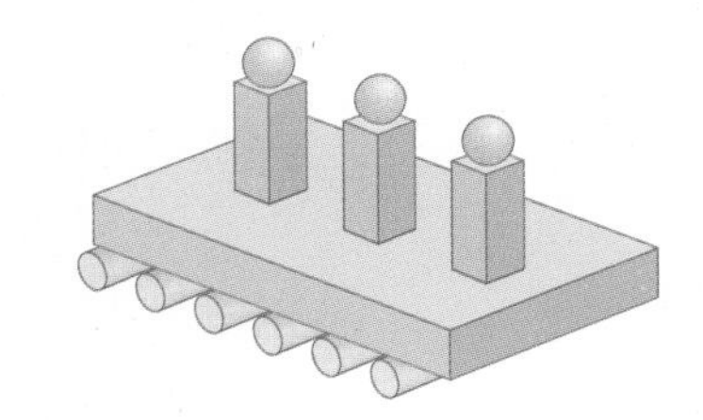

2-2 **모양을 만드는 데 [] 모양을 더 많이 사용한 것의 기호를 써 보세요.**

가

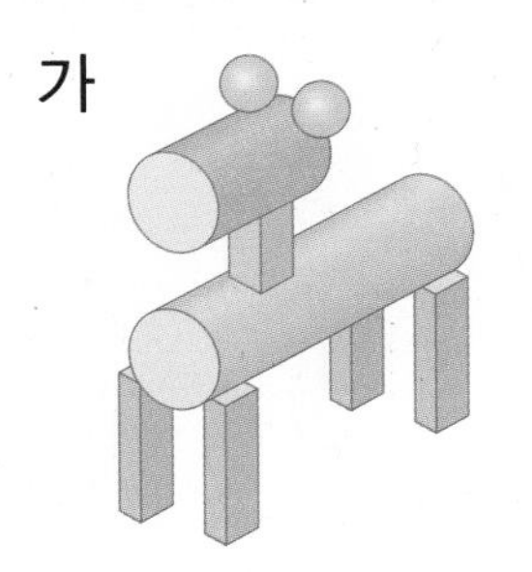

나

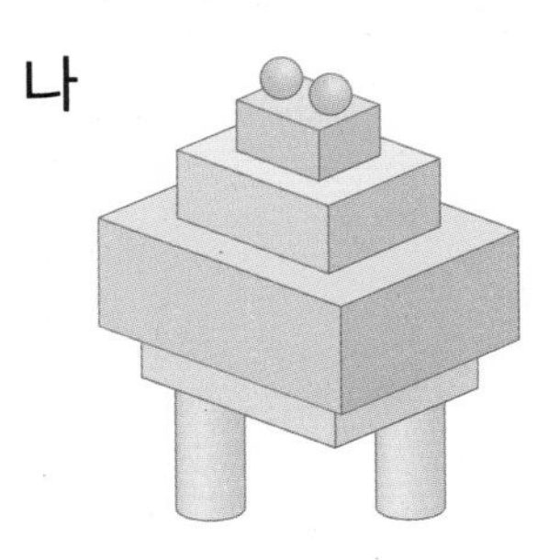

(　　　　　　　　)

2

응용유형 3 특징에 알맞은 모양의 개수 구하기

다음 모양에서 평평한 부분이 있는 모양은 모두 몇 개를 사용했나요?

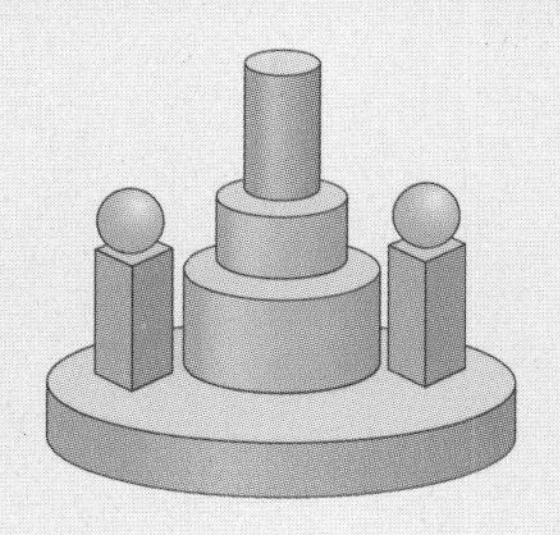

(　　　　　　　　)

● 핵심 NOTE　• 모양마다 어떤 특징이 있는지 알아봅니다.

3-1 다음 모양에서 둥근 부분이 있는 모양은 모두 몇 개를 사용했나요?

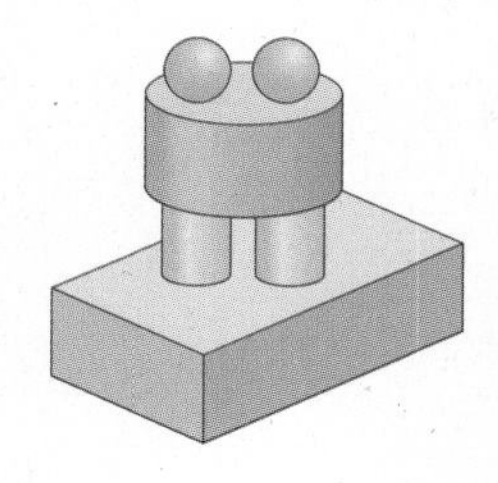

(　　　　　　　　)

3-2 다음 모양에서 뾰족한 부분이 없는 모양은 모두 몇 개를 사용했나요?

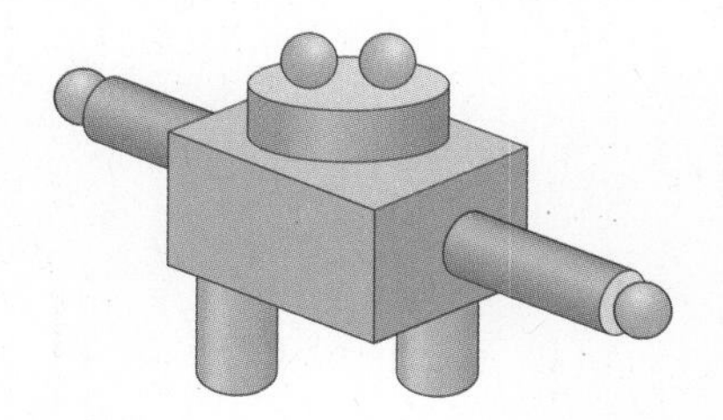

(　　　　　　　　)

규칙을 찾아 길 찾기

물건을 놓은 규칙을 찾아 순서대로 길을 따라가 버스가 도착한 곳을 써 보세요.

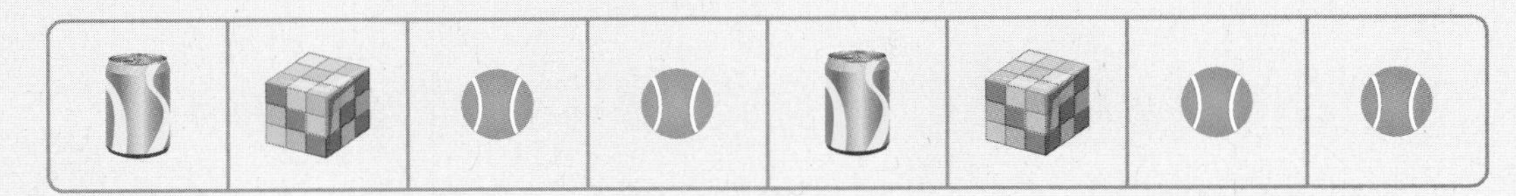

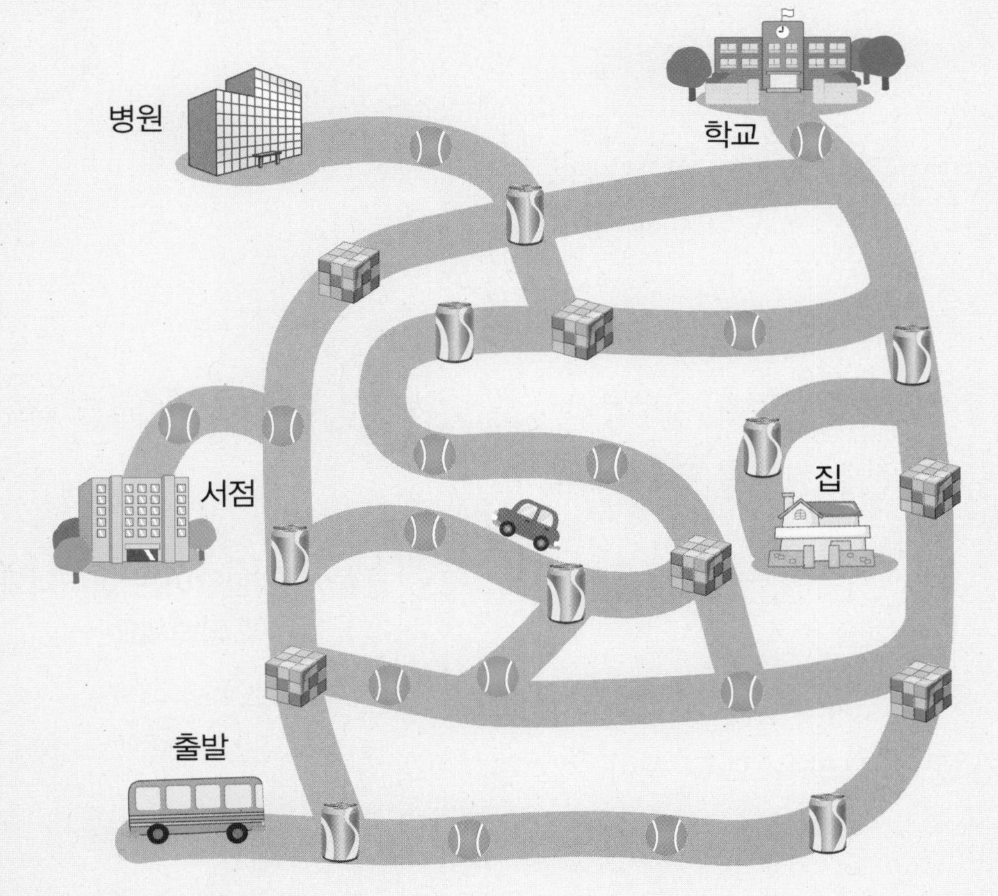

1단계 물건을 놓은 규칙 찾아보기

2단계 버스가 도착한 곳 찾아보기

( )

● **핵심 NOTE**

1단계 물건을 놓은 규칙을 찾습니다.

2단계 규칙대로 길을 따라가 버스가 도착한 곳을 찾습니다.

단원 평가 Level 1

점수

확인

[1~3] 그림을 보고 물음에 답하세요.

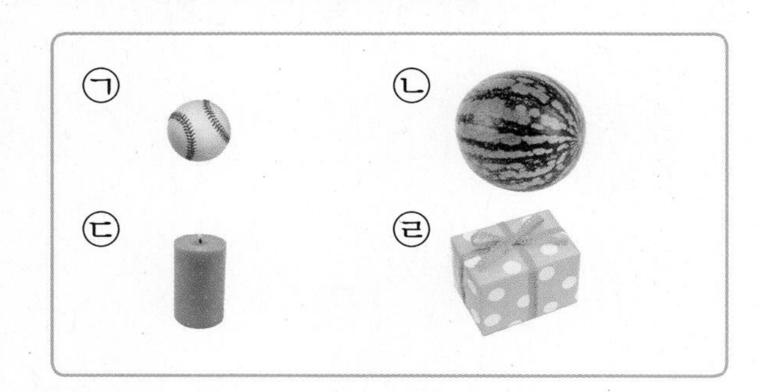

1 ▢ 모양을 찾아 기호를 써 보세요.

( )

2 ▢ 모양을 찾아 기호를 써 보세요.

( )

3 전체가 둥근 모양을 모두 찾아 기호를 써 보세요.

( )

4 같은 모양끼리 이어 보세요.

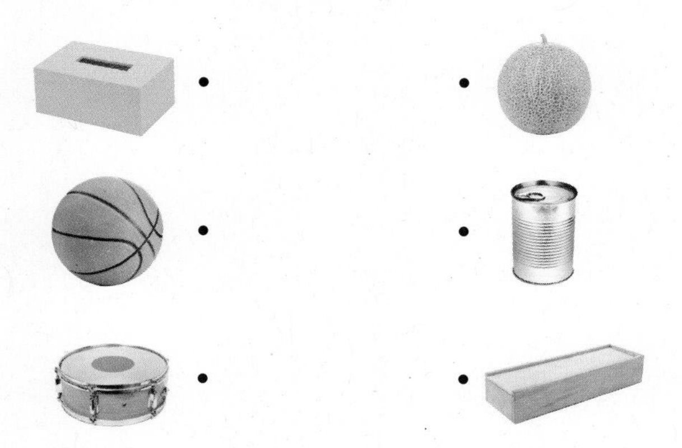

5 다은이는 케이크를 먹으려고 합니다. 케이크는 어떤 모양인지 알맞은 모양에 ○표 하세요.

(▢ , ▢ , ○)

[6~7] 한결이는 어머니와 함께 마트에 갔습니다. 물음에 답하세요.

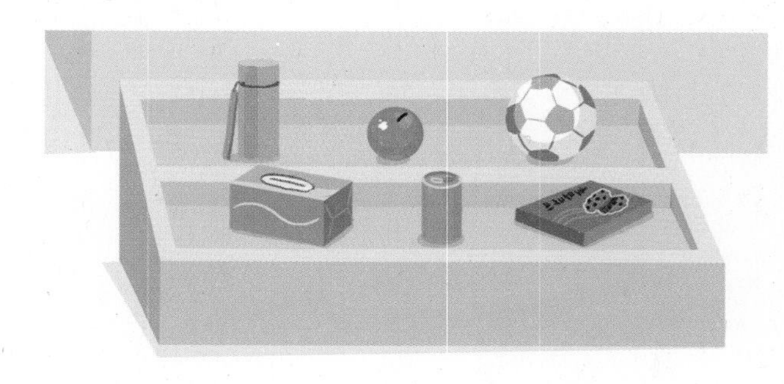

6 ▢ 모양을 모두 찾아 △표 하세요.

7 ▢ 모양은 몇 개일까요?

( )

8 다음은 어떤 모양을 모아 놓은 것인지 찾아 ○표 하세요.

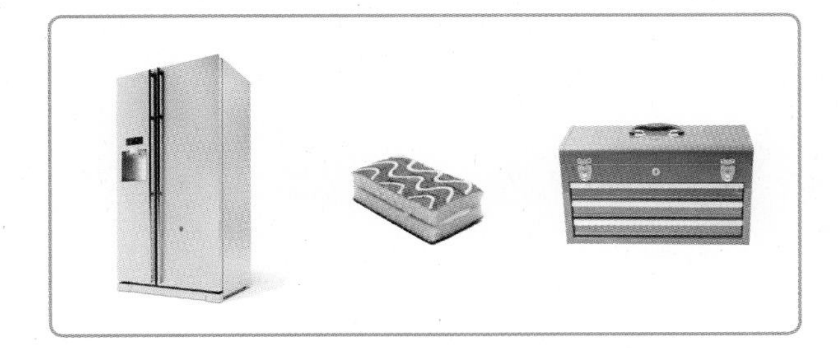

(▢ , ▢ , ○)

9 모양이 나머지와 다른 것에 ○표 하세요.

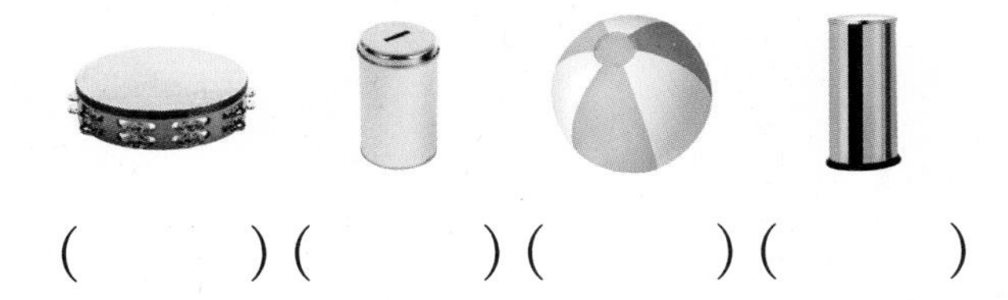

(   ) (   ) (   ) (   )

[10~11] 그림을 보고 물음에 답하세요.

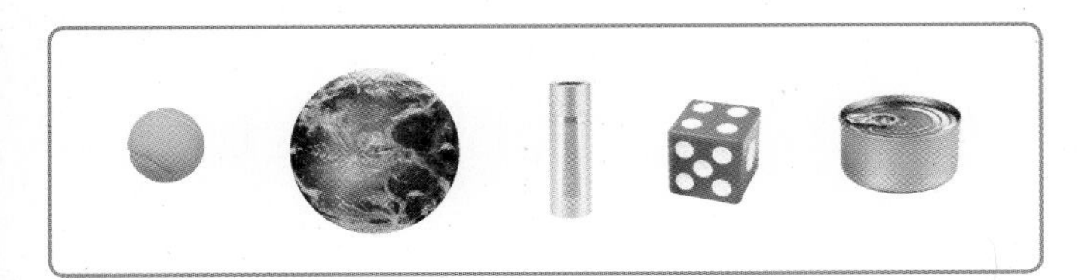

10 전체가 둥글고 뾰족한 부분이 없는 물건은 몇 개일까요?

(   )

11 잘 굴러가지 않는 물건은 몇 개일까요?

(   )

12 ▢ 모양과 ▢ 모양의 같은 점으로 알맞은 것을 모두 찾아 기호를 써 보세요.

㉠ 둥근 부분이 있습니다.
㉡ 평평한 부분이 있습니다.
㉢ 쌓을 수 있습니다.
㉣ 잘 굴러갑니다.

(   )

[13~15] 다음 모양을 보고 물음에 답하세요.

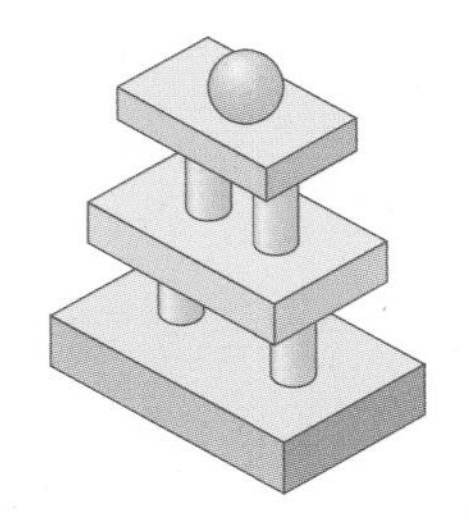

13 ▢ 모양을 몇 개 사용했는지 세어 보세요.

(   )

14 ▢ 모양을 몇 개 사용했는지 세어 보세요.

(   )

15 축구공과 모양이 같은 것을 몇 개 사용했는지 세어 보세요.

(   )

16 주어진 모양을 모두 사용하여 만든 모양을 찾아 이어 보세요.

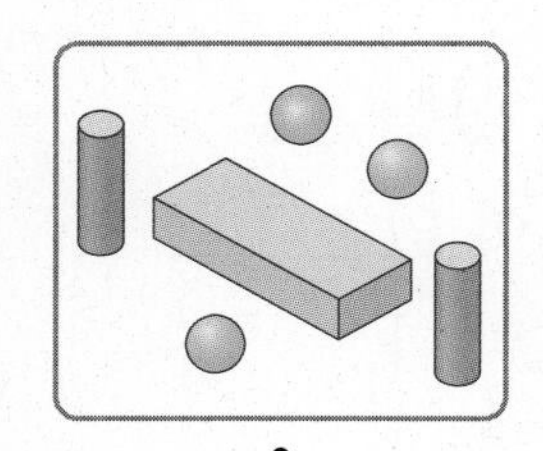
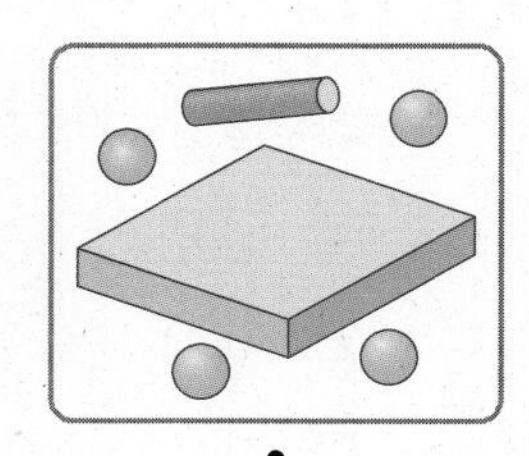

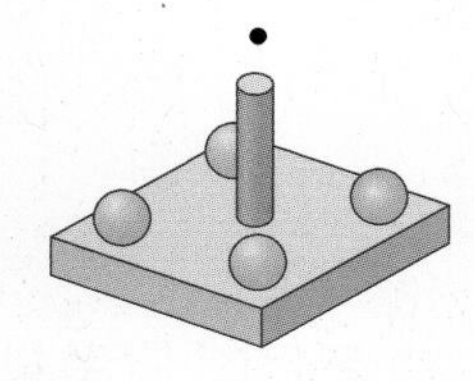
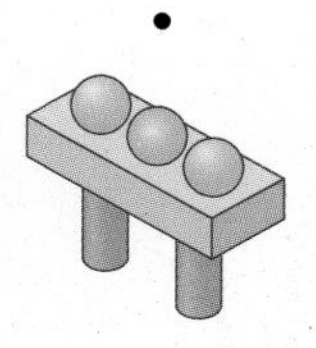

17 다음 모양을 만드는 데 가장 많이 사용한 모양을 찾아 ○표 하세요.

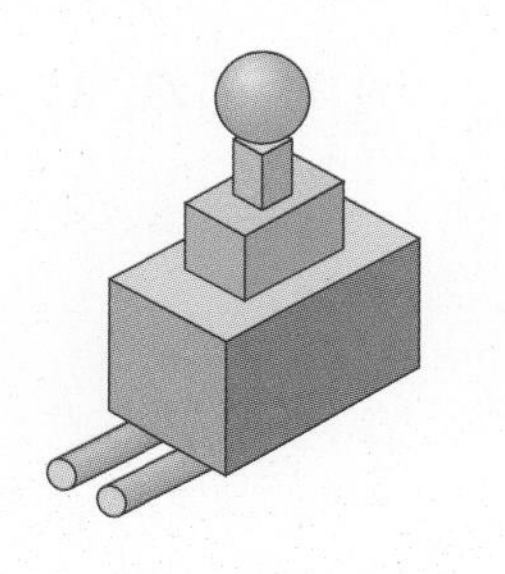

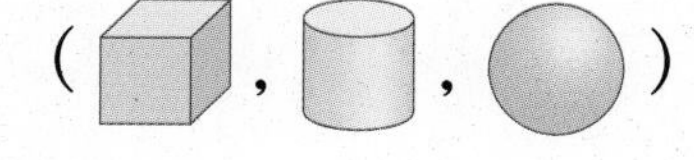

18 규칙에 따라 물건을 놓았습니다. □ 안에 알맞은 물건의 모양을 찾아 ○표 하세요.

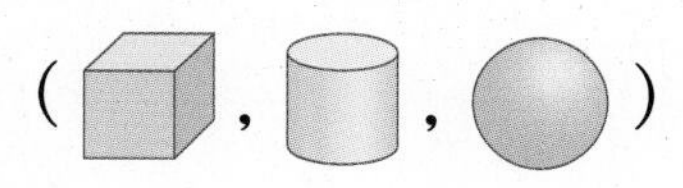

19 한 방향으로만 잘 굴러가는 물건은 몇 개인지 구하려고 합니다. 풀이 과정을 쓰고 답을 구해 보세요.

풀이 ....

답 ....

20 다음 모양을 만드는 데 □ 모양은 □ 모양보다 몇 개 더 많이 사용했는지 구하려고 합니다. 풀이 과정을 쓰고 답을 구해 보세요.

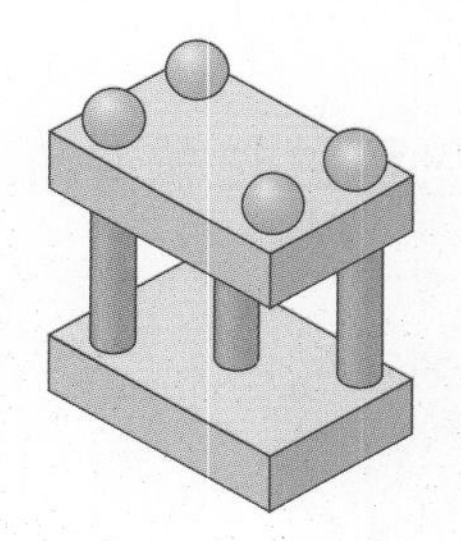

풀이 ....

답 ....

단원 평가 Level 2

점수

확인

1 왼쪽과 같은 모양의 물건을 찾아 ○표 하세요.

( ) ( ) ( )

2 다음 물건은 어떤 모양인지 찾아 ○표 하세요.

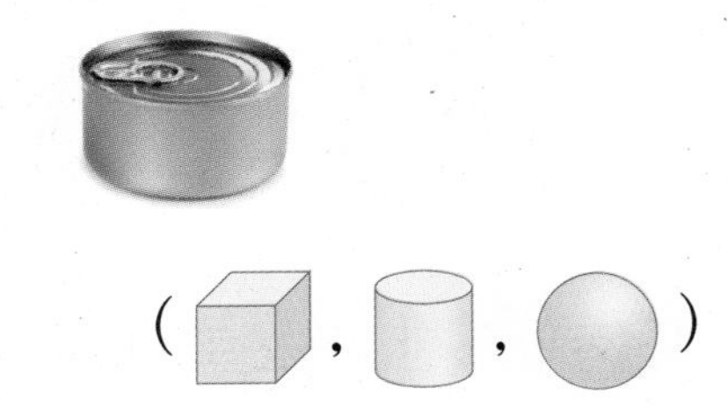

(, ,)

3 다음 설명이 맞으면 ○표, 틀리면 ×표 하세요.

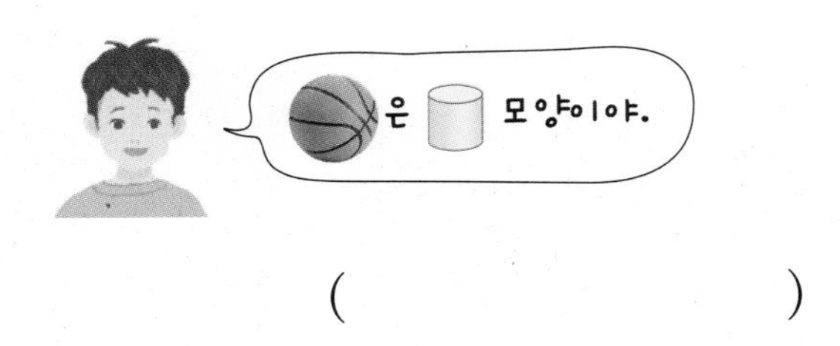

( )

4 같은 모양끼리 이어 보세요.

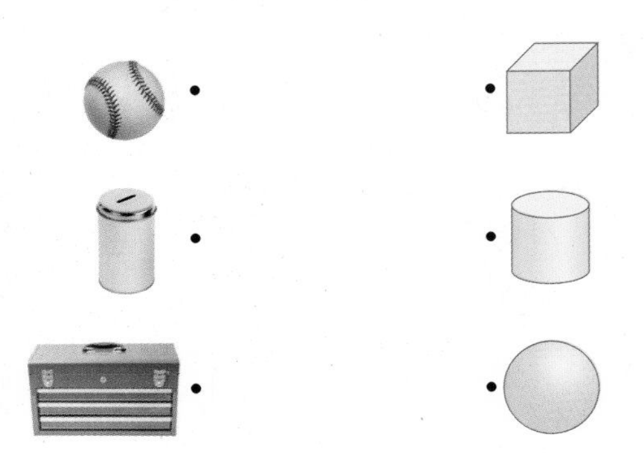

5 모양이 아닌 것을 찾아 기호를 써 보세요.

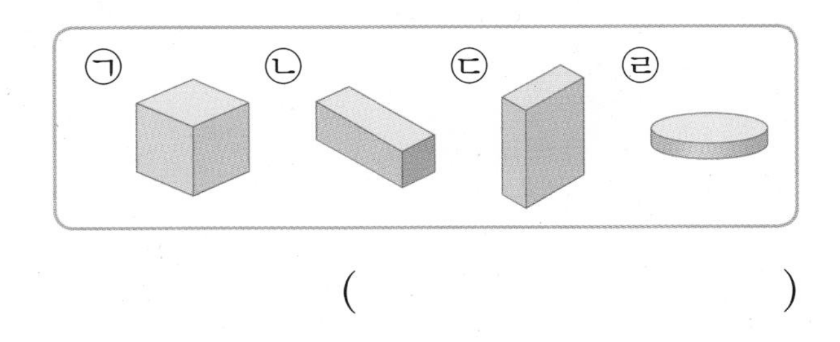

( )

6 나머지 셋과 다른 모양에 ○표 하세요.

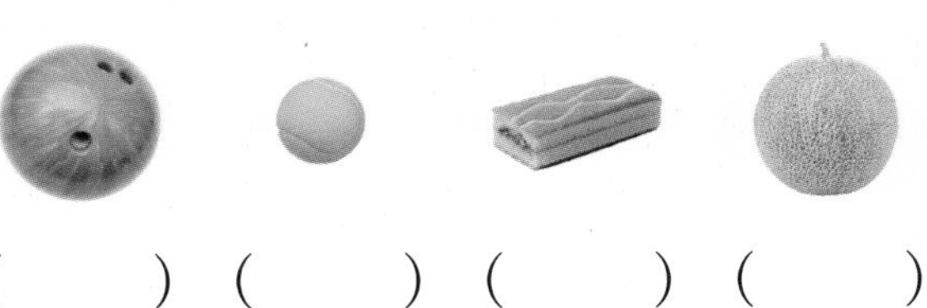

( ) ( ) ( ) ( )

7 다음은 어떤 모양의 물건을 모아 놓은 것인지 찾아 ○표 하세요.

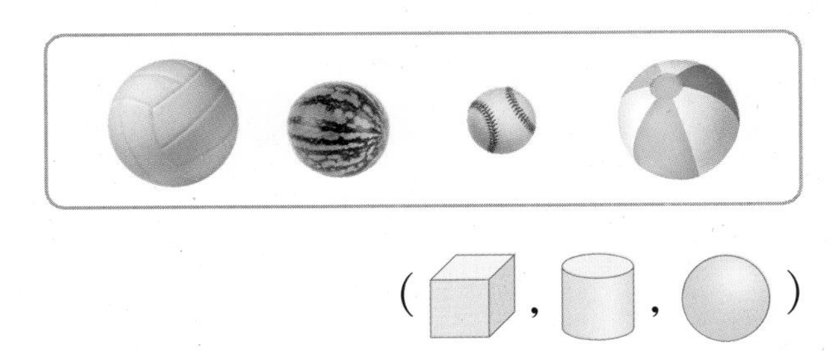

(, ,)

8 일부분이 오른쪽 모양과 같은 모양의 물건을 찾아 기호를 써 보세요.

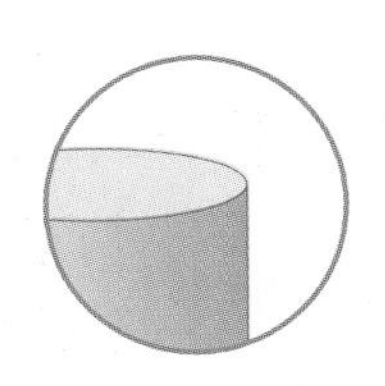

( )

9 잘 굴러가는 모양을 찾아보았습니다. 모양을 잘못 찾은 학생은 누구일까요?

현우	지호	재원

( )

10 오른쪽 모양을 바르게 설명한 것을 찾아 기호를 써 보세요.

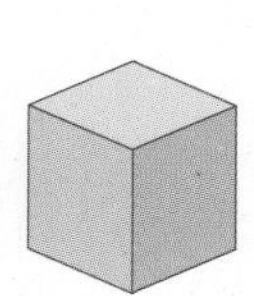

㉠ 모든 부분이 둥급니다.
㉡ 뾰족한 부분이 있습니다.
㉢ 옆은 둥글고 기둥처럼 생겼습니다.

( )

11 세윤이는 오른쪽과 같은 모양을 만들었습니다. , , 모양을 각각 몇 개 사용했는지 세어 보세요.

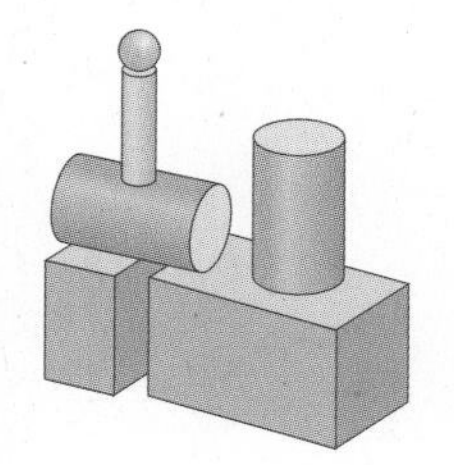

( )
( )
( )

12 기차 모양을 만드는 데 바퀴로 사용할 물건을 찾으려고 합니다. 알맞은 모양을 찾아 ○표 하세요.

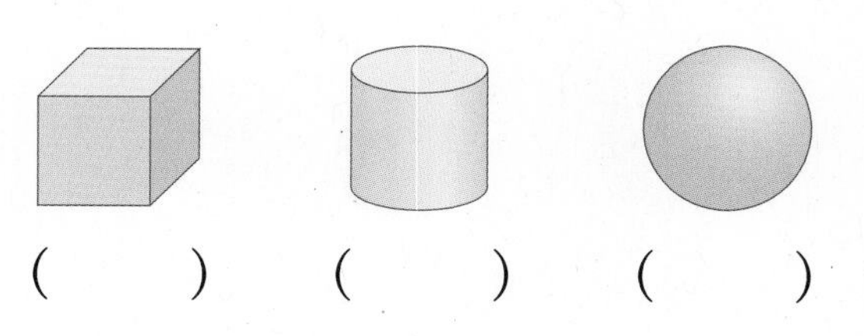

( ) ( ) ( )

[13~14] 물건을 보고 물음에 답하세요.

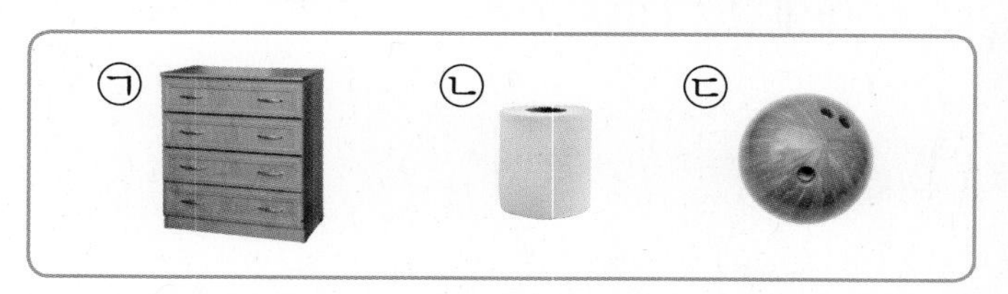

13 평평한 부분이 2개인 것을 찾아 기호를 써 보세요.

( )

14 뾰족한 부분과 평평한 부분이 모두 있는 것을 찾아 기호를 써 보세요.

( )

15 다음 설명에 알맞은 물건 2가지를 주변에서 찾아 써 보세요.

세우면 잘 쌓을 수 있고 눕히면 잘 굴러갑니다.

( )

16 다음 모양을 만드는 데 사용하지 않은 모양에 ○표 하세요.

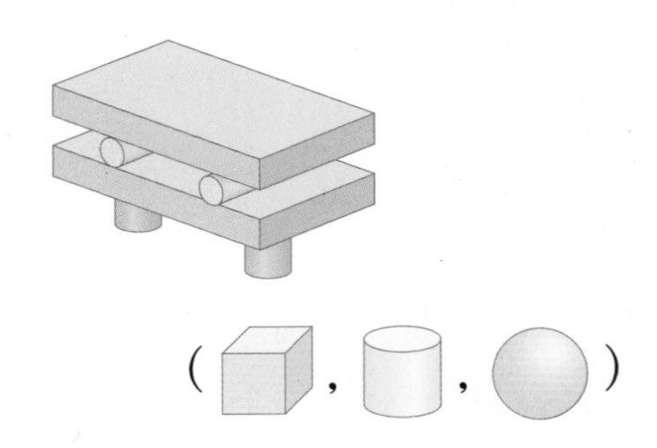

(□, □, ○)

17 □ 모양 2개, □ 모양 6개를 사용하여 만든 모양을 찾아 기호를 써 보세요.

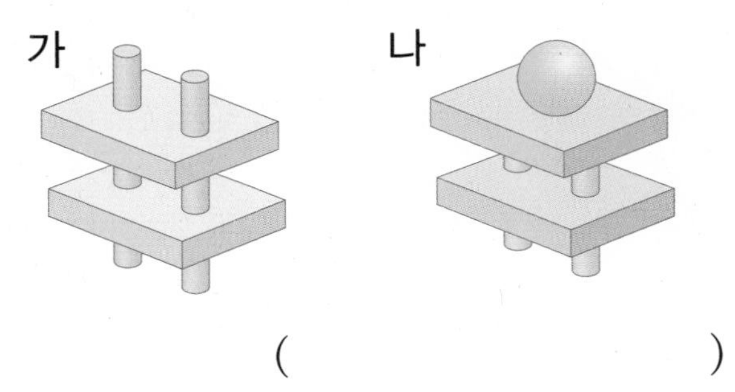

(　　　　　)

18 다음과 같은 모양을 2개 만들려고 합니다. □ 모양은 모두 몇 개 필요할까요?

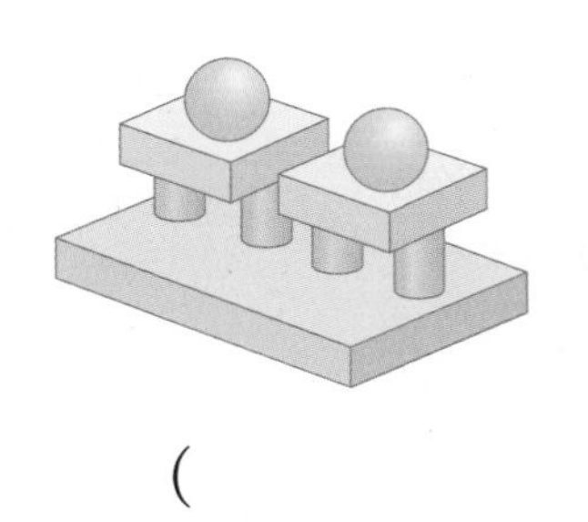

(　　　　　)

19 그림을 보고 어떤 일이 생길지 설명해 보세요.

설명 □ 모양 바퀴는 ....

20 가와 나 중에서 □ 모양을 더 많이 사용한 것은 어느 것인지 풀이 과정을 쓰고 답을 구해 보세요.

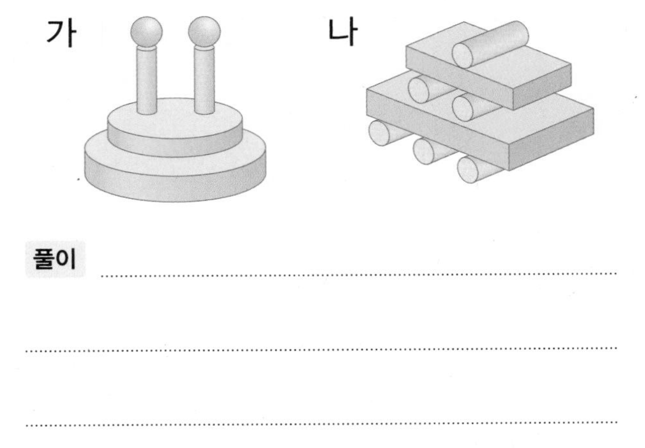

풀이 ....

답 ....

3 덧셈과 뺄셈

딸기 맛 사탕 2개와 포도 맛 사탕 3개를

상자에 담으면 사탕은 모두 5개!

상자에서 사탕 3개를 꺼내 먹으면 몇 개 남을까?

두 수를 모으기하거나 두 수로 가르기할 수 있어!

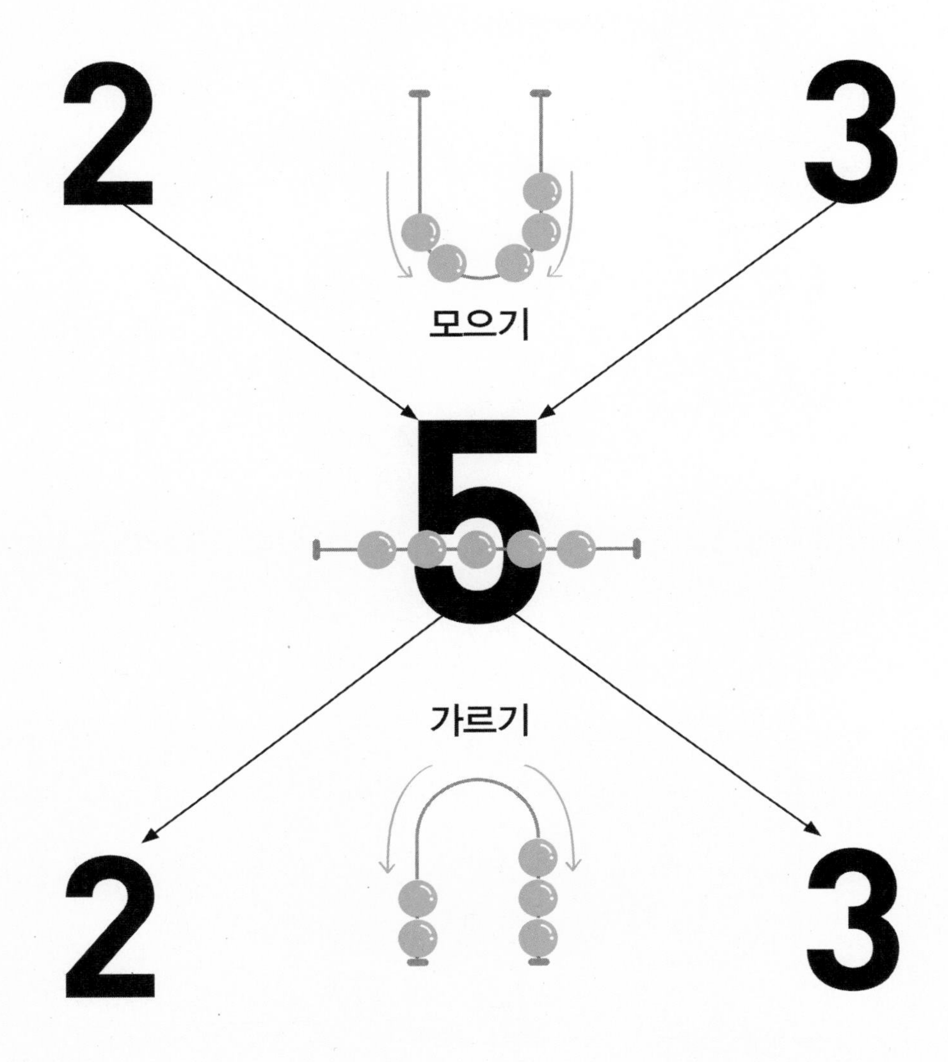

● 덧셈

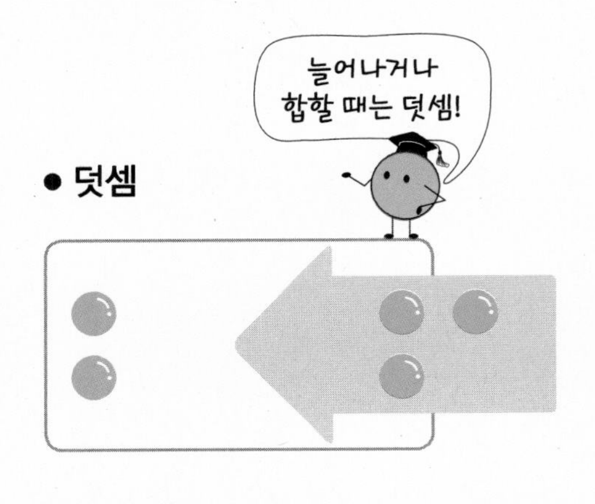

$$2 + 3 = 5$$

● 뺄셈

$$5 - 3 = 2$$

1 모으기와 가르기를 해 볼까요(1)

● **그림을 보고 모으기와 가르기하기**

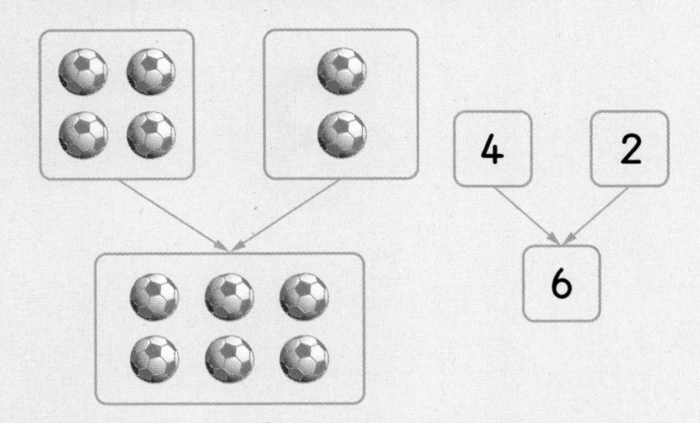

축구공 4개와 2개를 모으기하면 6개가 됩니다.

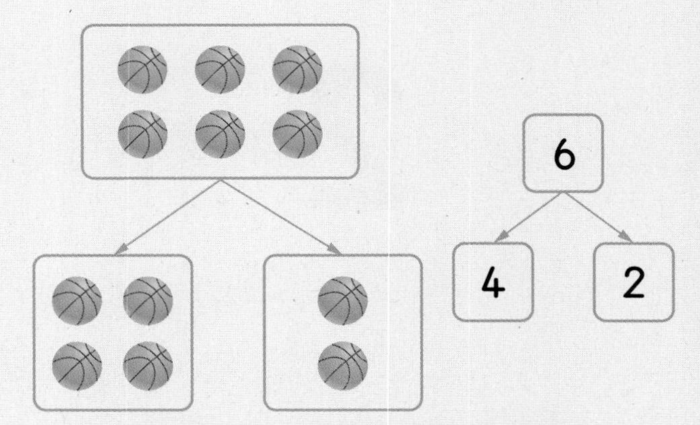

농구공 6개는 4개와 2개로 가르기할 수 있습니다.

1 윤지가 만든 과자는 모두 몇 개인지 모으기를 하고 동생이 만든 과자는 가르기를 해 보세요.

윤지가 만든 과자

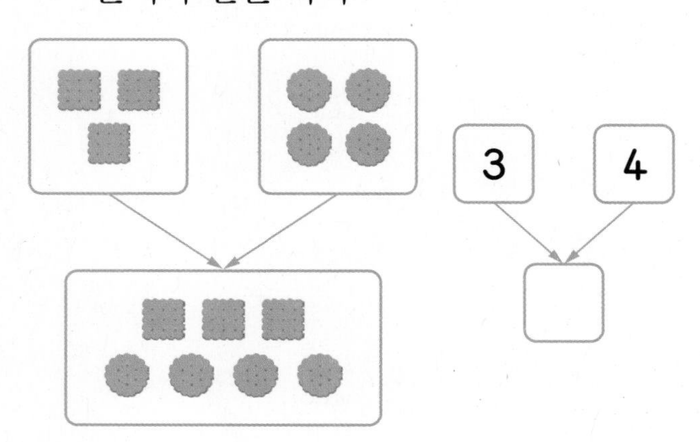

동생이 만든 과자

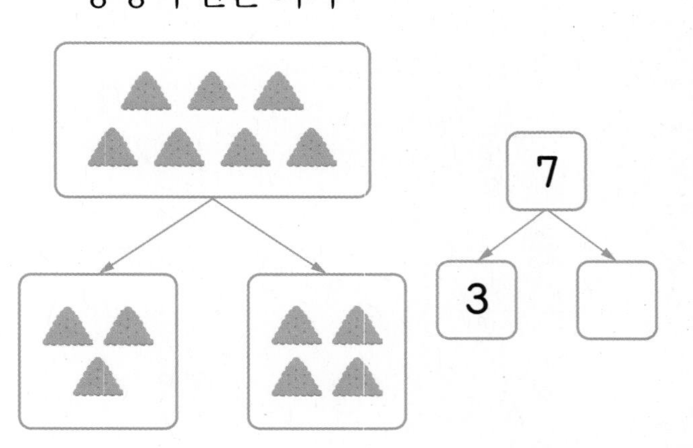

2 모으기와 가르기를 해 보세요.

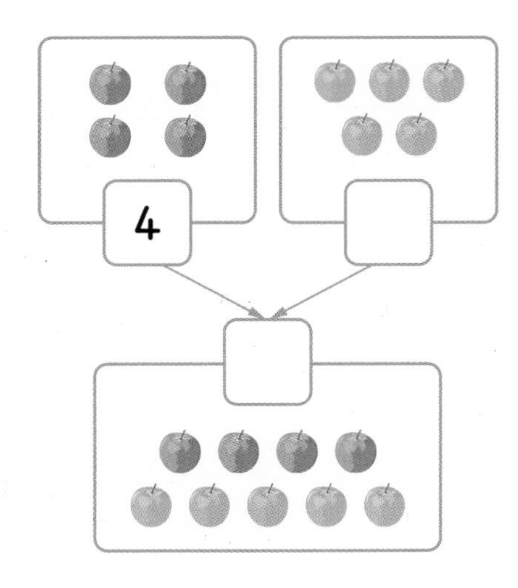

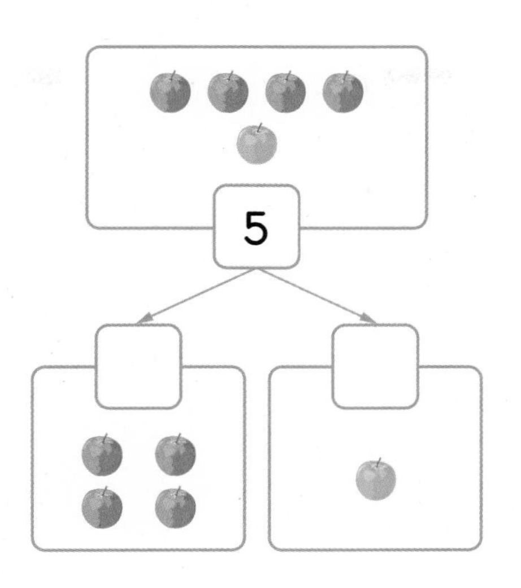

1단원에서 배웠어요

왼쪽에서부터 하나씩 세어 보면 하나, 둘, 셋, 넷, 다섯으로 모두 5개입니다.

1 2 3 4 5

3 두 가지 색으로 칸을 칠하고 수를 써넣으세요.

1				

▶ 두 가지 방법으로 칠할 수 있습니다.

4 모으기와 가르기를 해 보세요.

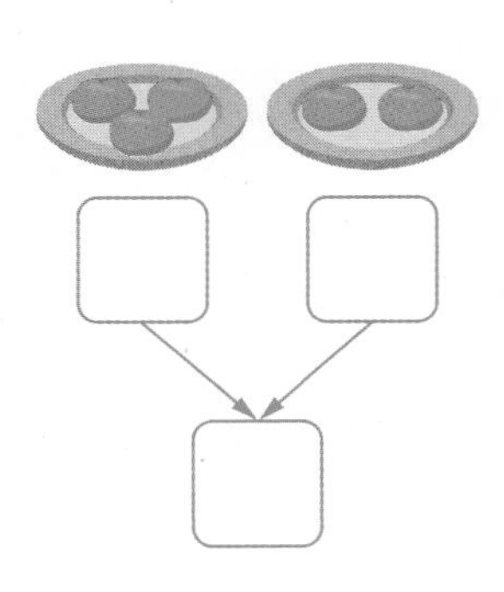

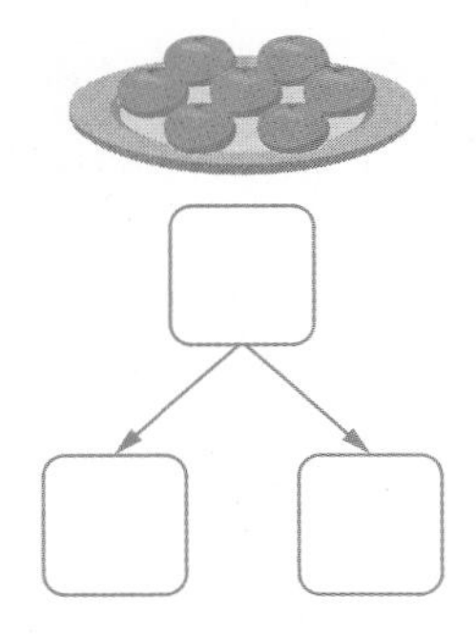

▶ 구슬을 여러 가지 방법으로 가르기할 수 있습니다.

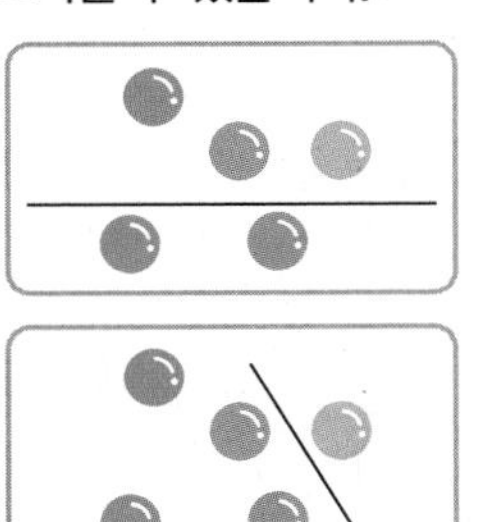

2 모으기와 가르기를 해 볼까요(2)

- **그림을 보고 수를 모으기와 가르기하기**

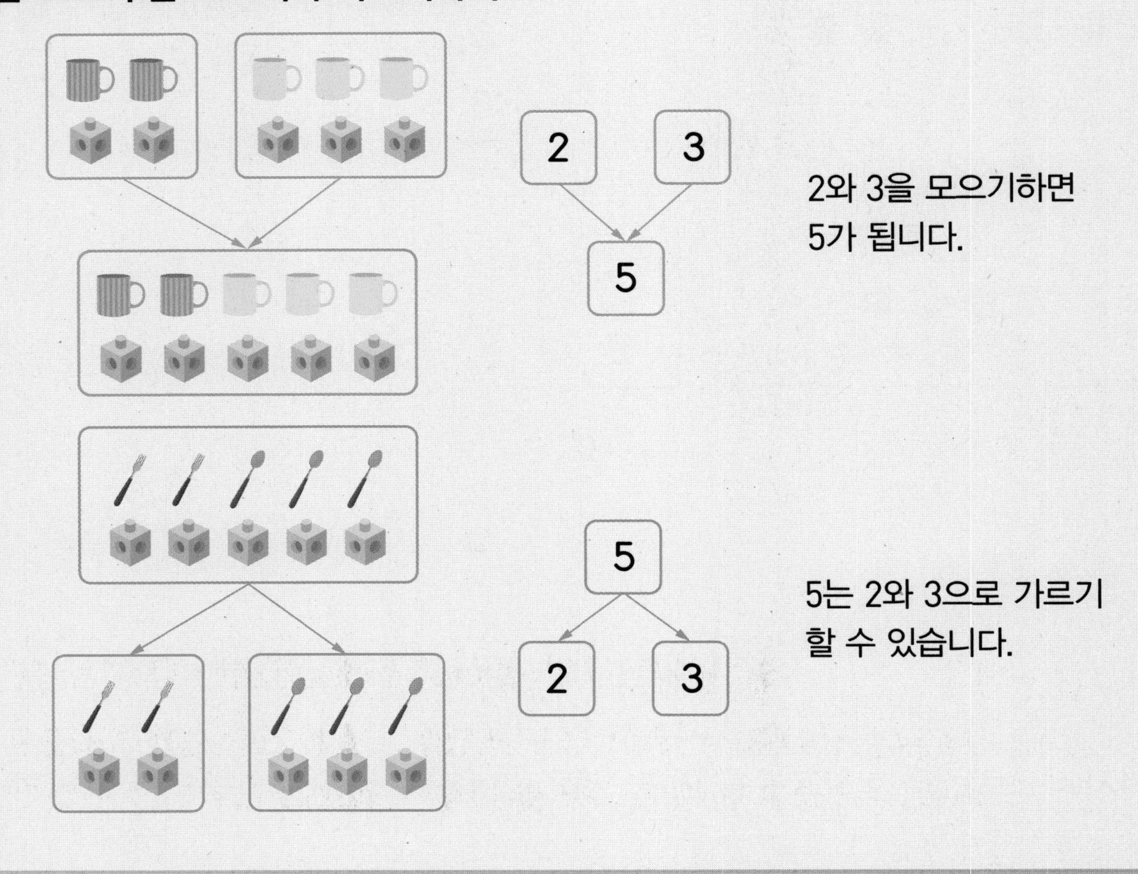
2
3
5
2와 3을 모으기하면
5가 됩니다.
5
2
3
5는 2와 3으로 가르기
할 수 있습니다.

1 모으기를 해 보세요.

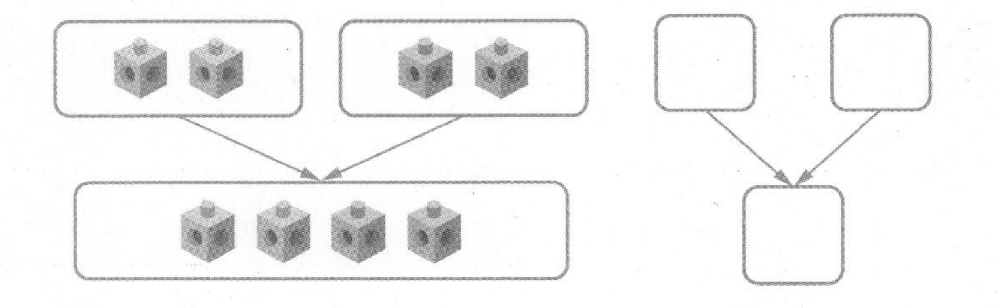

2 가르기를 해 보세요.

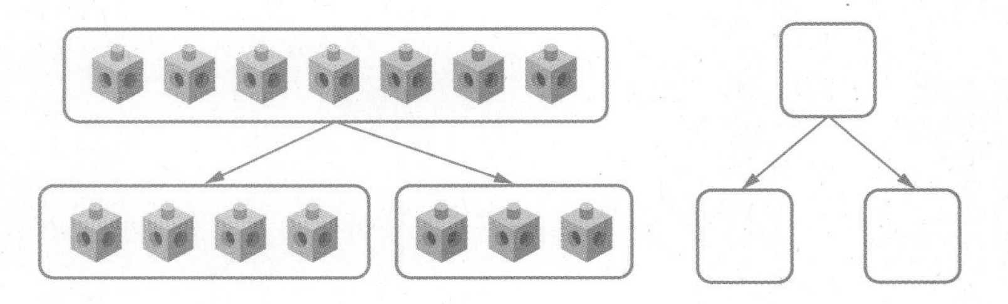

3 모으기를 해 보세요.

(1) 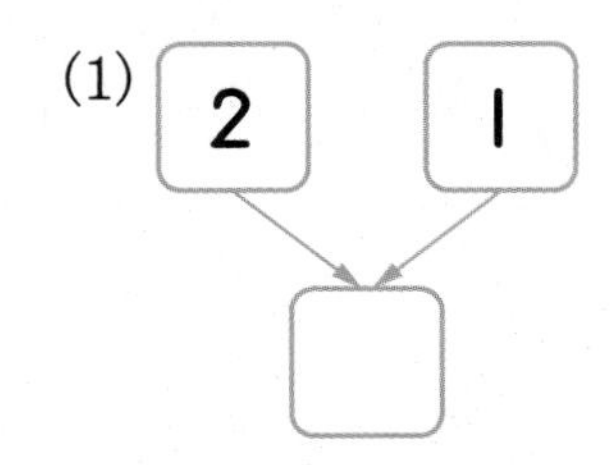

(2) 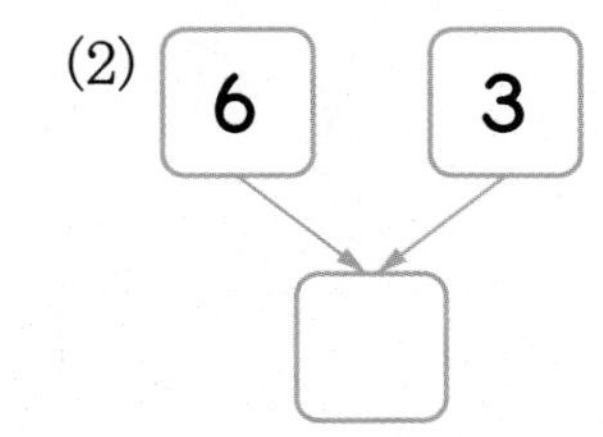

▶ 모으기는 두 수를 하나의 수로 모으는 것입니다.

4 가르기를 해 보세요.

(1) 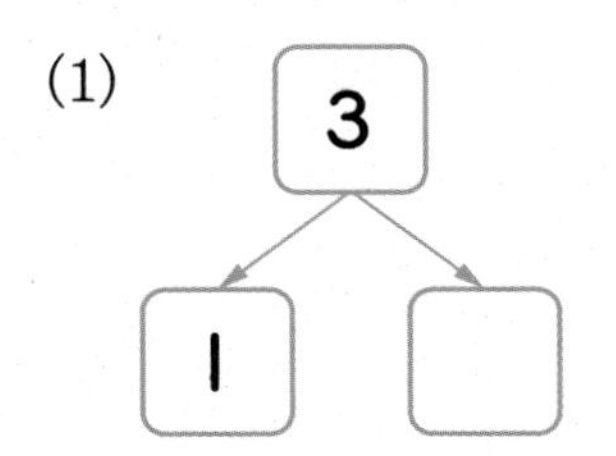

(2) 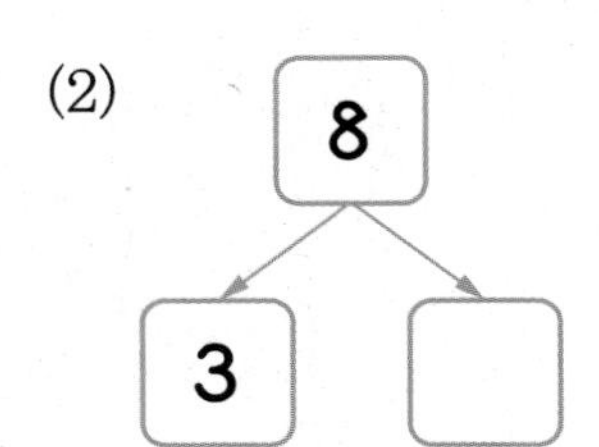

▶ 가르기는 하나의 수를 두 수로 가르는 것입니다.

5 6을 여러 가지 방법으로 가르기해 보세요.

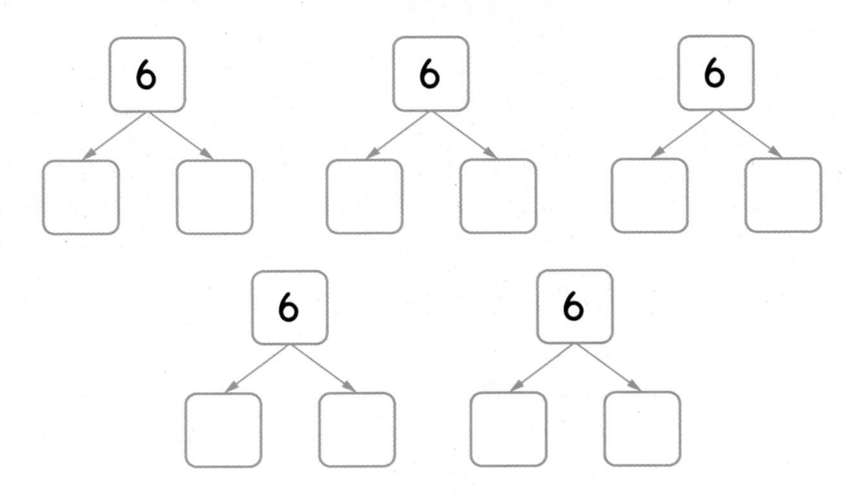

▶ 수를 여러 가지 방법으로 가르기할 수 있습니다.

3 이야기를 만들어 볼까요

• **그림을 보고 이야기 만들기**

줄다리기하는 학생이 [6]명이고, 구경하는 학생이 [2]명이므로 학생은 모두 [8]명입니다.

남학생은 [6]명이고, 여학생은 [2]명이므로 남학생이 여학생보다 [4]명 더 많습니다.

1 그림을 보고 여러 가지 이야기를 만들어 보세요.

(1) 흰색 토끼가 5마리, 갈색 토끼가 3마리 있으므로 토끼는 모두 [ ]마리입니다.

(2) 흰색 토끼가 5마리, 갈색 토끼가 3마리 있으므로 갈색 토끼가 흰색 토끼보다 [ ]마리 더 적습니다.

(3) 풍선을 오빠가 4개, 동생이 2개 가지고 있으므로 오빠가 동생보다 [ ]개 더 많이 가지고 있습니다.

[2～3] 그림을 보고 이야기를 만들어 보세요.

2

연못에 오리가 □마리 있었는데 □마리가 더 날아와서 □마리가 되었습니다.

▶ 그림을 보고 오리의 수를 세어 알맞은 이야기를 만들어 봅니다.

3

사과가 □개 있었는데 □개를 먹었더니 □개가 남았습니다.

▶ 그림을 보고 사과의 수를 세어 알맞은 이야기를 만들어 봅니다.

4 그림을 보고 여러 가지 이야기를 만들어 보세요.

(1) 책을 보는 학생은 □명이고, 영화를 보는 학생은 □명이므로 학생은 모두 □명입니다.

(2) 컴퓨터는 □대인데 □대만 사용하고 있으므로 사용하지 않는 컴퓨터는 □대입니다.

▶ 그림을 보고 학생 수와 컴퓨터의 수를 세어 알맞은 이야기를 만들어 봅니다.

개념 적용

기본기 다지기

1 모으기와 가르기 (1)

1 모으기를 해 보세요.

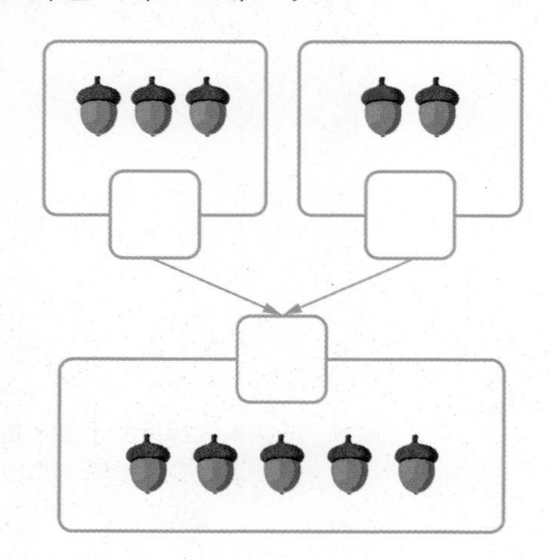

2 가르기를 해 보세요.

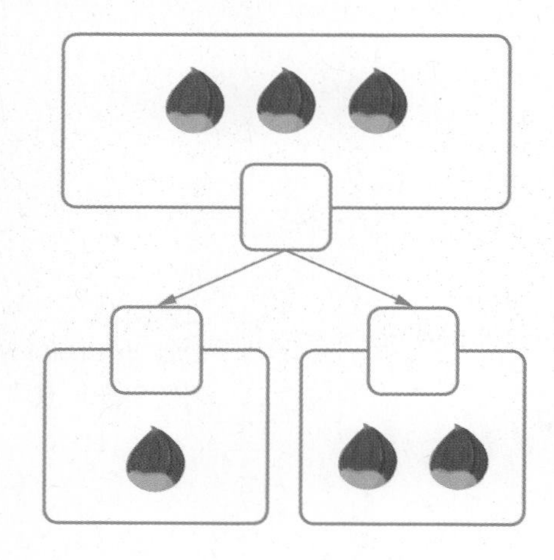

3 모으기를 해 보세요.

(1) (2)

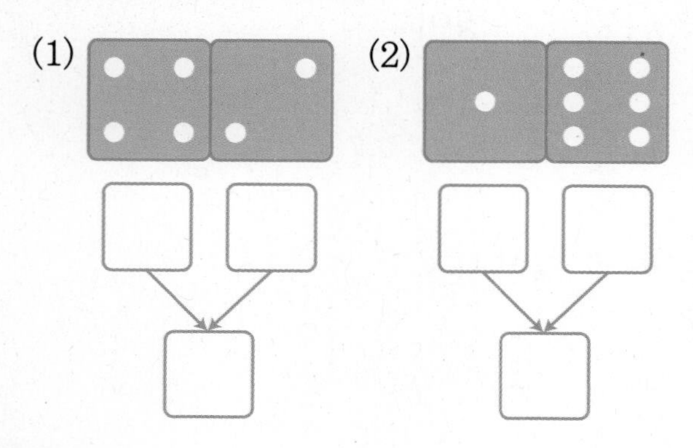

4 두 가지 색으로 칸을 칠하고 수를 써넣으세요.

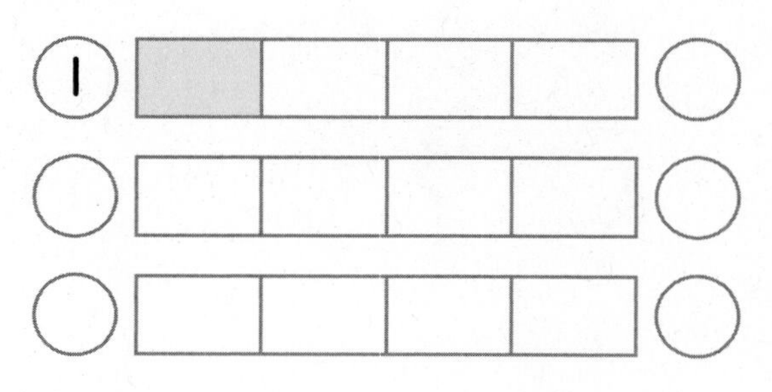

5 걸린 고리와 걸리지 않은 고리를 모으기하면 몇 개인지 구해 보세요.

(　　　　　　　　)

6 여러 가지 방법으로 가르기해 보세요.

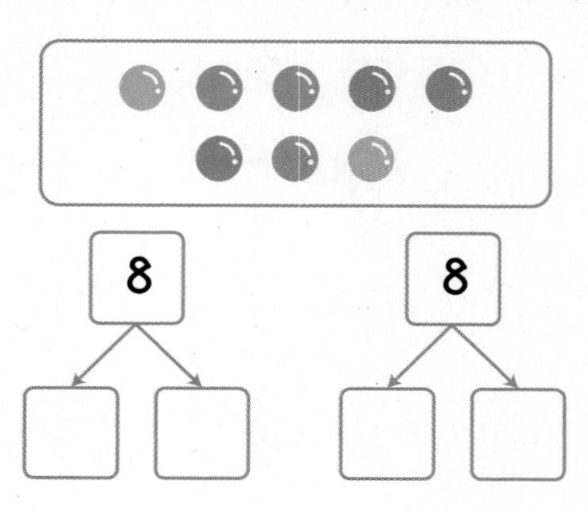

7 점의 수가 9가 되도록 점을 그려 넣으세요.

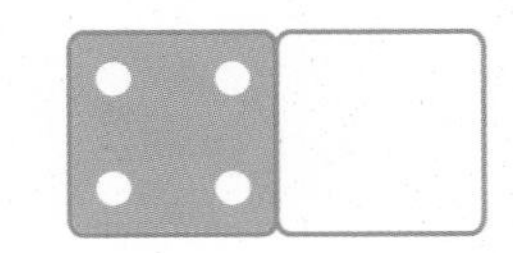

8 구슬 8개를 보라색 바구니보다 초록색 바구니에 더 많게 가르기해 보세요.

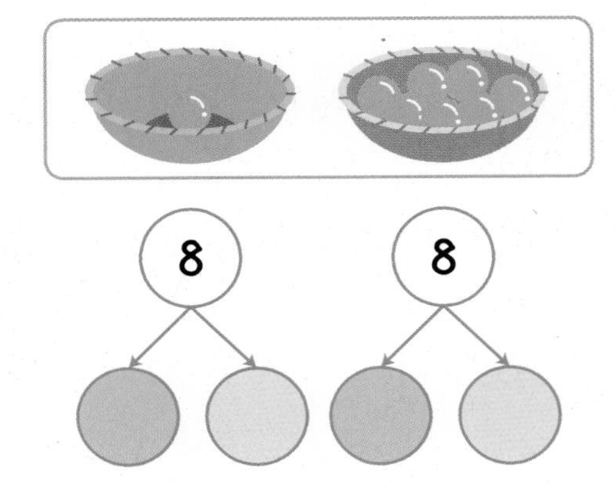

서술형

9 점의 수가 6이 되게 모으기한 사람은 누구인지 풀이 과정을 쓰고 답을 구해 보세요.

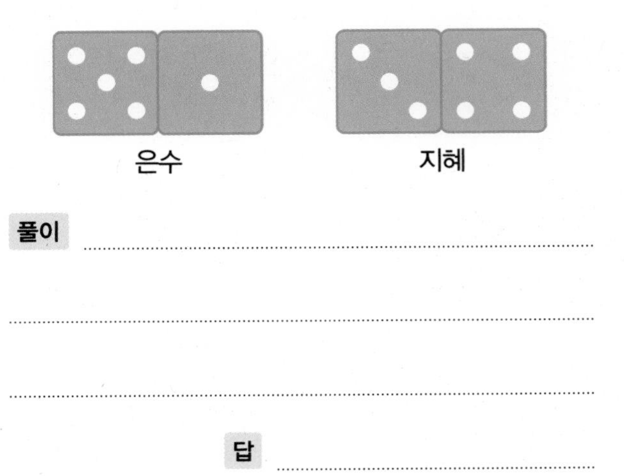

풀이

답

2 모으기와 가르기 (2)

10 모으기와 가르기를 해 보세요.

(1)

(2)

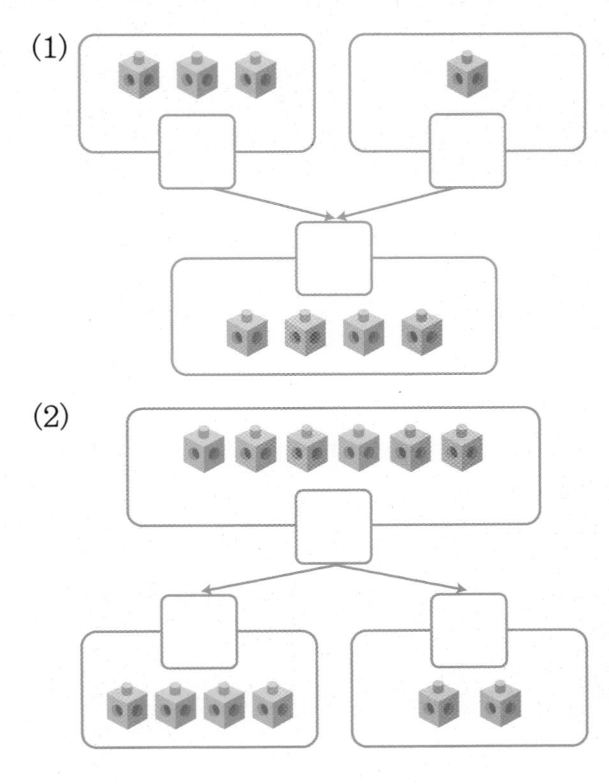

[11~12] 빈칸에 알맞은 수를 써넣으세요.

11 (1) (2)

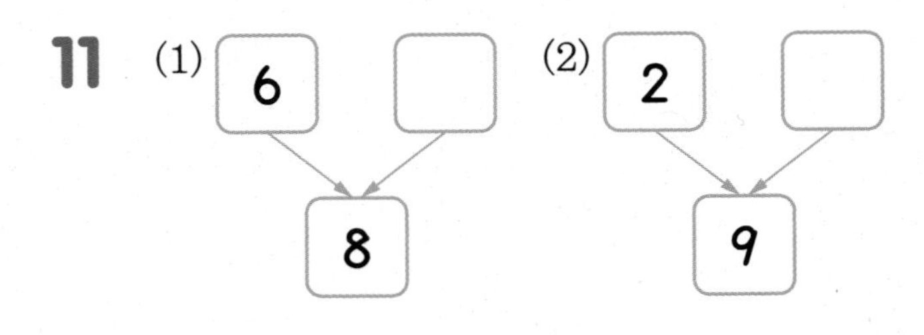

12 (1) (2)

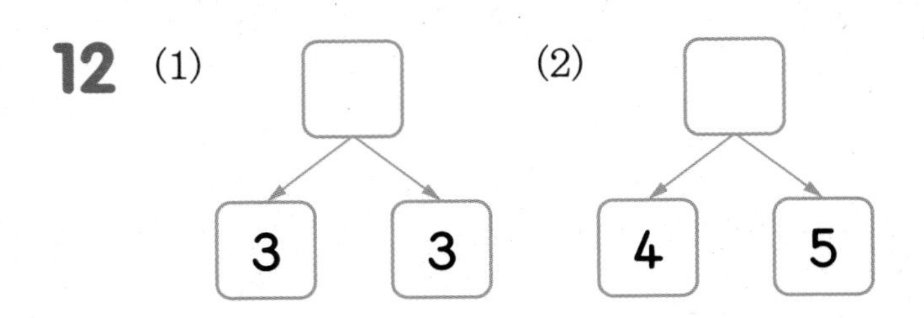

13 5를 잘못 가르기한 것을 찾아 ×표 하세요.

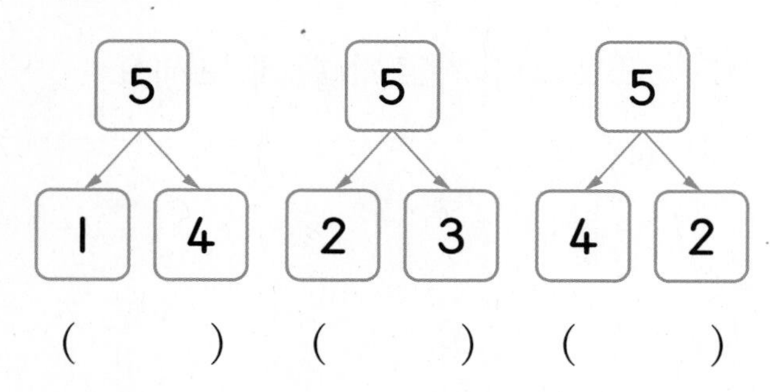

( ) ( ) ( )

14 모으기를 하여 4가 되는 두 수를 찾아 써 보세요.

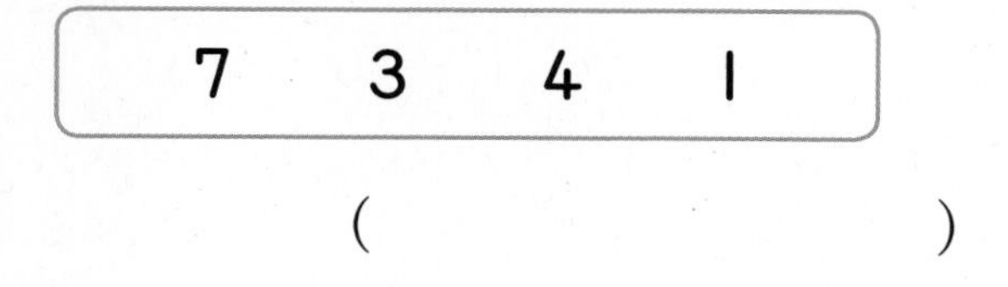

( )

15 ㉠과 ㉡에 들어갈 수를 모으기하면 얼마일까요?

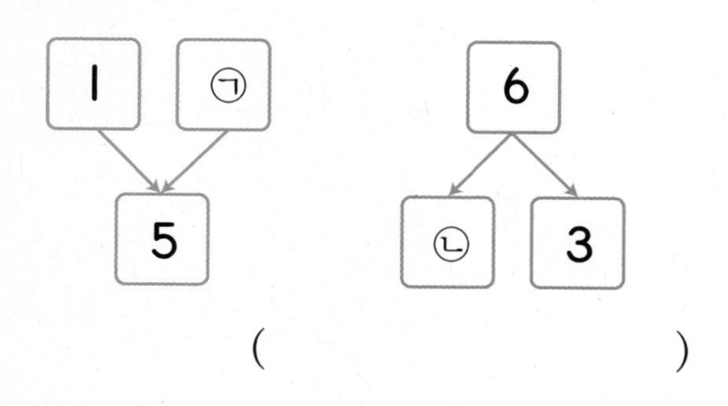

( )

16 빈칸에 알맞은 수를 써넣으세요.

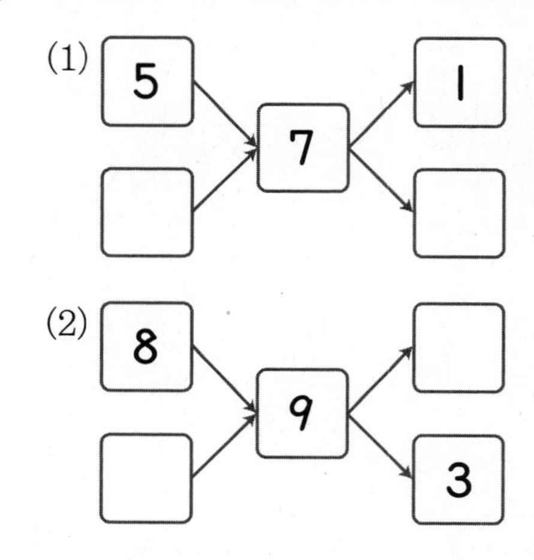

17 가로줄 또는 세로줄에 나란히 놓인 두 수를 모으기하고 있습니다. 모으기하여 8이 되는 두 수를 묶어 보세요.

1	3	1	5
7	2	6	4
2	4	2	6
5	4	3	5

18 두 학생의 대화를 읽고 알맞은 수를 써넣으세요.

두 수를 모으기하면 5야.
내가 들고 있는 수가 더 작아!

3 그림을 보고 이야기 만들기

[19~20] 그림을 보고 여러 가지 이야기를 만들어 보세요.

19

(1) 의자에 □명이 앉아 있는데 □명이 더 와서 모두 □명이 되었습니다.

(2) 여학생은 4명이고, 남학생은 □명이므로 남학생이 여학생보다 □명 더 적습니다.

20

(1) 엄마 양은 □마리이고, 아기 양은 □마리이므로 양은 모두 □마리입니다.

(2) 엄마 양은 □마리이고, 아기 양은 □마리이므로 아기 양이 엄마 양보다 □마리 더 많습니다.

[21~22] 그림을 보고 보기 를 이용하여 이야기를 만들어 보세요.

보기

모은다, 가른다, 더 많다,
더 적다, 모두, 남는다

21

22

4 덧셈을 알아볼까요

- **덧셈식을 쓰고 읽기**

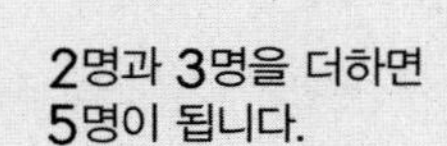

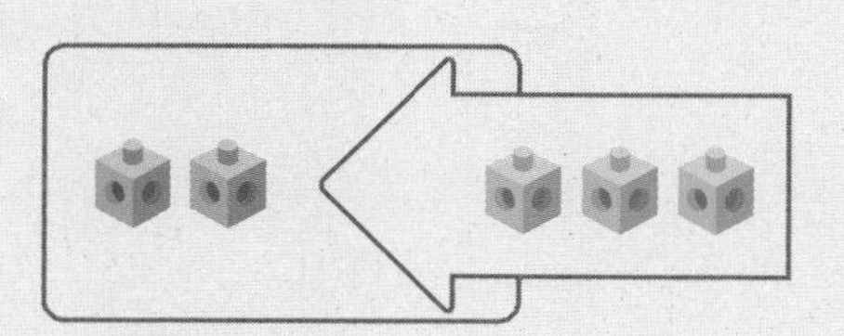

2 + 3 = 5

2 더하기 3은 5와 같습니다.
2와 3의 합은 5입니다.

!

- 합해서 모두 몇인지 구할 때

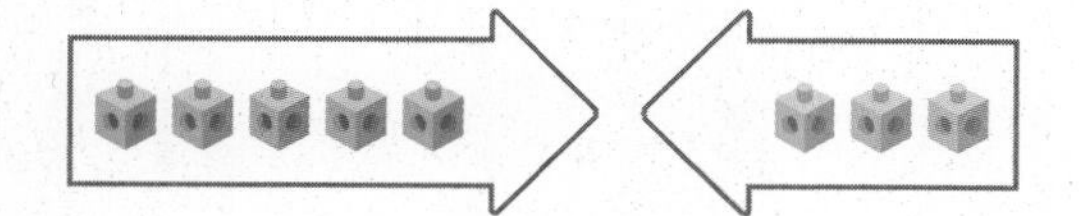

- 늘어나서 몇이 되는지 구할 때

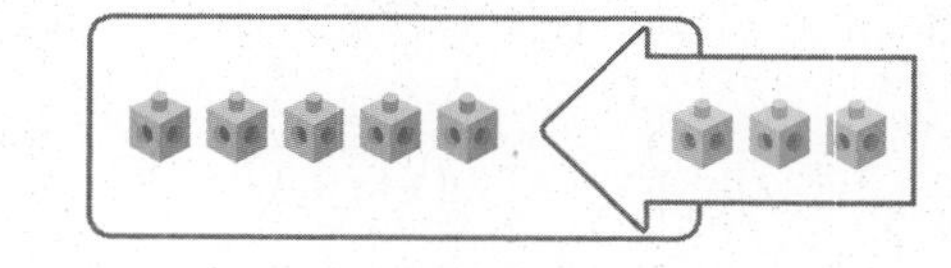

5 □ 3 □ 8

5 □ 3은 8과 □.
5와 3의 □은 8입니다.

1 소풍 나온 사람은 모두 몇 명인지 덧셈식을 쓰고 읽어 보세요.

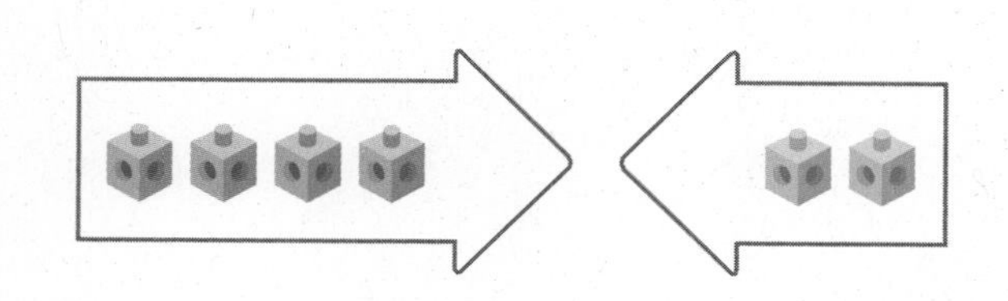

4 + 2 = □

4 더하기 2는 □ 와/과 같습니다.

4와 2의 합은 □ 입니다.

2 나비는 모두 몇 마리인지 덧셈식을 쓰고 읽어 보세요.

$3+2=\square$

3 더하기 2는 $\square$ 와/과 같습니다.

3과 2의 합은 $\square$ 입니다.

▶ 더하기는 $+$로, 같습니다는 $=$로 나타냅니다.

3 알맞은 것끼리 이어 보세요.

• $1+4=5$

• $4+4=8$

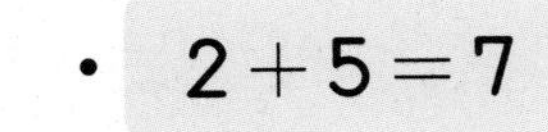

• $2+5=7$

• $4+2=6$

▶ 모아서 합하거나 늘어날 때에는 덧셈식으로 나타냅니다.

4 튤립은 모두 몇 송이인지 덧셈식을 쓰고 두 가지 방법으로 읽어 보세요.

쓰기 ....

읽기 ....

....

▶ 덧셈식을 쓰고 읽기

■ + ▲ = ●

➡ ■ 더하기 ▲는 ●와 같습니다.

■와 ▲의 합은 ●입니다.

5 덧셈을 해 볼까요

- **모으기로 덧셈하기**

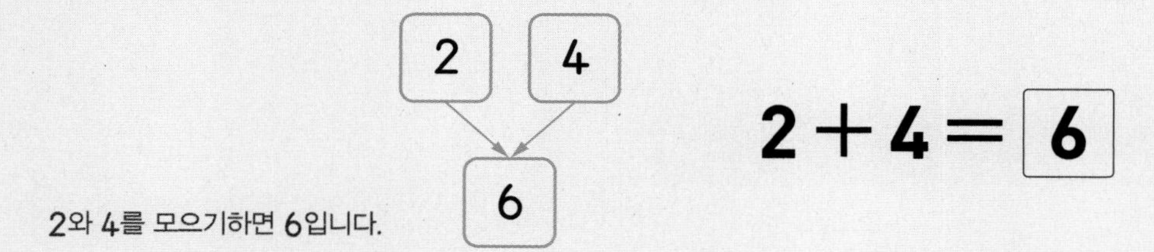

$2+4=$ [6]

- **여러 가지 방법으로 덧셈하기**

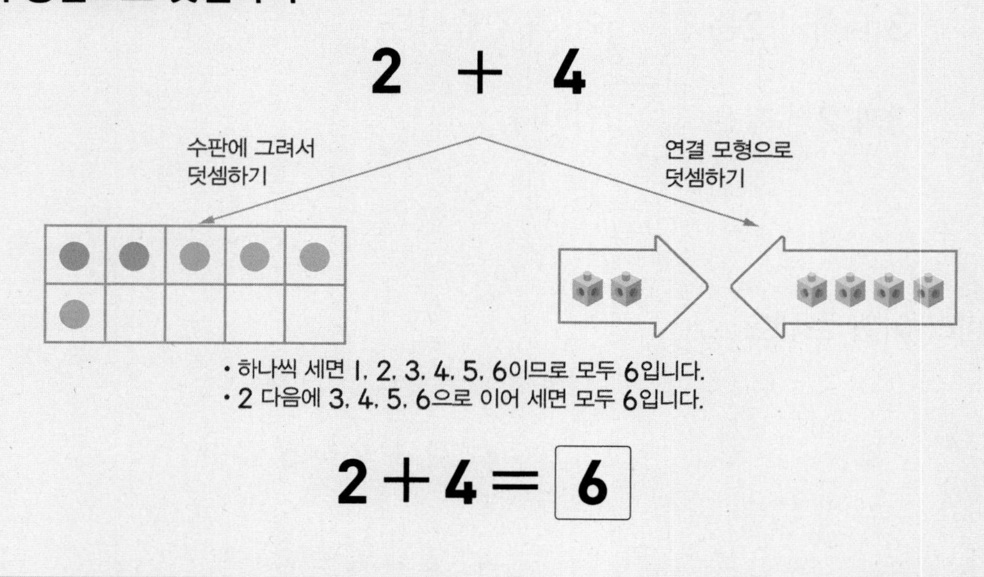

• 하나씩 세면 1, 2, 3, 4, 5, 6이므로 모두 6입니다.
• 2 다음에 3, 4, 5, 6으로 이어 세면 모두 6입니다.

$2+4=$ [6]

1 수영장 안에 있는 사람과 수영장 밖에 있는 사람은 모두 몇 명인지 알아보세요.

(1) 모으기로 해 보세요.

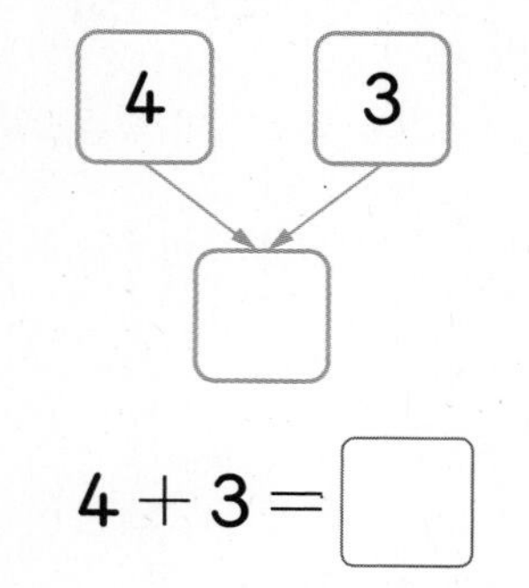

$4+3=$ □

(2) □ 안에 알맞은 수를 써넣으세요.

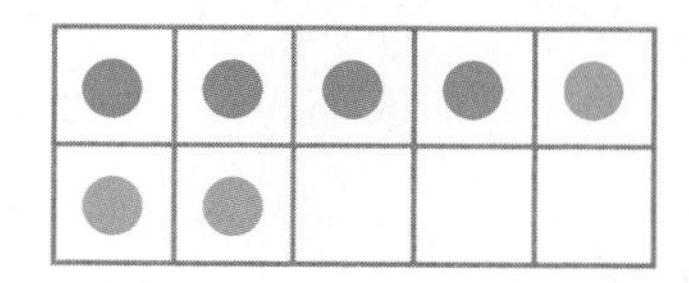

4 다음에 이어 세면 □, □, □이므로 모두 □명입니다. ➡ $4+3=$ □

2 □ 안에 알맞은 수를 써넣고 알맞은 것끼리 이어 보세요.

▶ 그림을 보고 알맞은 상황을 찾아봅니다.

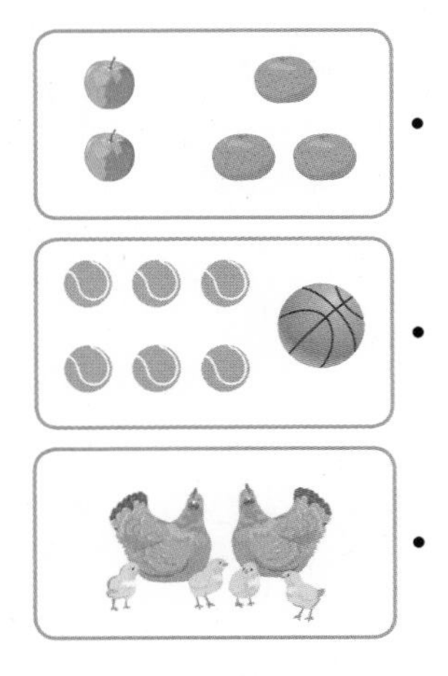

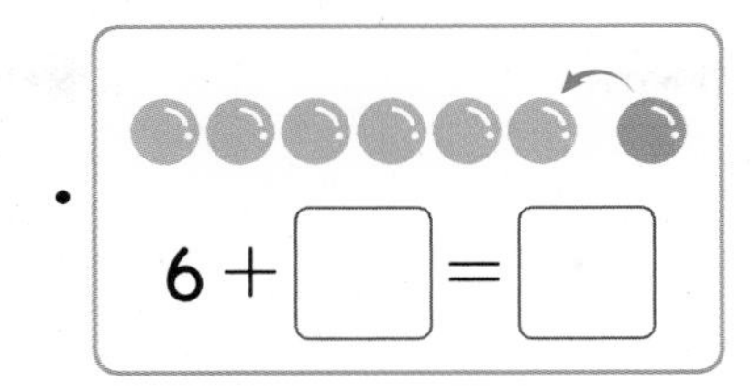

$6 + \square = \square$

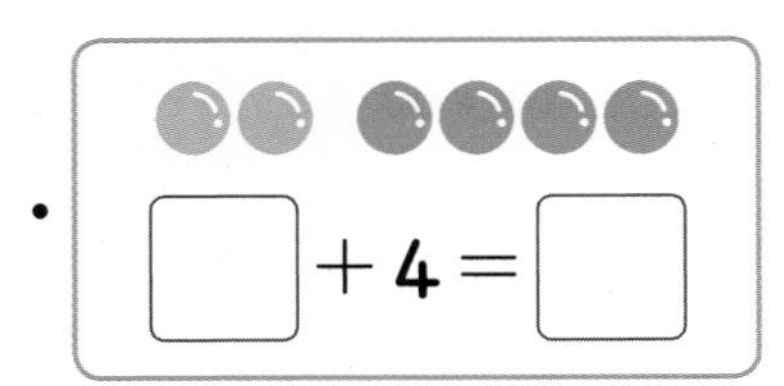

$\square + 4 = \square$

3 그림을 보고 □ 안에 알맞은 수를 써넣으세요.

▶ 두 수를 바꾸어 더해도 합이 같습니다.

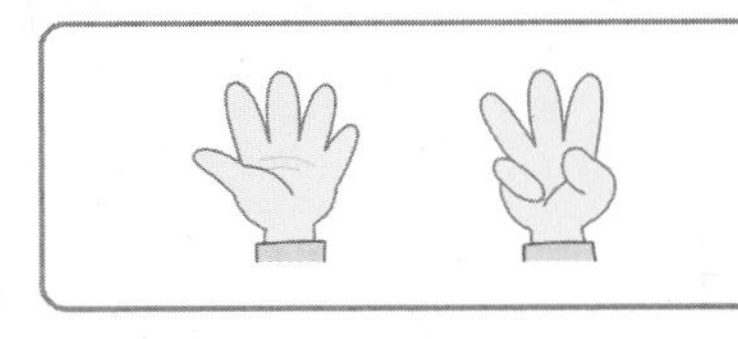

$5 + 3 = \square$

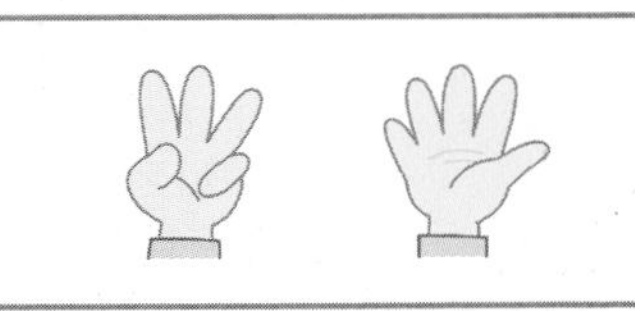

$3 + 5 = \square$

4 그림을 보고 덧셈을 해 보세요.

▶ 더하는 수가 1씩 커질 때 합도 1씩 커집니다.

$3 + 1 = \square$

$3 + 2 = \square$

$3 + 3 = \square$

$3 + 4 = \square$

4 덧셈식을 쓰고 읽기

23 덧셈식을 써 보세요.

(1)  $5+2=\square$

(2) 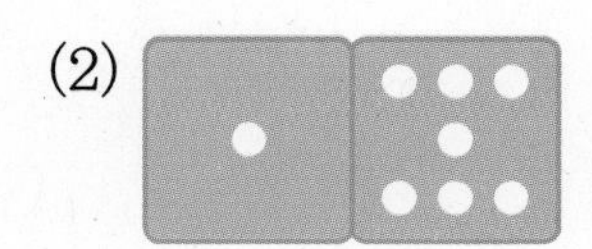 $\square+7=\square$

[24~25] 그림을 보고 덧셈식을 쓰고 읽어 보세요.

24

$4+1=\square$

4 더하기 1은 $\square$ 와/과 같습니다.

25

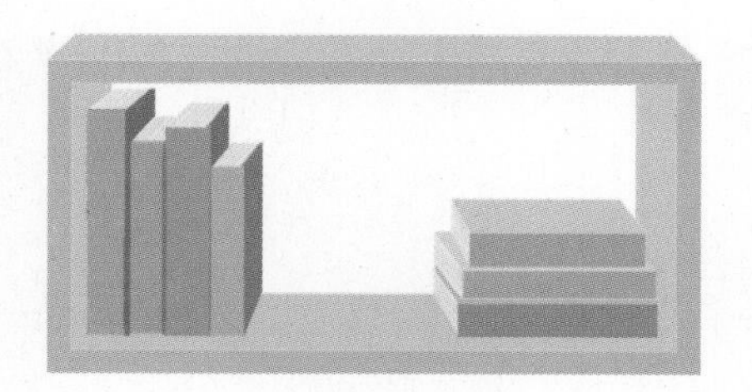

$4+\square=\square$

4와 $\square$ 의 합은 $\square$ 입니다.

26 덧셈식으로 나타내 보세요.

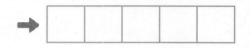

(1) 6 더하기 3은 9와 같습니다.

➡ 

(2) 7과 1의 합은 8입니다.

➡ □□□□□

27 막대사탕은 모두 몇 개인지 덧셈식을 쓰고 두 가지 방법으로 읽어 보세요.

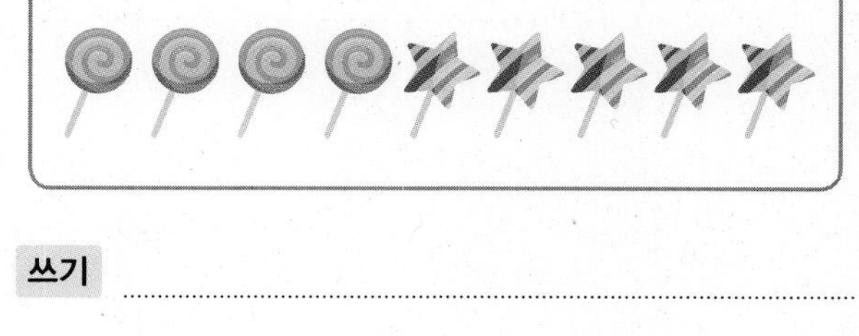

쓰기 ....

읽기 ....

....

28 자신의 필통 안에 들어 있는 연필과 지우개의 수의 합을 구하는 덧셈식을 써 보세요.

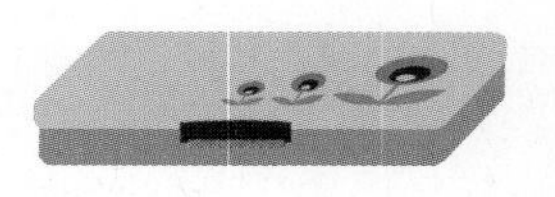

내 필통 안에 들어 있는 연필: $\square$ 자루

내 필통 안에 들어 있는 지우개: $\square$ 개

$\square+\square=\square$

5 덧셈하기 (1)

29 놀이 기구를 타고 있는 사람은 모두 몇 명인지 모으기하여 덧셈을 해 보세요.

5 3

□

□ + □ = □

30 상자는 모두 몇 개인지 덧셈을 해 보세요.

(1) 수판에 ○를 그려 덧셈하기

○				

(2) 덧셈식으로 나타내기

4 + □ = □

31 식에 알맞게 ○를 그려 덧셈을 해 보세요.

2 + 7 = □

○				

[32~33] 주어진 방법 중 하나를 선택하여 덧셈을 해 보세요.

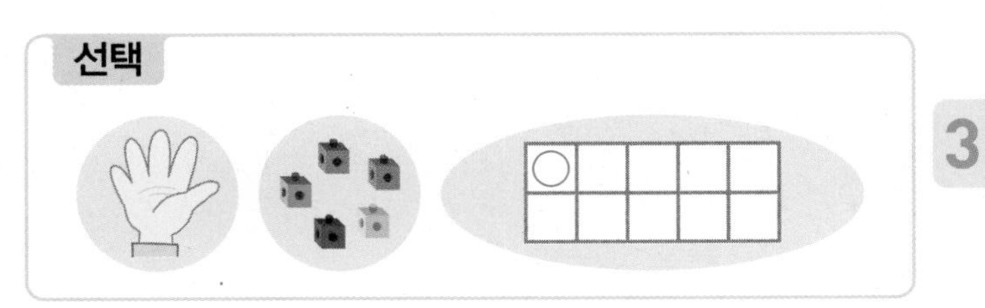

32

3 + □ = □

33

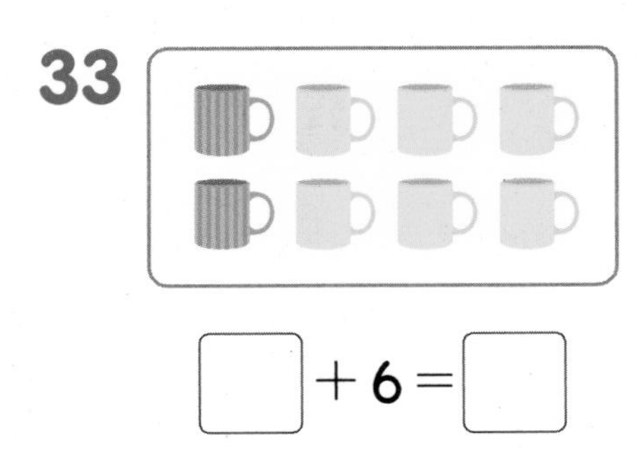

□ + 6 = □

3

34 알맞은 것끼리 이어 보세요.

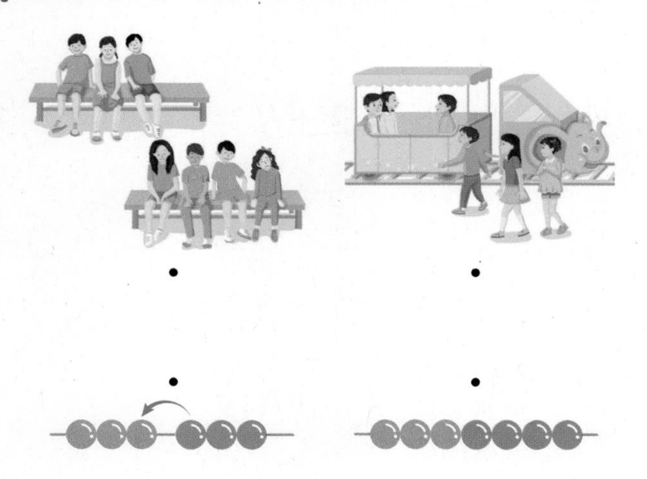

35 빈칸에 두 수의 합을 써넣으세요.

3	4

6	2

36 그림을 보고 덧셈을 해 보세요.

6 덧셈하기 (2)

37 그림을 보고 □ 안에 알맞은 수를 써넣으세요.

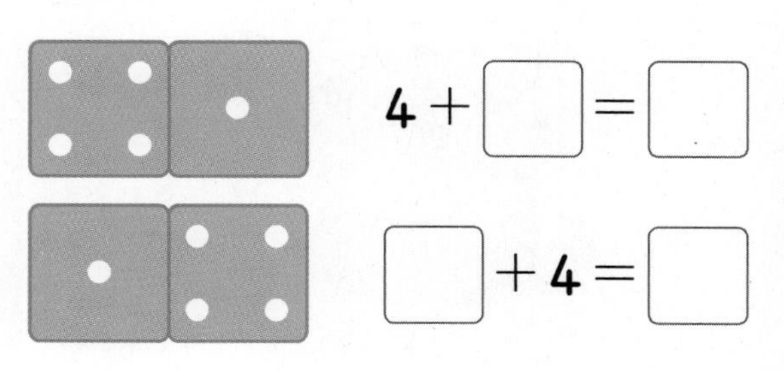

38 모으기를 하여 덧셈식을 써 보세요.

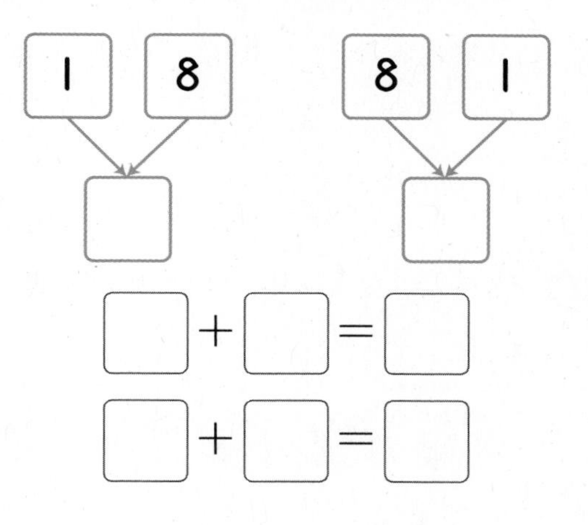

39 합이 같은 것끼리 이어 보세요.

6 + 3 •	• 3 + 2
1 + 7 •	• 3 + 6
2 + 3 •	• 7 + 1

40 덧셈을 해 보세요.

$5+1=\square$

$5+2=\square$

$5+3=\square$

41 수 카드 중에서 가장 큰 수와 가장 작은 수의 합을 구해 보세요.

7 5 1 3

$\square+\square=\square$

42 빈칸에 합이 같은 덧셈식을 써 보세요.

7 덧셈의 활용

43 마트에서 요구르트 5개를 사면 한 개를 더 주는 행사를 하고 있습니다. 요구르트 5개를 사면 몇 개를 받을 수 있는지 덧셈식을 써 보세요.

$\square+\square=\square$

44 민우는 7살이고 형은 민우보다 2살 더 많습니다. 형은 몇 살인지 덧셈식으로 나타내고 답을 구해 보세요.

덧셈식 ....

답 ....

서술형

45 지우는 아침에 귤을 4개 먹었고, 저녁에는 아침보다 1개를 더 많이 먹었습니다. 지우가 아침과 저녁에 먹은 귤은 모두 몇 개인지 풀이 과정을 쓰고 답을 구해 보세요.

풀이 ....

....

....

답 ....

6 뺄셈을 알아볼까요

● **뺄셈식을 쓰고 읽기**

자전거 5대 중 2대를 타고 나갔으므로 3대가 남았습니다.

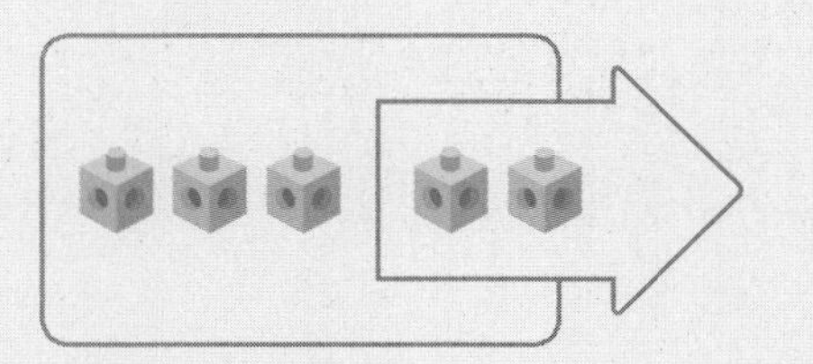

5 − 2 = 3

5 빼기 2는 3과 같습니다.
5와 2의 차는 3입니다.

● 덜어 내고 남은 것은 몇인지 구할 때

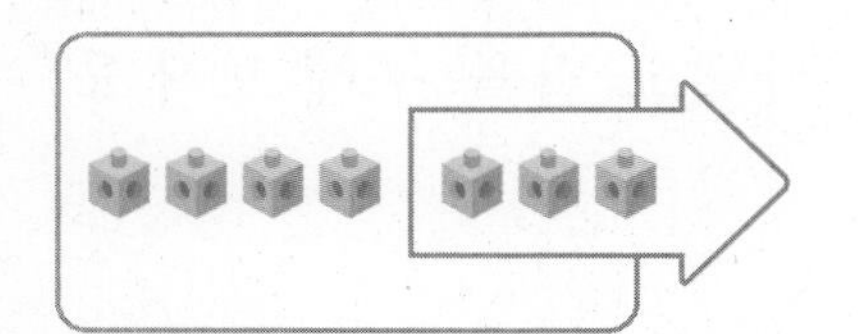

● 두 수의 차를 구하여 비교할 때

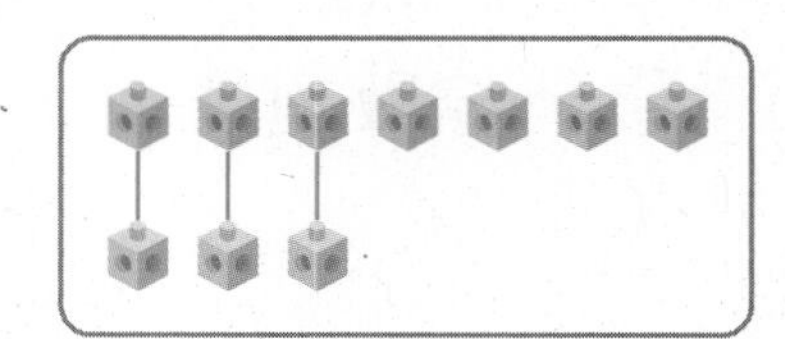

7 ◯ 3 ◯ 4

7 ☐ 3은 4와 ☐.
7과 3의 ☐는 4입니다.

1 양은 소보다 몇 마리 더 많은지 뺄셈식을 쓰고 읽어 보세요.

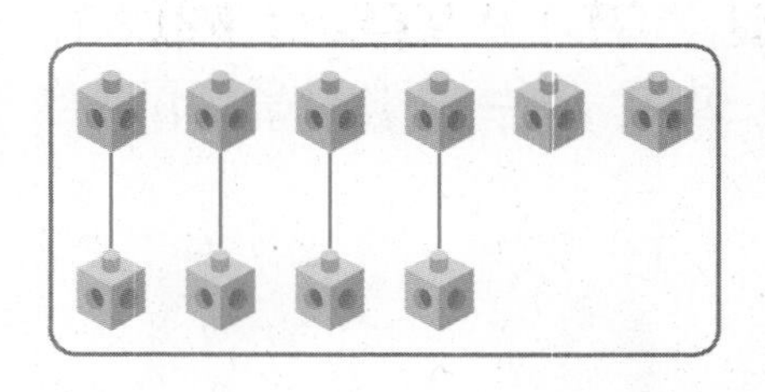

6 − 4 = ☐

6 빼기 4는 ☐와/과 같습니다.
6과 4의 차는 ☐입니다.

2 연못에 개구리가 몇 마리 남았는지 뺄셈식을 쓰고 읽어 보세요.

> 빼기는 − 로, 같습니다는 = 로 나타냅니다.

$8 - 3 = \square$

8 빼기 3은 □ 와/과 같습니다.

8과 3의 차는 □ 입니다.

3 알맞은 것끼리 이어 보세요.

> 덜어 내고 남은 양이나 수의 차를 알아볼 때에는 뺄셈식으로 나타냅니다.

- $5 - 2 = 3$
- $6 - 2 = 4$
- $4 - 3 = 1$
- $6 - 3 = 3$

3

4 그림을 보고 알맞은 뺄셈식을 쓰고 두 가지 방법으로 읽어 보세요.

> 뺄셈식을 쓰고 읽기
> ■ − ▲ = ●
> → ■ 빼기 ▲는 ●와 같습니다.
> ■와 ▲의 차는 ●입니다.

쓰기 ....

읽기 ....

....

7 뺄셈을 해 볼까요

● 가르기로 뺄셈하기

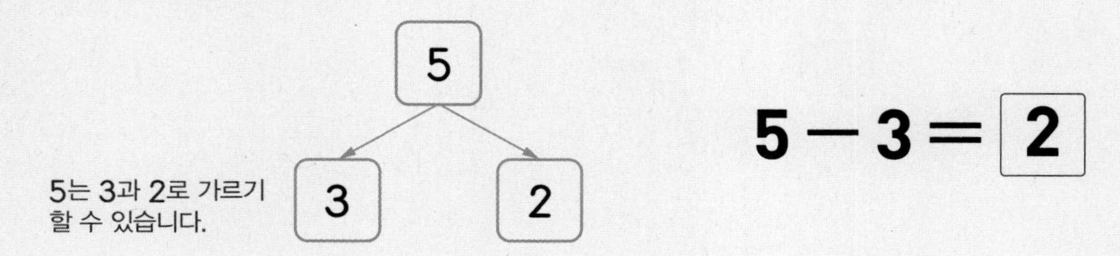
5
3
2
5는 3과 2로 가르기 할 수 있습니다.
5 − 3 = 2

● 여러 가지 방법으로 뺄셈하기

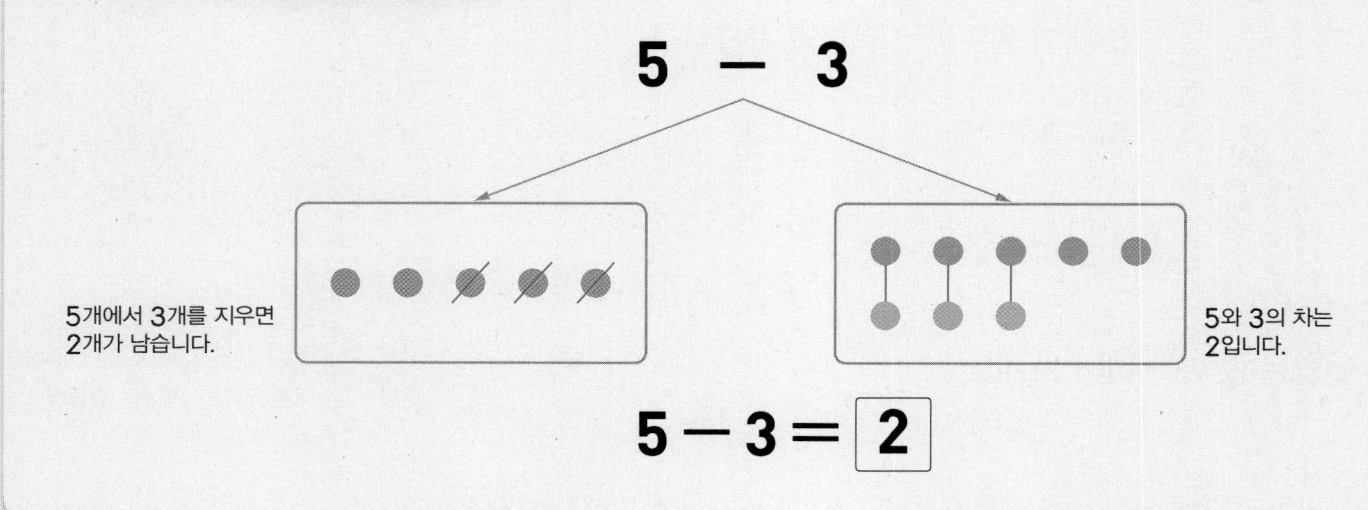
5 − 3
5개에서 3개를 지우면 2개가 남습니다.
5와 3의 차는 2입니다.
5 − 3 = 2

1 둥지에 남은 새는 몇 마리인지 알아보세요.

(1) 가르기로 해 보세요.

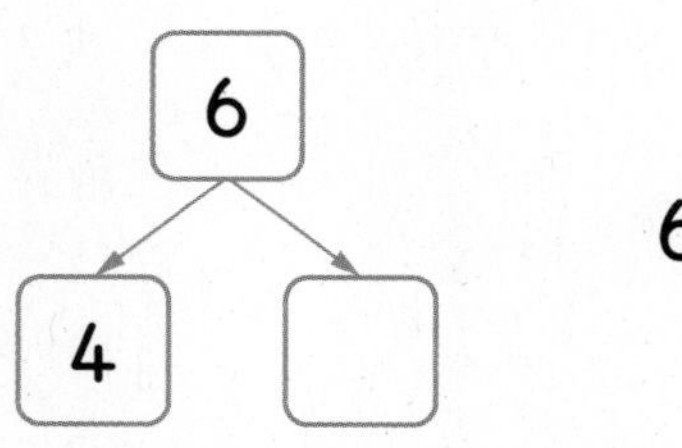
6
4

$6 - 4 = \square$

(2) □ 안에 알맞은 수를 써넣으세요.

➡ $6 - 4 = \square$

새를 ○로 나타낸 후 날아간 수만큼 ○를 지우고 남은 ○의 수를 셉니다.

2 도토리는 호두보다 몇 개 더 많은지 뺄셈을 해 보세요.

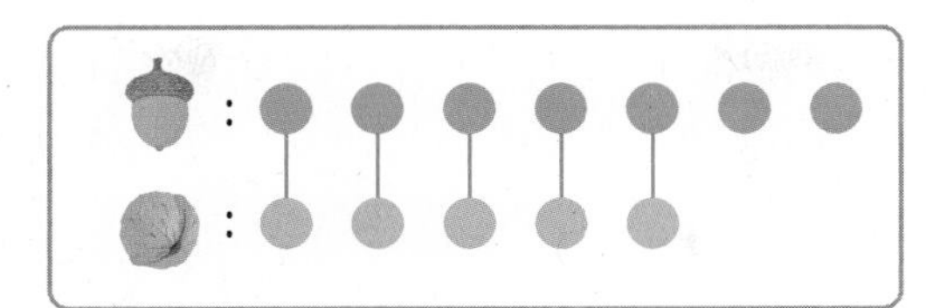

$7 - \square = \square$

1단원에서 배웠어요

④ ● ● ● ●
③ ● ● ●

하나씩 연결하면 ●가 남으므로 4가 3보다 큽니다.
➡ 뺄셈을 할 때에는 큰 수에서 작은 수를 뺍니다.

3 알맞은 것끼리 이어 보세요.

▶ 그림을 보고 알맞은 상황을 찾아봅니다.

 •   • 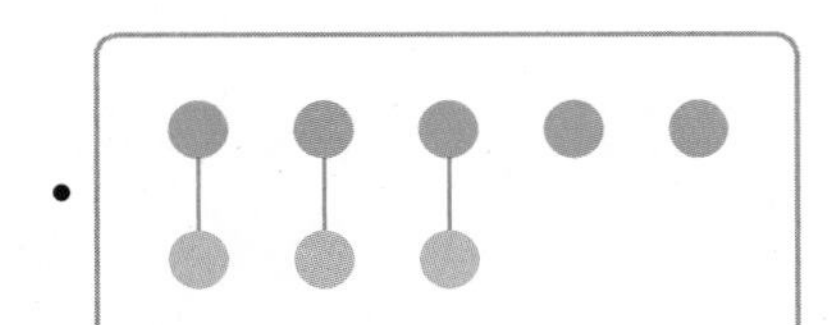

 •   • 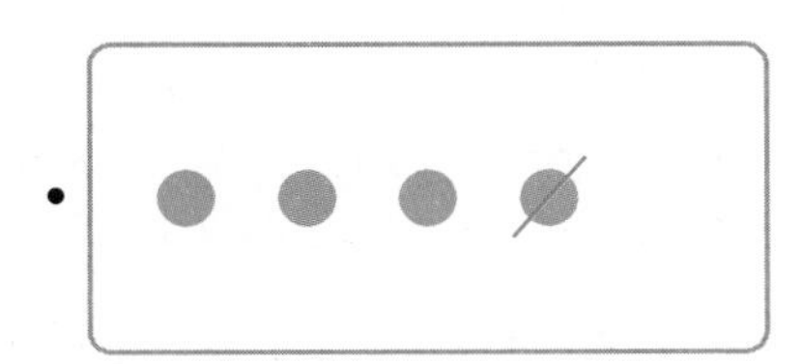

4 그림을 보고 뺄셈을 해 보세요.

▶ 빼는 수가 1씩 커질 때 차는 1씩 작아집니다.

$5 - 1 = \square$

$5 - 2 = \square$

$5 - 3 = \square$

$5 - 4 = \square$

기본기 다지기

8 뺄셈식을 쓰고 읽기

46 알맞은 것끼리 이어 보세요.

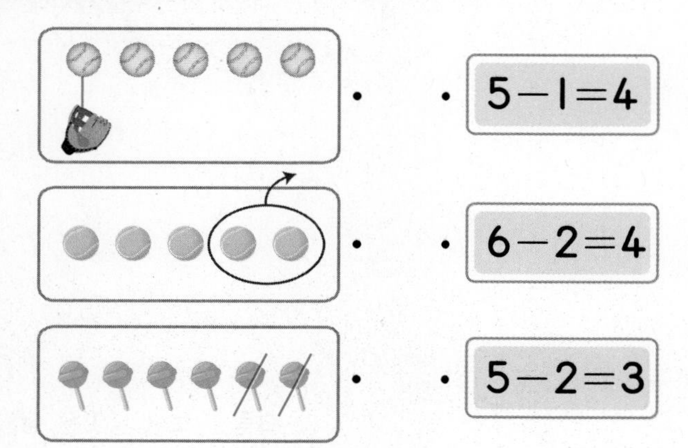

[47~48] 그림을 보고 뺄셈식을 쓰고 읽어 보세요.

47

7 − 3 = ☐

7 빼기 3은 ☐ 와/과 같습니다.

48

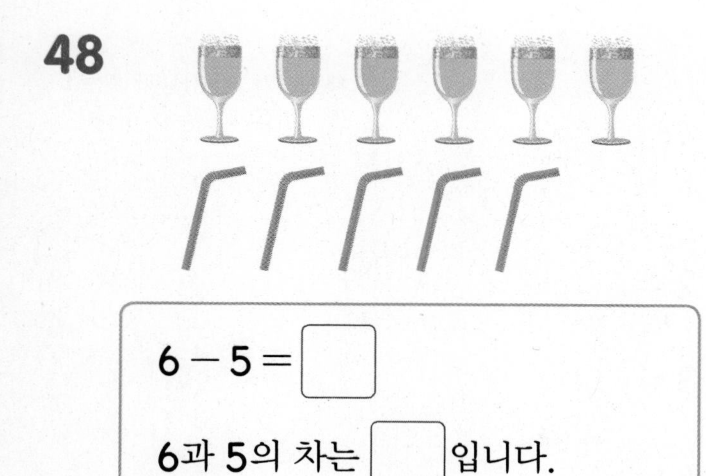

6 − 5 = ☐

6과 5의 차는 ☐ 입니다.

49 컵케이크가 몇 개 남았는지 뺄셈식을 써 보세요.

☐ − ☐ = 6

50 풍선이 몇 개 남았는지 뺄셈식을 쓰고 두 가지 방법으로 읽어 보세요.

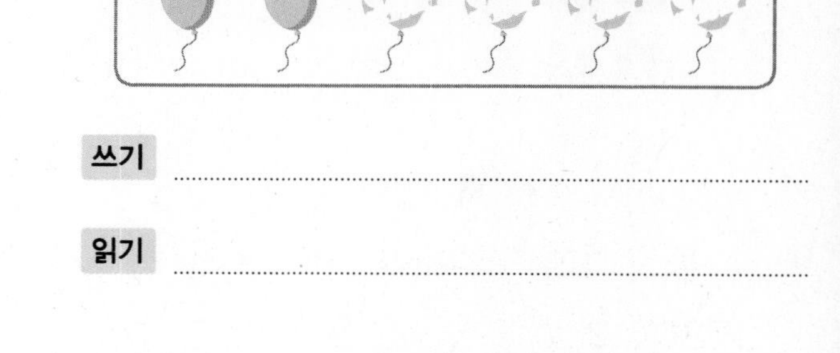

쓰기 ....

읽기 ....

....

51 그림을 보고 뺄셈식을 써 보세요.

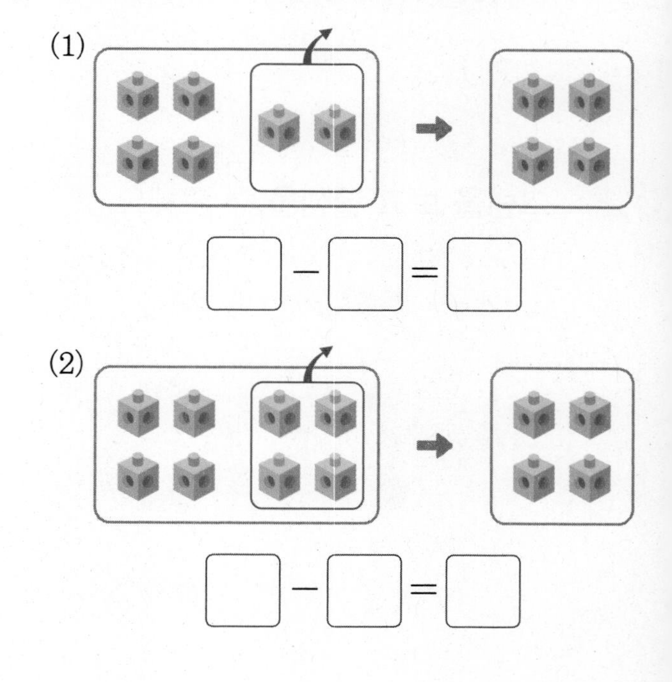

(1) ☐ − ☐ = ☐

(2) ☐ − ☐ = ☐

9 뺄셈하기 (1)

52 남학생은 여학생보다 몇 명 더 많은지 가르기하여 뺄셈을 해 보세요.

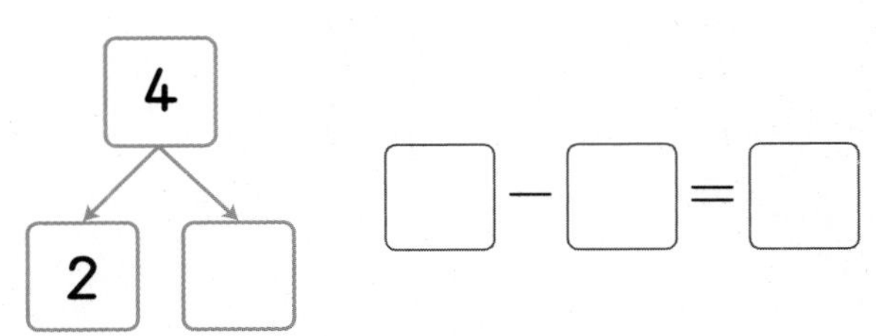

53 물고기가 몇 마리 남았는지 뺄셈을 해 보세요.

(1) 수판에 ○를 그리고 /로 지워 뺄셈하기

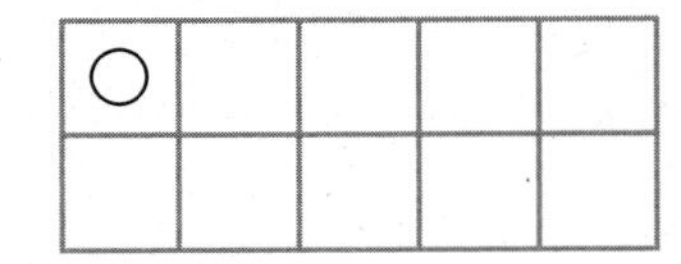

(2) 뺄셈식으로 나타내기

[54~55] 주어진 방법 중 하나를 선택하여 뺄셈을 해 보세요.

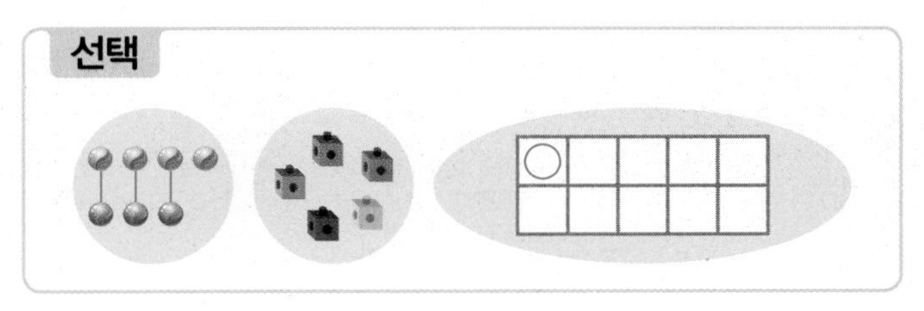

54

□ − □ = □

55

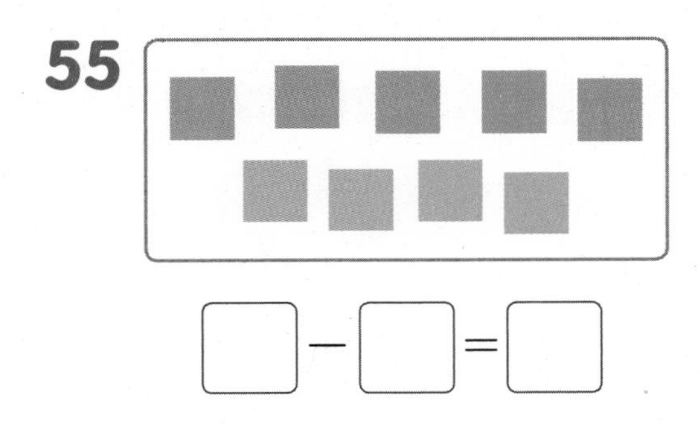

□ − □ = □

56 그림을 그려 뺄셈을 해 보세요.

(1) $8 - 2 =$ □

➡ ○ ○ ○ ○ ○ ○ ○ ⦰

(2) $6 - 5 =$ □

➡

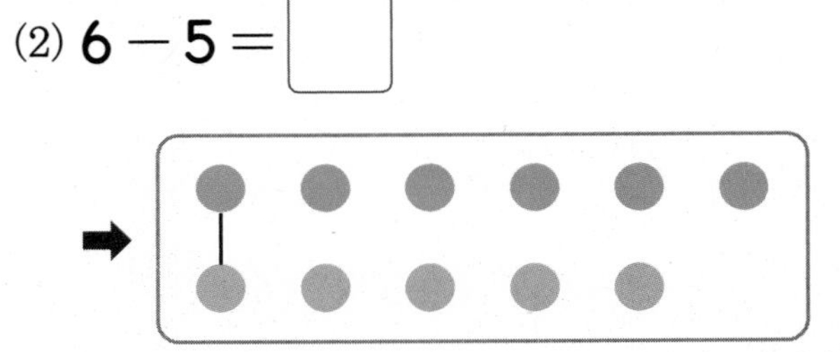

57 그림을 보고 □ 안에 알맞은 수를 써 넣으세요.

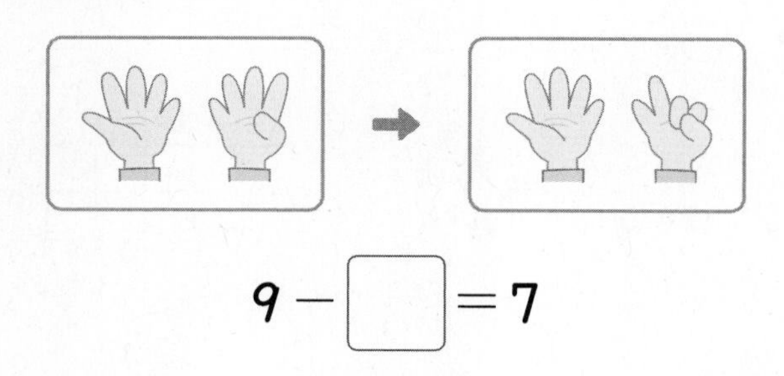

9 − □ = 7

58 그림을 보고 뺄셈을 해 보세요.

□ − □ = □

□ − □ = □

59 두 가지 채소를 골라 ○표 하고, 어느 채소가 얼마나 더 많은지 뺄셈을 해 보세요.

채소 고르기 (가지 , 감자 , 당근)

□ − □ = □

10 뺄셈하기 (2)

60 그림을 보고 뺄셈을 해 보세요.

8 − 1 = □

8 − 2 = □

8 − 3 = □

□ − □ = □

61 뺄셈을 해 보세요.

(1) 6 − 2 = □

(2) 7 − 3 = □

(3) 8 − 4 = □

(4) 9 − 5 = □

62 빈칸에 차가 같은 뺄셈식을 써 보세요.

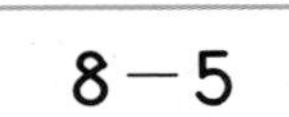

8 − 5	7 − 4
6 − 3	

63 뽑기 기계 안에 있는 구슬을 뽑으면 뽑기 규칙에 따라 바뀐 수의 구슬이 나옵니다. 어떤 수가 나오는지 같은 색의 구슬에 써 보세요.

11 뺄셈의 활용

64 사탕이 9개 있었는데 민아가 4개 먹었습니다. 남은 사탕은 몇 개인지 뺄셈식을 써 보세요.

65 [상자] 모양의 물건은 [둥근기둥] 모양의 물건보다 몇 개 더 많을까요?

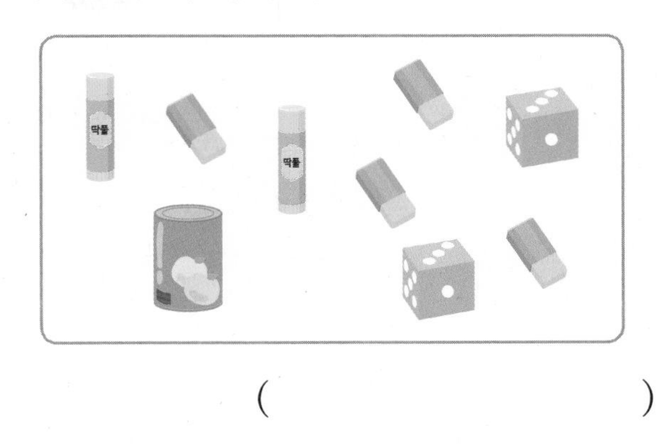

(　　　　　　　　)

66 연필을 은우는 7자루, 지수는 5자루 가지고 있습니다. 누가 연필을 몇 자루 더 많이 가지고 있을까요?

(　　　　　　), (　　　　　　)

서술형

67 수 카드 중에서 가장 큰 수와 가장 작은 수의 차가 얼마인지 풀이 과정을 쓰고 답을 구해 보세요.

4　7　2　8

풀이

답

8 0이 있는 덧셈과 뺄셈을 해 볼까요

• **0이 있는 덧셈하기**

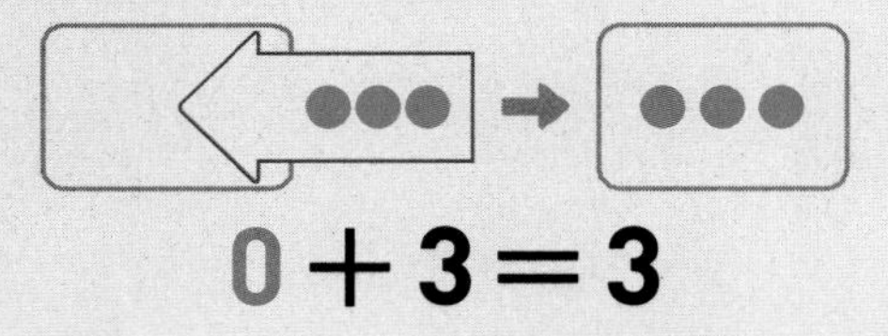

$0+3=3$

$3+0=3$

0에 어떤 수를 더하거나 어떤 수에 0을 더하면 결과는 달라지지 않습니다.

• **0이 있는 뺄셈하기**

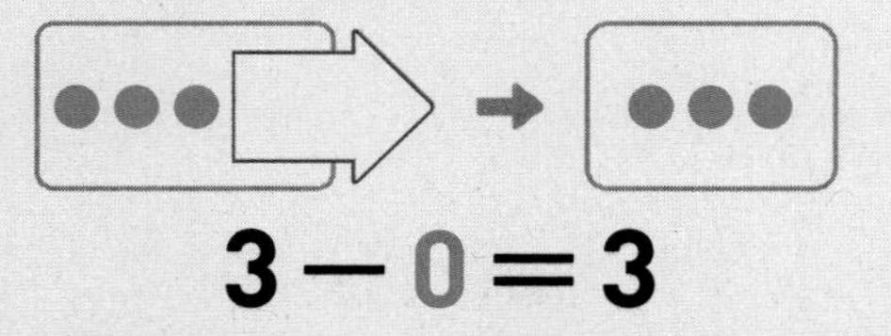

$3-0=3$

0을 빼면 결과는 달라지지 않습니다.

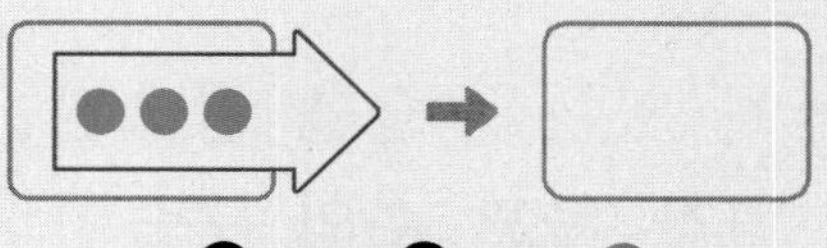

$3-3=0$

전체에서 전체를 빼면 0이 됩니다.

1 구슬을 더하면 모두 몇 개인지 알아보세요.

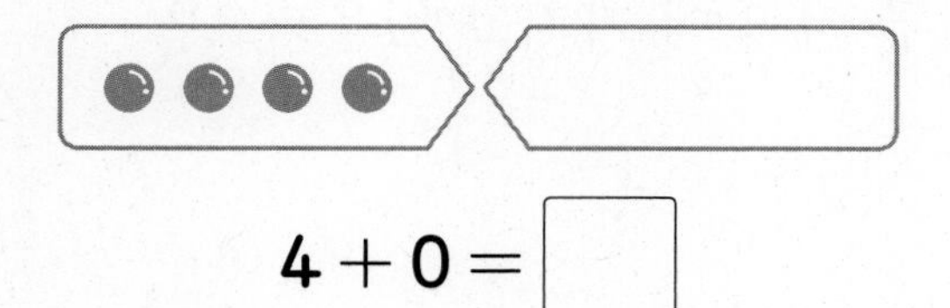

$4+0=\square$

➡ 구슬은 모두 □개입니다.

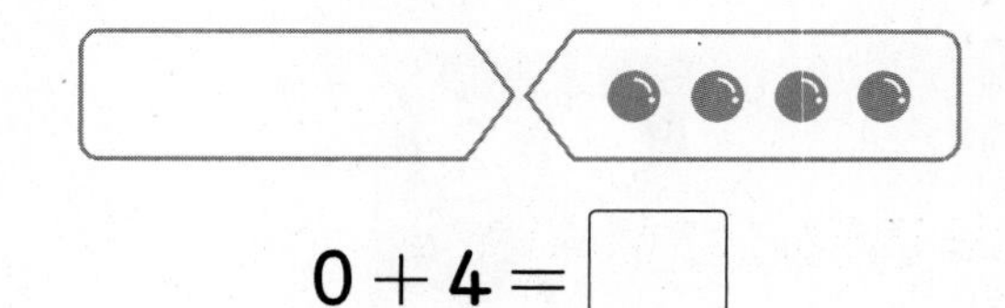

$0+4=\square$

➡ 구슬은 모두 □개입니다.

2 덜어 내고 남은 구슬은 몇 개인지 알아보세요.

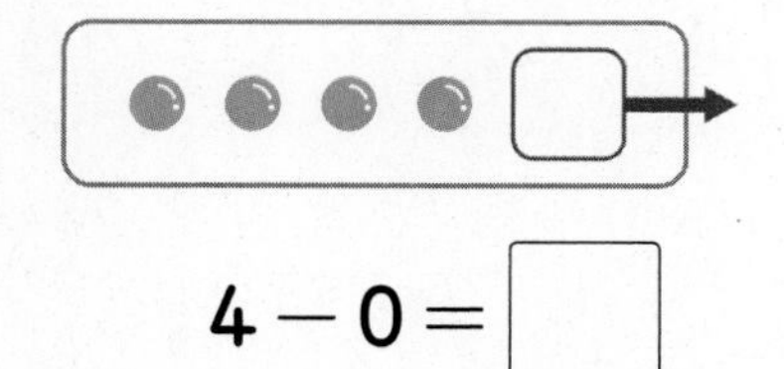

$4-0=\square$

➡ 덜어 낸 것이 없으므로
남은 구슬은 □개입니다.

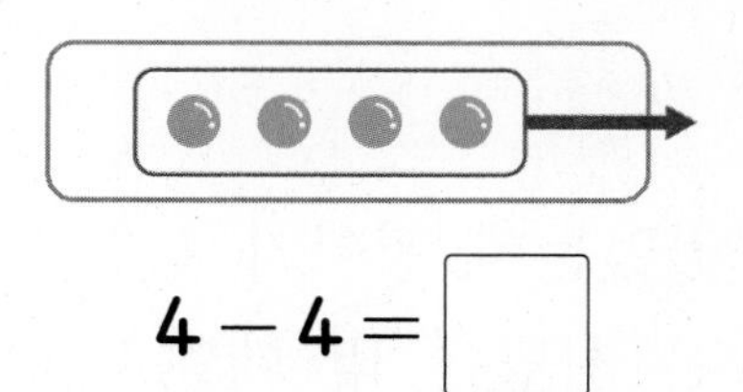

$4-4=\square$

➡ 모두 덜어 냈으므로
남은 구슬은 □개입니다.

3 그림을 보고 덧셈을 해 보세요.

$5 + \square = \square$

$\square + 3 = \square$

1단원에서 배웠어요

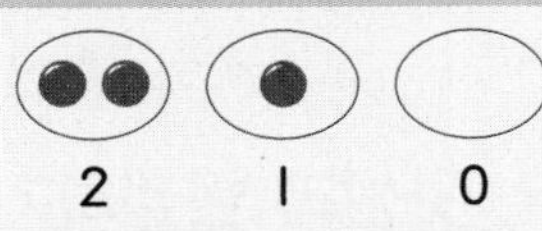

2 ㅣ 0

아무것도 없는 것을 0이라 쓰고, 영이라고 읽습니다.

4 덧셈을 해 보세요.

(1) $2 + 0 = \square$

(2) $0 + 8 = \square$

(3) $6 + 0 = \square$

(4) $0 + 0 = \square$

▶ 아무것도 없는 것끼리 더하면 아무것도 없습니다.

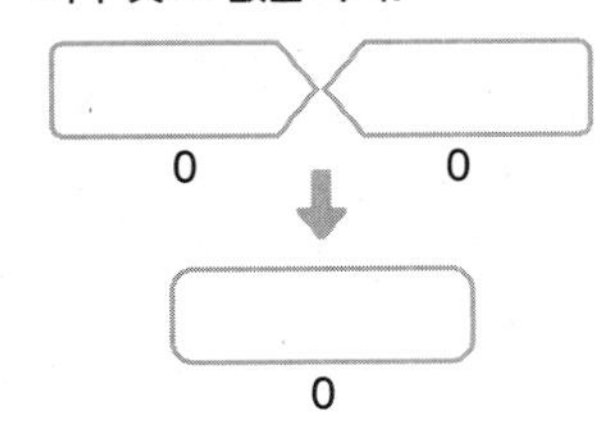

5 그림을 보고 뺄셈을 해 보세요.

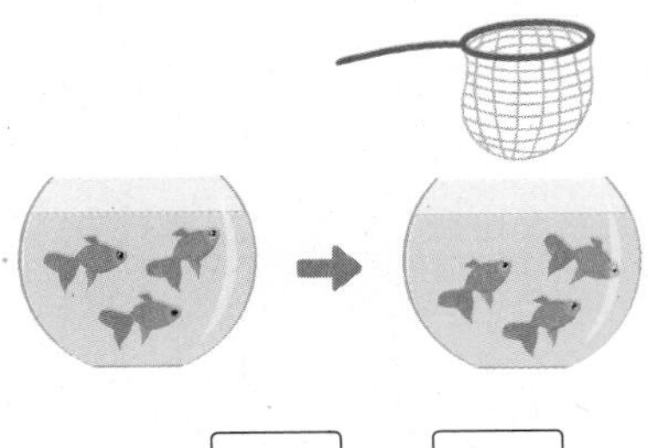

$3 - \square = \square$

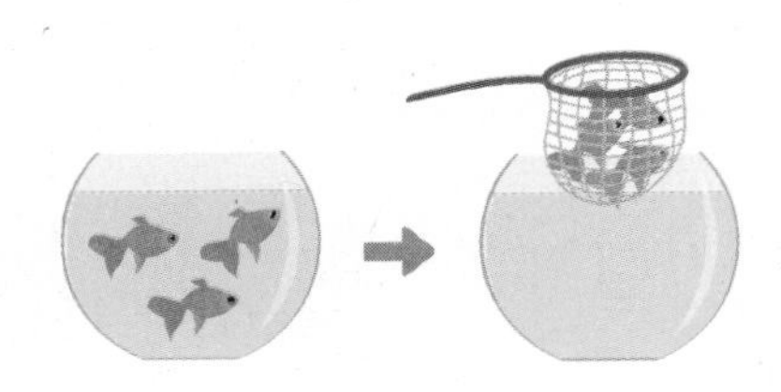

$\square - 3 = \square$

6 뺄셈을 해 보세요.

(1) $5 - 0 = \square$

(2) $7 - 7 = \square$

(3) $9 - 0 = \square$

(4) $0 - 0 = \square$

▶ 아무것도 없는 것에서 아무것도 없는 것을 빼면 아무것도 없습니다.

9 덧셈과 뺄셈을 해 볼까요

- 덧셈과 뺄셈하기

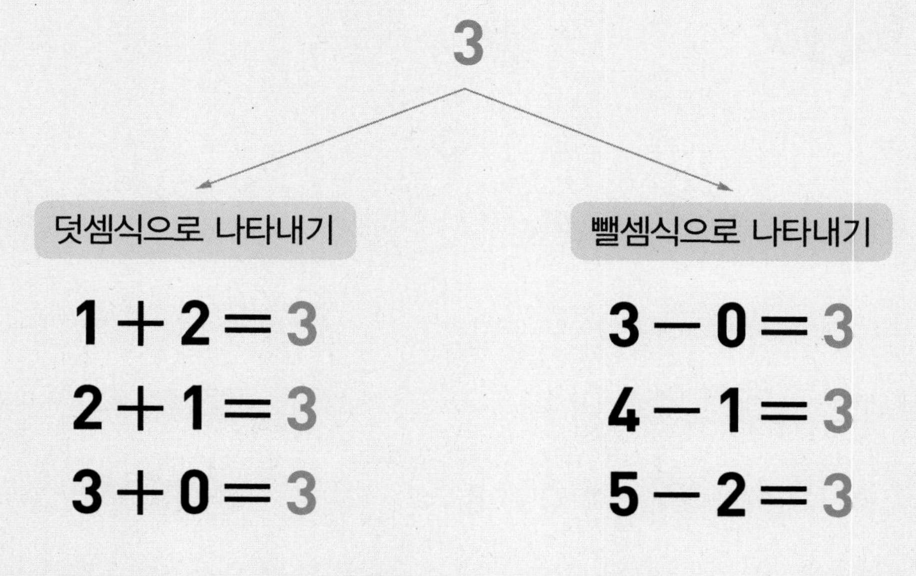

1 합이 8이 되는 식을 찾아 ○표 하세요.

2+6　　1+6　　0+4

8+0　　3+3　　4+4

2+3　　5+3　　1+5

5+2

1+7　　2+7

2 차가 2인 식을 찾아 색칠해 보세요.

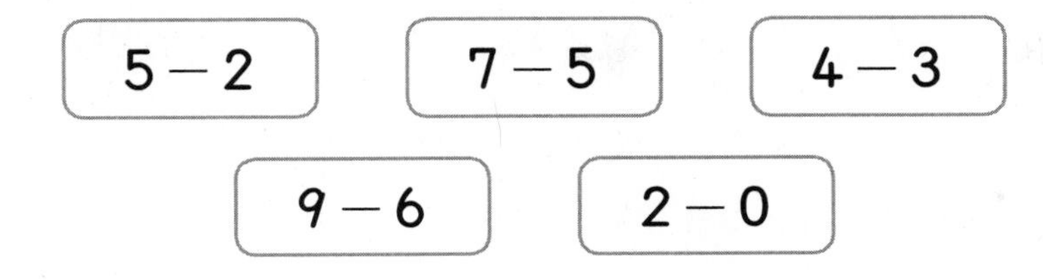

3 합이 5가 되는 덧셈식을 2개 만들어 보세요.

$\square + \square = 5$ $\square + \square = 5$

▶ 손가락, 수판, 연결 모형 등을 이용하여 다양하게 덧셈식을 만들어 봅니다.

4 차가 5가 되는 뺄셈식을 2개 만들어 보세요.

▶ 손가락, 수판, 연결 모형 등을 이용하여 다양하게 뺄셈식을 만들어 봅니다.

5 □ 안에 알맞은 수를 써넣고 합과 차가 같은 것끼리 이어 보세요.

$4+4=\square$ •	• $9-4=\square$
$3+3=\square$ •	• $8-0=\square$
$0+5=\square$ •	• $7-1=\square$

▶ 0 + (어떤 수) = (어떤 수)
(어떤 수) − 0 = (어떤 수)

3

12 0이 있는 덧셈과 뺄셈하기

68 그림을 보고 덧셈식을 쓰고 읽어 보세요.

쓰기 □ + 3 = □

읽기 □ 더하기 3은 □ 와/과 같습니다.

69 그림을 보고 뺄셈식을 쓰고 읽어 보세요.

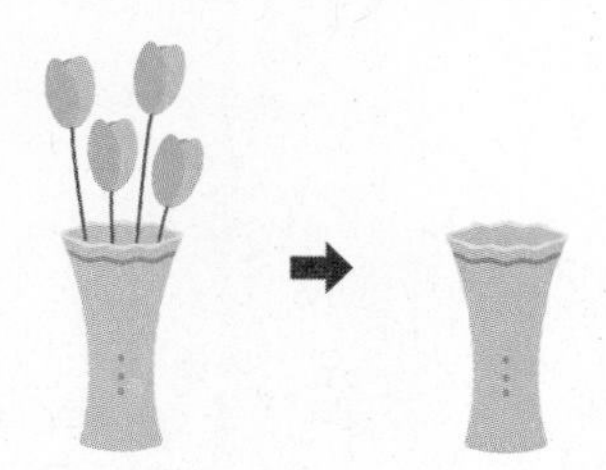

쓰기 □ − 4 = □

읽기 □ 빼기 4는 □ 와/과 같습니다.

70 그림을 보고 □ 안에 알맞은 수를 써넣으세요.

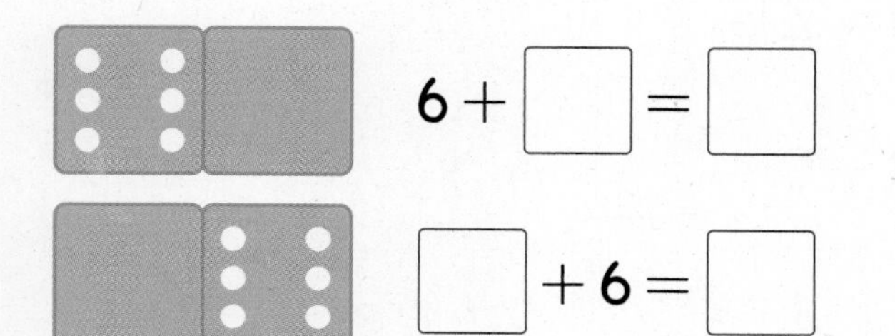

6 + □ = □

□ + 6 = □

71 ○ 안에 +, −를 알맞게 써넣으세요.

(1) 0 ○ 9 = 9

(2) 8 ○ 8 = 0

72 □ 안에 + 또는 −를 모두 넣을 수 있는 것에 ○표 하세요.

4 □ 0 = 4	3 □ 3 = 0
(　　)	(　　)

73 수 카드를 골라 덧셈식과 뺄셈식을 써 보세요.

(1) 덧셈식

5 6 7 8 5 6 7 8

□ + 0 = □

(2) 뺄셈식

1 2 3 4 1 2 3 4

□ − 0 = □

13 덧셈과 뺄셈하기

74 계산 결과가 6인 식을 모두 찾아 색칠해 보세요.

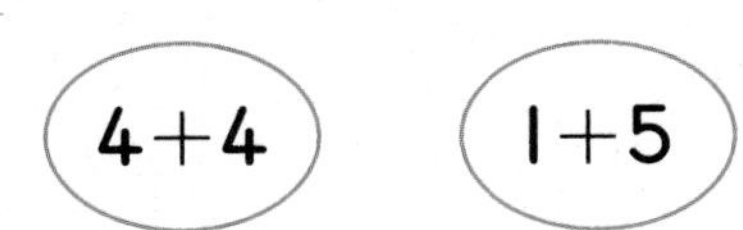

$4+4$ $1+5$

$6+3$ $9-3$ $8-1$

75 □ 안에 $+$, $-$를 알맞게 써넣으세요.

(1) $6\ \square\ 3=3$

$6\ \square\ 3=9$

(2) $4\ \square\ 4=8$

$4\ \square\ 4=0$

76 합이 가장 큰 것에 ○표 하세요.

$4+2$	$1+6$	$5+0$
(　　)	(　　)	(　　)

77 현아가 좋아하는 운동선수들의 등번호입니다. 차가 4가 되는 두 수를 찾아 ○표 하세요.

78 도넛은 모두 8개입니다. 상자 안에 들어 있는 도넛의 수를 □ 안에 알맞게 써넣으세요.

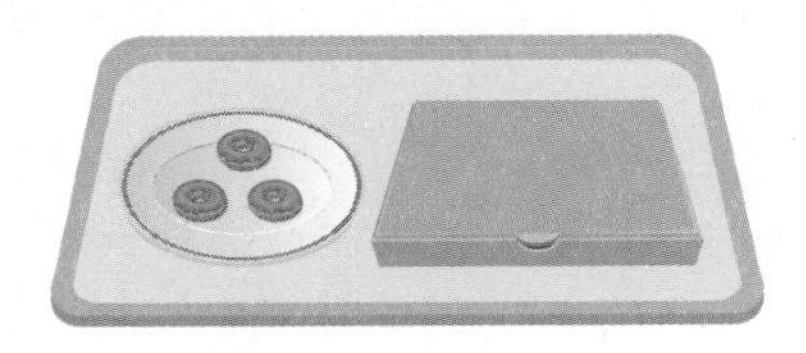

$3+\square=8$

79 다음 덧셈식으로 만들 수 있는 뺄셈식을 2개 써 보세요.

$4+0=4$

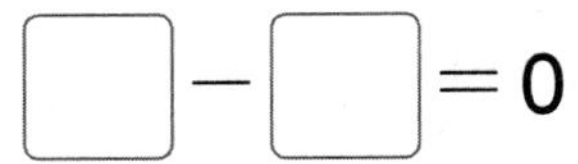

$\square-\square=0$

$\square-\square=4$

응용유형 1 수를 여러 번 모으기와 가르기

가르기를 하여 빈칸에 알맞은 수를 써넣으세요.

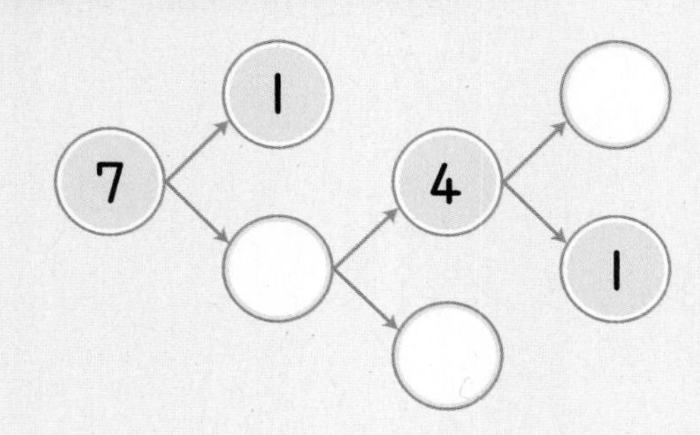

● 핵심 NOTE
- 알 수 있는 수부터 차례로 구합니다.
- 가르기한 두 수를 모으기하면 처음의 수가 됩니다.

1-1 가르기를 하여 빈칸에 알맞은 수를 써넣으세요.

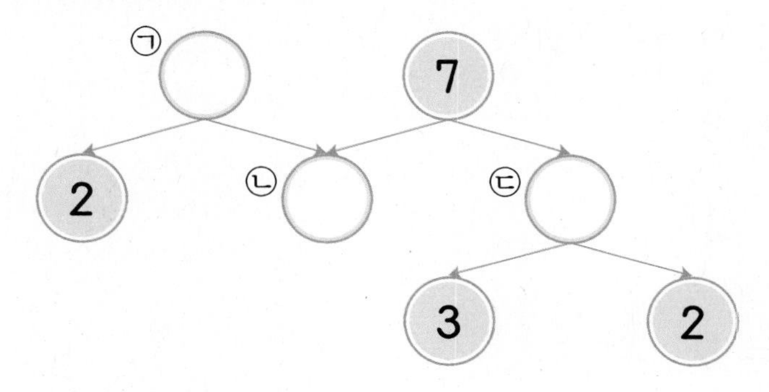

1-2 가르기와 모으기를 하여 빈칸에 알맞은 수를 써넣으세요.

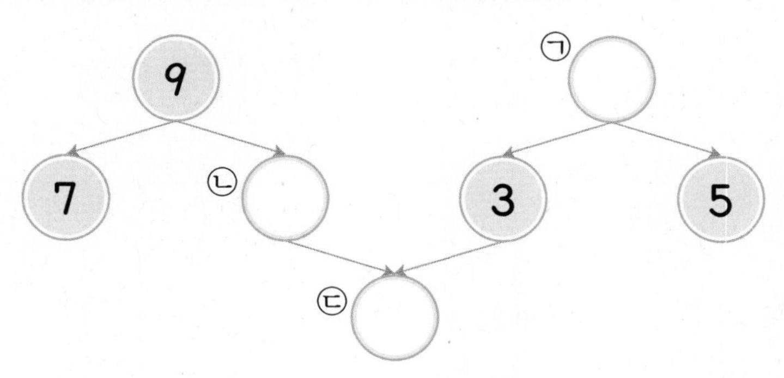

응용유형 2

알맞은 수 구하기

같은 모양은 같은 수를 나타냅니다. ▲에 알맞은 수를 구해 보세요.

3 + 4 = ●, ● + ▲ = 9

(   )

● 핵심 NOTE • 값을 구할 수 있는 것부터 먼저 구합니다.

2-1 같은 모양은 같은 수를 나타냅니다. ★에 알맞은 수를 구해 보세요.

7 − 4 = ■, ■ + ★ = 9

(   )

2-2 같은 모양은 같은 수를 나타냅니다. ♥이 4일 때 ⊙에 알맞은 수를 구해 보세요.

♥ + ♥ = ♣, ♣ − ⊙ = 5

(   )

나누어 가지는 방법의 수 구하기

연필이 5자루 있습니다. 지은이와 민정이가 이 연필을 모두 나누어 가지는 데 각각 적어도 1자루씩은 가지려고 합니다. 나누어 가지는 방법은 모두 몇 가지인지 구해 보세요.

( )

● 핵심 NOTE • 하나의 수를 두 수로 가르기하는 것을 이용합니다.

3-1 사탕이 6개 있습니다. 민주와 정호가 이 사탕을 모두 나누어 가지는 데 각각 적어도 1개씩은 가지려고 합니다. 나누어 가지는 방법은 모두 몇 가지인지 구해 보세요.

( )

3-2 클립이 8개 있습니다. 서아와 형우가 이 클립을 모두 나누어 가지는 데 각각 적어도 1개씩은 가지려고 합니다. 서아가 형우보다 더 많이 가지는 방법은 모두 몇 가지인지 구해 보세요.

( )

심화유형 4

덧셈식과 뺄셈식 만들기

5장의 수 카드 중에서 2장을 골라 차가 가장 큰 뺄셈식을 만들어 계산해 보세요.

7 4 3 2 6

□−□=□

1단계 차가 가장 큰 뺄셈식을 만들 수 있는 수 카드 2장 고르기

2단계 차가 가장 큰 뺄셈식 만들기

● 핵심 NOTE

1단계 어떤 경우에 차가 가장 큰지 생각해 봅니다.

2단계 가장 큰 수에서 가장 작은 수를 뺄 때 차가 가장 큰 뺄셈식이 만들어집니다.

3

4-1

5장의 수 카드 중에서 2장을 골라 차가 가장 큰 뺄셈식을 만들어 계산해 보세요.

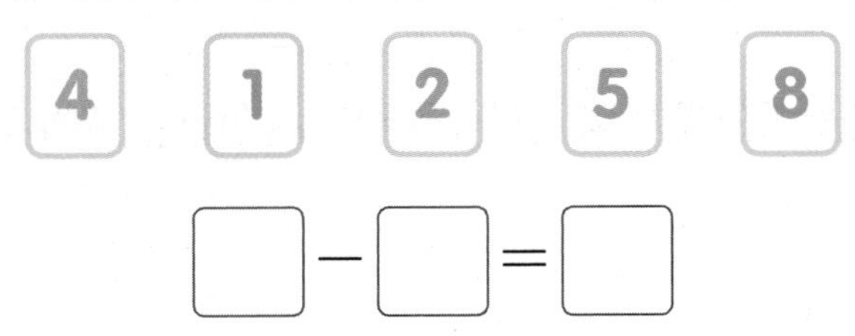

4-2

5장의 수 카드 중에서 2장을 골라 합이 가장 큰 덧셈식과 차가 가장 큰 뺄셈식을 각각 만들어 계산해 보세요.

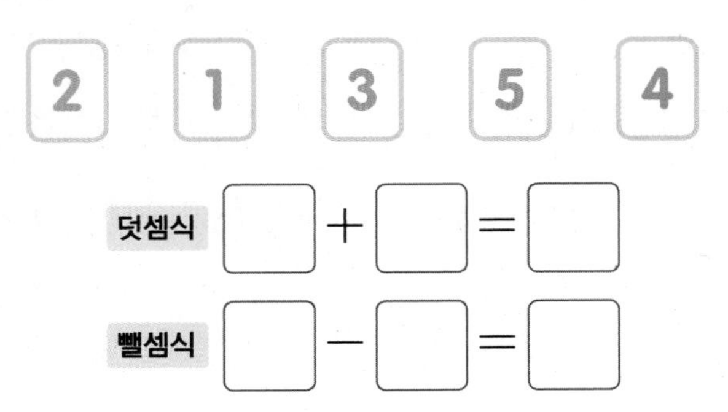

단원 평가 Level ❶

점수

확인

1 가르기를 해 보세요.

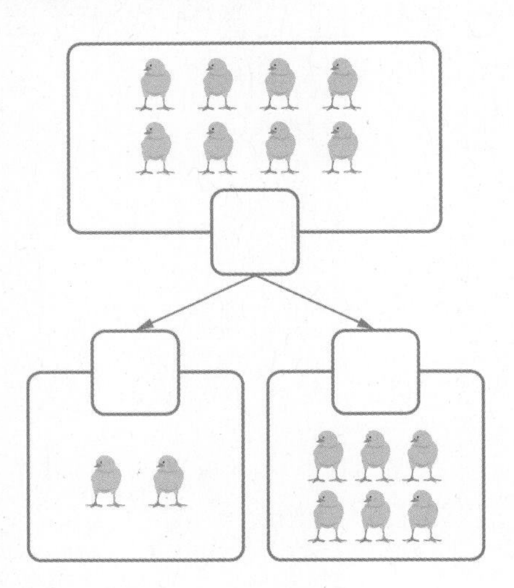

2 모으기를 해 보세요.

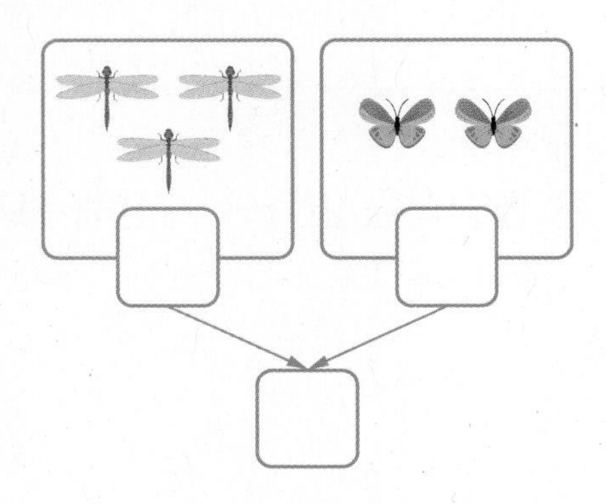

3 모으기와 가르기를 해 보세요.

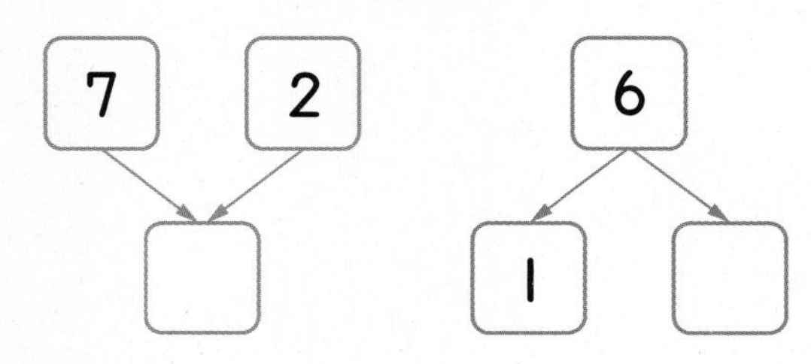

4 가르기를 잘못한 것을 찾아 기호를 써 보세요.

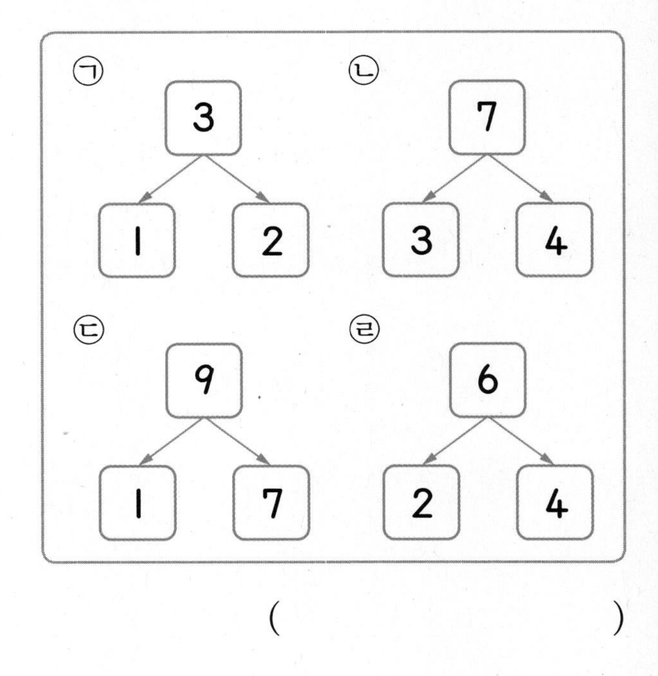

( )

5 바나나는 모두 몇 개인지 덧셈식을 쓰고 읽어 보세요.

쓰기 ....

읽기 ....

6 별이 몇 개 남았는지 뺄셈을 해 보세요.

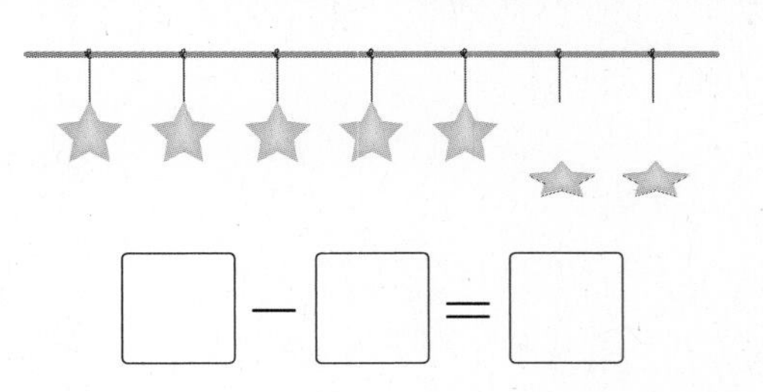

□ − □ = □

7 그림을 보고 □ 안에 알맞은 수를 써넣으세요.

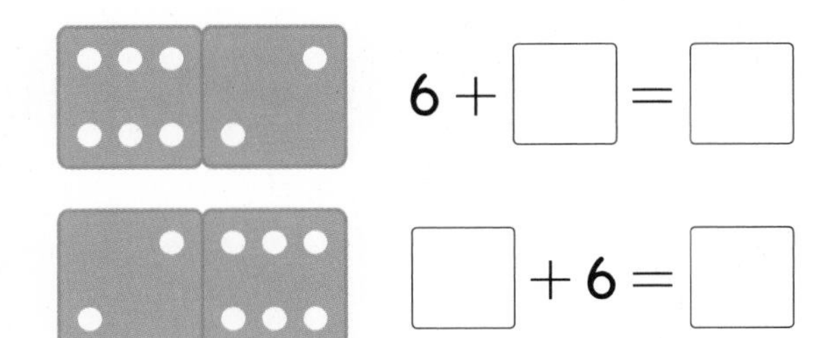

6 + □ = □

□ + 6 = □

8 가르기를 이용하여 뺄셈을 해 보세요.

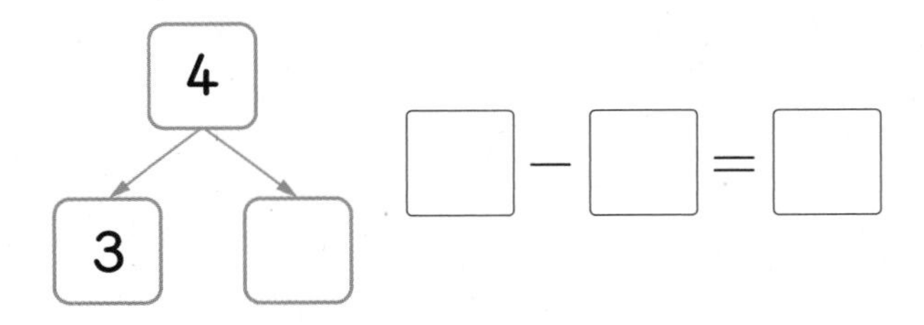

□ − □ = □

9 꽃은 모두 몇 송이인지 덧셈을 해 보세요.

□ + □ = □

10 덧셈과 뺄셈을 해 보세요.

(1) 1 + 8 = □ (2) 0 + 9 = □

(3) 6 − 5 = □ (4) 0 − 0 = □

11 두 수의 합과 차를 각각 구해 보세요.

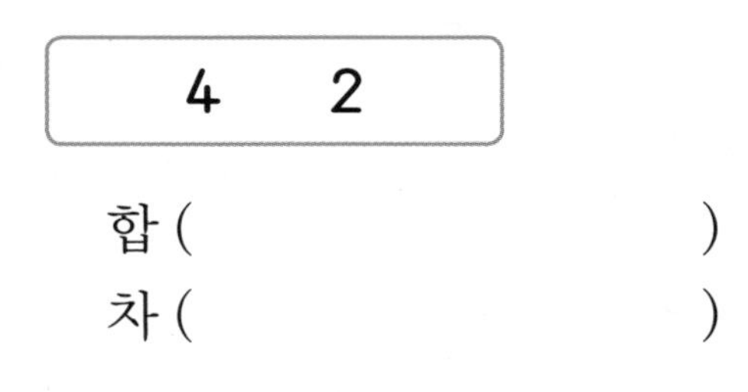

4 2

합 ( )

차 ( )

12 빈칸에 알맞은 수를 써넣으세요.

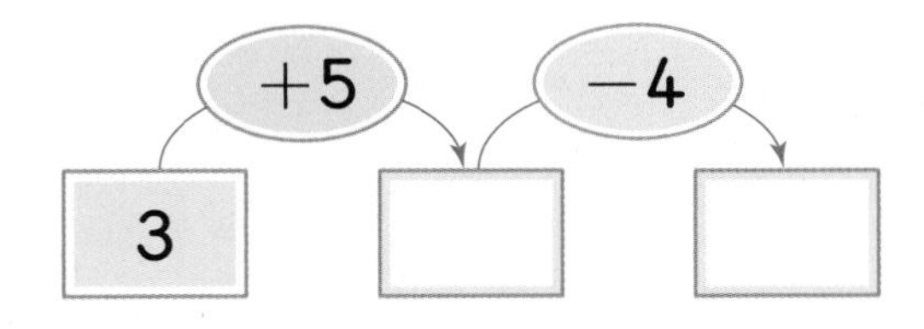

13 ○ 안에 +, −를 알맞게 써넣으세요.

(1) 6 ○ 3 = 3, 6 ○ 3 = 9

(2) 5 ○ 1 = 4, 5 ○ 1 = 6

14 수 카드 중에서 가장 큰 수와 가장 작은 수의 차를 구해 보세요.

2 7 4 0

□ − □ = □

15 계산 결과가 큰 것부터 순서대로 ○ 안에 1, 2, 3을 써넣으세요.

$4+2$	$8-1$	$0+9$
○	○	○

16 두 수의 합이 7이 되도록 □ 안에 알맞은 수를 써넣으세요.

$\square+4=7$

$2+\square=7$

$1+\square=7$

$\square+7=7$

17 민호는 6살이고 누나는 민호보다 2살 더 많습니다. 누나는 몇 살일까요?

(　　　　　　)

18 탁자 위에 사탕이 9개 있었습니다. 그 중에서 3개를 먹었다면 남은 사탕은 몇 개일까요?

(　　　　　　)

19 경윤이는 오늘 학교에서 받아쓰기 시험을 보았습니다. 경윤이는 9문제 중에서 7문제를 맞혔습니다. 경윤이가 틀린 문제는 몇 문제인지 풀이 과정을 쓰고 답을 구해 보세요.

풀이

답

20 예진이네 모둠의 여학생은 4명이고, 남학생은 여학생보다 1명 더 적습니다. 예진이네 모둠의 학생은 모두 몇 명인지 풀이 과정을 쓰고 답을 구해 보세요.

풀이

답

단원 평가 Level 2

점수

확인

1 가르기를 해 보세요.

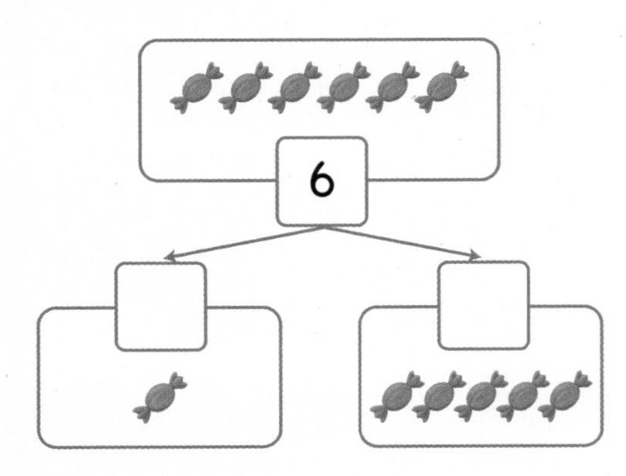

2 그림을 보고 □ 안에 알맞은 수를 써넣으세요.

(1)

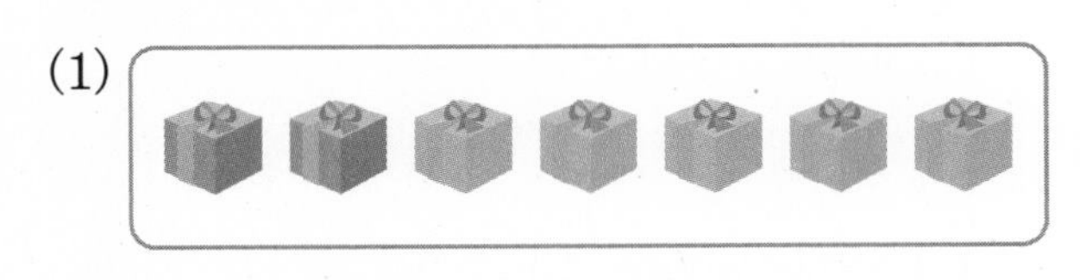

$2+5=\square$

➡ 2와 □의 합은 □입니다.

(2)

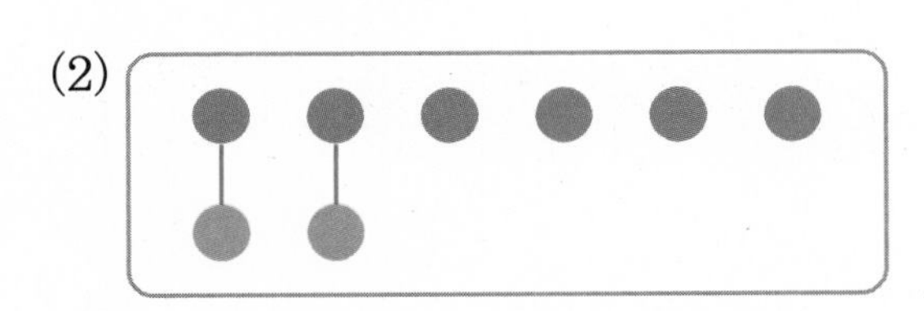

$6-2=\square$

➡ 6과 □의 차는 □입니다.

3 모으기와 가르기를 해 보세요.

(1) (2)

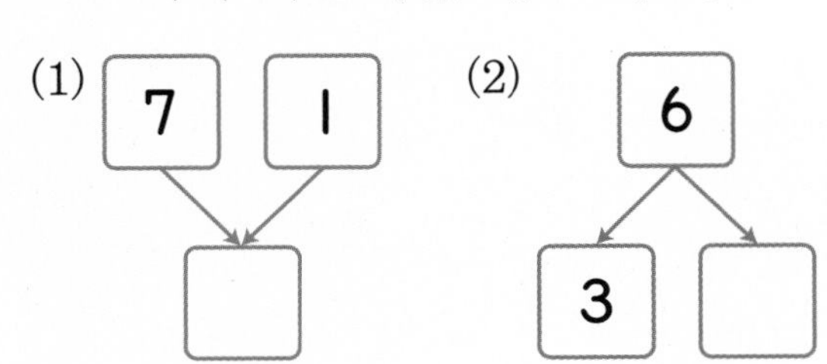

4 7을 가르기한 것입니다. 옳은 것에 ○표, 틀린 것에 ×표 하세요.

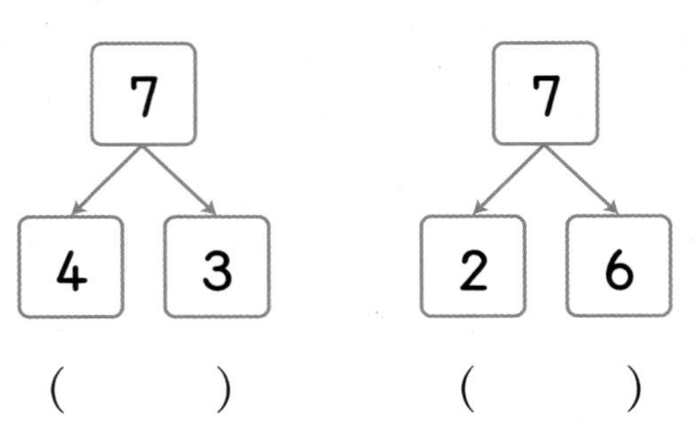

( ) ( )

5 그림을 보고 □ 안에 알맞은 수를 써넣으세요.

(1)

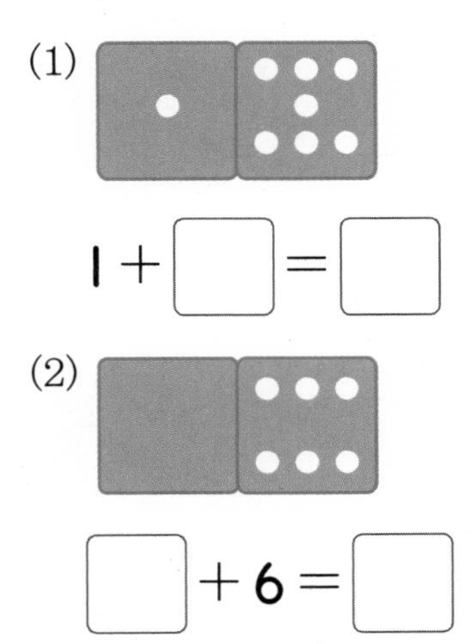

$1+\square=\square$

(2)

$\square+6=\square$

6 가르기를 이용하여 뺄셈을 해 보세요.

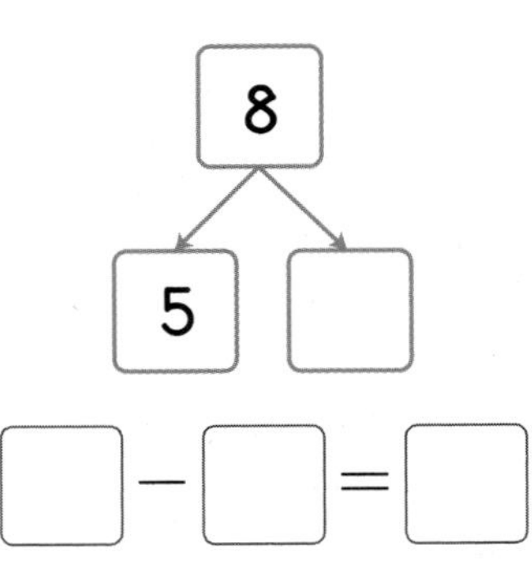

$\square-\square=\square$

3

7 □ 안에 알맞은 수를 써넣으세요.

(1) $0+9=\square$

(2) $8-4=\square$

(3) $5+2=\square$

(4) $7-7=\square$

8 □ 안에 알맞은 수를 써넣으세요.

(1) $8+\square=8$

(2) $6-\square=0$

9 차가 같은 것끼리 이어 보세요.

5 − 1 •	• 6 − 3
7 − 4 •	• 9 − 9
2 − 2 •	• 4 − 0

10 초콜릿이 9개 있었습니다. 그중에서 몇 개를 먹었더니 4개가 남았습니다. 빈칸에 알맞은 수를 써넣고, 먹은 초콜릿은 몇 개인지 구해 보세요.

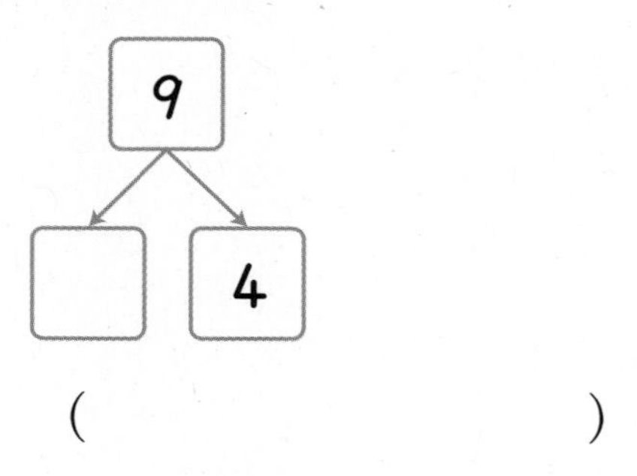

(   )

11 계산 결과가 다른 하나는 어느 것일까요? (   )

① $9-4$ ② $7-2$ ③ $5-0$
④ $8-1$ ⑤ $6-1$

12 빈칸에 알맞은 수를 써넣으세요.

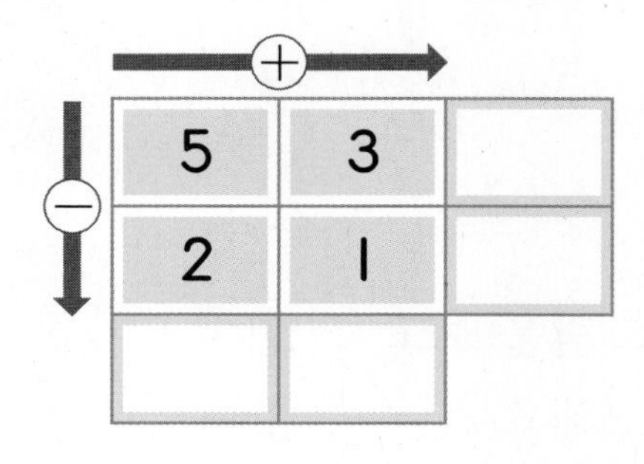

13 수 카드 3장을 한 번씩 사용하여 덧셈식과 뺄셈식을 써 보세요.

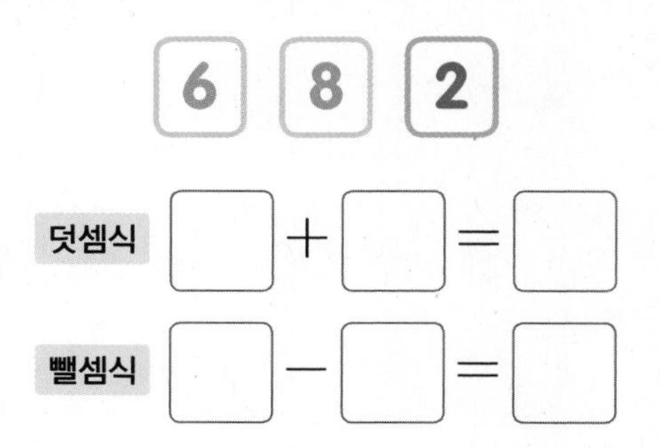

14 연필이 모두 몇 자루인지 덧셈식을 써 보세요.

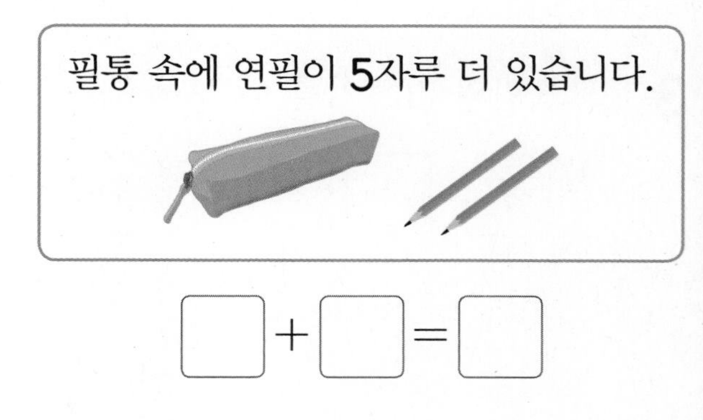

$\square+\square=\square$

15 ○ 안에 +, −를 알맞게 써넣으세요.

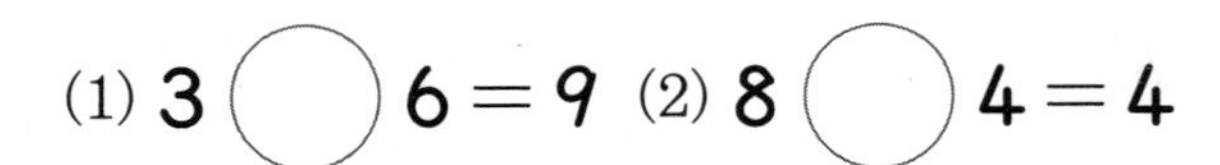

(1) 3 ○ 6 = 9 (2) 8 ○ 4 = 4

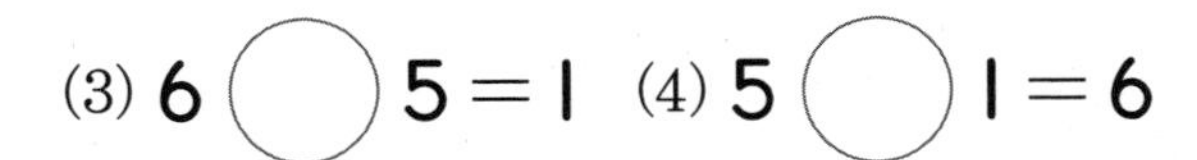

(3) 6 ○ 5 = 1 (4) 5 ○ 1 = 6

16 계산 결과가 가장 큰 것을 찾아 기호를 써 보세요.

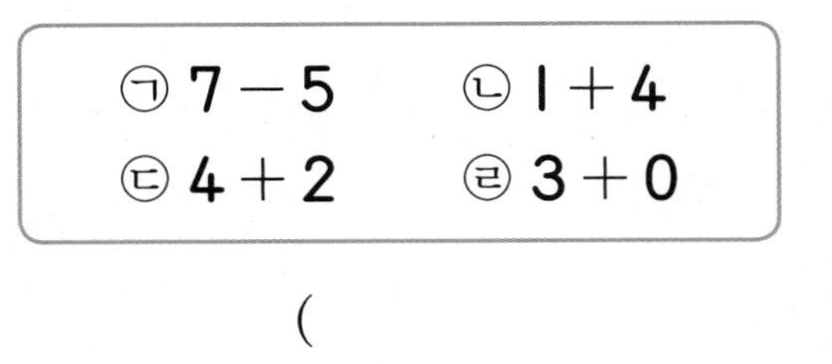

㉠ 7 − 5 ㉡ 1 + 4
㉢ 4 + 2 ㉣ 3 + 0

( )

17 빈칸에 알맞은 수를 써넣으세요.

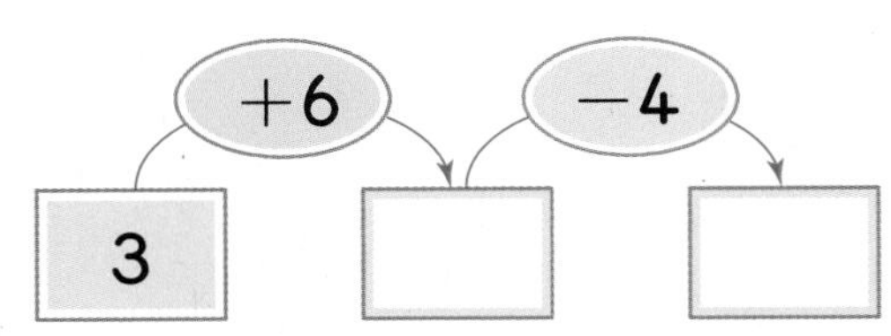

18 주차장에 자동차가 9대 있었습니다. 잠시 후 2대가 빠져나갔습니다. 주차장에 남아 있는 자동차는 몇 대인지 뺄셈식으로 나타내고 답을 구해 보세요.

뺄셈식 ....

답 ....

19 모양과 모양은 모두 몇 개인지 풀이 과정을 쓰고 답을 구해 보세요.

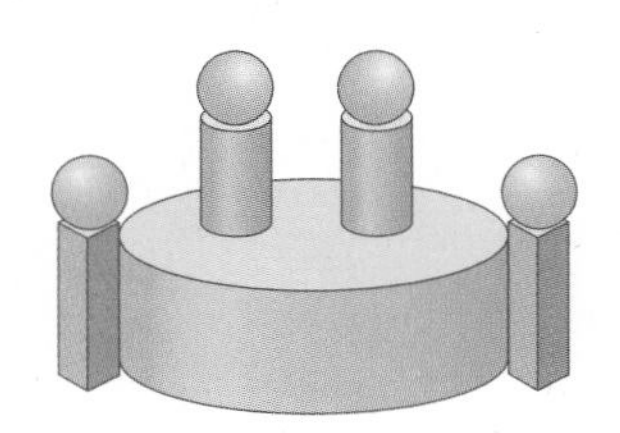

풀이 ....

답 ....

20 재용이는 노란 색종이 6장과 파란 색종이 5장을 가지고 있었습니다. 미술 시간에 민지에게 노란 색종이 2장을 주었습니다. 재용이가 지금 가지고 있는 색종이는 모두 몇 장인지 풀이 과정을 쓰고 답을 구해 보세요.

풀이 ....

답 ....

4 비교하기

내 연필이 친구 연필보다 **더 길까, 더 짧을까?**
사과가 참외보다 **더 무거울까, 더 가벼울까?**

→ **비교**해 보면 알 수 있지!

비교하면 구분할 수 있어!

더 짧다 더 길다

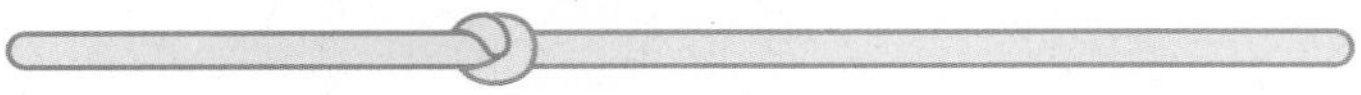

더 가볍다 더 무겁다

더 좁다 더 넓다

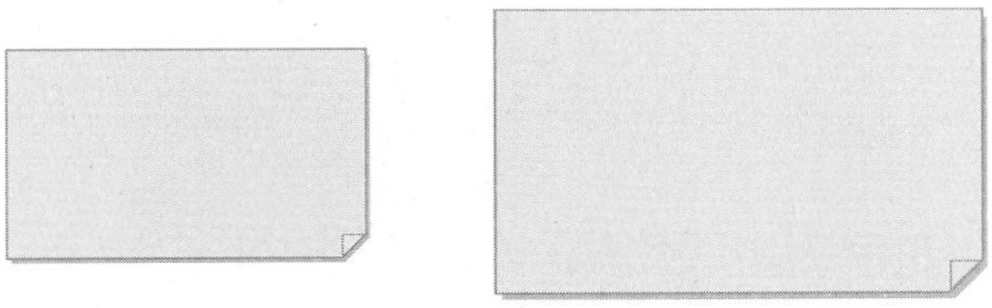

더 적다 더 많다

1 어느 것이 더 길까요

길이 비교하기

길이를 비교하려면 물건의 한쪽 끝을 맞추어 맞대어 보고 다른 쪽 끝을 살펴봅니다.

• 두 가지 물건의 길이 비교하기

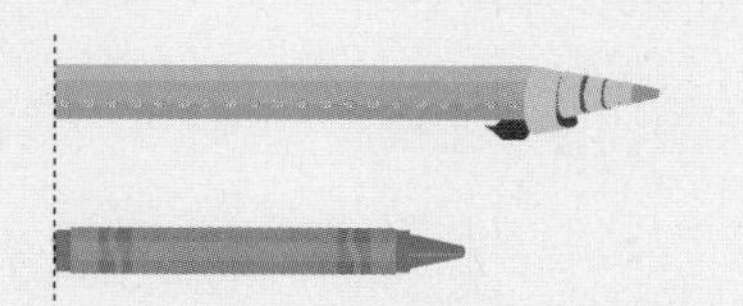

더 길다 ➡ 색연필은 크레파스보다 더 깁니다.

더 짧다 ➡ 크레파스는 색연필보다 더 짧습니다.

두 가지 물건의 왼쪽 끝을 맞추었을 때 오른쪽 끝이 더 많이 나온 것이 더 깁니다.

• 세 가지 물건의 길이 비교하기

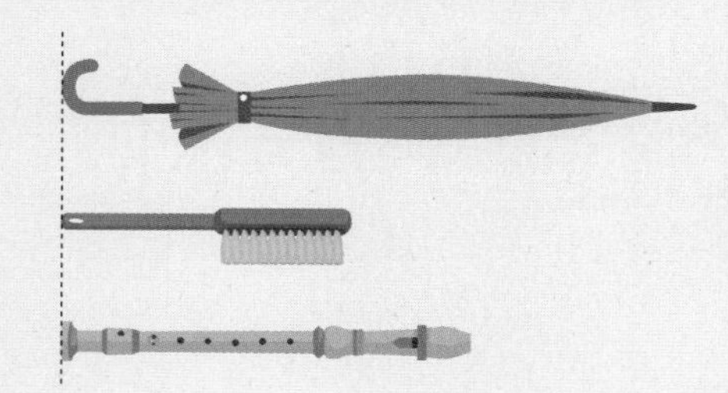

가장 길다 ➡ 우산이 가장 깁니다.

가장 짧다 ➡ 빗자루가 가장 짧습니다.

!

- 두 가지 물건을 비교할 때에는 '□'로 나타냅니다.
- 세 가지 물건을 비교할 때에는 '□'으로 나타냅니다.

1 두 가지 물건의 길이를 비교하려고 합니다. 알맞은 말에 ○표 하세요.

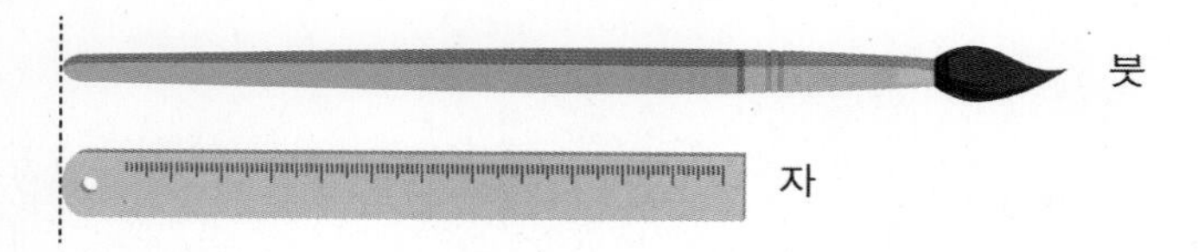

붓과 자의 왼쪽 끝을 맞추었을 때 오른쪽 끝이 더 많이 나온 것은 (붓 , 자)입니다.

붓이 자보다 더 (길고 , 짧고) 자가 붓보다 더 (깁니다 , 짧습니다).

2 더 긴 것에 색칠해 보세요.

(1)

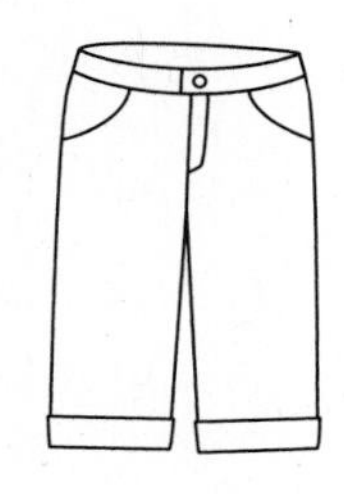

(2)

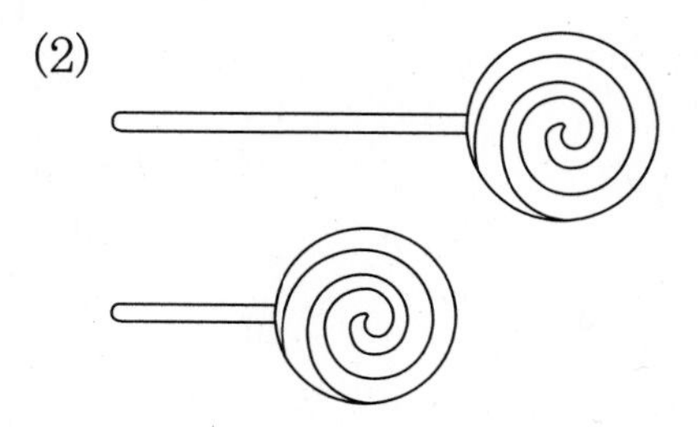

3 더 짧은 것에 △표 하세요.

( )

( )

▶ 두 가지 물건의 오른쪽 끝을 맞추었을 때에는 왼쪽 끝을 살펴봅니다.

4 선을 따라 그리고 비교하는 말을 찾아 이어 보세요.

------------------------------	•	• 더 길다
--	•	• 더 짧다

5 가장 긴 것에 ○표, 가장 짧은 것에 △표 하세요.

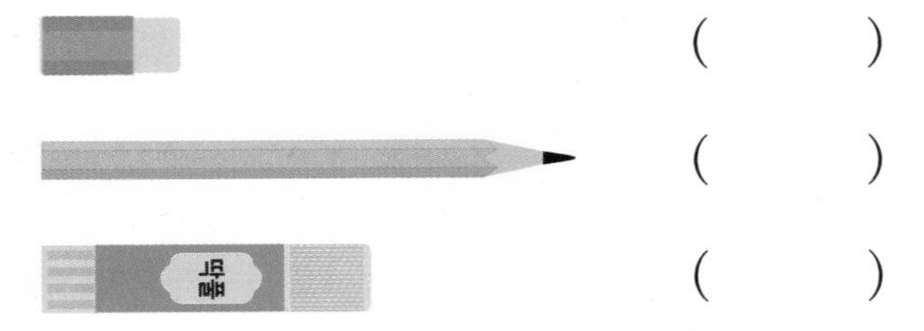

( )

( )

( )

▶ 세 가지 물건의 길이를 비교할 때에는 한꺼번에 비교하거나 두 가지씩 차례로 비교합니다.

6 더 높은 것에 ○표 하세요.

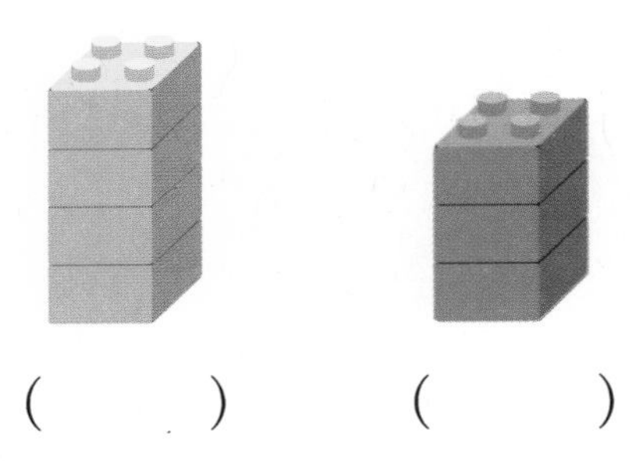

( ) ( )

▶ 높이 비교하기
높이를 비교할 때에는 아래쪽 끝을 맞추어 맞대어 보고 위쪽 끝을 비교합니다.

2 어느 것이 더 무거울까요

- **무게 비교하기**

무게를 비교하려면 손으로 들어 보거나 저울에 물건을 올려놓고 비교해 봅니다.

└• 손으로 들어 보았을 때 무게가 비슷한 경우에 저울을 이용합니다.

• 두 가지 물건의 무게 비교하기

더 무겁다 ➡ 사과는 딸기보다 더 무겁습니다.
더 가볍다 ➡ 딸기는 사과보다 더 가볍습니다.

└• 아래로 내려간 쪽이 더 무겁습니다.

가위는 지우개보다 더 무겁습니다.
지우개는 가위보다 더 가볍습니다.

• 세 가지 물건의 무게 비교하기

가장 무겁다 ➡ 축구공이 가장 무겁습니다.
가장 가볍다 ➡ 탁구공이 가장 가볍습니다.

1 두 가지 물건의 무게를 비교하려고 합니다. 알맞은 말에 ○표 하세요.

책과 연필을 손으로 들었을 때 힘이 더 드는 것은 (책 , 연필)입니다.

책은 연필보다 더 (무겁습니다 , 가볍습니다).

연필은 책보다 더 (무겁습니다 , 가볍습니다).

2 더 무거운 것에 ○표 하세요.

(1)

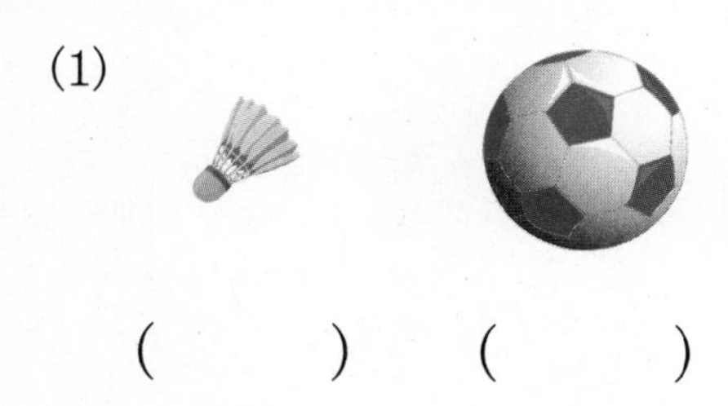

(　　) (　　)

(2)

(　　) (　　)

3 더 가벼운 것에 색칠해 보세요.

▶ 크기가 크다고 항상 더 무거운 것은 아닙니다.

4 가장 무거운 것에 ○표, 가장 가벼운 것에 △표 하세요.

( ) ( ) ( )

▶ 동물들의 무게는 몸집으로 비교할 수 있습니다.

5 그림과 어울리는 말을 찾아 이어 보세요.

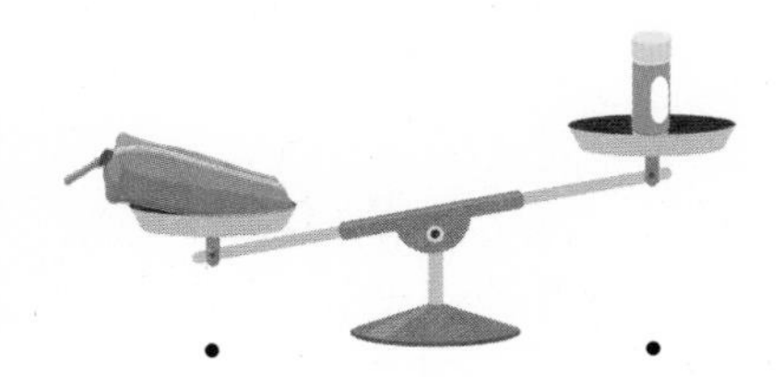

더 가볍다 더 무겁다

▶ 아래로 내려간 쪽이 더 무겁고, 위로 올라간 쪽이 더 가볍습니다.

3 어느 것이 더 넓을까요

● 넓이 비교하기

넓이를 비교하려면 눈으로 확인해 보거나 물건의 한쪽 끝을 맞추어 겹쳐 맞대어 보고 살펴봅니다.

- 두 가지 물건의 넓이 비교하기

겹쳤을 때 남는 부분이 있는 것이 더 넓습니다.

더 넓다 더 좁다

스케치북은 공책보다 더 넓습니다.
공책은 스케치북보다 더 좁습니다.

- 세 가지 물건의 넓이 비교하기

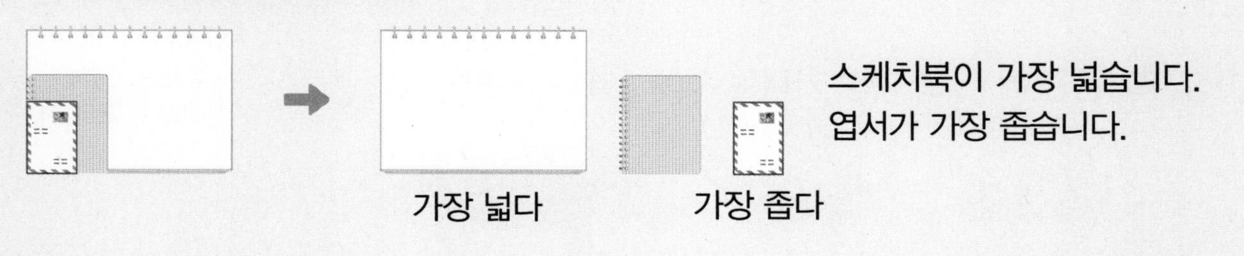

가장 넓다 가장 좁다

스케치북이 가장 넓습니다.
엽서가 가장 좁습니다.

1 두 가지 물건의 넓이를 비교하려고 합니다. 알맞은 말에 ○표 하세요.

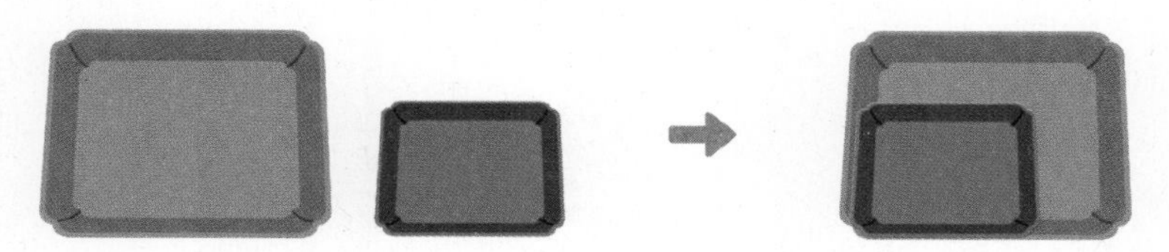

두 쟁반을 서로 겹쳤을 때 남는 부분이 있는 쟁반은 (빨간색 , 파란색) 쟁반입니다.

빨간색 쟁반은 파란색 쟁반보다 더 (넓습니다 , 좁습니다).

파란색 쟁반은 빨간색 쟁반보다 더 (넓습니다 , 좁습니다).

2 더 넓은 것에 ○표 하세요.

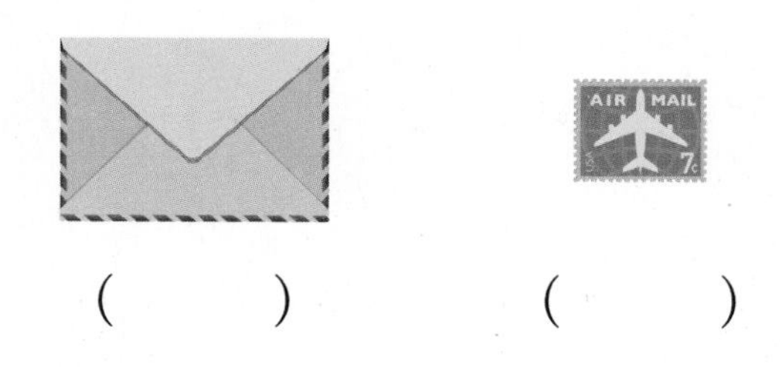

( ) ( )

3 관계있는 것끼리 이어 보세요.

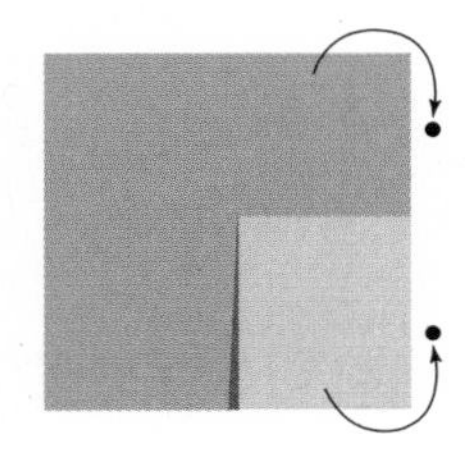

• 더 좁다

• 더 넓다

▶ 겹쳤을 때 남는 부분이 있는 것이 더 넓습니다.

4 가장 넓은 것에 ○표, 가장 좁은 것에 △표 하세요.

(　　)

(　　)

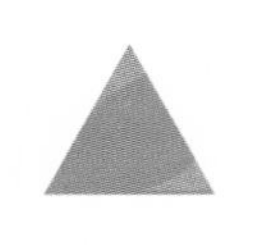
(　　)

▶ 세 가지 물건의 넓이를 비교할 때에는 한꺼번에 비교하거나 두 가지씩 차례로 비교합니다.

5 좁은 것부터 순서대로 1, 2, 3을 써 보세요.

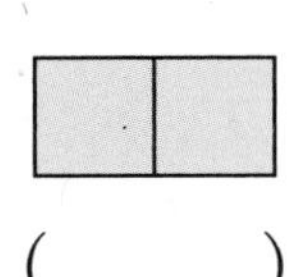
(　　)

(　　)

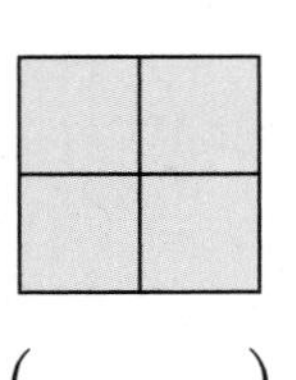
(　　)

▶ 몇 칸인지 세어 넓이를 비교합니다.

6 (　　) 안에 알맞은 장소를 써넣으세요.

(1) 우리 집 거실보다 더 넓은 곳은 (　　　　　　　　)입니다.

(2) 야구 경기장보다 더 좁은 곳은 (　　　　　　　　)입니다.

4

4 어느 것에 더 많이 담을 수 있을까요

• 담을 수 있는 양 비교하기

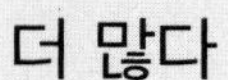

더 많다 더 적다 ⋯⋯• 그릇의 크기가 클수록 담을 수 있는 양이 더 많습니다.

양동이는 컵보다 담을 수 있는 양이 더 많습니다.
컵은 양동이보다 담을 수 있는 양이 더 적습니다.

• 담긴 양 비교하기

가 나 다

가장 많다 가장 적다 ⋯⋯• 그릇의 모양과 크기가 같으면 물의 높이가 높을수록 담긴 물의 양이 더 많습니다.

가 그릇에 담긴 물의 양이 가장 많습니다.
다 그릇에 담긴 물의 양이 가장 적습니다.

가 나 다

가장 많다 가장 적다 ⋯⋯• 담긴 물의 높이가 같으면 그릇의 크기가 클수록 담긴 물의 양이 더 많습니다.

가 그릇에 담긴 물의 양이 가장 많습니다.
다 그릇에 담긴 물의 양이 가장 적습니다.

1 두 컵에 담을 수 있는 양을 비교하려고 합니다. 알맞은 말에 ○표 하세요.

머그잔에 가득 담은 물을 유리컵에 따르면 유리컵에는 물이 가득 (찹니다 , 차지 않습니다).

담을 수 있는 물의 양이 더 많은 것은 (머그잔 , 유리컵)입니다.

담을 수 있는 물의 양이 더 적은 것은 (머그잔 , 유리컵)입니다.

2 담을 수 있는 양이 더 많은 것에 ○표 하세요.

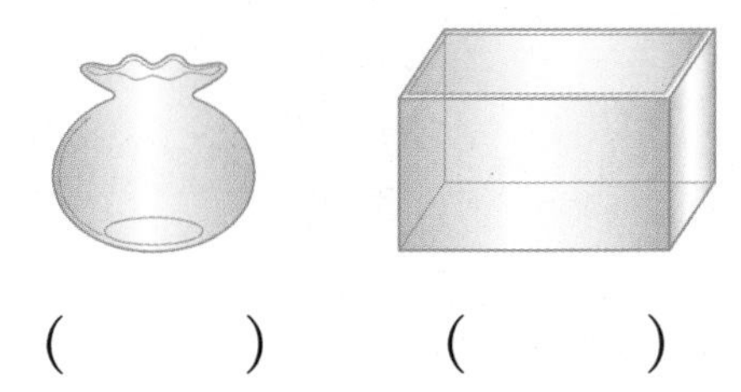

(　　　) (　　　)

▶ 크기가 더 큰 그릇을 찾아봅니다.

3 담을 수 있는 양이 더 적은 것에 색칠해 보세요.

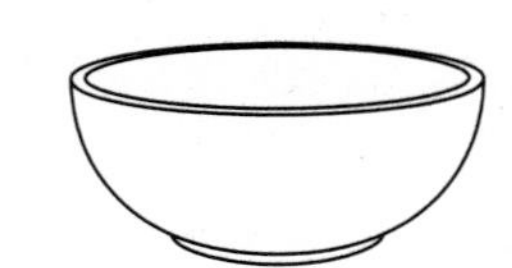

▶ 크기가 더 작은 그릇을 찾아 봅니다.

4 물이 많이 담긴 것부터 순서대로 1, 2, 3을 써 보세요.

(　　　) (　　　) (　　　)

▶ 그릇의 모양과 크기가 같으므로 물의 높이를 비교해 봅니다.

5 담을 수 있는 양이 가장 많은 것에 ○표, 가장 적은 것에 △표 하세요.

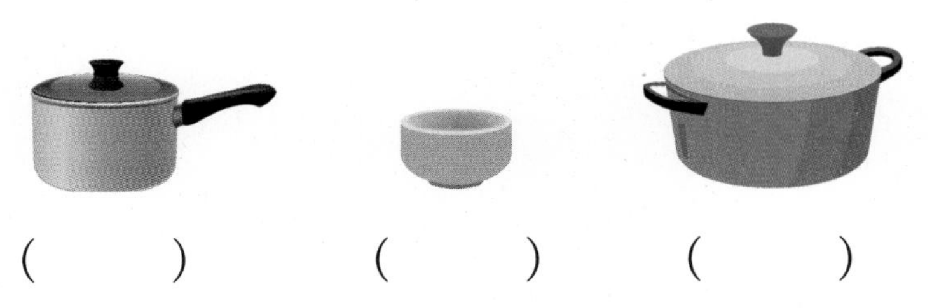

(　　　) (　　　) (　　　)

▶ 그릇의 모양이 다르므로 그릇의 크기를 비교해야 합니다.

기본기 다지기

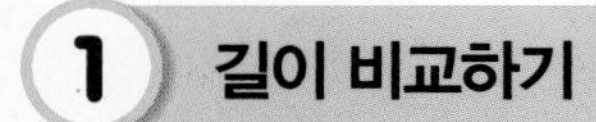

1 더 긴 것에 ○표 하세요.

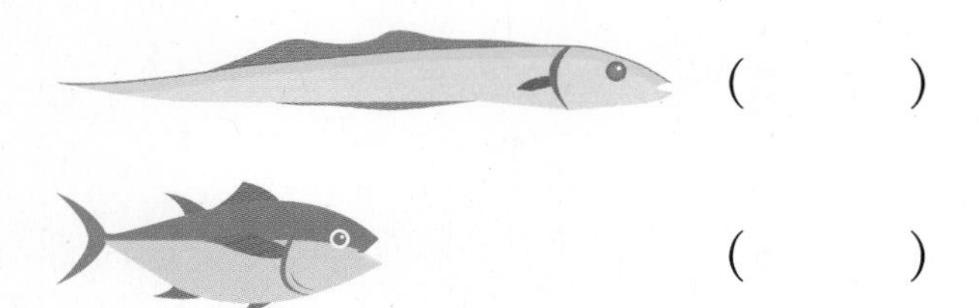

( )

( )

2 길이가 비슷한 크레파스의 길이를 맞대어 비교하려고 합니다. 가장 바르게 비교한 것을 찾아 기호를 써 보세요.

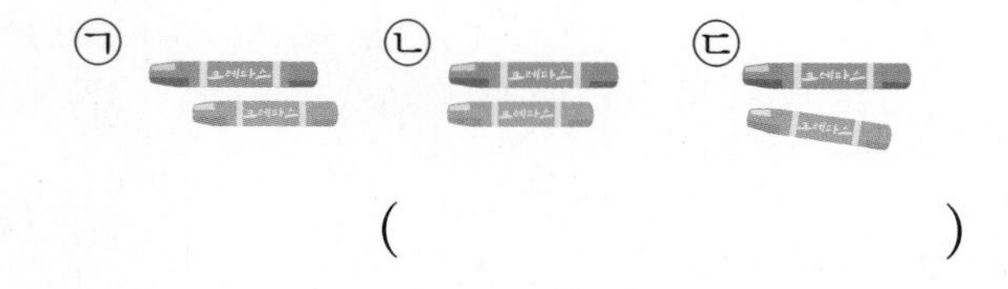

( )

3 키가 더 큰 쪽에 ○표 하세요.

( ) ( )

4 더 낮은 것에 ○표 하세요.

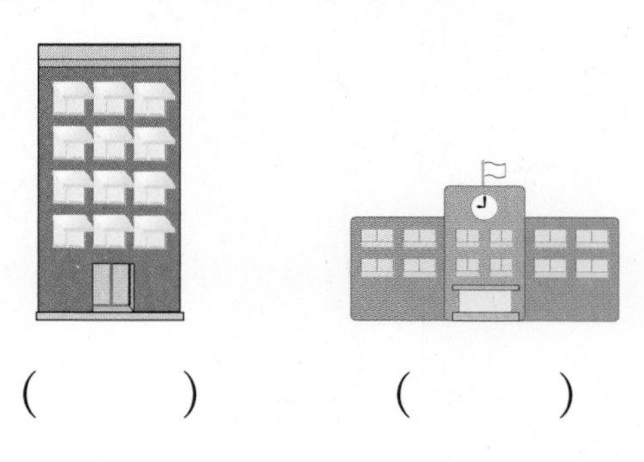

( ) ( )

5 가장 긴 것에 ○표, 가장 짧은 것에 △표 하세요.

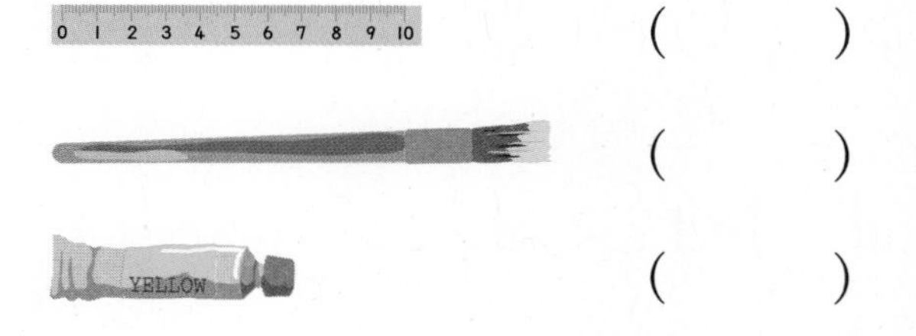

( )

( )

( )

6 명주는 언니, 동생과 함께 아침 식사를 하려고 상을 차렸습니다. 가장 짧은 숟가락에 △표 하세요.

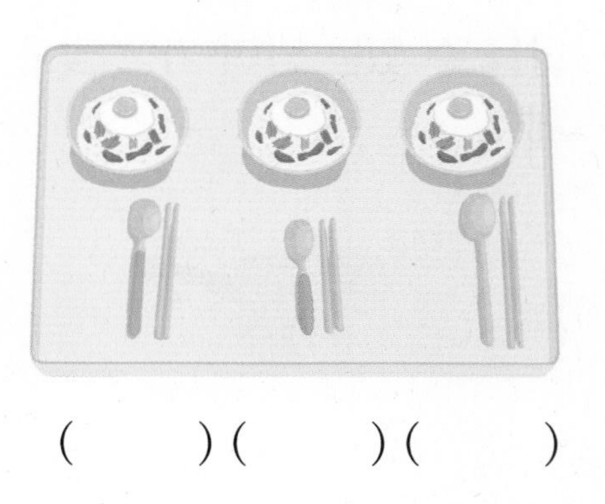

( ) ( ) ( )

7 3명의 친구가 가지고 있는 줄넘기 줄을 늘어놓았습니다. 가장 긴 줄넘기 줄을 가지고 있는 사람은 누구일까요?

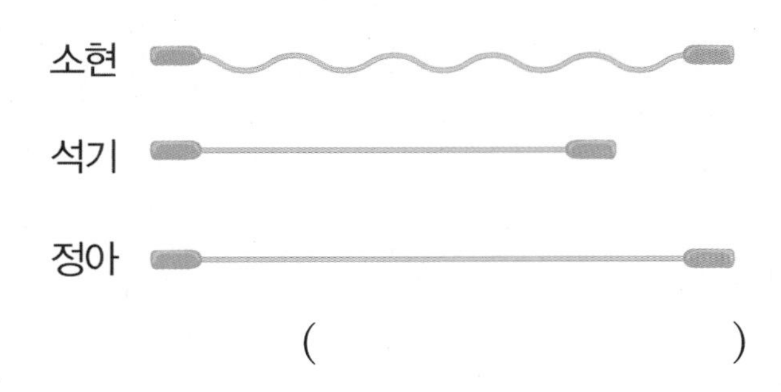

(　　　　　　　)

8 빗보다 더 긴 물건에 모두 ○표 하세요.

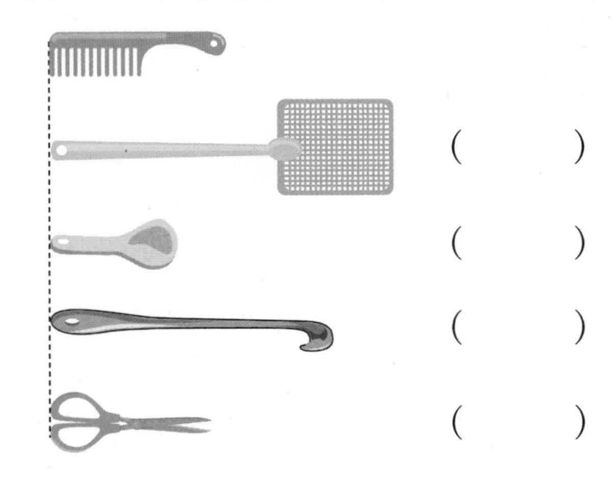

(　　) (　　) (　　) (　　)

9 □ 안에 알맞은 말을 써넣으세요.

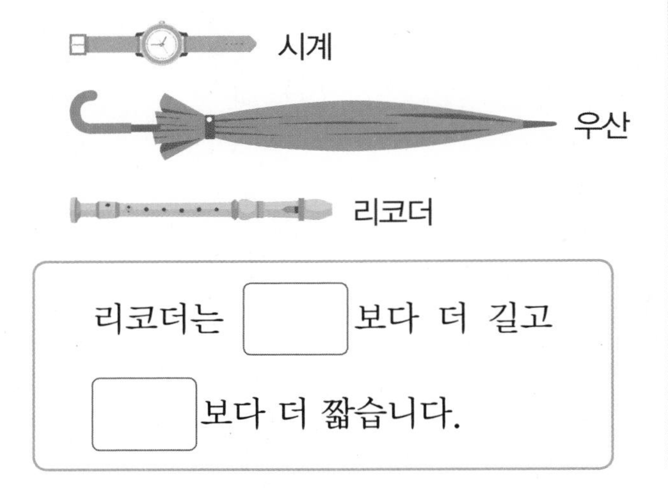

리코더는 □보다 더 길고 □보다 더 짧습니다.

10 가위보다 더 짧은 것에 모두 ○표 하세요.

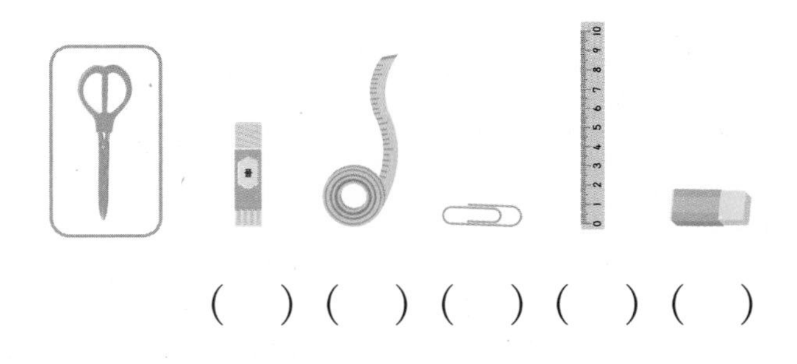

(　) (　) (　) (　) (　)

11 빨랫줄에 옷을 널었습니다. 세 옷의 길이에 대한 설명 중 틀린 것을 찾아 기호를 써 보세요.

㉠ 바지가 가장 깁니다.
㉡ 치마는 바지와 티셔츠보다 더 짧습니다.
㉢ 티셔츠는 바지보다 더 길고 치마보다 더 짧습니다.

(　　　　　　　)

12 그림을 보고 알맞은 말에 ○표 하세요.

(1) 어머니는 아버지보다 키가 더 (작습니다 , 큽니다).

(2) 윤호의 키가 가장 (작습니다 , 큽니다).

13 긴 것부터 차례로 써 보세요.

> 색연필은 풀보다 더 길고 자보다 더 짧습니다.

(　　　　　　　　　　)

14 깃발에 빨간색, 노란색, 파란색을 알맞게 색칠해 보세요.

> 파란색 깃발은 노란색 깃발보다 더 높고, 빨간색 깃발보다 더 낮습니다.

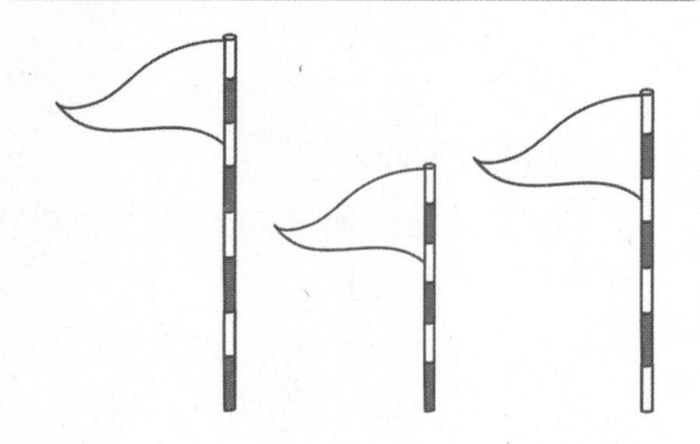

15 3명의 친구가 계단에 서 있습니다. 키가 가장 큰 사람은 누구일까요?

(　　　　　　　　　　)

서술형

16 작은 한 칸의 길이는 모두 같습니다. 길이가 짧은 것부터 차례로 기호를 쓰려고 합니다. 풀이 과정을 쓰고 답을 구해 보세요.

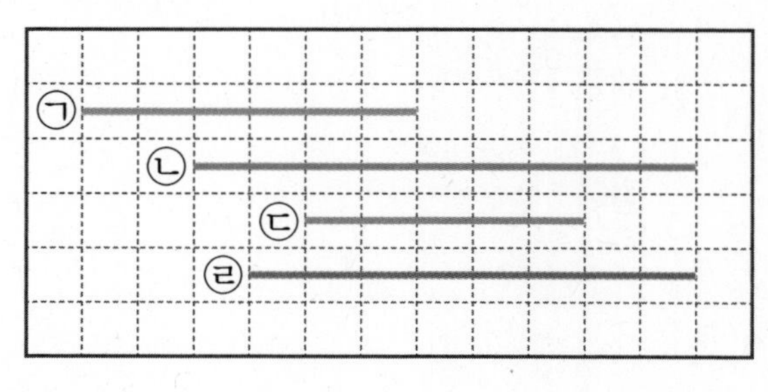

풀이 ....

....

....

....

답 ....

2 무게 비교하기

17 더 가벼운 것에 △표 하세요.

(　　　)　　(　　　)

18 더 무거운 것에 ○표 하세요.

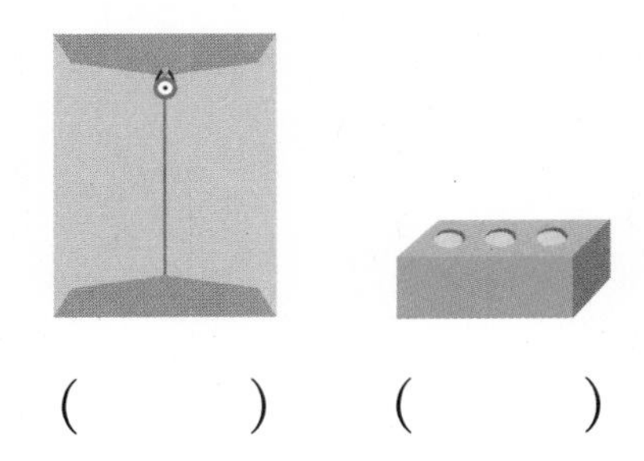

( ) ( )

19 기타와 탬버린의 무게를 비교한 것입니다. □ 안에 알맞은 말을 써넣으세요.

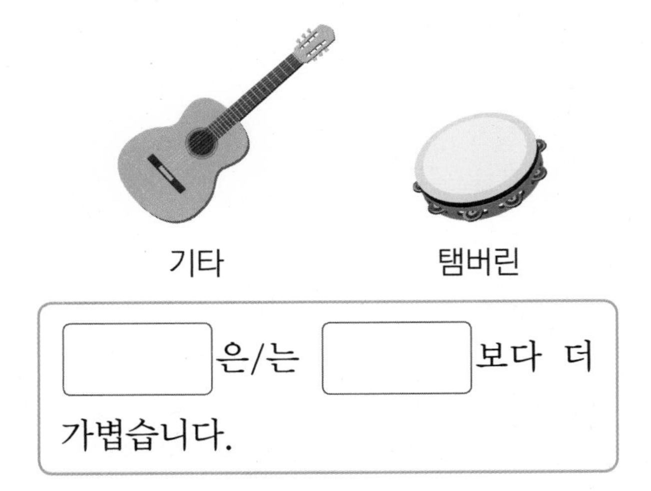

□은/는 □보다 더 가볍습니다.

20 가장 무거운 것에 ○표, 가장 가벼운 에 △표 하세요.

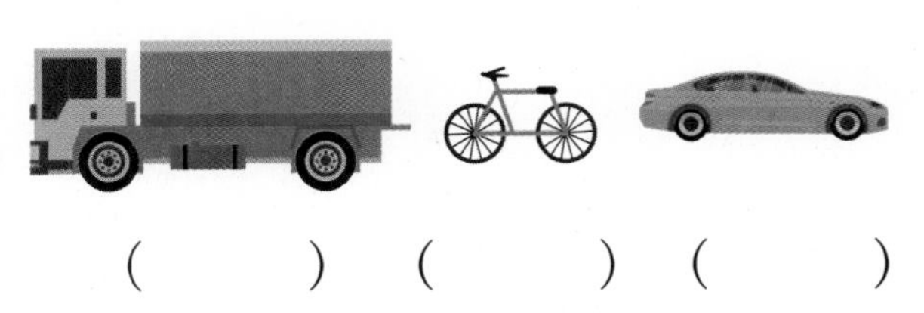

( ) ( ) ( )

21 무거운 것부터 순서대로 1, 2, 3을 써 보세요.

( ) ( ) ( )

22 세 사람의 대화를 읽고 가장 가벼운 사람을 찾아 이름을 써 보세요.

나는 태민이보다 더 무거워.
나는 태민이보다 더 가벼워.
그럼 누가 가장 가볍지?
민주
정은
태민

( )

23 가방 안에 어떤 물건이 들어 있을지 이어 보세요.

24 똑같은 지우개 6개와 똑같은 딱풀 4개의 무게가 같습니다. 지우개와 딱풀 중에서 한 개의 무게가 더 무거운 것은 어느 것일까요?

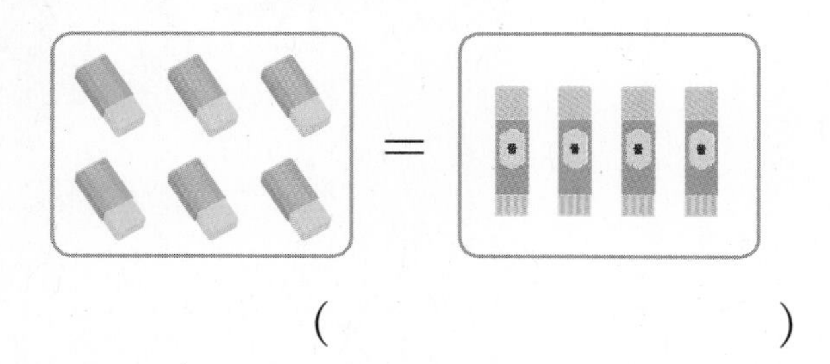

(　　　　　　　　　　)

25 ◌에 들어갈 수 있는 쌓기나무를 모두 찾아 ○표 하세요.

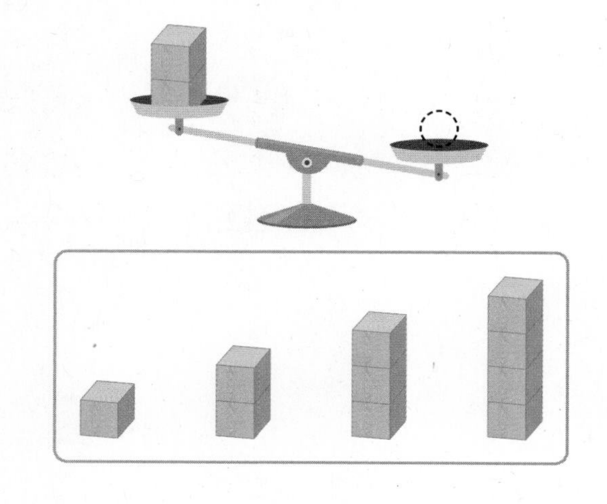

26 각각의 상자 위에 올려놓았던 물건은 무엇일지 이어 보세요.

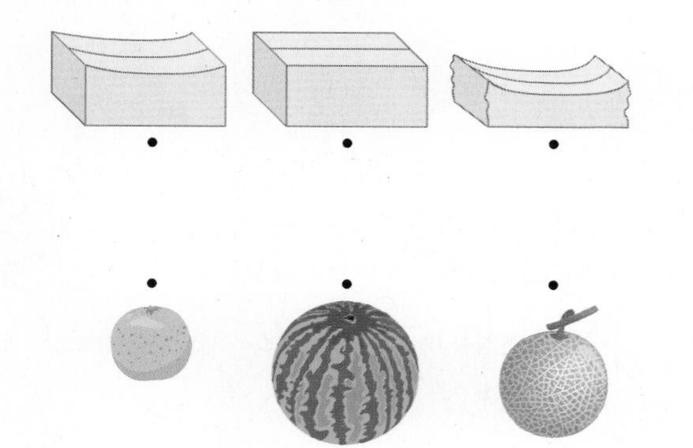

3 넓이 비교하기

27 더 좁은 것에 △표 하세요.

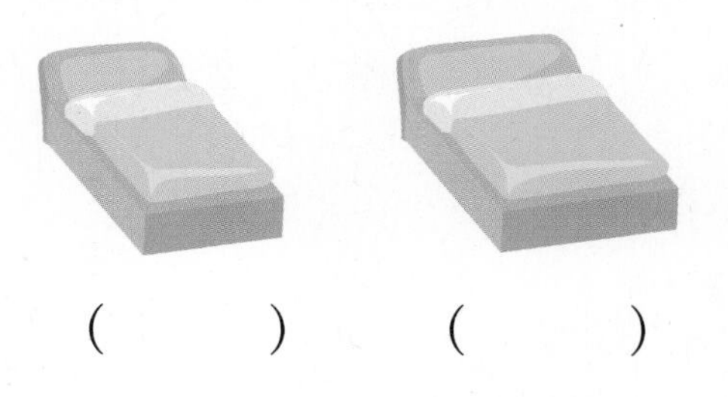

(　　　)　(　　　)

28 두 종이의 넓이를 바르게 비교한 것에 ○표 하세요.

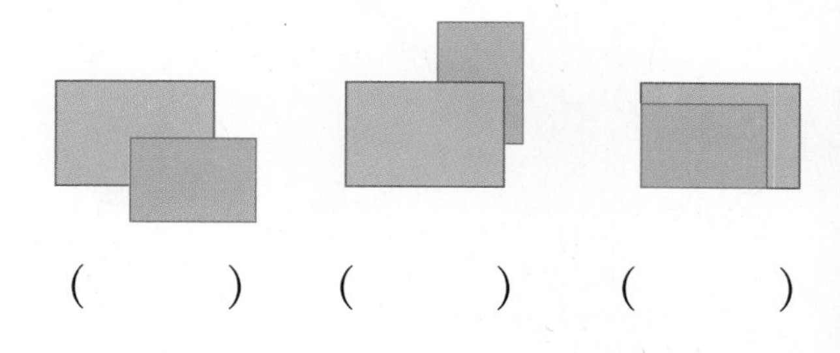

(　　　)　(　　　)　(　　　)

29 방석과 손수건의 넓이를 비교한 것입니다. □ 안에 알맞은 말을 써넣으세요.

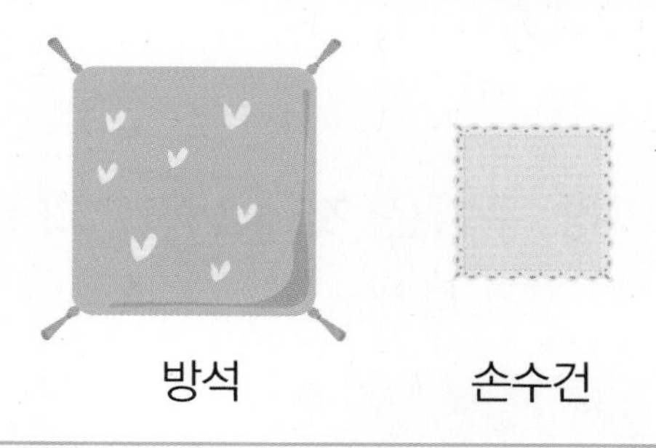

손수건은 방석보다 더 □.

30 가장 좁은 칸에 ○표 하세요.

31 ( ) 안에 알맞은 장소를 써넣으세요.

(1) 우리 동네 놀이터보다 더 좁은 곳은
( )입니다.

(2) 우리 학교 교실보다 더 넓은 곳은
( )입니다.

32 피자를 담을 수 있는 적당한 넓이의 접시를 왼쪽과 오른쪽에 하나씩 그려 보세요.

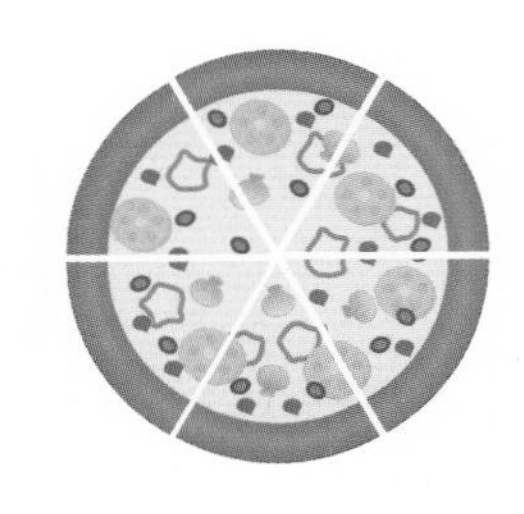

33 가장 넓은 조각과 가장 좁은 조각을 모두 찾아 기호를 써 보세요.

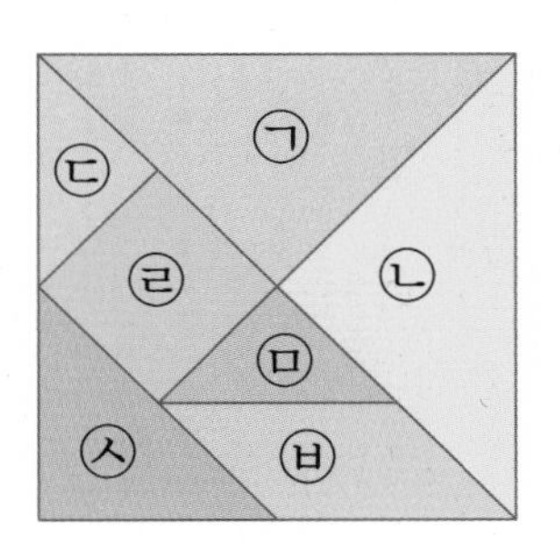

가장 넓은 조각 ( )
가장 좁은 조각 ( )

서술형
34 한 칸의 넓이가 모두 같을 때 더 넓은 것을 찾아 기호를 쓰려고 합니다. 풀이 과정을 쓰고 답을 구해 보세요.

가 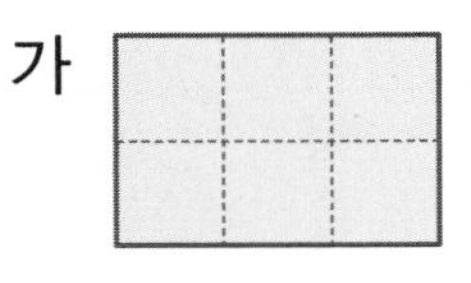 나 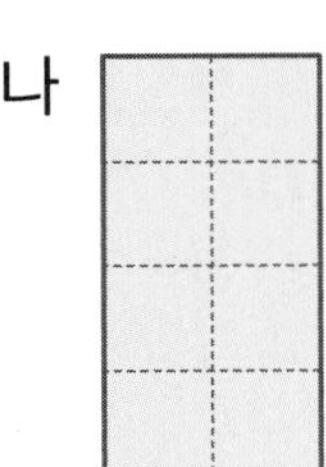

풀이

답

35 4부터 9까지 순서대로 이어 보고 더 넓은 쪽에 ○표 하세요.

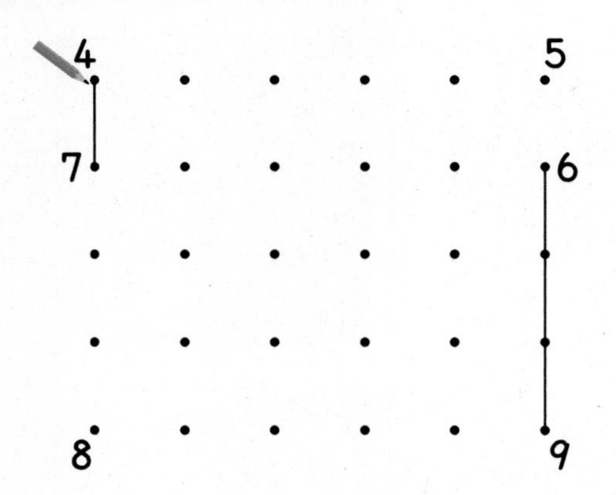

4 담을 수 있는 양 비교하기

36 담을 수 있는 양이 더 많은 것에 ○표 하세요.

( ) ( )

37 보기 의 컵보다 물이 더 많이 담긴 것에 ○표 하세요.

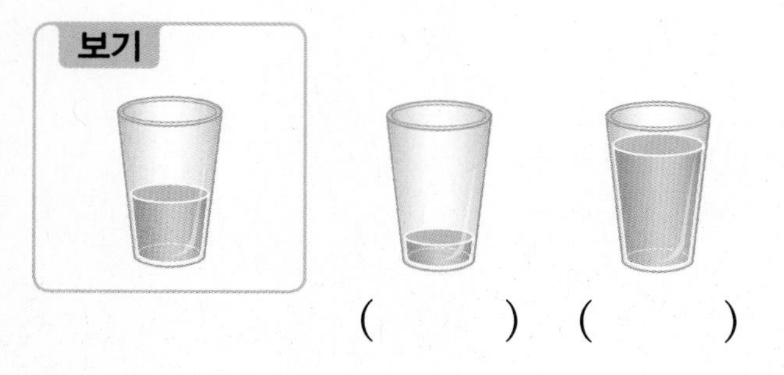

( ) ( )

38 담을 수 있는 양이 가장 많은 것에 ○표, 가장 적은 것에 △표 하세요.

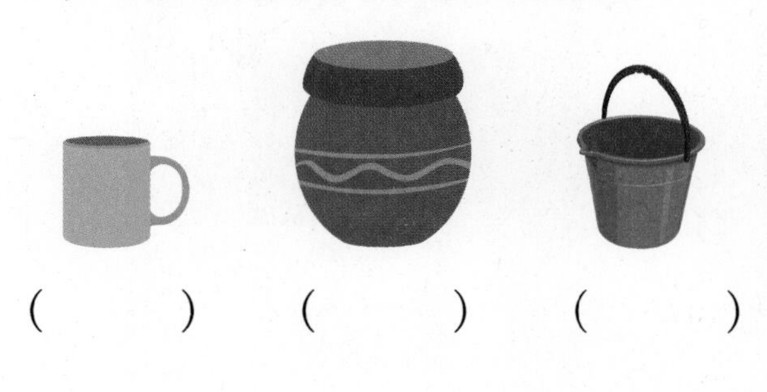

( ) ( ) ( )

39 담을 수 있는 양이 많은 것부터 차례로 기호를 써 보세요.

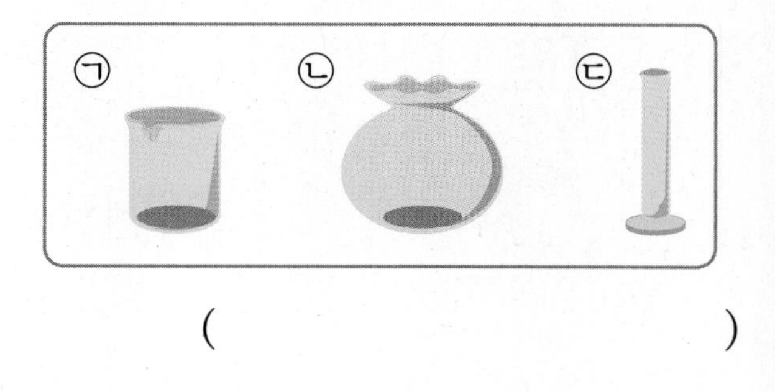

( )

40 알맞은 컵을 찾아 이어 보세요.

내 컵에 담을 수 있는 양이 가장 많아.
내 컵에 담을 수 있는 양이 가장 적어.

41 수영, 진연, 건우가 똑같은 컵에 가득 차 있는 음료수를 마시고 남은 것입니다. 음료수를 가장 많이 마신 사람은 누구일까요?

(　　　　　　　　)

42 물이 많이 담긴 것부터 순서대로 1, 2, 3, 4를 써 보세요.

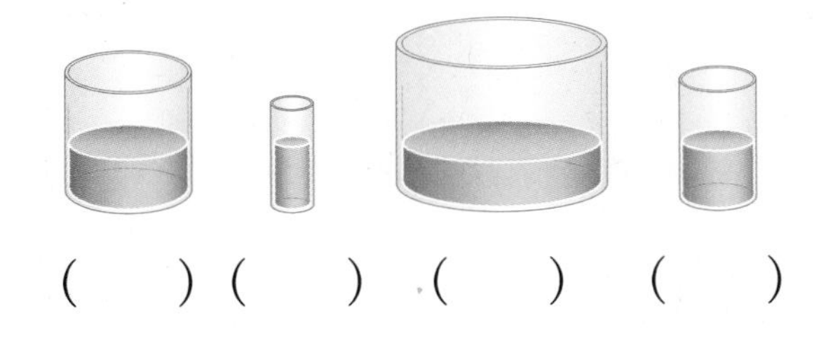

(　　) (　　) (　　) (　　)

43 가 그릇에 담긴 물을 모두 나 그릇에 옮겨 담으면 어떻게 될지 써 보세요.

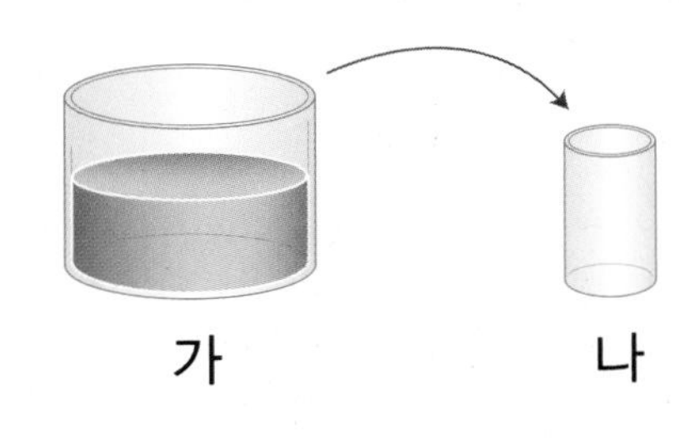

44 세 가지 빈 물통에 물을 받으려고 합니다. 수도에서 나오는 물의 양이 같을 때 □ 안에 알맞은 기호를 써 보세요.

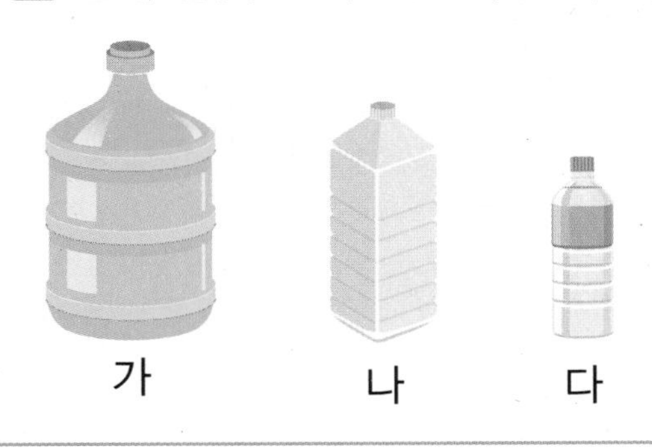

- □ 은/는 나보다 담을 수 있는 양이 더 적습니다.
- 물을 가장 오래 받아야 하는 것은 □ 입니다.

서술형

45 똑같은 그릇 가, 나, 다에 물을 담은 것입니다. 가장 높은 곳에 있는 그릇과 가장 많은 양의 물이 담긴 그릇의 기호를 차례로 쓰려고 합니다. 풀이 과정을 쓰고 답을 구해 보세요.

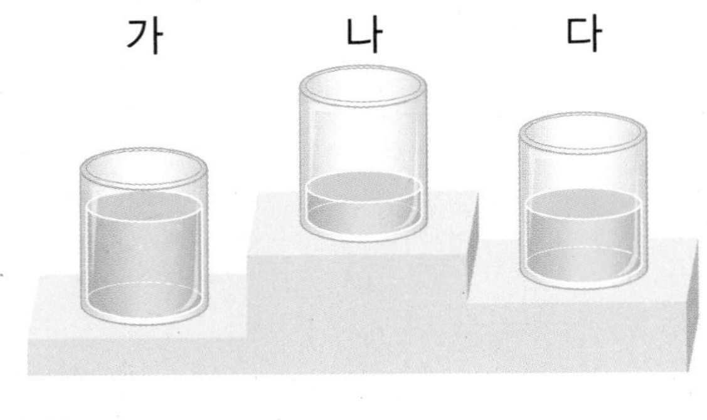

풀이

답 　　　　,

응용유형 1 기준을 정하여 길이 비교하기

칫솔, 치약, 빗 중에서 가장 짧은 것을 찾아 써 보세요.

- 칫솔은 치약보다 더 깁니다.
- 치약은 빗보다 더 깁니다.

(　　　　　　　　　　)

● 핵심 NOTE　• 두 번 비교한 물건을 기준으로 비교해 봅니다.

1-1 **숟가락, 포크, 집게 중에서 가장 긴 것을 찾아 써 보세요.**

- 숟가락은 포크보다 더 짧습니다.
- 포크는 집게보다 더 짧습니다.

(　　　　　　　　　　)

1-2 **볼펜, 색연필, 연필, 자를 짧은 것부터 차례로 써 보세요.**

- 가장 짧은 것은 색연필입니다.
- 자는 연필보다 더 짧습니다.
- 자는 볼펜보다 더 깁니다.

(　　　　　　　　　　)

기준을 정하여 무게 비교하기

무거운 사람부터 차례로 이름을 써 보세요.

(　　　　　　　　　　　　　　)

● 핵심 NOTE　• 시소는 올라간 쪽이 더 가볍고, 내려간 쪽이 더 무겁습니다.

2-1

가벼운 사람부터 차례로 이름을 써 보세요.

(　　　　　　　　　　　　　　)

2-2

사과, 배, 감, 귤 중에서 가장 가벼운 과일은 귤입니다. 셋째로 가벼운 과일을 찾아 써 보세요.

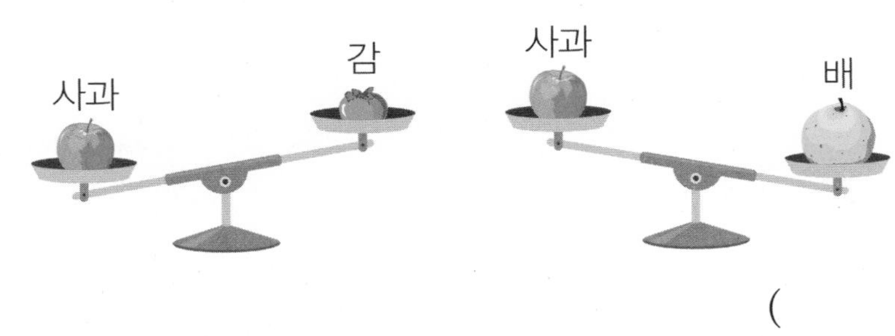

(　　　　　　　　　　　　　　)

응용유형 3 칸 수를 세어 넓이 비교하기

작은 한 칸의 넓이가 모두 같습니다. 가장 넓은 것을 찾아 기호를 써 보세요.

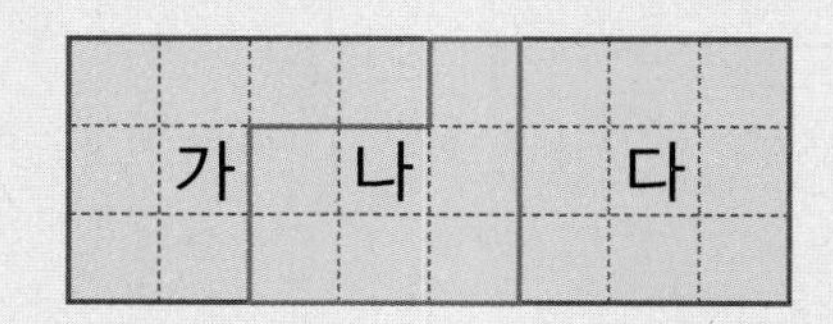

( )

● 핵심 NOTE • 넓이가 같은 칸을 세어 보았을 때 칸 수가 많은 것이 더 넓습니다.

3-1 작은 한 칸의 넓이가 모두 같습니다. 가장 좁은 부분에 심은 채소를 찾아 써 보세요.

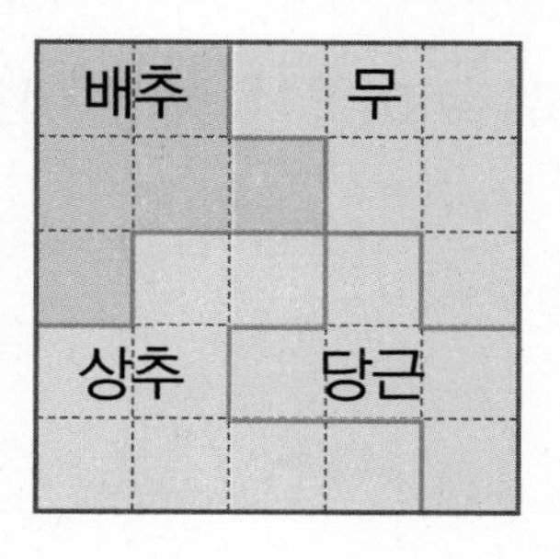

( )

3-2 작은 한 칸의 넓이가 모두 같습니다. 좁은 것부터 차례로 기호를 써 보세요.

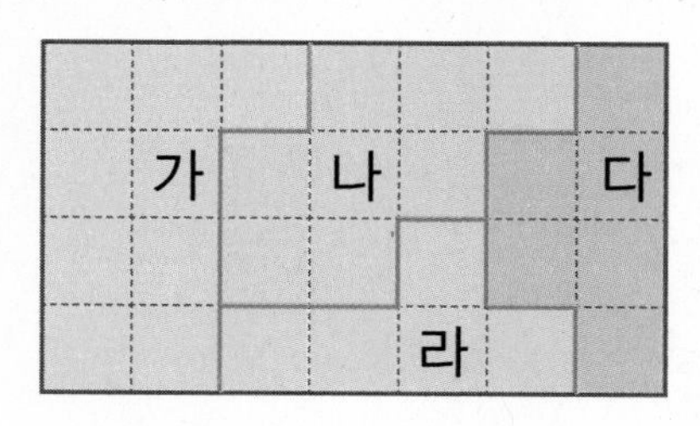

( )

담을 수 있는 양 비교하기

모양과 크기가 같은 컵에 물을 가득 담아서 비어 있는 세 그릇 ㉮, ㉯, ㉰에 각각 물을 가득 채웠더니 ㉮ 그릇에는 5컵, ㉯ 그릇에는 3컵, ㉰ 그릇에는 4컵이 들어갔습니다. ㉮, ㉯, ㉰ 중에서 물이 가장 많이 들어가는 그릇은 어느 것인지 기호를 써 보세요.

1단계 컵으로 부은 횟수와 물의 양의 관계 알아보기

2단계 ㉮, ㉯, ㉰ 중에서 물이 가장 많이 들어가는 그릇 찾기

( )

● **핵심 NOTE**

1단계 어떤 경우에 물이 더 많이 들어가는지 생각해 봅니다.

2단계 컵으로 부은 횟수가 가장 많은 그릇을 찾습니다.

4

4-1

주전자에는 ㉮ 컵으로, 냄비에는 ㉯ 컵으로, 물병에는 ㉰ 컵으로 물을 가득 채워 각각 3번씩 부었더니 가득 찼습니다. 주전자와 냄비, 물병 중에서 물이 가장 많이 들어가는 것은 어느 것인지 써 보세요.

( )

단원 평가 Level 1

점수

확인

1 더 짧은 것에 △표 하세요.

(　　　)

(　　　)

2 더 높은 것에 ○표 하세요.

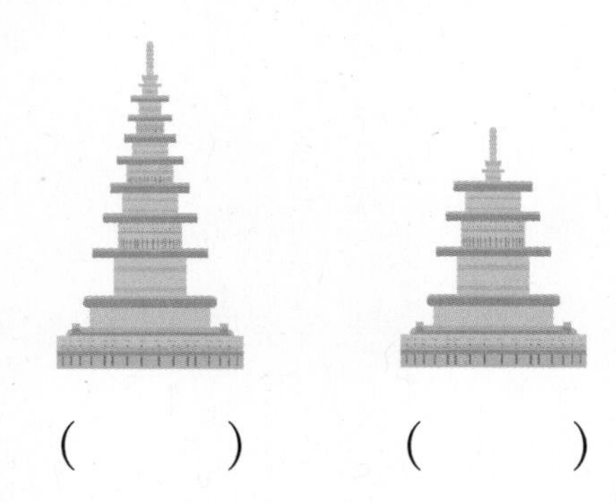

(　　　) (　　　)

→ 소매는 윗옷에서 두 팔을 넣는 부분입니다.

3 소매가 더 긴 것에 ○표 하세요.

(　　　) (　　　)

4 관계있는 것끼리 이어 보세요.

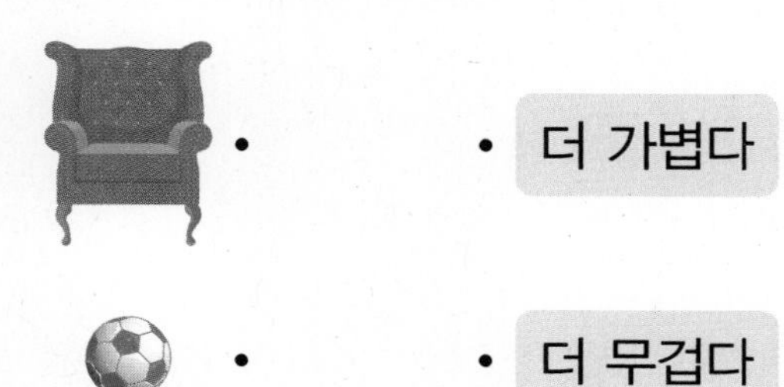

• 더 가볍다

• 더 무겁다

5 더 넓은 것에 색칠해 보세요.

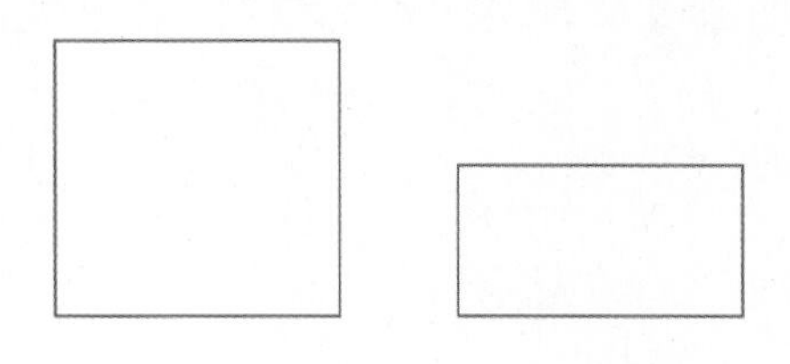

6 물이 더 많이 담긴 것에 ○표 하세요.

(　　　) (　　　)

7 가장 긴 것에 ○표 하세요.

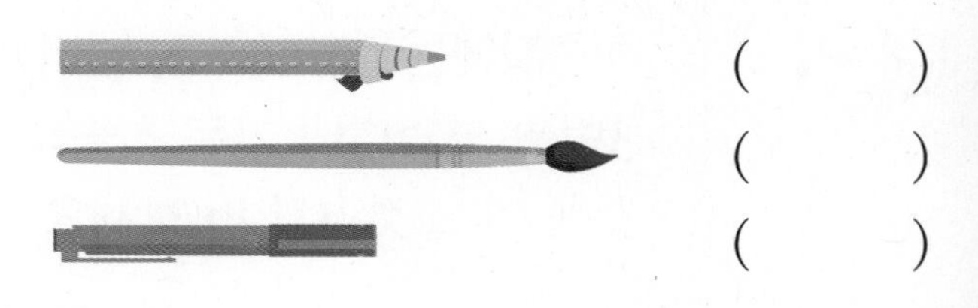

(　　　)

(　　　)

(　　　)

8 키가 가장 큰 쪽에 ○표, 가장 작은 쪽에 △표 하세요.

(　　　) (　　　) (　　　)

9 가장 좁은 것에 △표 하세요.

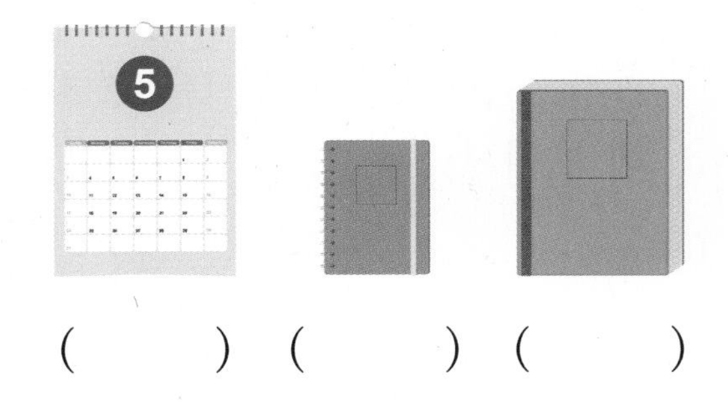

( ) ( ) ( )

10 담을 수 있는 양이 많은 것부터 순서대로 1, 2, 3을 써 보세요.

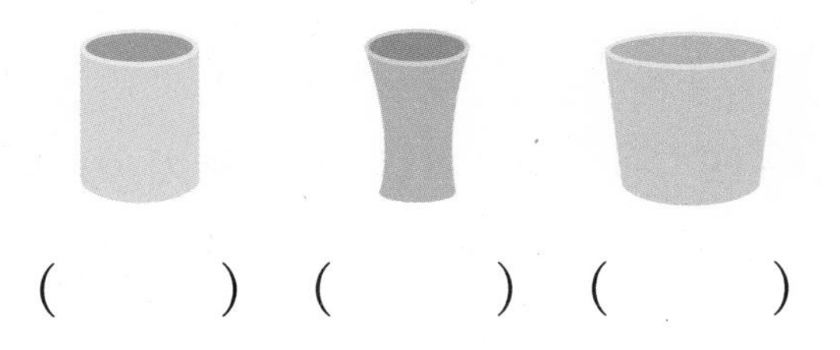

( ) ( ) ( )

11 가장 가벼운 동물은 무엇일까요?

( )

12 가벼운 것부터 차례로 써 보세요.

축구공은 탁구공보다 더 무겁고 볼링공보다 더 가볍습니다.

( )

13 양초보다 더 짧은 물건은 모두 몇 개일까요?

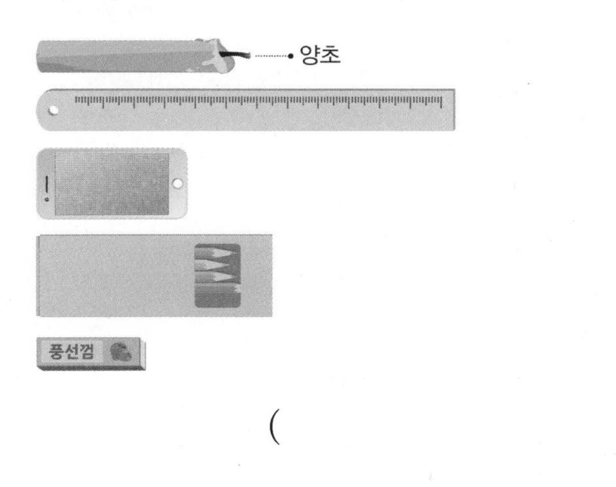

( )

14 알맞은 말에 ○표 하세요.

(1) 아버지의 바지는 연서의 바지보다 더 (깁니다 , 짧습니다).

(2) 연서가 들고 있는 멜론은 아버지가 들고 있는 수박보다 더 (무겁습니다 , 가볍습니다).

15 보기 보다 더 넓은 것에 ○표 하세요.

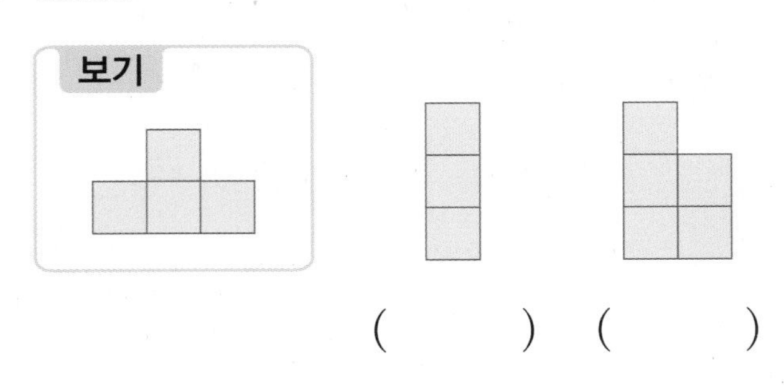

( ) ( )

16 가장 긴 줄을 찾아 기호를 써 보세요.

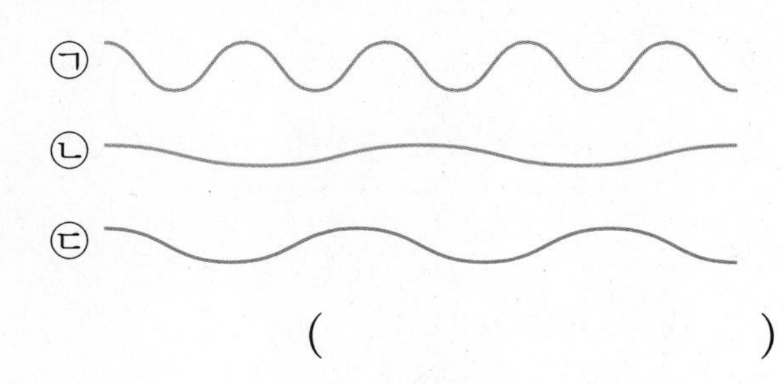

( )

17 ㉮에 물을 가득 채워 ㉯에 부었더니 그림과 같이 되었습니다. 더 많은 양의 물을 담을 수 있는 것은 어느 것일까요?

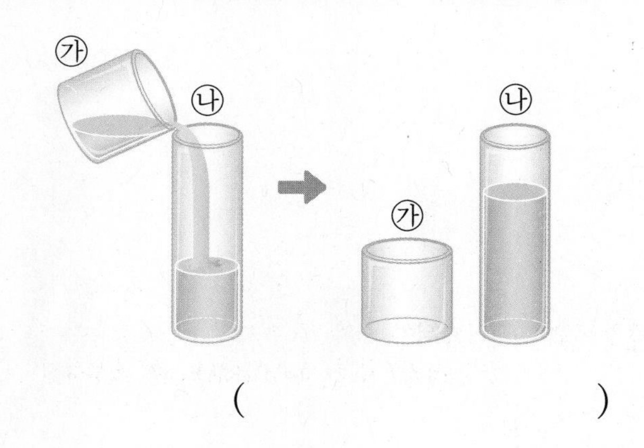

( )

18 알맞은 것을 찾아 이어 보세요.

19 주하의 방은 민주의 방보다 더 넓고 철우의 방보다 더 좁습니다. 누구의 방이 가장 넓은지 풀이 과정을 쓰고 답을 구해 보세요.

풀이 ....

답 ....

20 동근이는 학교에서 집까지 가려고 합니다. ㉮와 ㉯ 중 어느 길이 더 가까운지 풀이 과정을 쓰고 답을 구해 보세요. (단, 작은 한 칸의 길이는 모두 같습니다.)

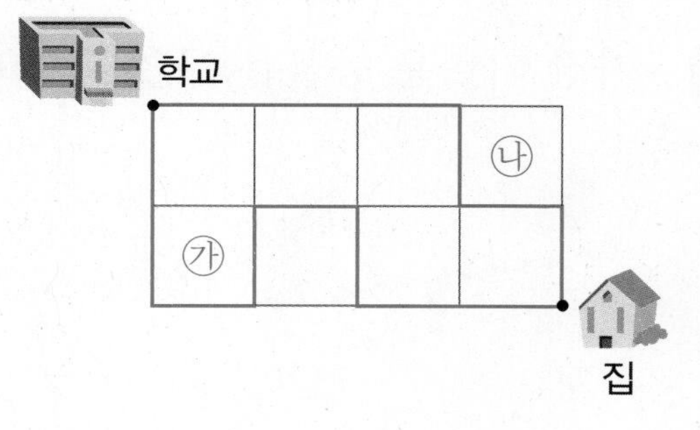

풀이 ....

답 ....

단원 평가 Level 2

점수

확인

1 더 짧은 것에 △표 하세요.

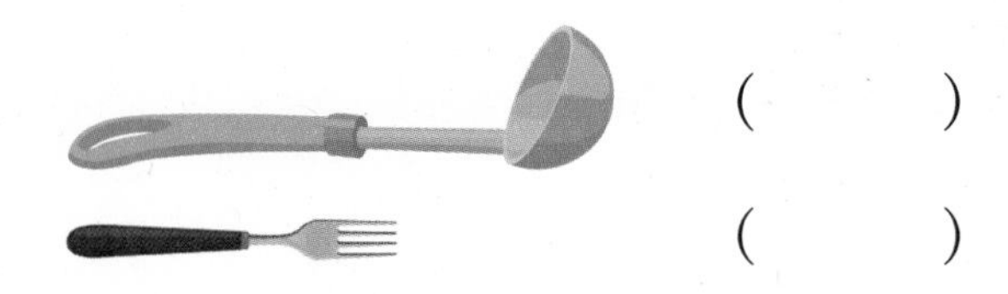

(　　　)
(　　　)

2 가위보다 더 긴 것에 ○표 하세요.

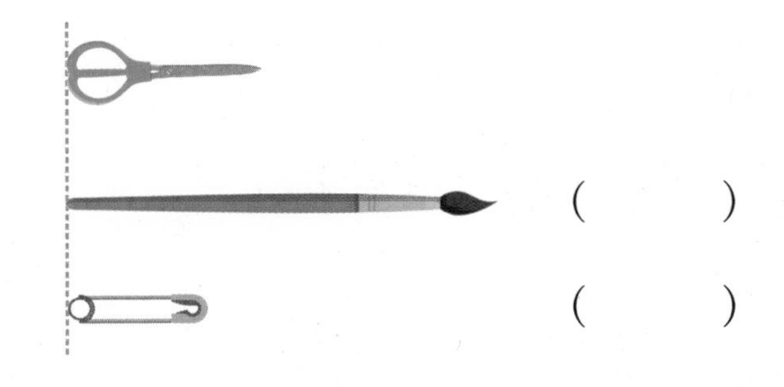

(　　　)
(　　　)

3 더 낮은 것에 △표 하세요.

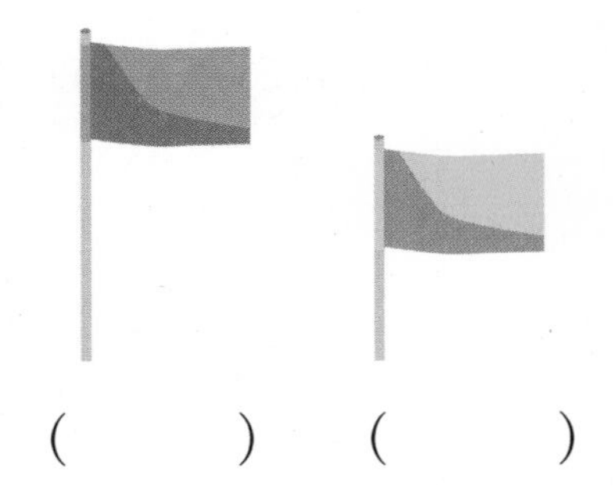

(　　　) (　　　)

4 더 무거운 쪽에 ○표, 더 가벼운 쪽에 △표 하세요.

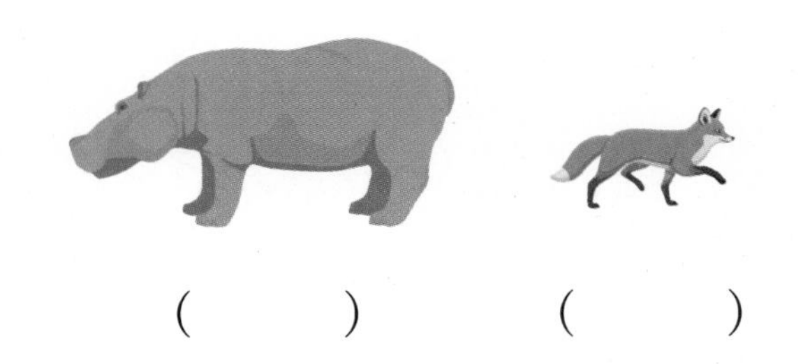

(　　　) (　　　)

5 □ 안에 알맞은 말을 써넣으세요.

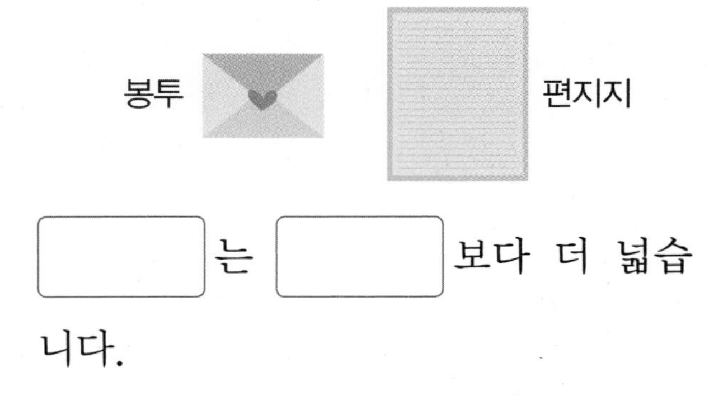

[　　　]는 [　　　]보다 더 넓습니다.

6 담긴 양이 더 많은 것에 ○표, 더 적은 것에 △표 하세요.

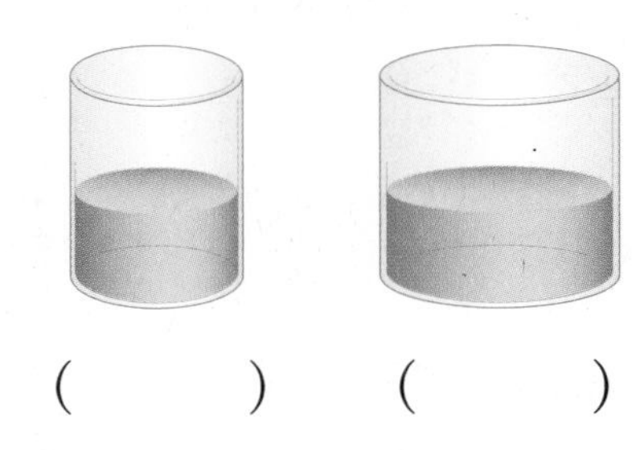

(　　　) (　　　)

7 짧은 것부터 차례로 기호를 써 보세요.

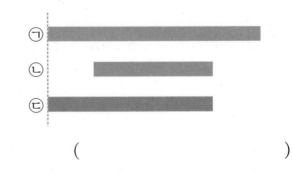

(　　　　　　　　)

8 우표, 공책, 사전 중에서 색종이보다 더 좁은 것을 찾아 써 보세요.

(　　　　　　　　)

9 가장 많이 담을 수 있는 것에 ○표, 가장 적게 담을 수 있는 것에 △표 하세요.

( ) ( ) ( )

10 빈 곳에 ■보다 더 좁고 ■보다 더 넓은 □ 모양을 그려 넣으세요.

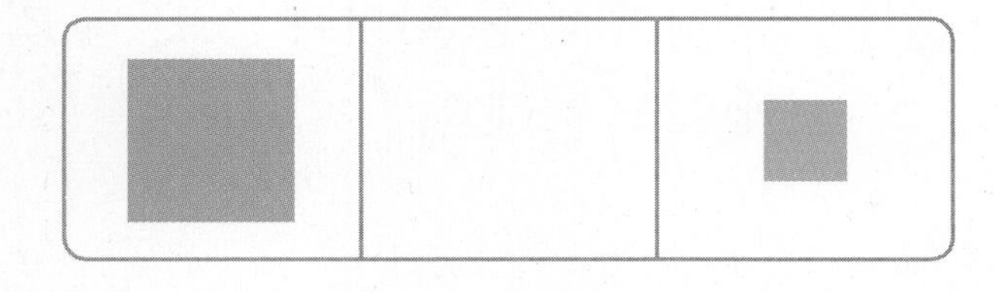

11 크기가 다른 세 그릇 가, 나, 다에 똑같은 양의 물을 담은 것입니다. 각 그릇에 물을 가득 담으려고 할 때 물이 가장 많이 필요한 그릇의 기호를 써 보세요.

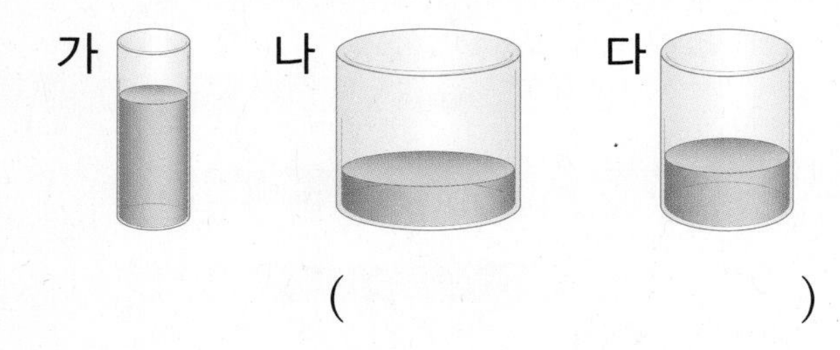

( )

12 색칠한 부분이 넓은 것부터 차례로 기호를 써 보세요.

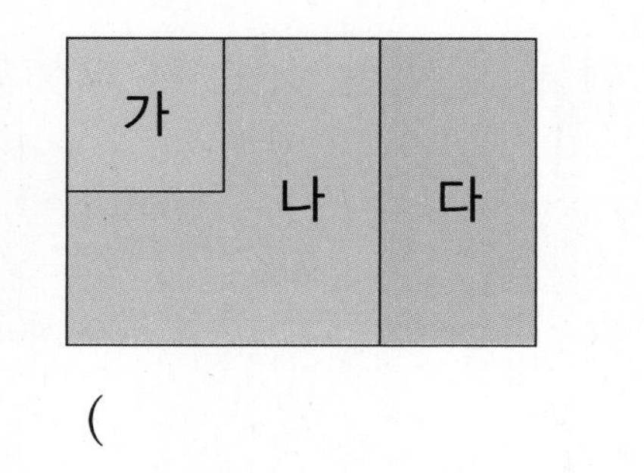

( )

13 똑같은 고무줄에 상자를 매달았습니다. 가장 무거운 것을 찾아 기호를 써 보세요.

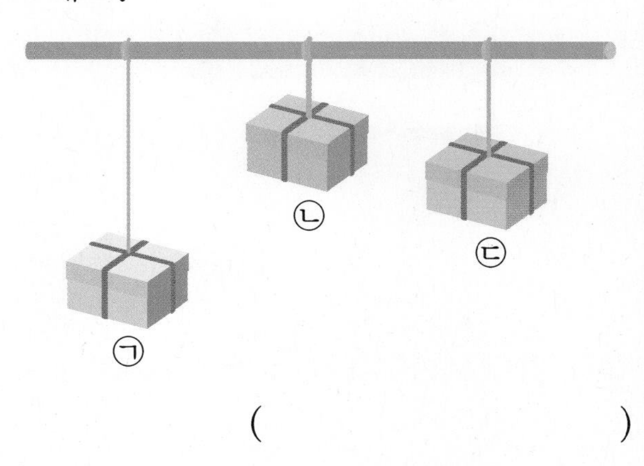

( )

14 주사기보다 더 긴 물건은 모두 몇 개일까요?

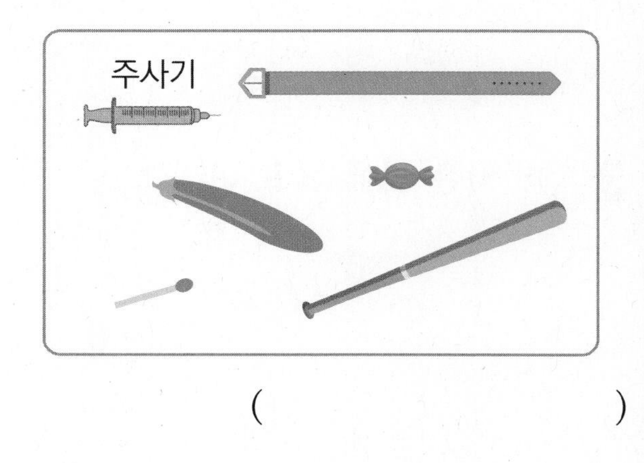

( )

15 똑같은 컵으로 물통과 수조에 있는 물을 모두 퍼내었더니 다음과 같았습니다. 물통과 수조 중에서 물이 더 많이 들어 있던 것은 어느 것일까요?

그릇	물통	수조
퍼낸 횟수(번)	6	4

( )

16 민혁, 은정, 인욱 중에서 키가 가장 작은 사람의 이름을 써 보세요.

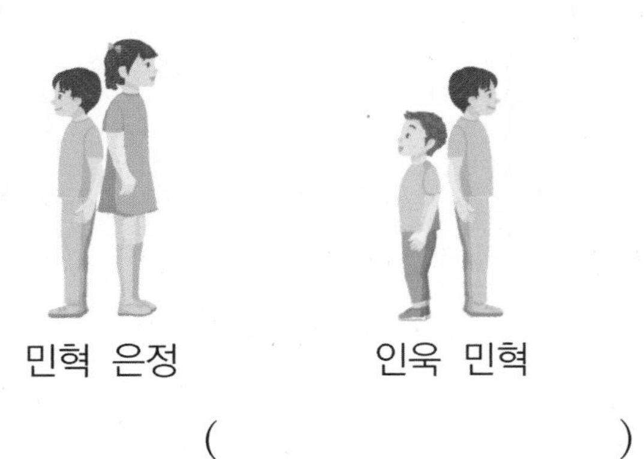

(   )

17 설명에 맞게 철봉과 가로등을 그리고 가장 높은 것을 써 보세요.

> • 가로등은 나무보다 더 낮습니다.
> • 철봉은 나무보다 더 낮습니다.
> • 가로등은 철봉보다 더 높습니다.

철봉 나무 가로등

(   )

18 똑같은 크레파스 3자루의 무게와 똑같은 색연필 5자루의 무게가 같습니다. 크레파스와 색연필 중에서 한 자루의 무게가 더 무거운 것은 어느 것일까요?

(   )

19 그림과 같이 밭에 옥수수, 감자, 고구마를 심었습니다. 가장 넓은 부분에 심은 것은 무엇인지 풀이 과정을 쓰고 답을 구해 보세요. (단, 작은 한 칸의 넓이는 모두 같습니다.)

옥수수 고구마 감자

풀이 ....

....

....

답 ....

20 둘째로 무거운 사람은 누구인지 풀이 과정을 쓰고 답을 구해 보세요.

지우 호진 주영 지우

풀이 ....

....

....

답 ....

5 50까지의 수

구슬이 9개보다 많으면

구슬의 수는 어떻게 셀 수 있을까?

수는 10개가 모이면 한 자리 앞으로 간다!

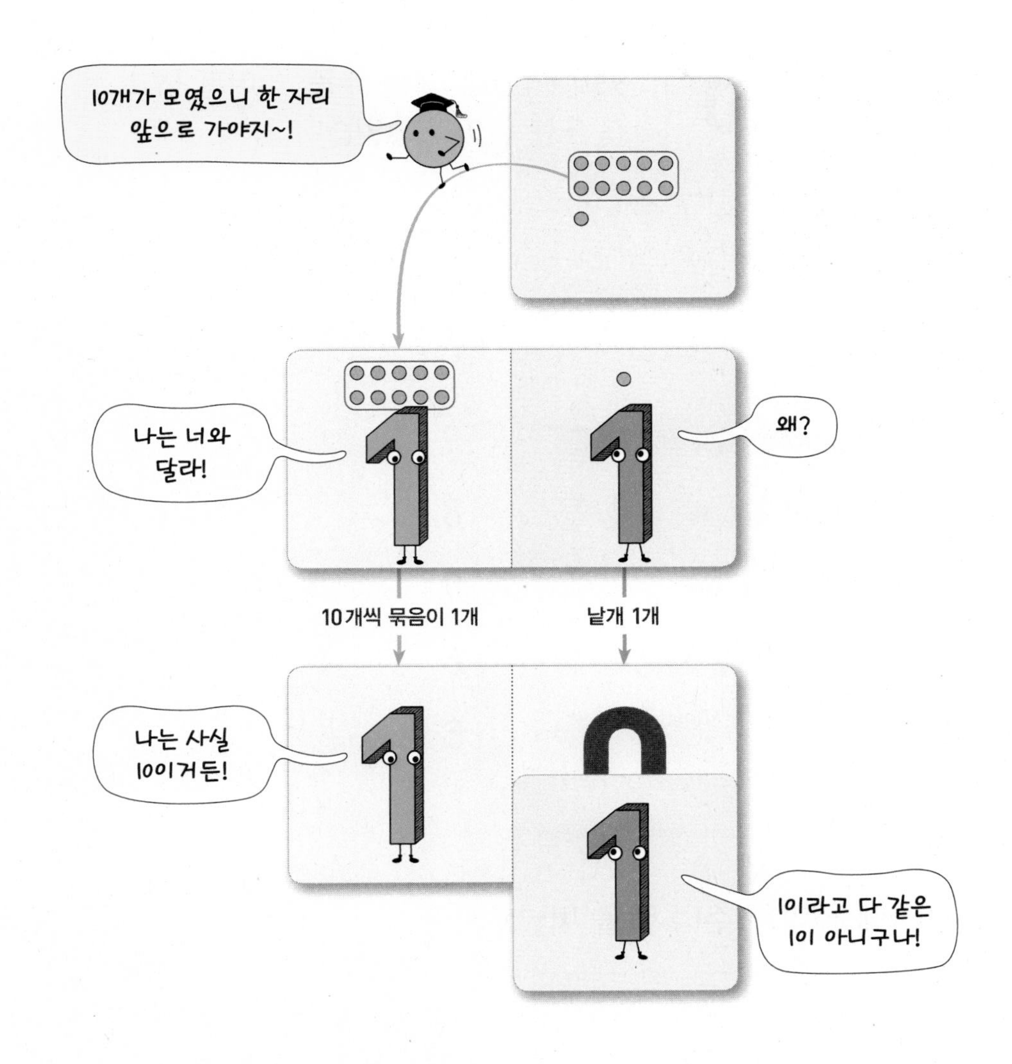
10개가 모였으니 한 자리
앞으로 가야지~!
나는 너와
달라!
왜?
10개씩 묶음이 1개
낱개 1개
나는 사실
10이거든!
1이라고 다 같은
1이 아니구나!

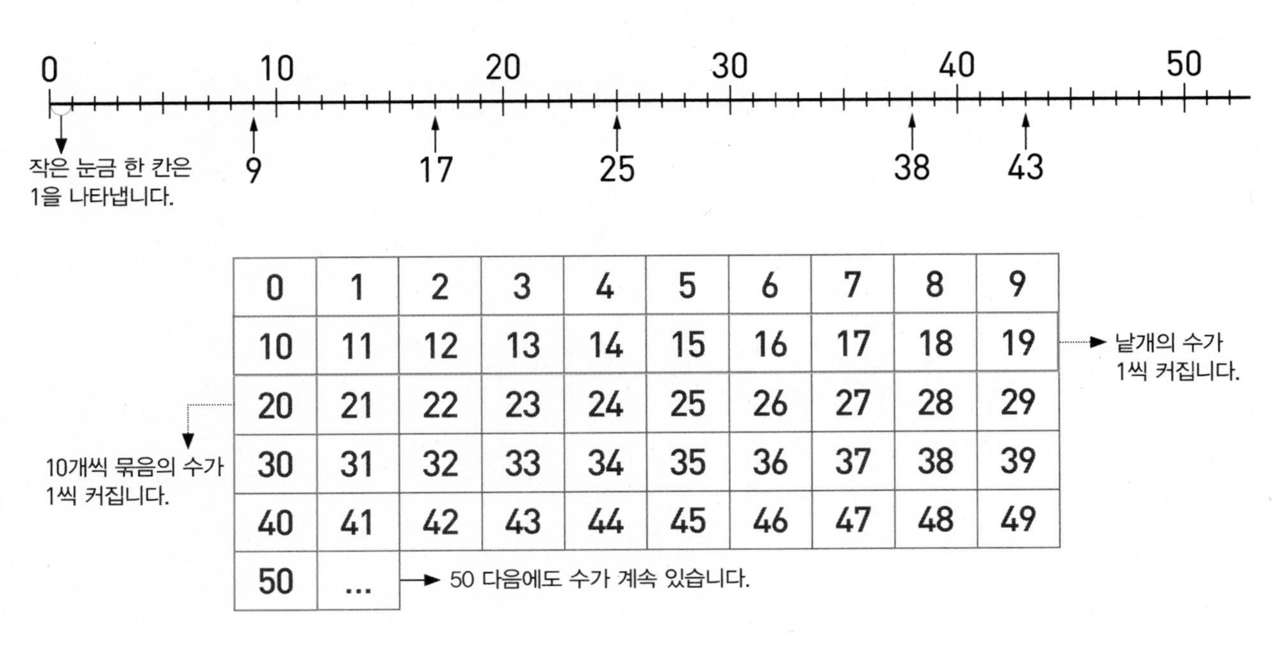
0
10
20
30
40
50
작은 눈금 한 칸은
1을 나타냅니다.
9
17
25
38
43
낱개의 수가
1씩 커집니다.
10개씩 묶음의 수가
1씩 커집니다.
50 다음에도 수가 계속 있습니다.

0	1	2	3	4	5	6	7	8	9
10	11	12	13	14	15	16	17	18	19
20	21	22	23	24	25	26	27	28	29
30	31	32	33	34	35	36	37	38	39
40	41	42	43	44	45	46	47	48	49
50	...								

1 10을 알아볼까요

- **10 알아보기**

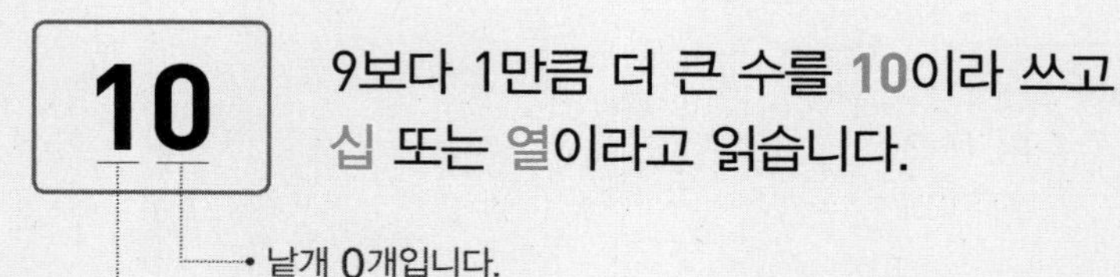

9보다 1만큼 더 큰 수를 10이라 쓰고
십 또는 열이라고 읽습니다.

- **10 만들기**

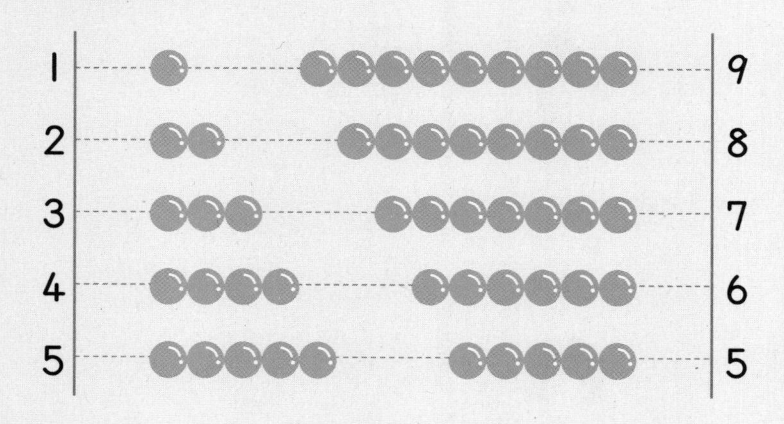

1 그림을 보고 □ 안에 알맞은 수나 말을 써넣으세요.

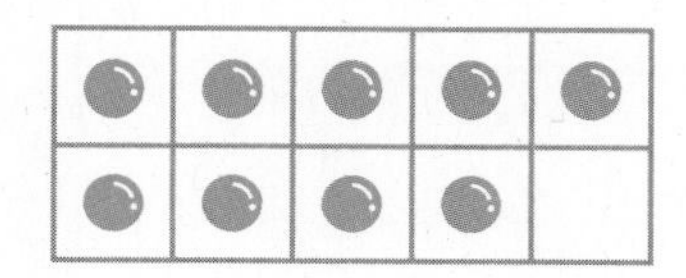

파란색 구슬은 빨간색 구슬보다 1개 더 많습니다.

(1) 9보다 1만큼 더 큰 수를 □(이)라고 합니다.

(2) 여러 가지 방법으로 수를 세어 보세요.

방법 1 일, 이, 삼, 사, 오, 육, 칠, 팔, 구, □

방법 2 하나, 둘, 셋, 넷, 다섯, 여섯, 일곱, 여덟, 아홉, □

방법 3 다섯 하고, 여섯, 일곱, 여덟, 아홉, □

➡ 10은 □ 또는 □ 이라고 읽습니다.

1단원에서 배웠어요

1 2 3 4 5

6 7 8 9

2 10이 되도록 색칠해 보세요.

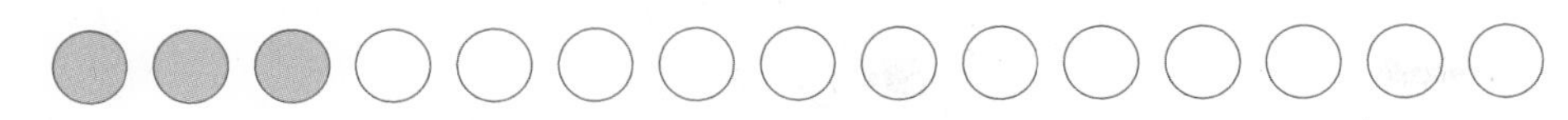

3 10마리인 것을 모두 찾아 ○표 하세요.

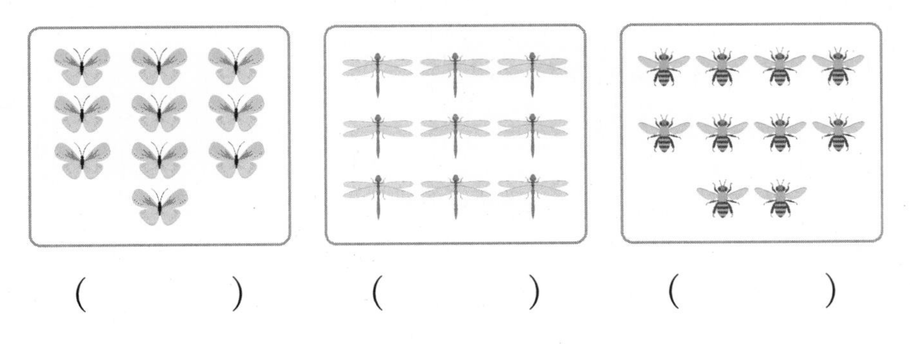

( ) ( ) ( )

4 모으기와 가르기를 해 보세요.

6 4

[ ]

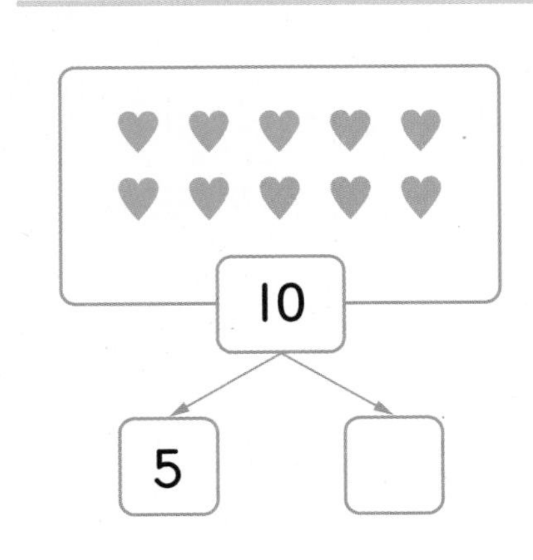

3단원에서 배웠어요

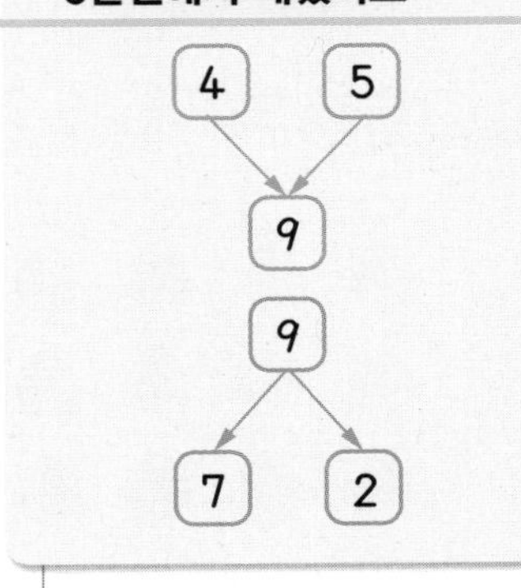

5 빈칸에 알맞은 수를 써넣으세요.

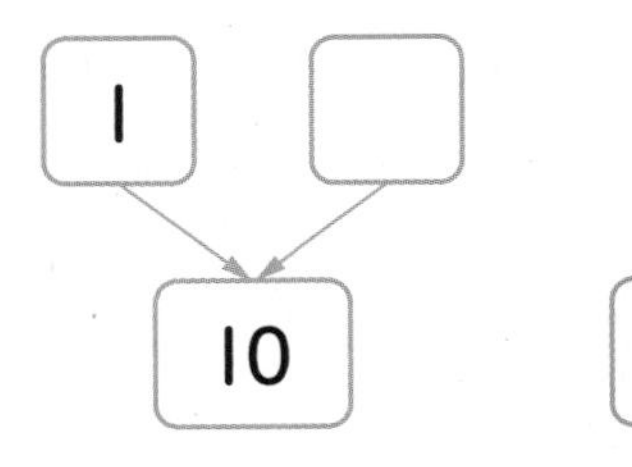

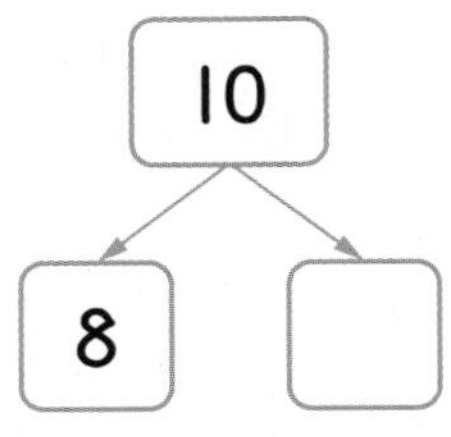

10을 알맞게 읽기
10은 두 가지로 읽을 수 있습니다.
- 내 번호는 십 번입니다.
- 사탕이 열 개 있습니다.

2 십몇을 알아볼까요

• 십몇 알아보기

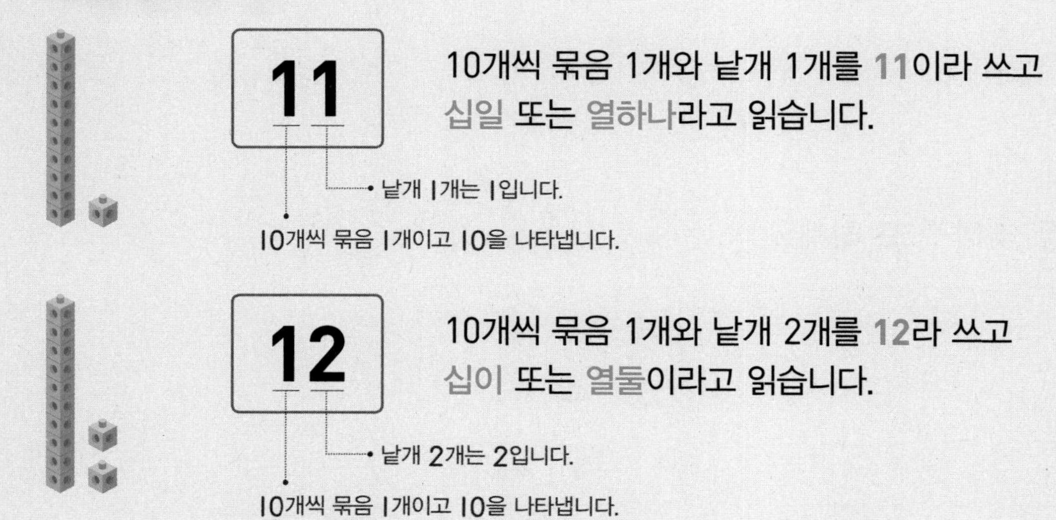
11
낱개 1개는 1입니다.
10개씩 묶음 1개이고 10을 나타냅니다.
12
낱개 2개는 2입니다.
10개씩 묶음 1개이고 10을 나타냅니다.

10개씩 묶음 1개와 낱개 1개를 11이라 쓰고
십일 또는 열하나라고 읽습니다.

10개씩 묶음 1개와 낱개 2개를 12라 쓰고
십이 또는 열둘이라고 읽습니다.

• 십몇의 크기 비교하기

10개씩 묶음의 수가 같을 때 낱개의 수가 클수록 더 큰 수입니다.
➡ 12는 11보다 큽니다. 11은 12보다 작습니다.

1 그림을 보고 □ 안에 알맞은 수를 써넣으세요.

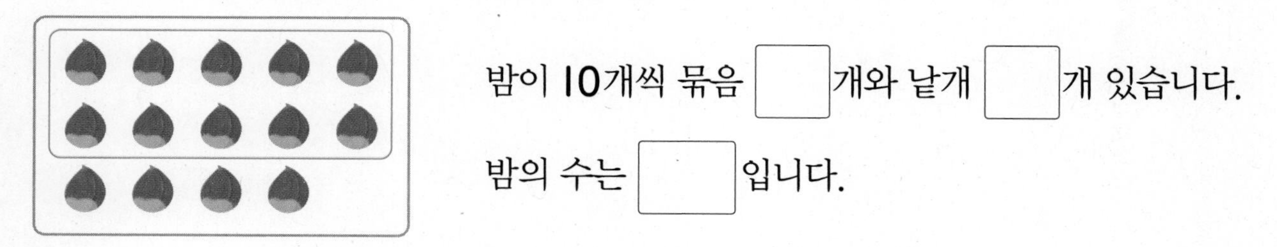

밤이 10개씩 묶음 □개와 낱개 □개 있습니다.

밤의 수는 □입니다.

2 10개씩 묶고 수로 나타내 보세요.

10개씩 묶음 1개와 낱개가
몇 개인지 세어 봅니다.

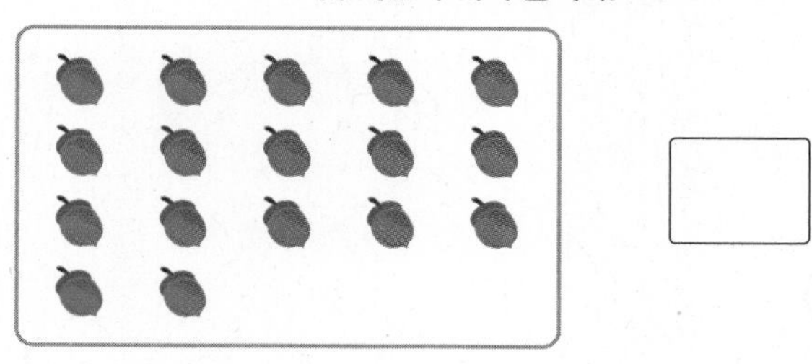

□

3 주어진 수만큼 색칠해 보세요.

16

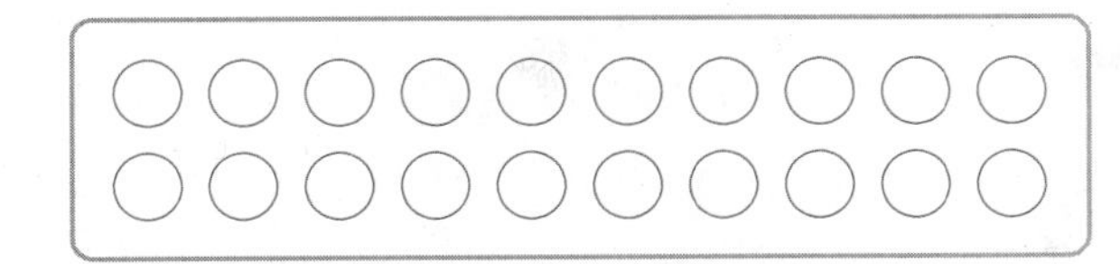

▶ 16은 10과 6입니다.

4 같은 수끼리 이어 보세요.

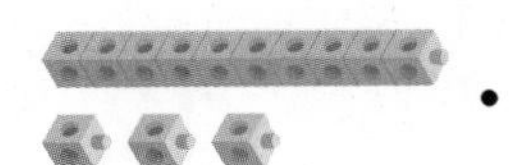

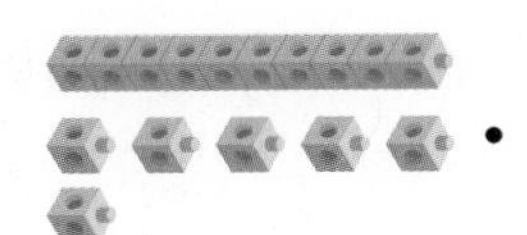

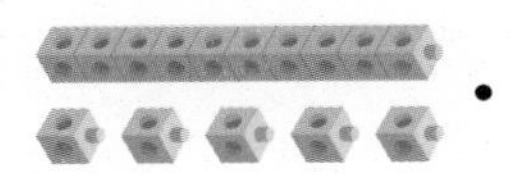

15	십오(열다섯)
13	십육(열여섯)
16	십삼(열셋)

▶ 11부터 19까지의 수 읽기

수	읽기
11	십일, 열하나
12	십이, 열둘
13	십삼, 열셋
14	십사, 열넷
15	십오, 열다섯
16	십육, 열여섯
17	십칠, 열일곱
18	십팔, 열여덟
19	십구, 열아홉

5 □ 안에 알맞은 수를 써넣고, 수의 크기를 비교해 보세요.

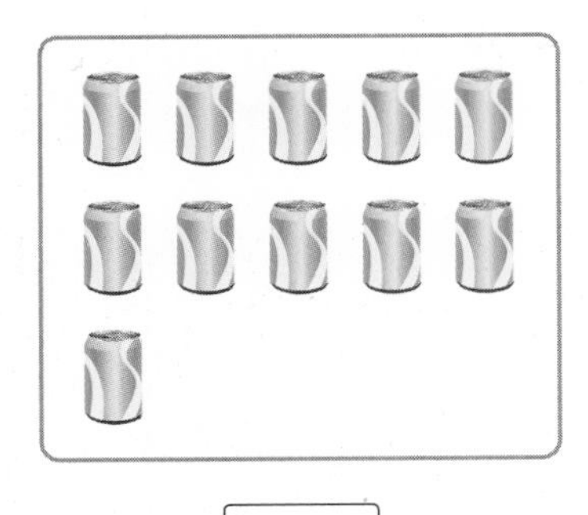

11 □

➡ 11은 □보다 (큽니다 , 작습니다).

▶ 10개씩 묶음의 수가 같을 때 낱개의 수를 비교하여 수의 크기를 비교할 수 있습니다.

3 모으기와 가르기를 해 볼까요

• 모으기

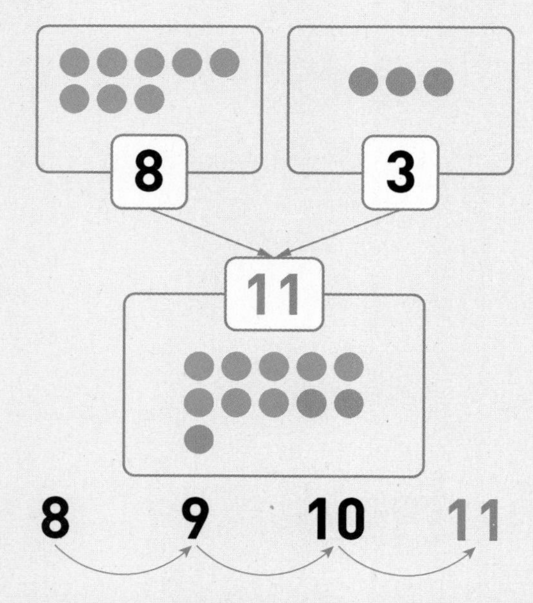

8 9 10 11

➡ 8부터 3만큼 이어 세면 9, 10, 11이므로 8과 3을 모으기하면 11입니다.

• 가르기

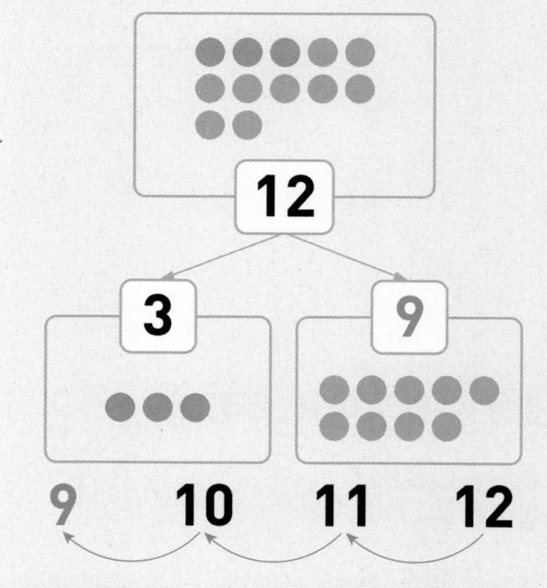

9 10 11 12

➡ 12부터 3만큼 거꾸로 세면 11, 10, 9이므로 12는 3과 9로 가르기할 수 있습니다.

1 빈칸에 알맞은 수만큼 ○를 그리고 모으기와 가르기를 해 보세요.

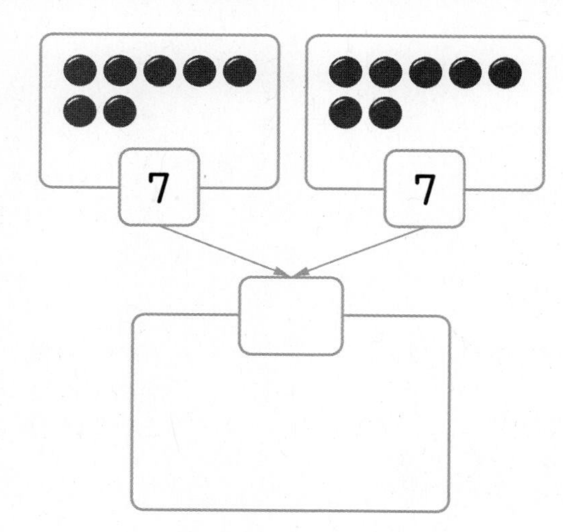

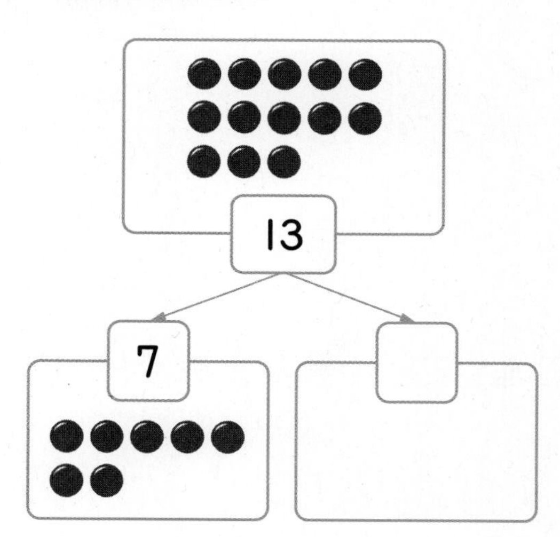

2 빈칸에 알맞은 수를 써넣으세요.

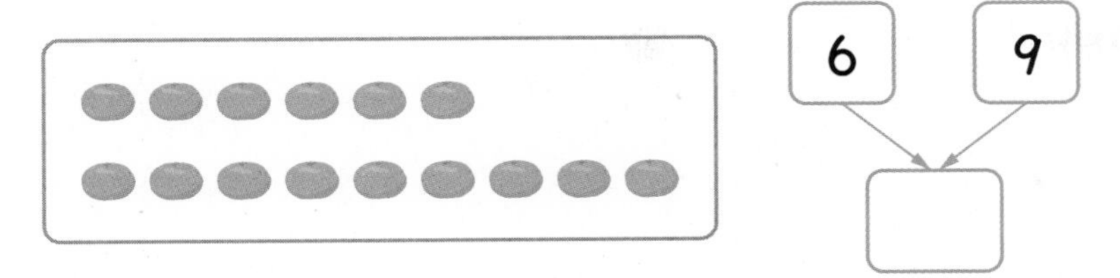

▶ 6부터 이어 세면 7, 8, 9, ... 입니다.

3 빈칸에 알맞은 수를 써넣으세요.

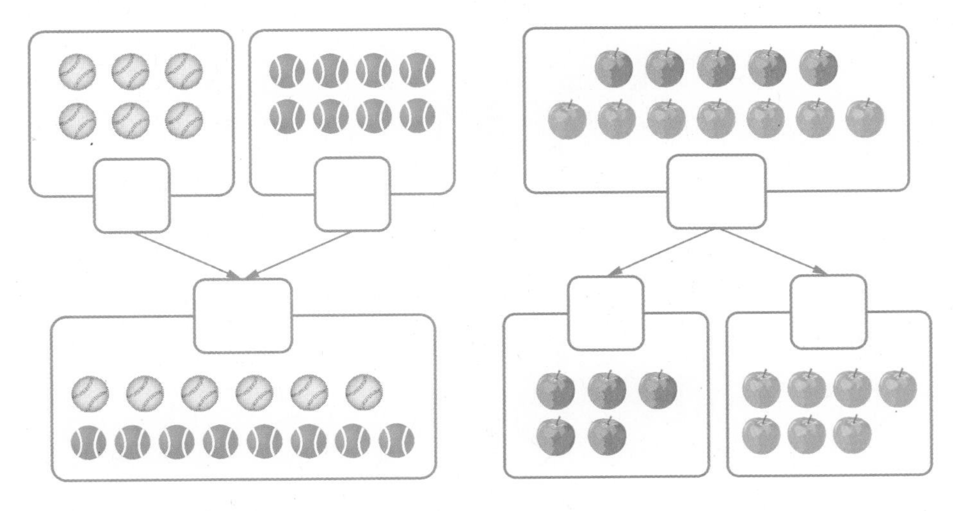

▶ 그림의 수를 세어 빈칸에 써넣습니다.

4 15칸을 두 가지 색으로 칠하고 가르기를 해 보세요.

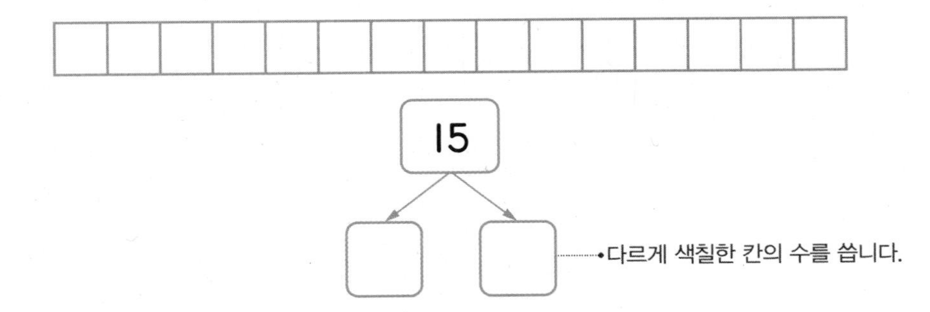

▶ 15칸을 두 가지 색으로 칠하는 방법은 여러 가지가 있으므로 15는 여러 가지 방법으로 가르기할 수 있습니다.

5 빈칸에 알맞은 수를 써넣으세요.

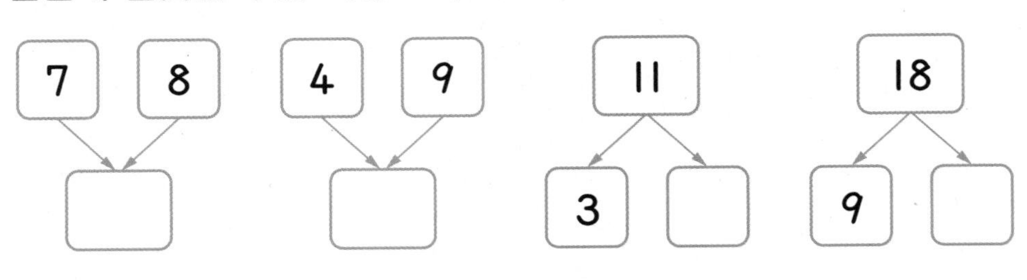

개념 적용

기본기 다지기

1 10 알아보기

1 복숭아의 수만큼 ○를 그리고, 수를 써넣으세요.

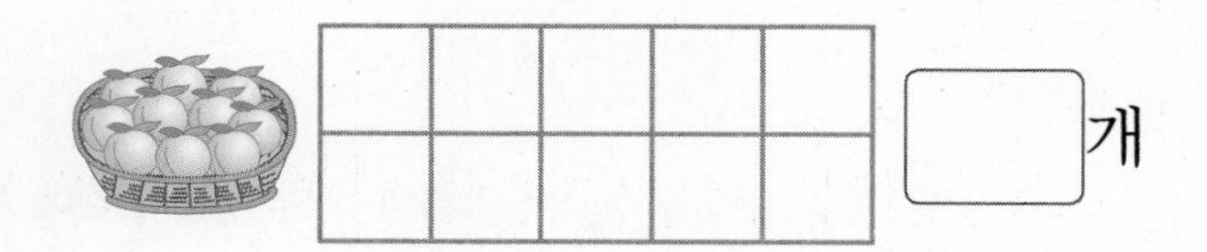

2 10개인 것을 모두 찾아 ○표 하세요.

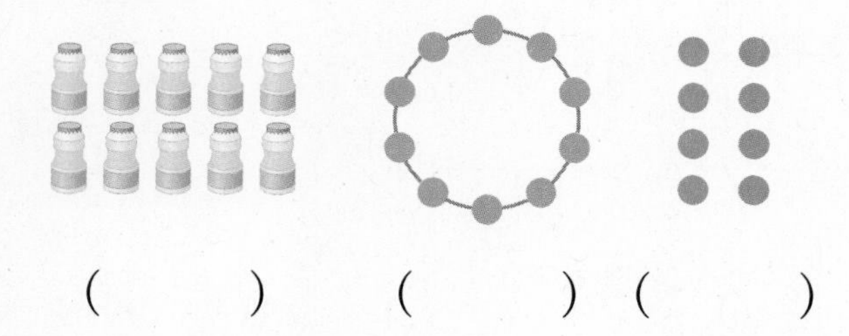

( ) ( ) ( )

3 모으기와 가르기를 해 보세요.

(1)

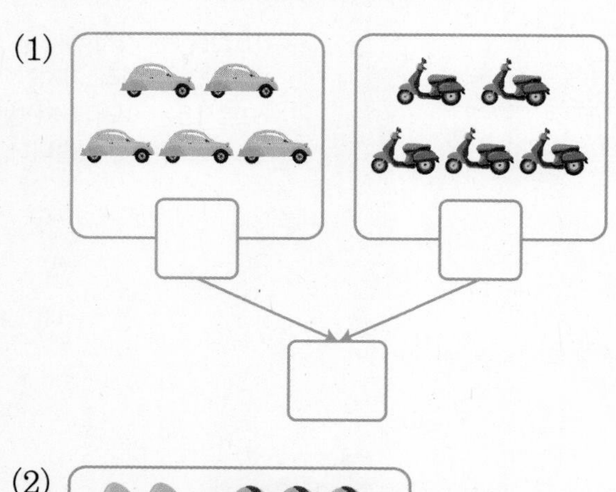

(2)

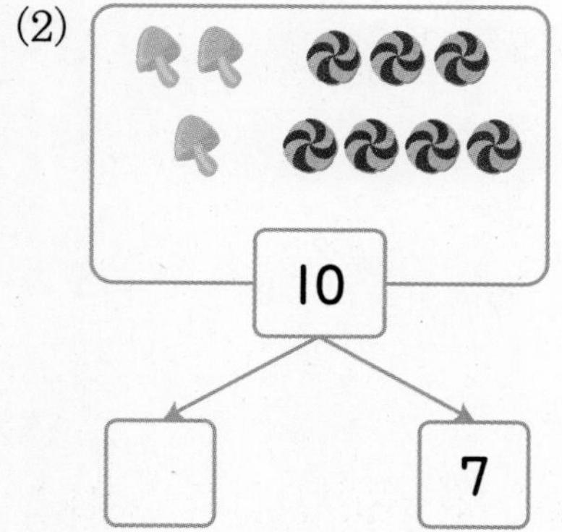

4 빈칸에 알맞은 수를 써넣으세요.

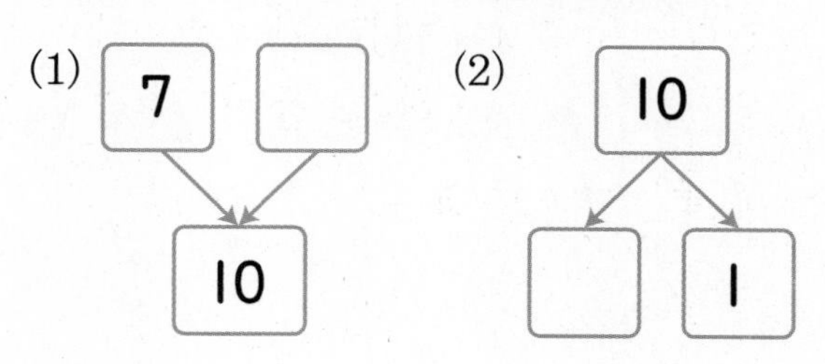

5 □ 안에 알맞은 수를 써넣으세요.

0 1 2 3 4 5 6 7 8 9 10

6보다 4만큼 더 큰 수는 □이고,

10은 5보다 □만큼 더 큰 수입니다.

6 10이 되도록 △를 그리고 □ 안에 알맞은 수를 써넣으세요.

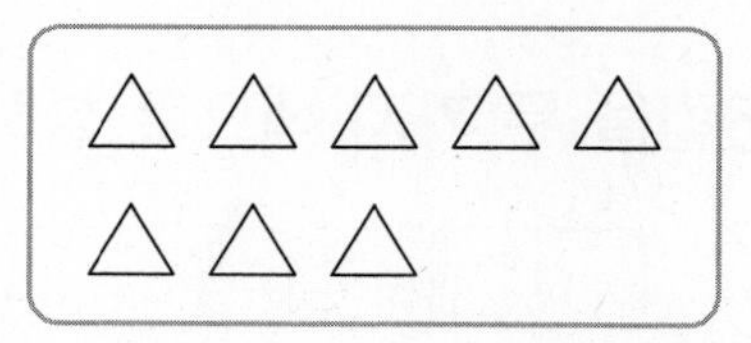

8과 □을/를 모으기하면 10이 됩니다.

7 10을 알맞게 읽은 것에 ○표 하세요.

(1) 재민이는 10(십 , 열)살입니다.

(2) 한 봉지에 고구마가 10(십 , 열)개 들어 있습니다.

(3) 동생의 생일은 4월 10(십 , 열)일입니다.

서술형

8 구슬 10개로 목걸이 1개를 만들 수 있습니다. 민아가 구슬을 4개 가지고 있다면 목걸이 1개를 만드는 데 구슬은 몇 개 더 필요한지 풀이 과정을 쓰고 답을 구해 보세요.

풀이

답

2 십몇 알아보기

9 수를 세어 보고 □ 안에 알맞은 수를 써넣으세요.

도넛이 10개씩 묶음 □ 개, 낱개 □ 개 있습니다.

도넛은 모두 □ 개입니다.

10 그림이 나타내는 수를 두 가지 방법으로 읽어 보세요.

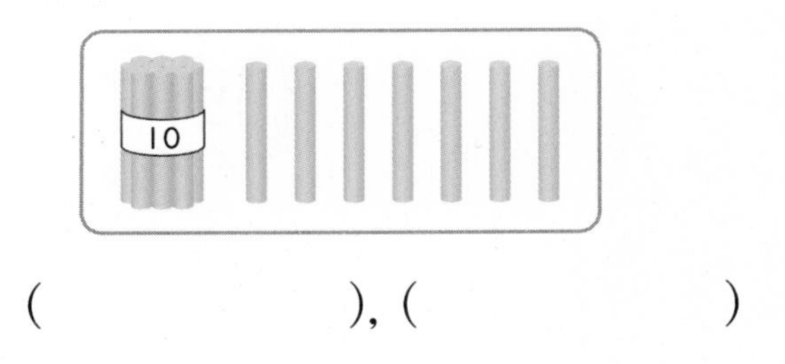

(   ), (   )

11 10개씩 묶고 수로 나타내 보세요.

12 주어진 수보다 1만큼 더 작은 수와 1만큼 더 큰 수를 써 보세요.

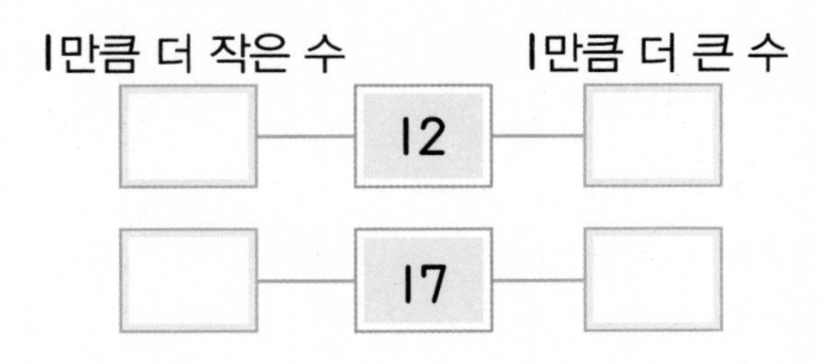

13 같은 수끼리 이어 보세요.

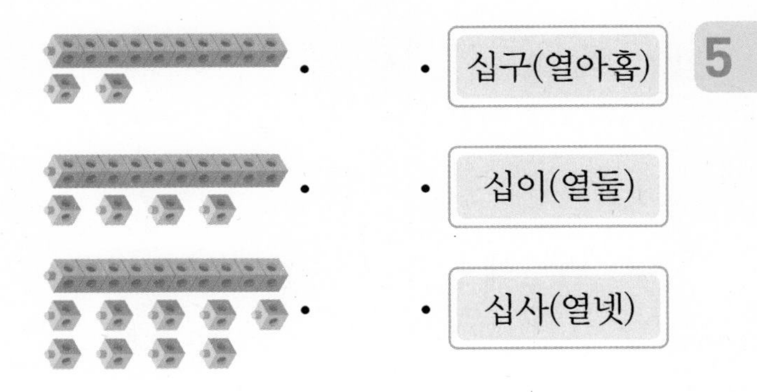

5

14 가지의 수와 관계있는 것에 모두 ○표 하세요.

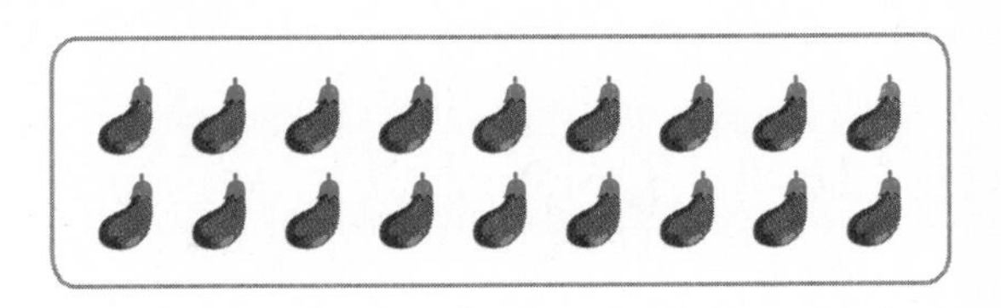

(16 , 열여덟 , 십육 , 18)

15 연결 모형은 모두 몇 개일까요?

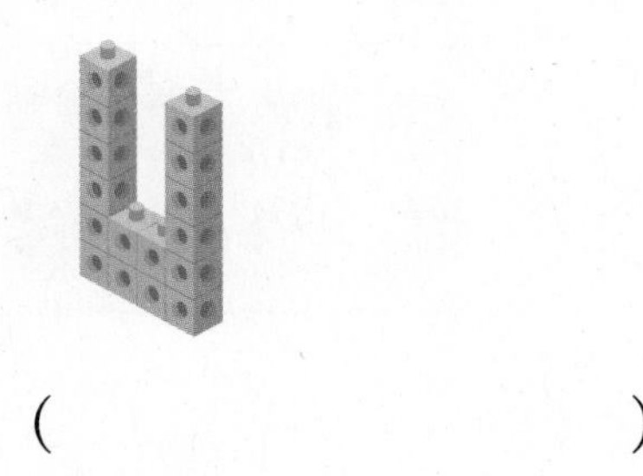

( )

16 수호 형의 생일 케이크입니다. 큰 초 하나는 10살을 나타내고 작은 초 하나는 1살을 나타냅니다. 수호 형의 나이는 몇 살일까요?

( )

17 빈칸에 알맞은 수를 써넣으세요.

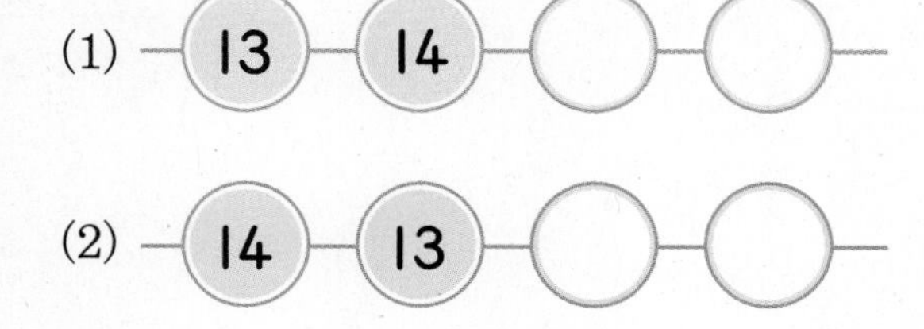

18 16과 19 사이에 있는 수를 모두 써 보세요.

( )

19 그림을 보고 □ 안에 알맞은 수를 써넣고, 더 큰 수에 ○표 하세요.

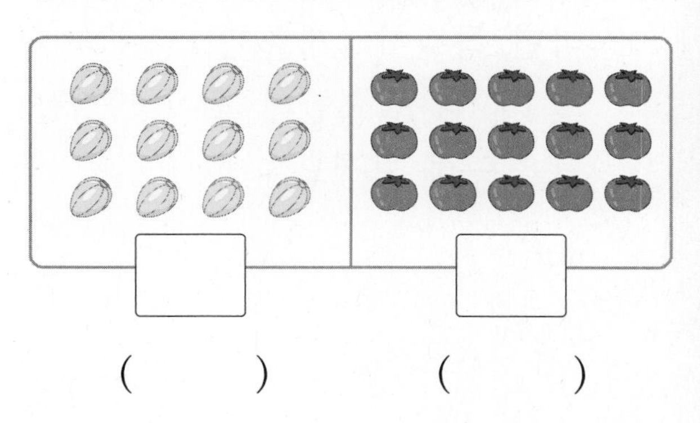

( ) ( )

3 모으기와 가르기

20 모으기를 해 보세요.

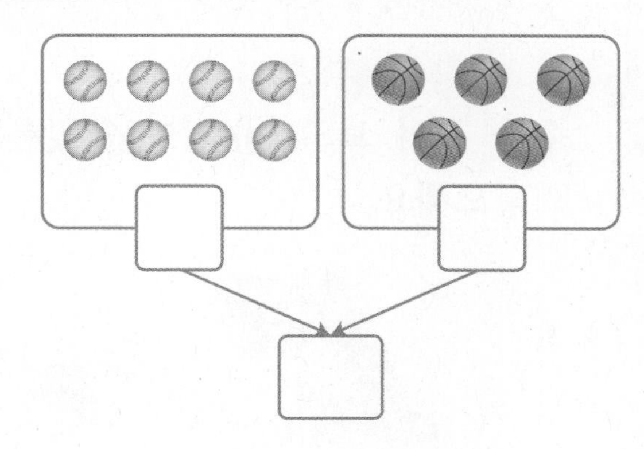

21 빈칸에 알맞은 수만큼 ○를 그리고 가르기를 해 보세요.

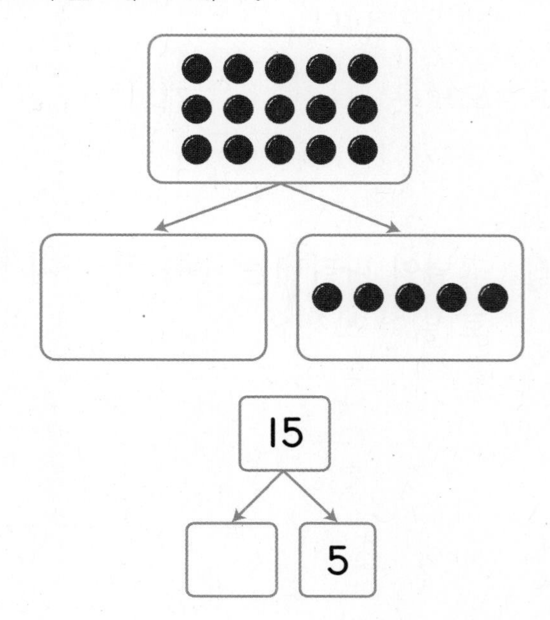

22 14개의 칸을 두 가지 색으로 색칠하고 가르기를 해 보세요.

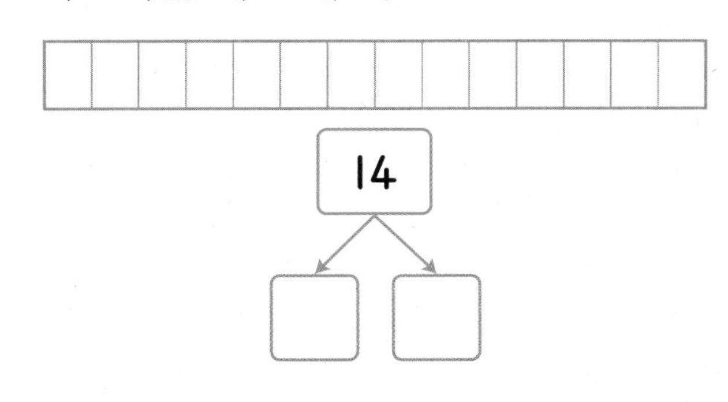

서술형

23 ㉠과 ㉡ 중 더 큰 수는 어느 것인지 풀이 과정을 쓰고 답을 구해 보세요.

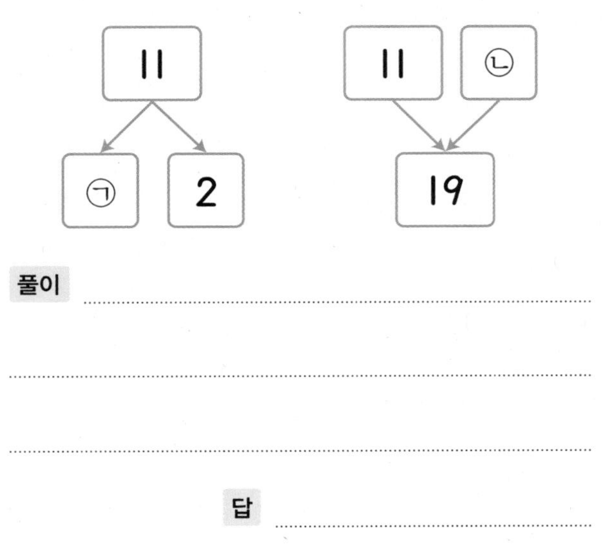

풀이

답

24 두 수를 모아서 18이 되는 수끼리 모두 이어 보세요.

8 12 9

9 5 10 6

25 두 가지 방법으로 가르기를 해 보세요.

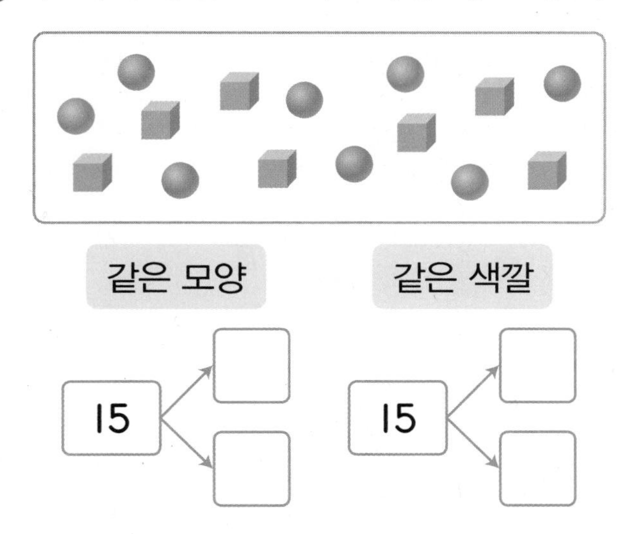

26 세 가지 방법으로 가르기를 해 보세요.

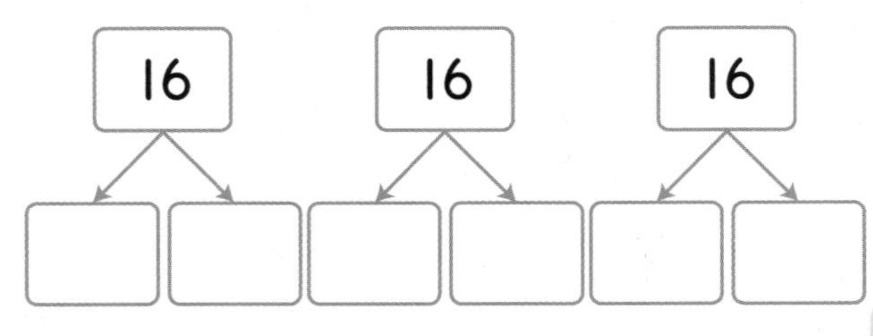

27 방울토마토 13개를 나와 동생이 나누어 가지려고 합니다. 내가 동생보다 더 많이 가지도록 두 가지 방법으로 ○를 그려 보세요.

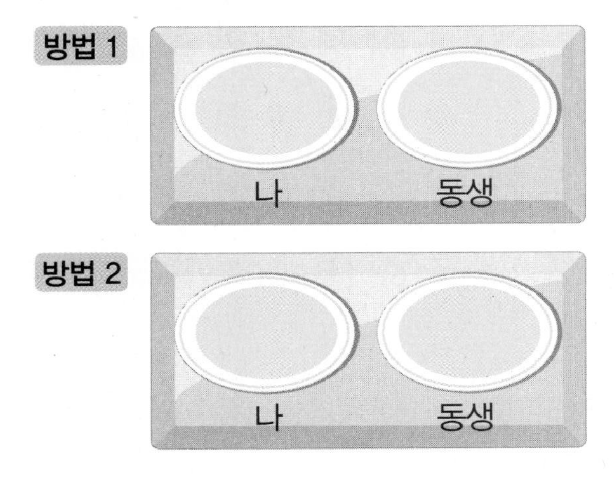

4 10개씩 묶어 세어 볼까요

- **몇십 알아보기**

10개씩 묶음 2개

20 이십 스물

- 낱개의 수는 0입니다.
- 10개씩 묶음의 수는 2이므로 20을 나타냅니다.

10개씩 묶음 3개

30 삼십 서른

- 낱개의 수는 0입니다.
- 10개씩 묶음의 수는 3이므로 30을 나타냅니다.

10개씩 묶음 4개

40 사십 마흔

- 낱개의 수는 0입니다.
- 10개씩 묶음의 수는 4이므로 40을 나타냅니다.

10개씩 묶음 5개

50 오십 쉰

- 낱개의 수는 0입니다.
- 10개씩 묶음의 수는 5이므로 50을 나타냅니다.

- **몇십의 크기 비교하기**

10개씩 묶음의 수가 클수록 더 큰 수입니다.

➡ 30은 20보다 큽니다. 20은 30보다 작습니다.

1 그림을 보고 □ 안에 알맞은 수를 써넣으세요.

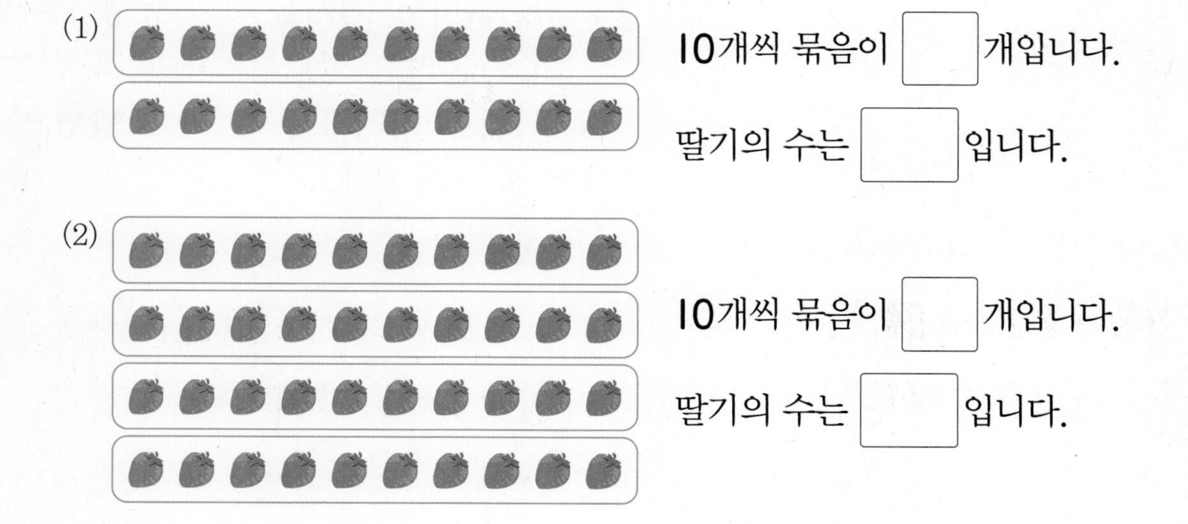

(1) 10개씩 묶음이 □개입니다.

딸기의 수는 □입니다.

(2) 10개씩 묶음이 □개입니다.

딸기의 수는 □입니다.

2 10개씩 묶고 모두 몇 개인지 써 보세요.

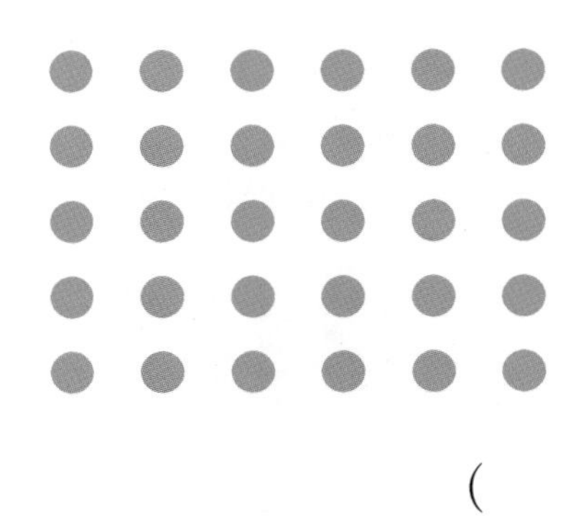

(　　　　　　　　　　)

▶ '몇 개인지' 묻는 문제이므로 반드시 수 옆에 '개'를 붙여 쓰도록 합니다.

3 같은 수끼리 이어 보세요.

20 •	• 사십 •	• 쉰
30 •	• 이십 •	• 마흔
40 •	• 오십 •	• 스물
50 •	• 삼십 •	• 서른

▶ 몇십 읽기

수	읽기
10	십, 열
20	이십, 스물
30	삼십, 서른
40	사십, 마흔
50	오십, 쉰

4 20개가 되도록 빈칸에 ○를 그려 보세요.

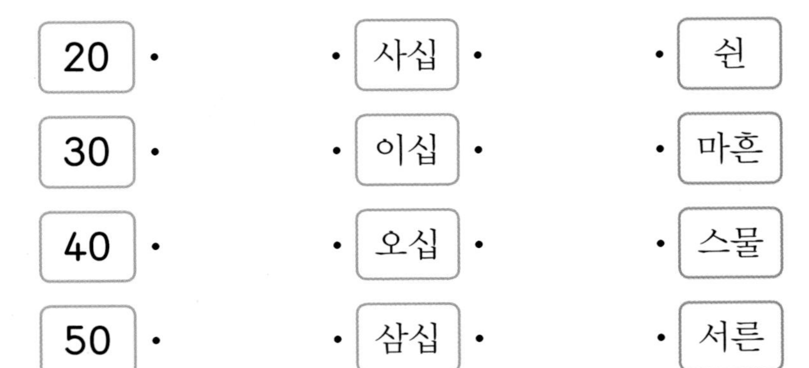

5 빈칸에 알맞은 수를 써넣고 두 수를 비교해 보세요.

10개씩 묶음 3개	
10개씩 묶음 5개	

☐은 ☐보다 큽니다.

☐은 ☐보다 작습니다.

▶ 10개씩 묶음 ★개는 ★0입니다.
10개씩 묶음의 수가 클수록 더 큰 수입니다.

5

5 50까지의 수를 세어 볼까요

• **몇십몇 알아보기**

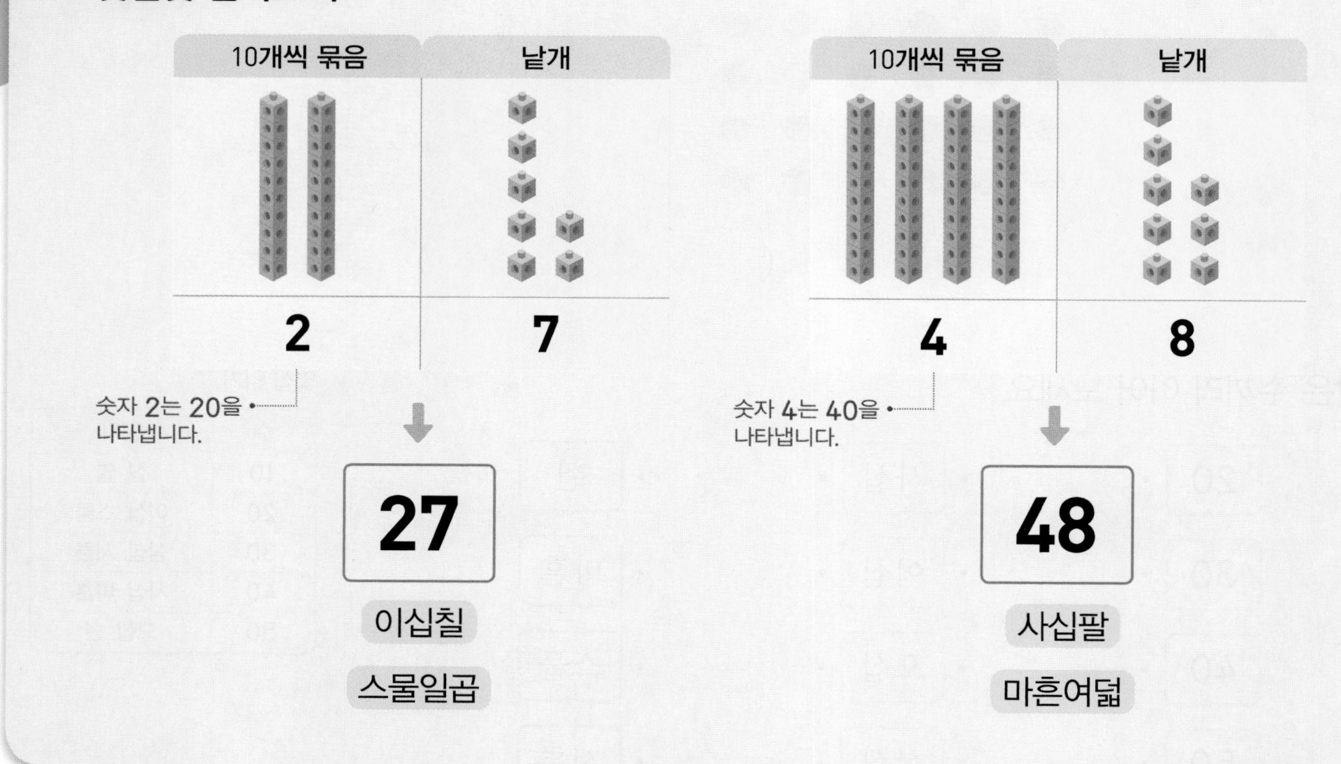

1 그림을 보고 빈칸에 알맞은 수를 써넣으세요.

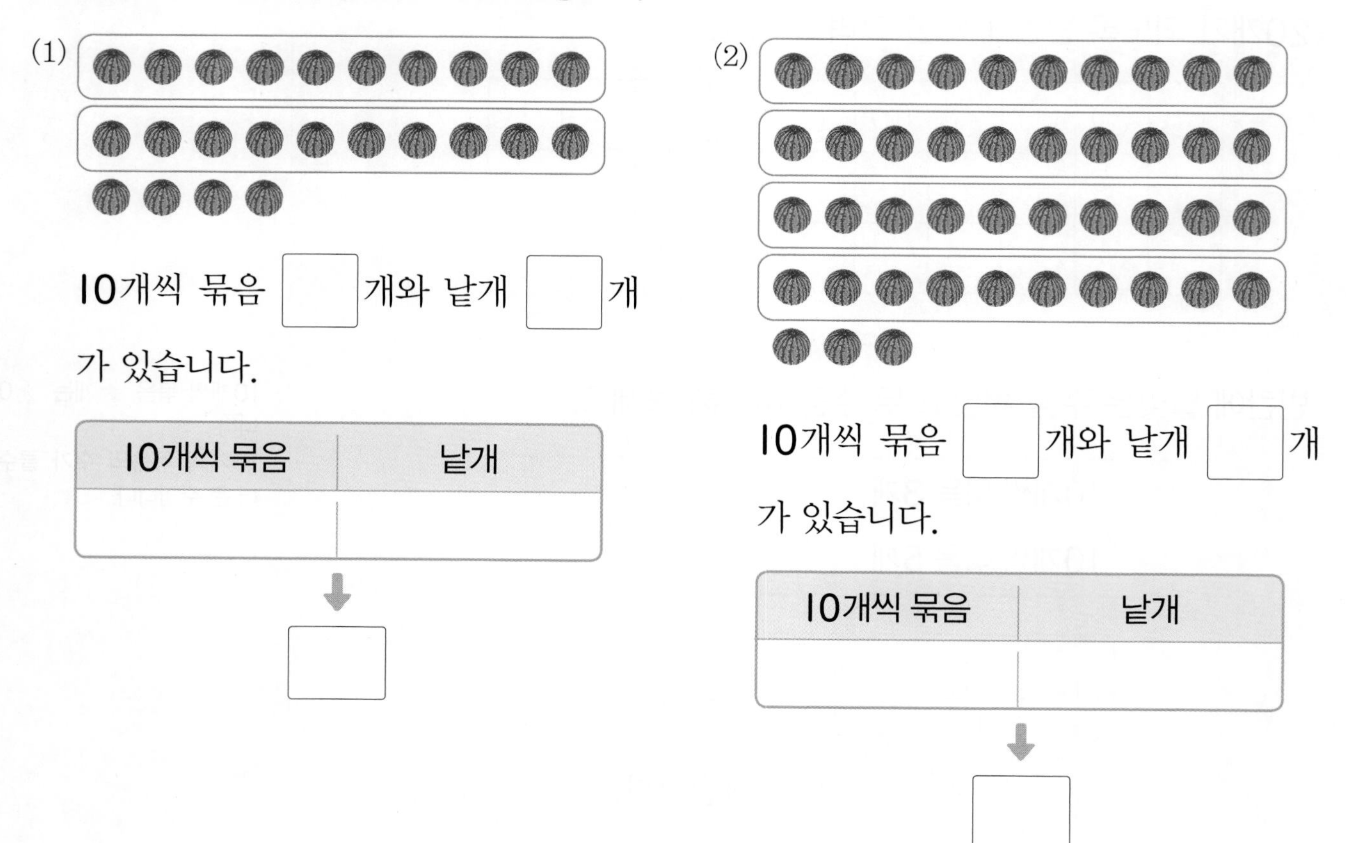

(1) 10개씩 묶음 ☐ 개와 낱개 ☐ 개가 있습니다.

10개씩 묶음	낱개

↓ ☐

(2) 10개씩 묶음 ☐ 개와 낱개 ☐ 개가 있습니다.

10개씩 묶음	낱개

↓ ☐

2 빈칸에 알맞은 수를 써넣으세요.

(1)

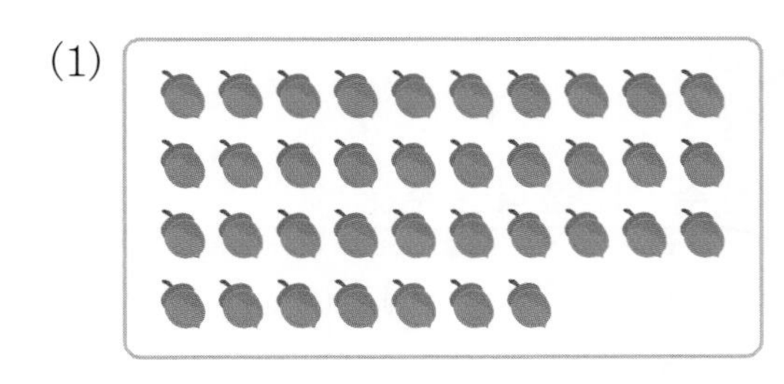

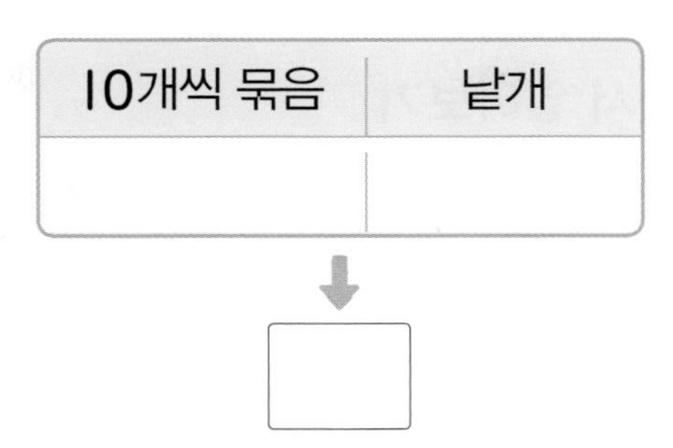

(2)

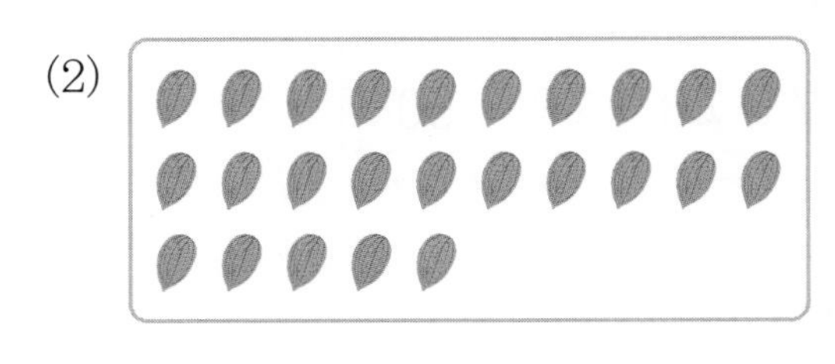

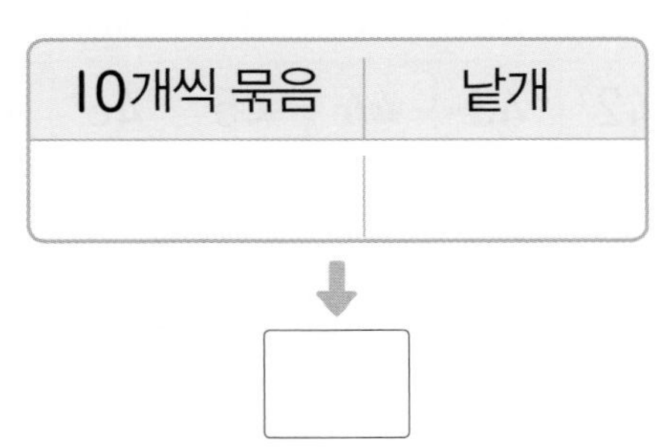

▶ 10개씩 묶음이 3개이면 30을 나타냅니다.

3 □ 안에 알맞은 수를 써넣으세요.

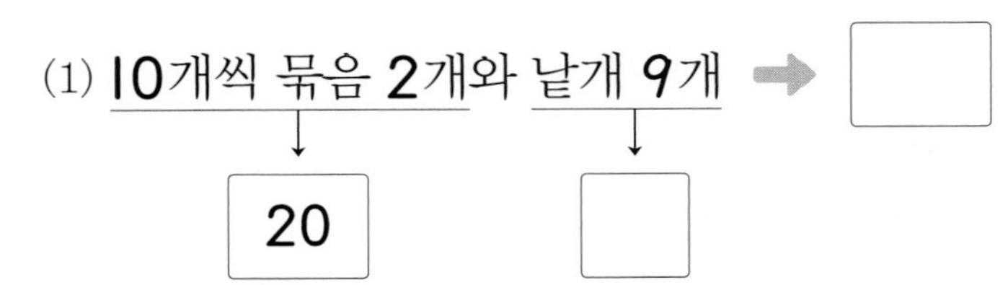

▶ **숫자가 나타내는 수**
숫자가 같아도 숫자가 놓인 자리에 따라 나타내는 수가 다릅니다.

낱개 3개이므로 3을 나타냅니다.

33

10개씩 묶음 3개이므로 30을 나타냅니다.

4 같은 수끼리 이어 보세요.

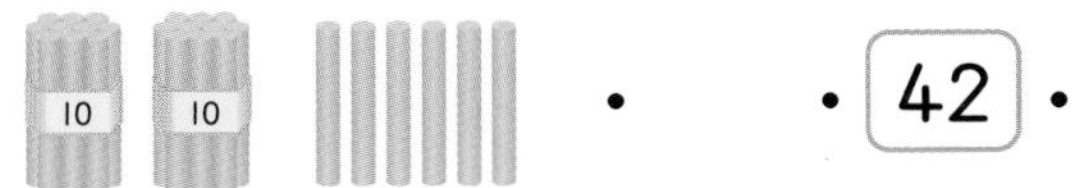

• 42 •
• 삼십사(서른넷)

▶ **수를 알맞게 읽기**
수는 두 가지로 읽을 수 있습니다.
예 24 읽기
• 내 번호는 이십사 번입니다.
• 이모는 스물네 살입니다.

6 50까지 수의 순서를 알아볼까요

● 수 배열표에서 수의 순서 알아보기

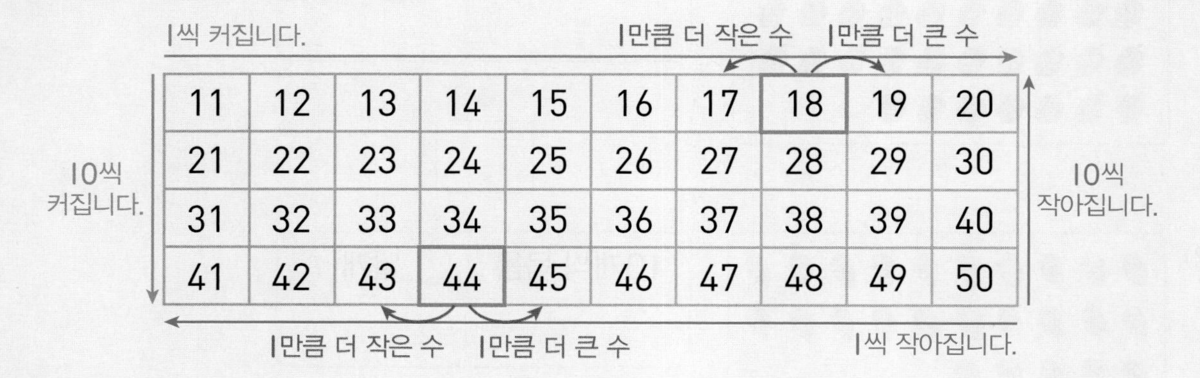

1씩 커집니다.
1만큼 더 작은 수
1만큼 더 큰 수
11 12 13 14 15 16 17 18 19 20
21 22 23 24 25 26 27 28 29 30
31 32 33 34 35 36 37 38 39 40
41 42 43 44 45 46 47 48 49 50
10씩 커집니다.
10씩 작아집니다.
1만큼 더 작은 수
1만큼 더 큰 수
1씩 작아집니다.

• 수를 순서대로 쓰면 1씩 커지고, 순서를 거꾸로 하여 쓰면 1씩 작아집니다.

● 수직선에서 수의 순서 알아보기

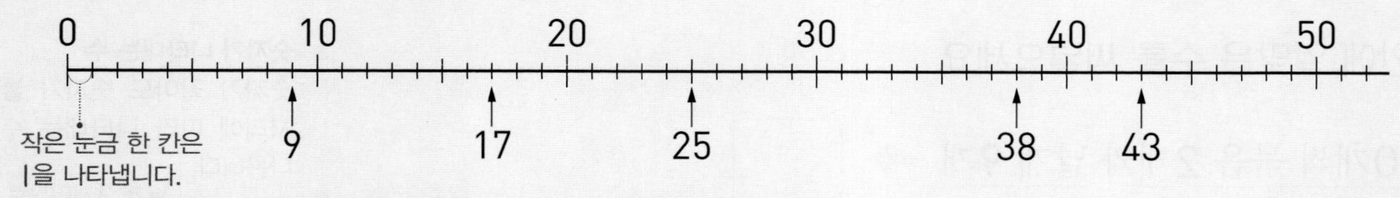

• 수직선에서 수는 오른쪽으로 갈수록 커집니다.
• 수를 순서대로 쓰면 왼쪽에 작은 수, 오른쪽에 큰 수가 놓입니다.

1 수 배열표를 완성하고 □ 안에 알맞은 수를 넣으세요.

1	2	3	4	5	6	7	8	9	10
11	12	13	14	15	16	17			20
21	22	23	24	25		27		29	30
	32		34	35	36		38		
	42	43			46	47	48	49	

27보다 1만큼 더 작은 수는 □, 1만큼 더 큰 수는 □입니다.

2 22부터 수를 순서대로 이어 그림을 완성해 보세요.

▶ 22부터 50까지 수의 순서대로 이어 봅니다.

3 빈칸에 알맞은 수를 써넣으세요.

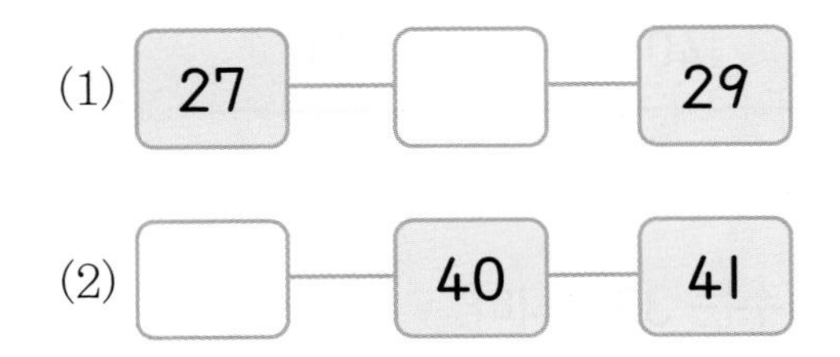

▶ 1만큼 더 큰 수, 1만큼 더 작은 수를 알아봅니다.

4 수를 순서대로 써넣으세요.

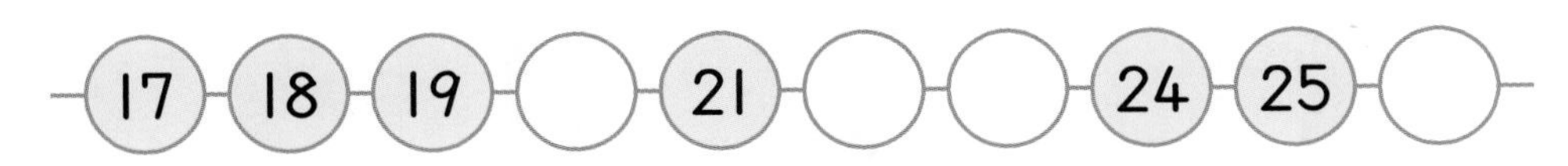

▶ 19, 29, 39, ...보다 1만큼 더 큰 수는 10개씩 묶음의 수가 1만큼 더 커지고 낱개의 수는 0이 됩니다.

5 수직선을 보고 □ 안에 알맞은 수를 써넣으세요.

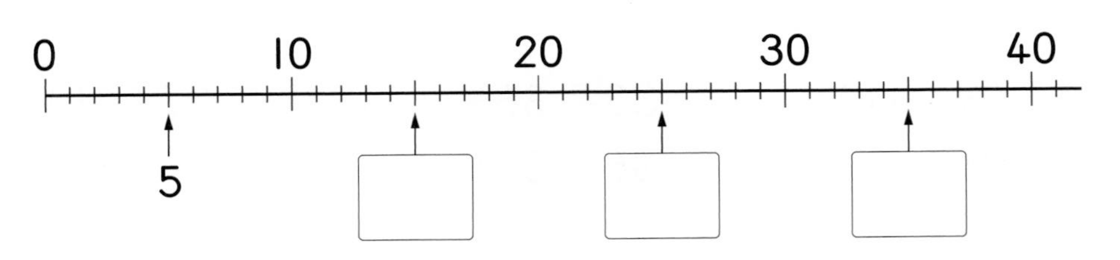

▶ 수직선에서 작은 눈금 한 칸은 1을 나타냅니다.

7 수의 크기를 비교해 볼까요

- **10개씩 묶음의 수가 다른 경우**

10개씩 묶음의 수가 클수록 큰 수입니다.

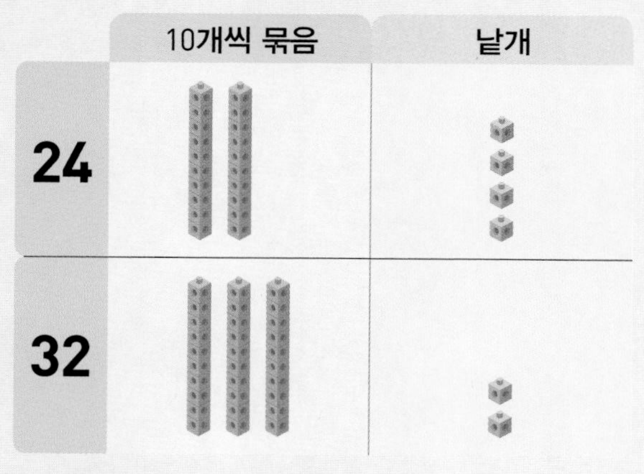

24는 32보다 작습니다.
32는 24보다 큽니다.

- **10개씩 묶음의 수가 같은 경우**

낱개의 수가 클수록 큰 수입니다.

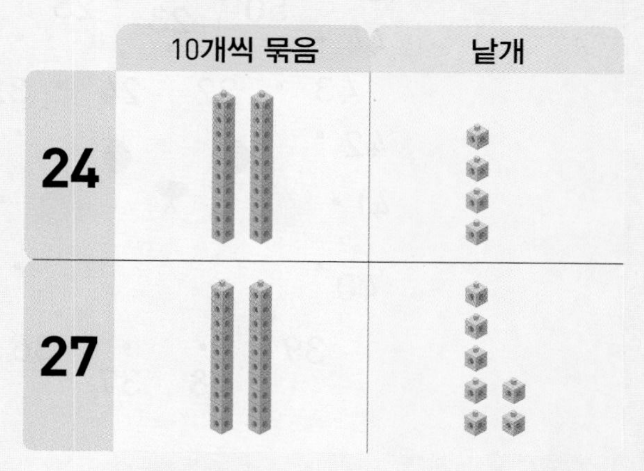

24는 27보다 작습니다.
27은 24보다 큽니다.

- **수직선에서 비교하기**

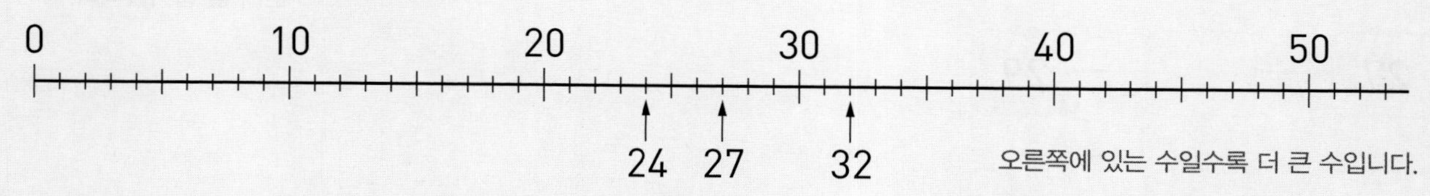

오른쪽에 있는 수일수록 더 큰 수입니다.

24, 27, 32 중에서 가장 작은 수는 24, 가장 큰 수는 32입니다.

1 그림을 보고 두 수의 크기를 비교해 보세요.

(1)

	10개씩 묶음	낱개
45		
28		

45는 28보다 (큽니다 , 작습니다).
28은 45보다 (큽니다 , 작습니다).

(2)

	10개씩 묶음	낱개
33		
36		

33은 36보다 (큽니다 , 작습니다).
36은 33보다 (큽니다 , 작습니다).

2 □ 안에 알맞은 수를 써넣으세요.

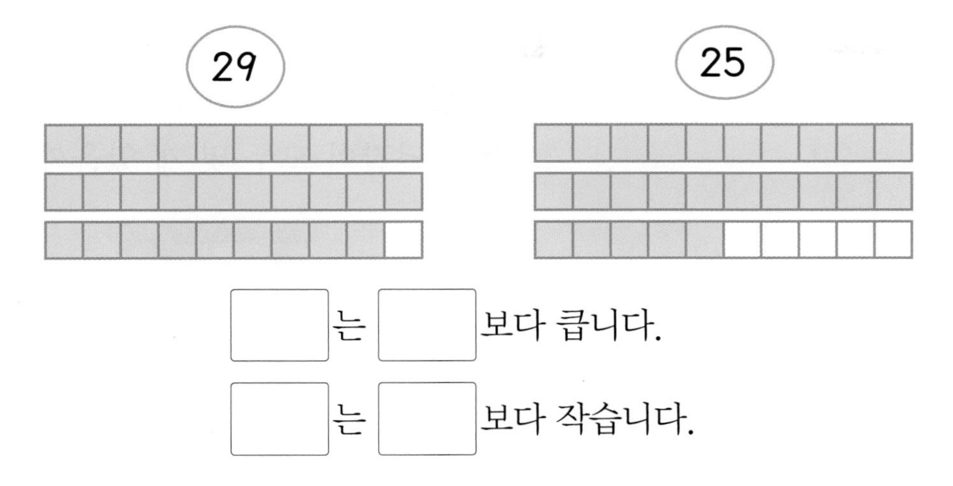

□는 □보다 큽니다.

□는 □보다 작습니다.

▶ 10개씩 묶음의 수가 같으면 낱개의 수를 비교합니다.

3 □ 안에 알맞은 수를 써넣으세요.

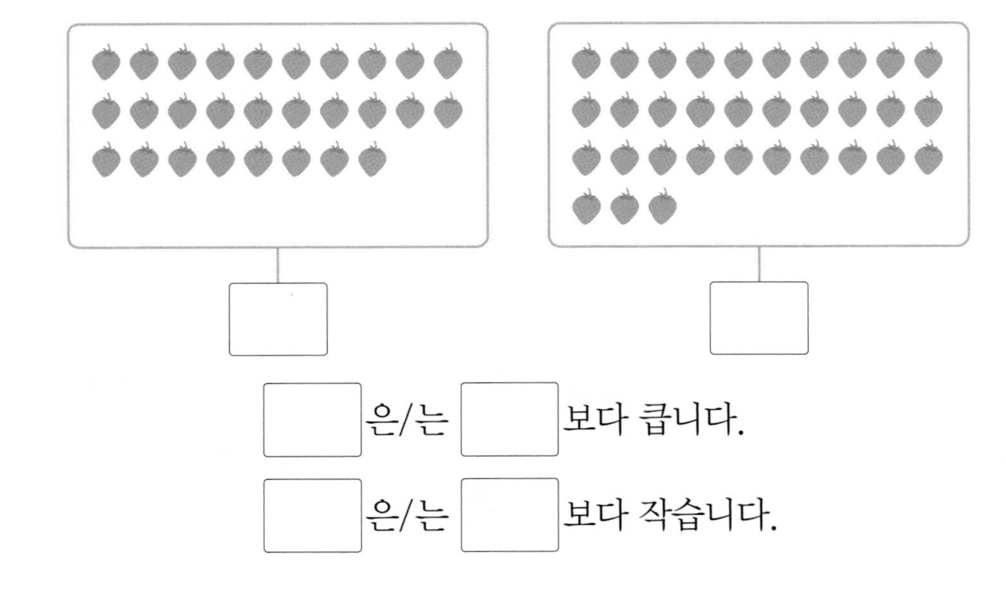

□은/는 □보다 큽니다.

□은/는 □보다 작습니다.

▶ 먼저 그림의 수가 10개씩 몇 묶음과 낱개 몇 개인지 알아봅니다.

4 수직선을 보고 두 수 중 더 큰 수에 ○표 하세요.

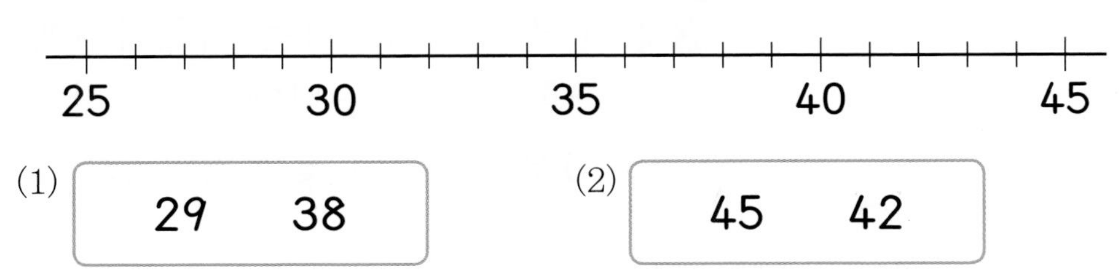

(1) 29 38

(2) 45 42

▶ 수직선에서는 오른쪽에 있는 수일수록 더 큽니다.

5

기본기 다지기

개념 적용

4 10개씩 묶어 세기

28 수를 쓰고 읽어 보세요.

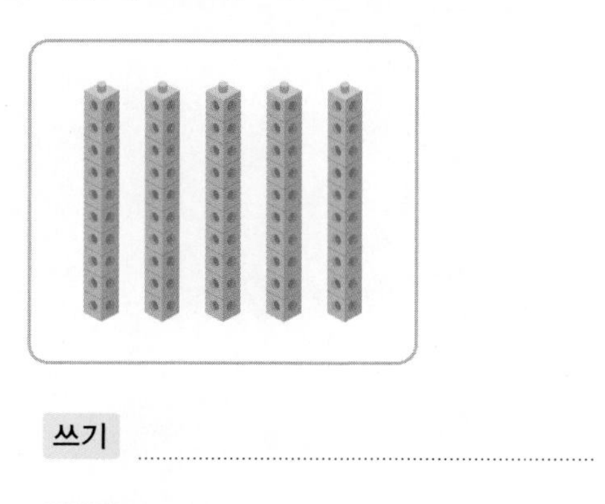

쓰기 ....

읽기 ....

29 □ 안에 알맞은 수를 써넣으세요.

(1) 10개씩 묶음 2개는 □입니다.

(2) 30은 10개씩 묶음 □개입니다.

30 같은 수끼리 이어 보세요.

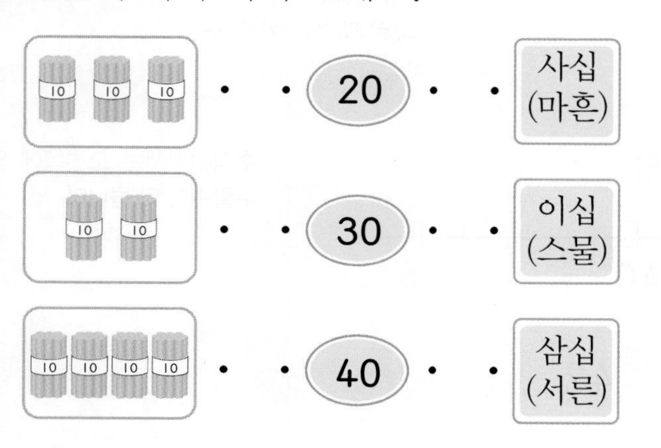

31 민하는 어머니 심부름으로 마트에 가서 달걀 1판을 사 왔습니다. 달걀 1판에는 달걀이 모두 몇 개 있을까요?

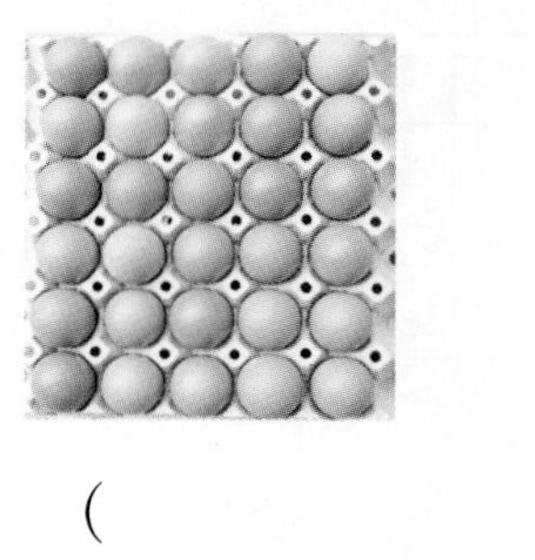

(　　　　　　　　)

32 40개가 되도록 빈칸에 ○를 그려 보세요.

○	○	○	○	○	○	○	○	○	○
○	○	○	○	○					

33 빈칸에 알맞은 수를 써넣으세요.

(1) 30 ➡

10개씩 묶음	낱개

(2) 50 ➡

10개씩 묶음	낱개

34 창석이의 어머니는 과일가게에서 감 마흔 개를 샀습니다. 감을 한 봉지에 10개씩 담으면 몇 봉지일까요?

(　　　　　　　　)

35 모형의 수를 세어 □ 안에 알맞은 수를 써넣으세요.

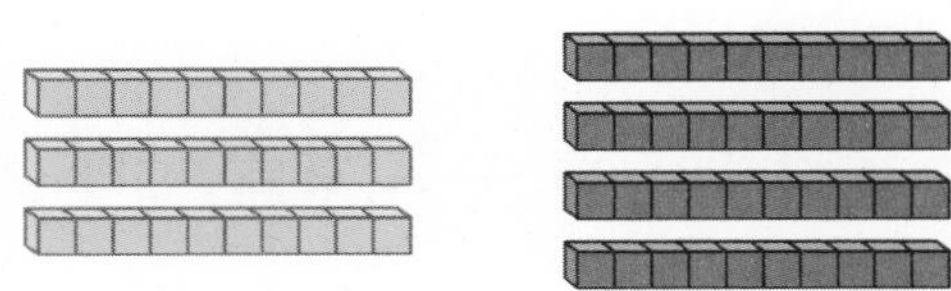

□은/는 □보다 큽니다.

□은/는 □보다 작습니다.

36 으로 오른쪽 모양을 몇 개 만들 수 있을까요?

( )

5 50까지의 수 세어 보기

37 수를 쓰고 읽어 보세요.

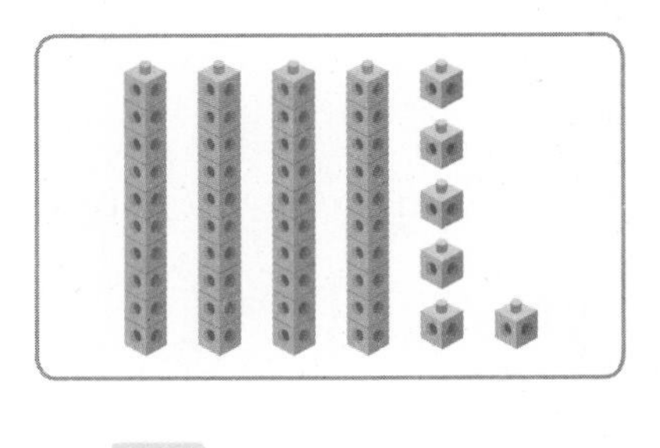

쓰기

읽기

38 □ 안에 알맞은 수를 써넣으세요.

(1) 10개씩 묶음 3개와 낱개 3개

➡ □

(2) 10개씩 묶음 4개와 낱개 1개

➡ □

39 구슬이 몇 개인지 10개씩 묶어 세어 보세요.

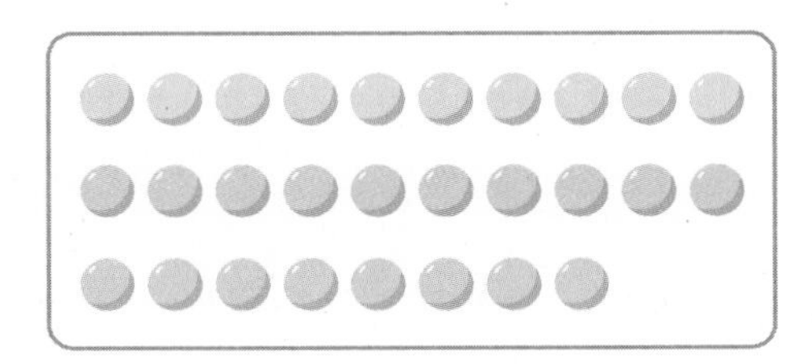

10개씩 묶음	낱개

⬇

□

40 밑줄 친 숫자가 나타내는 수를 써 보세요.

(1) 3̲5 ➡ □

(2) 43̲ ➡ □

41 4명의 친구가 체험학습에 가서 딴 딸기의 수입니다. 낱개의 수가 나머지 셋과 다른 사람은 누구일까요?

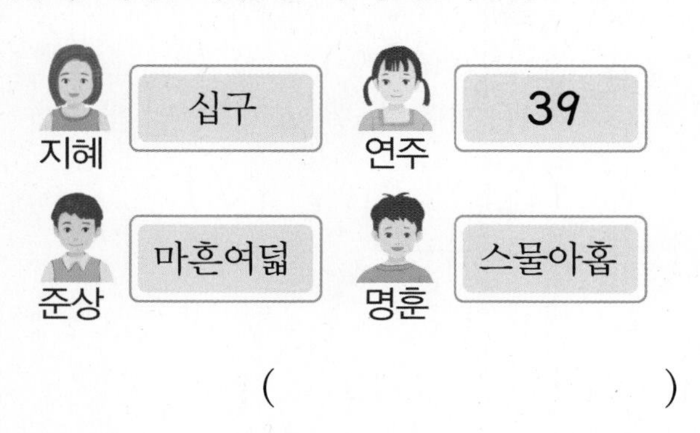

(　　　　　　　　)

42 빈칸에 알맞은 수를 써넣으세요.

수	10개씩 묶음	낱개
47	4	
25		5
	3	1

43 나타내는 수가 나머지와 다른 하나는 어느 것일까요? (　　　)

① 38
② 삼십팔
③ 서른여덟
④ 10개씩 묶음 3개와 낱개 8개
⑤

서술형

44 시우네 반 학생들을 한 줄에 10명씩 세웠더니 3줄이 되고 5명이 남았습니다. 시우네 반 학생은 모두 몇 명인지 풀이 과정을 쓰고 답을 구해 보세요.

풀이 ....

....

....

답 ....

6 50까지 수의 순서 알아보기

45 빈칸에 두 수 사이의 수를 써넣으세요.

(1) 21 — □ — 23

(2) 40 — □ — 42

46 빈칸에 알맞은 수를 써넣으세요.

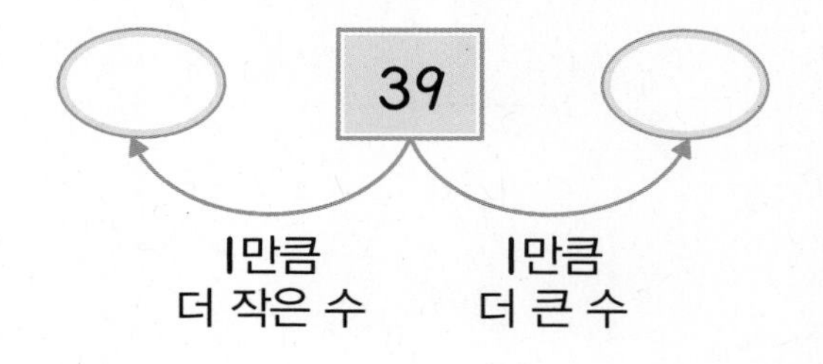

47 수를 순서대로 써넣으세요.

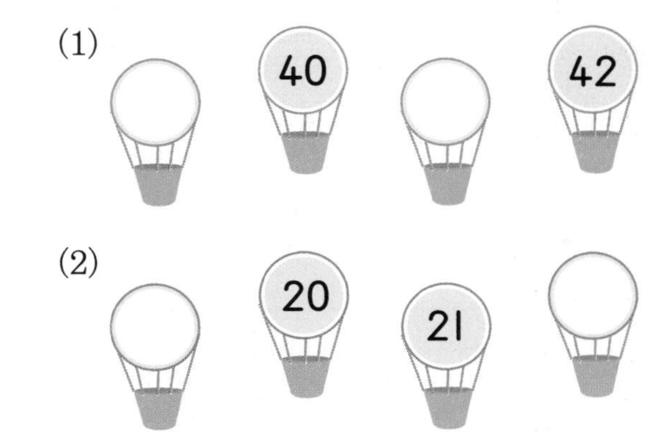

48 초콜릿을 건우는 29개 가지고 있고 수민이는 건우보다 1개 더 많이 가지고 있습니다. 수민이가 가지고 있는 초콜릿은 몇 개일까요?

(　　　　　　　　)

49 같은 수끼리 이어 보세요.

49보다 1만큼 더 큰 수 •		• 49
46보다 2만큼 더 큰 수 •		• 48
50보다 1만큼 더 작은 수 •		• 50

50 18과 23 사이의 수를 순서대로 모두 써 보세요.

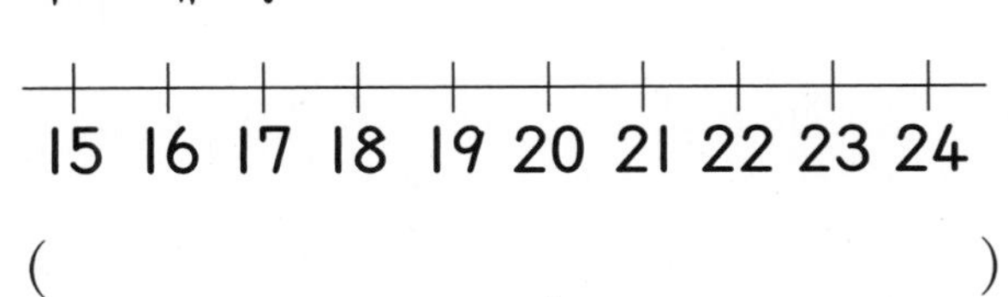

(　　　　　　　　)

51 작은 수부터 순서대로 써넣으세요.

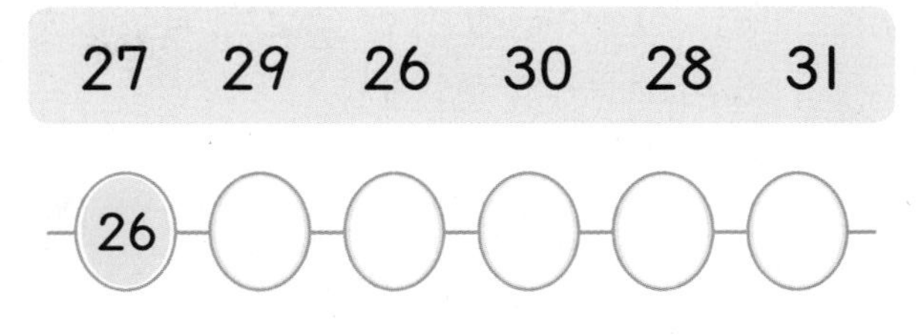

52 은행에서는 온 순서대로 번호표를 뽑습니다. 41번과 47번 사이에 번호표를 뽑은 사람은 모두 몇 명일까요?

(　　　　　　　　)

53 수를 순서대로 써넣으세요.

↓	23	22	21	20	19	
1		39	38	37		17
2	25	40	47		35	16
3	26	41	48	45	34	15
4	27		43	44		14
5	28		30	31	32	13
	7	8	9	10	11	

54 비행기의 자리를 나타내는 그림입니다. 지수의 자리는 32번일 때 지수의 자리에 ○표 하세요.

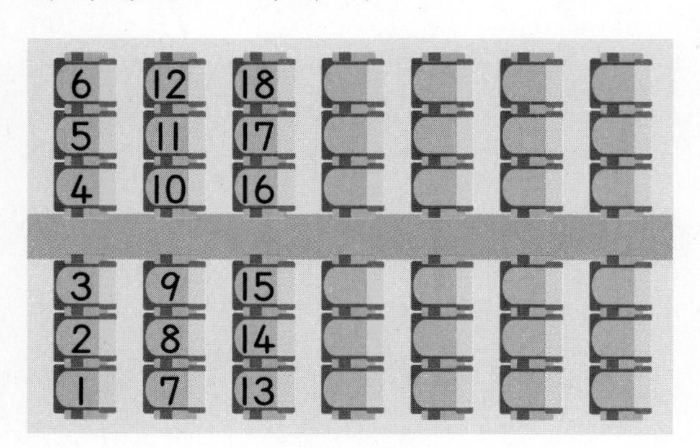

55 빈칸에 알맞은 수를 써넣으세요.

35 34 33 32 ( ) ( )

서술형

56 규칙을 찾아 빈칸에 알맞은 수를 써넣으려고 합니다. 풀이 과정을 쓰고 답을 구해 보세요.

22 - 24 - 26 - ( ) - 30

풀이 ....

답 ....

7 수의 크기 비교하기

57 더 큰 수에 ○표 하세요.

(1)

29	32

(2)

45	42

58 수의 크기를 비교하여 □ 안에 알맞은 말을 써넣으세요.

(1) 19는 23보다 [ ].

(2) 38은 34보다 [ ].

59 더 작은 수를 찾아 기호를 써 보세요.

㉠ 10개씩 묶음 2개와 낱개 8개인 수
㉡ 10개씩 묶음 3개와 낱개 5개인 수

(　　　　　　)

60 가장 큰 수에 ○표, 가장 작은 수에 △표 하세요.

24	18	33

61 가장 큰 수는 어느 것일까요? (   )

① 서른다섯
② 마흔둘
③ 삼십육
④ 열아홉보다 1만큼 더 큰 수
⑤ 마흔일곱

62 29보다 큰 수를 모두 써 보세요.

27 - 28 - 29 - 30 - 31 - 32

(   )

63 석기와 진주는 줄넘기 시합을 하였습니다. 석기는 43번, 진주는 26번을 넘었습니다. 누가 줄넘기를 더 많이 넘었을까요?

(   )

64 더 큰 수를 찾아 길을 따라가려고 합니다. 가는 길을 나타내 보세요.

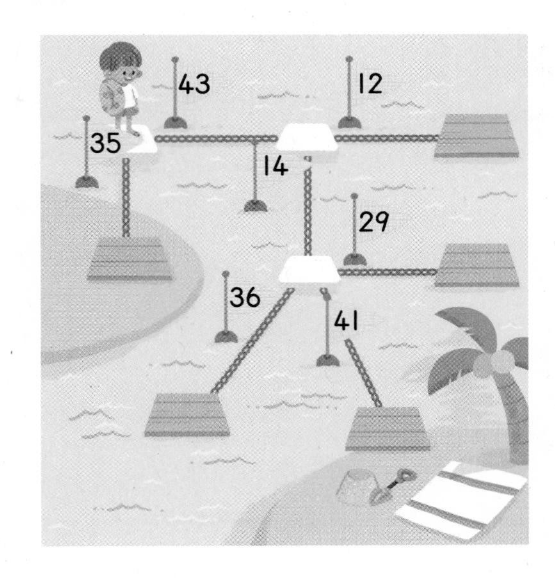

65 우영이와 진호는 동전 던지기를 하였습니다. 결과가 다음과 같을 때 누구의 점수가 더 큰지 써 보세요.

(10) 숫자 면 10점　　(그림) 그림 면 1점

우영	10	그림	10	10
진호	그림	그림	10	10

(   )

서술형

66 40부터 50까지의 수 중 다음 수보다 작은 수는 모두 몇 개인지 풀이 과정을 쓰고 답을 구해 보세요.

10개씩 묶음 4개와 낱개 6개

풀이 ....

....

....

답 ....

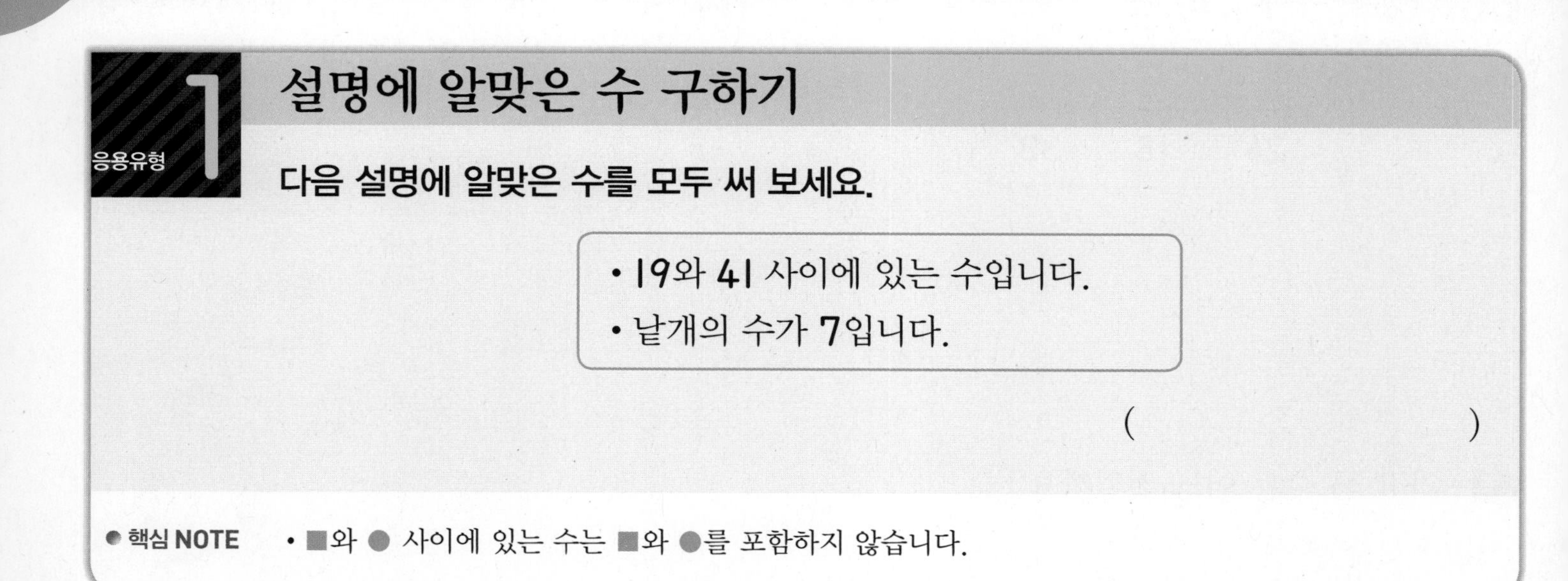

응용유형 1 설명에 알맞은 수 구하기

다음 설명에 알맞은 수를 모두 써 보세요.

- 19와 41 사이에 있는 수입니다.
- 낱개의 수가 7입니다.

(　　　　　　　　　　)

● 핵심 NOTE　• ■와 ● 사이에 있는 수는 ■와 ●를 포함하지 않습니다.

1-1 **다음 설명에 알맞은 수를 모두 써 보세요.**

- 12와 35 사이에 있는 수입니다.
- 낱개의 수가 3입니다.

(　　　　　　　　　　)

1-2 **다음 설명에 알맞은 수는 모두 몇 개인지 구해 보세요.**

- 20과 50 사이에 있는 수입니다.
- 10개씩 묶음의 수와 낱개의 수가 같습니다.

(　　　　　　　　　　)

두 수의 크기 비교의 활용

빨대를 준호는 10개씩 묶음 2개와 낱개 8개를 가지고 있고 승수는 33개를 가지고 있습니다. 빨대를 더 많이 가지고 있는 사람의 이름을 써 보세요.

( )

● 핵심 NOTE
- 10개씩 묶음의 수를 비교한 후 낱개의 수를 비교해 봅니다.

2-1 색종이를 서아는 10장씩 묶음 2개와 낱개 5장을 가지고 있고 은수는 27장을 가지고 있습니다. 색종이를 더 적게 가지고 있는 사람의 이름을 써 보세요.

( )

2-2 딱지를 정민이는 10장씩 묶음 4개와 낱개 6장을 모았고 준모는 10장씩 묶음 3개와 낱개 17장을 모았습니다. 딱지를 더 많이 모은 사람의 이름을 써 보세요.

( )

응용유형 3 수 카드로 몇십몇 만들기

수 카드 4장 중에서 2장을 뽑아 몇십몇을 만들려고 합니다. 만들 수 있는 수 중에서 가장 큰 수를 써 보세요.

( )

● 핵심 NOTE

• 가장 큰 몇십몇을 만들려면 가장 큰 수를 10개씩 묶음의 수로 하고 둘째로 큰 수를 낱개의 수로 합니다.

3-1 수 카드 5장 중에서 2장을 뽑아 몇십몇을 만들려고 합니다. 만들 수 있는 수 중에서 가장 작은 수를 써 보세요.

( )

3-2 4장의 수 카드 중에서 2장을 뽑아 몇십몇을 만들었습니다. 만든 수 중에서 30보다 크고 40보다 작은 수를 모두 써 보세요.

( )

심화유형 4

□ 안에 들어갈 수 구하기

㉠은 ㉡보다 큰 수입니다. 0부터 9까지의 수 중에서 □ 안에 들어갈 수 있는 수를 모두 구해 보세요.

㉠ 2□　　㉡ 27

1단계 ㉠이 ㉡보다 큰 수가 되는 경우 알아보기

2단계 □ 안에 들어갈 수 있는 수 구하기

(　　　　　　　　)

● 핵심 NOTE
1단계 10개씩 묶음의 수가 같으므로 낱개의 수를 비교해 봅니다.
2단계 0부터 9까지의 수 중에서 7보다 큰 수를 찾습니다.

5

4-1 ㉠은 ㉡보다 작은 수입니다. 1부터 5까지의 수 중에서 □ 안에 들어갈 수 있는 수를 모두 구해 보세요.

㉠ 38　　㉡ □0

(　　　　　　　　)

4-2 ㉠은 ㉡과 ㉢ 사이의 수입니다. 0부터 9까지의 수 중에서 □ 안에 들어갈 수 있는 수를 모두 구해 보세요.

㉠ 4□　　㉡ 43　　㉢ 47

(　　　　　　　　)

단원 평가 Level 1

점수

확인

1 10이 되도록 ○를 그려 보세요.

○	○		○			○					

2 다음을 수로 쓰고 두 가지 방법으로 읽어 보세요.

8보다 2만큼 더 큰 수

쓰기 (   )

읽기 (,   )

3 같은 수끼리 이어 보세요.

• 오십(쉰)

• 삼십(서른)

• 이십(스물)

• 사십(마흔)

4 10개씩 묶고 □ 안에 알맞은 수를 써넣으세요.

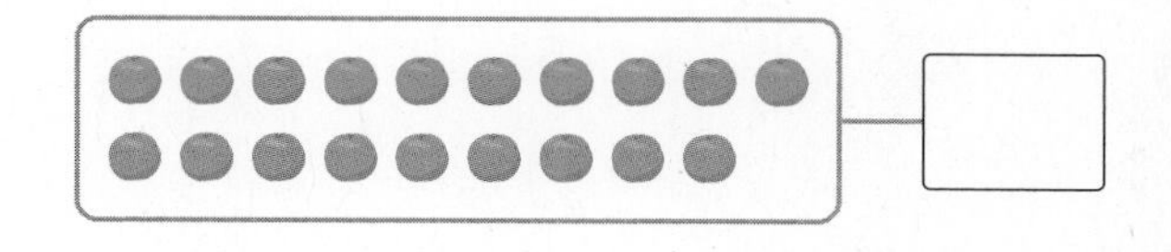

5 □ 안에 알맞은 수를 써넣으세요.

(1) 10개씩 묶음 1개와 낱개 4개인 수

➡ □

(2) 10개씩 묶음 3개와 낱개 9개인 수

➡ □

6 그림과 관계있는 것에 모두 ○표 하세요.

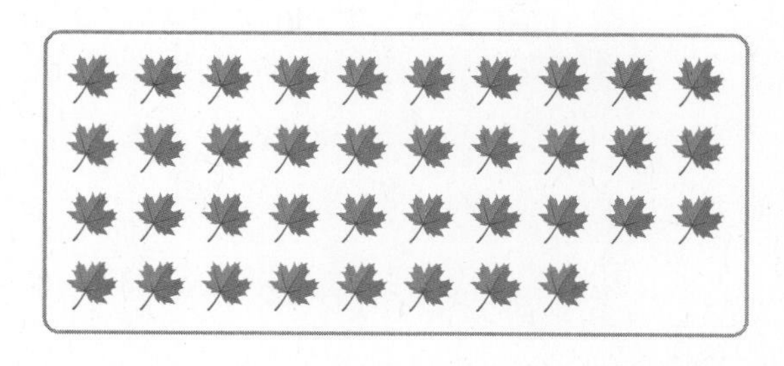

(마흔여덟 , 삼십팔 , 48 , 서른여덟)

정답과 풀이 35쪽

7 밑줄 친 10을 어떻게 읽어야 하는지 써 보세요.

> 준혁이는 과수원에서 사과를 <u>10</u>개 땄습니다.

( )

8 □ 안에 알맞은 수를 써넣으세요.

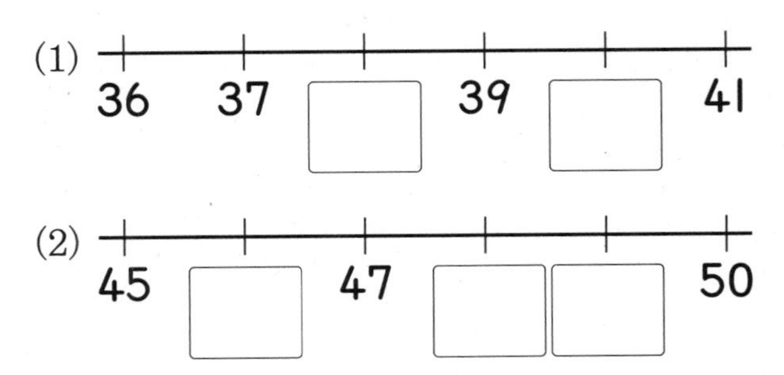

9 빈칸에 알맞은 수를 써넣으세요.

25 24 23 22 ◯ ◯

10 수를 순서대로 써넣으세요.

33		35	36		
39		41		43	44
	46		48		

11 27에 대한 설명으로 잘못된 것을 찾아 기호를 써 보세요.

> ㉠ 2는 20을 나타냅니다.
> ㉡ 20보다 7만큼 더 큰 수입니다.
> ㉢ 30보다 1만큼 더 작은 수입니다.

( )

12 더 큰 수에 ○표 하세요.

> 47 45

13 두 수를 모으기하여 15가 되는 수끼리 모두 이어 보세요.

9 10 3 7

8 5 6 12

14 큰 수부터 차례로 써 보세요.

> 42 22 35 27 30

( )

5

15 다음 수보다 2만큼 더 큰 수를 써 보세요.

10개씩 묶음 3개와 낱개 8개인 수

( )

16 딱지를 지아는 25장, 민수는 31장, 정국이는 29장 가지고 있습니다. 딱지를 가장 적게 가지고 있는 사람은 누구일까요?

( )

17 다음에서 설명하는 수는 모두 몇 개일까요?

- 37보다 큽니다.
- 43보다 작습니다.

( )

18 토마토는 10개씩 묶음 4개와 낱개 3개가 있고, 귤은 서른아홉 개가 있습니다. 토마토와 귤 중 어느 것이 더 많을까요?

( )

19 학생들이 번호 순서대로 줄을 서 있습니다. 10번부터 15번까지의 학생은 모두 몇 명인지 풀이 과정을 쓰고 답을 구해 보세요.

풀이

답

20 건우는 붙임딱지를 26장 모았고 세희는 29장 모았습니다. 붙임딱지를 더 많이 모은 사람은 누구인지 풀이 과정을 쓰고 답을 구해 보세요.

풀이

답

단원 평가 Level ❷

점수

확인

1 10이 되도록 ○를 그려 넣으세요.

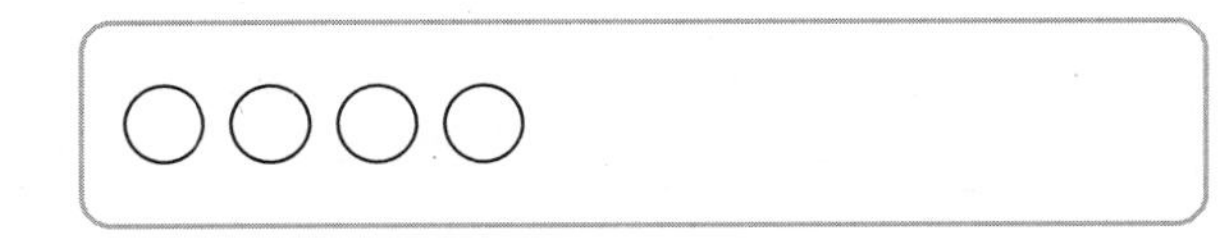

2 10을 나타내는 것이 아닌 것은 어느 것일까요? (　　　)

① 열
② 십
③
④ 7보다 2만큼 더 큰 수
⑤ 아홉보다 하나 더 많은 수

3 그림을 보고 빈칸에 알맞은 수나 말을 써넣으세요.

13	
십삼	
	열일곱

4 빈칸에 알맞은 수를 써넣으세요.

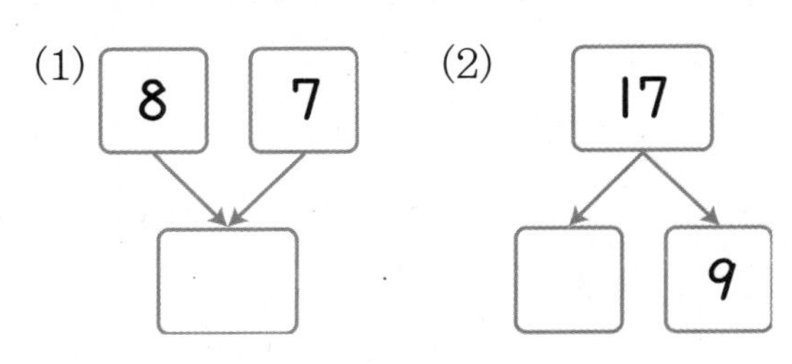

5 빈칸에 곶감의 수를 써넣고 두 가지 방법으로 읽어 보세요.

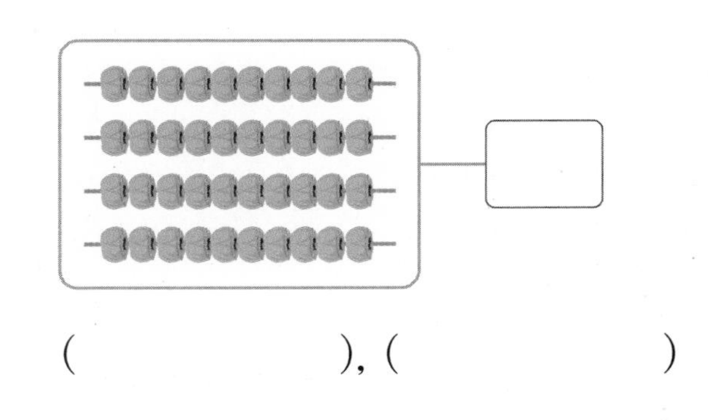

(　　　　　　　), (　　　　　　　)

6 빈칸에 알맞은 수를 써넣으세요.

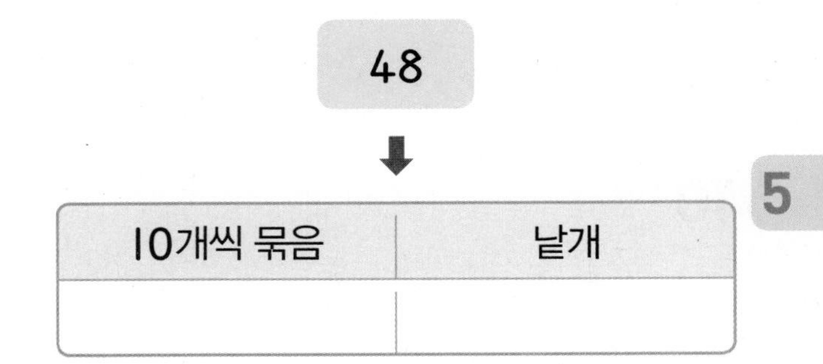

48

10개씩 묶음	낱개

7 관계있는 것끼리 이어 보세요.

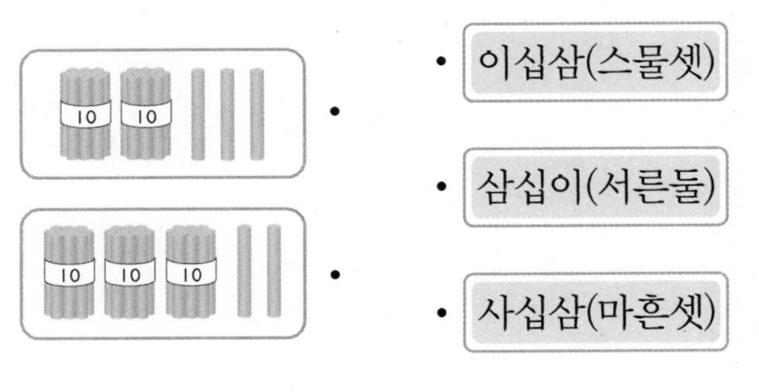

8 수를 순서대로 써넣으세요.

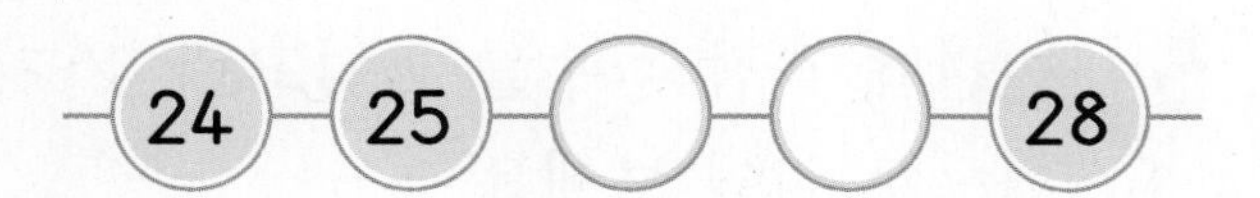

9 더 작은 수에 △표 하세요.

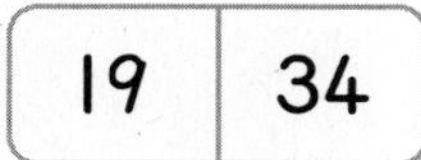

10 연결 모형이 50개가 되려면 10개씩 묶음을 몇 개 더 놓아야 할까요?

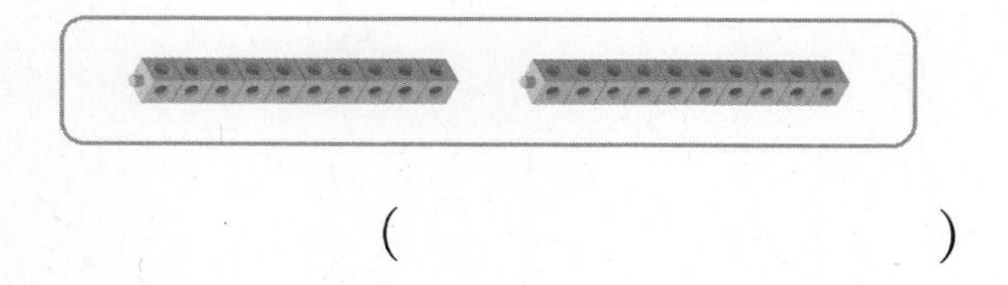

(　　　　　　　　)

11 빈칸에 알맞은 수를 써넣으세요.

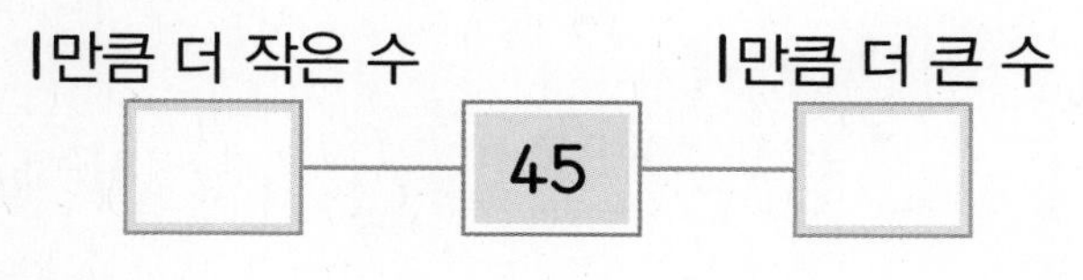

12 큰 수부터 차례로 화분의 빈칸에 1, 2, 3을 써넣으세요.

13 현준이는 엽서를 36장, 준엽이는 39장 가지고 있습니다. 엽서를 더 많이 가지고 있는 사람은 누구일까요?

(　　　　　　　　)

14 26과 32 사이에 있는 수는 모두 몇 개일까요?

(　　　　　　　　)

15 모으기하여 17이 되는 두 수를 모두 찾아 두 수끼리 같은 색으로 칠해 보세요.

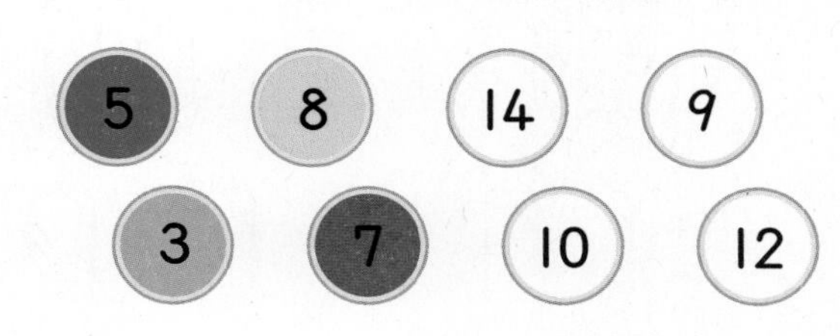

16 수가 쓰인 공을 순서대로 늘어놓은 것입니다. ★이 그려진 공에는 어떤 수가 써 있을까요?

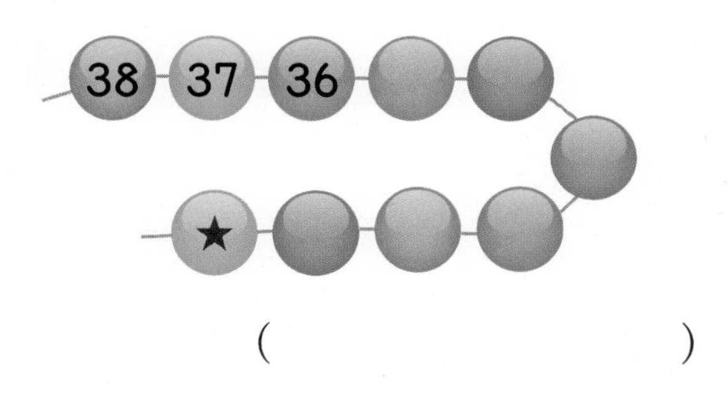

(　　　　　　　　　　)

17 작은 수부터 순서대로 써넣으세요.

42　12　8　19　27　30

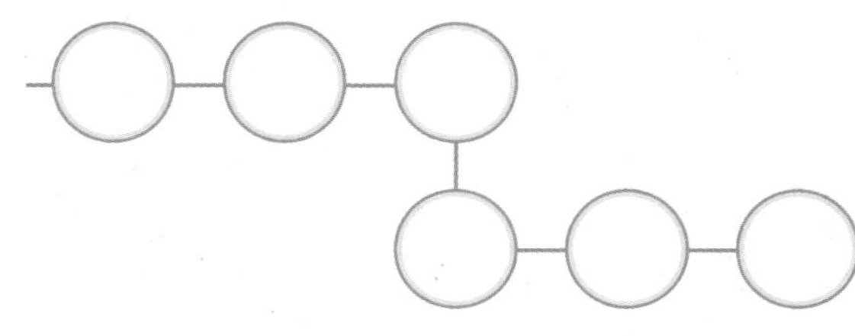

18 수 카드 5장 중에서 2장을 뽑아 몇십몇을 만들려고 합니다. 만들 수 있는 수 중에서 가장 작은 수를 써 보세요.

6　3　9　5　8

(　　　　　　　　　　)

19 어머니께서 귤을 10개씩 묶음 2개와 낱개 16개를 사 오셨습니다. 어머니께서 사 오신 귤은 모두 몇 개인지 풀이 과정을 쓰고 답을 구해 보세요.

풀이 ....

답 ....

20 다음에서 설명하는 수는 모두 몇 개인지 풀이 과정을 쓰고 답을 구해 보세요.

- 37과 44 사이에 있는 수입니다.
- 10개씩 묶음의 수가 낱개의 수보다 큽니다.

풀이 ....

답 ....

사고력이 반짝

● 주어진 모양을 반복하여 지나 미로를 통과해 보세요.

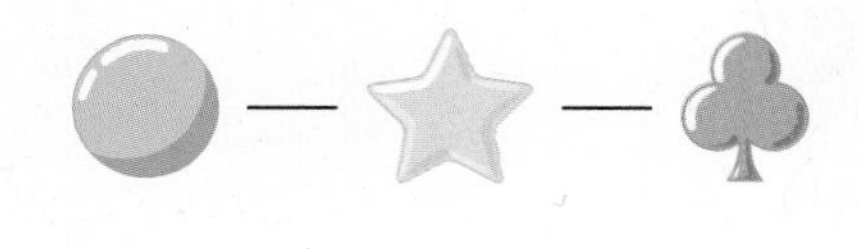

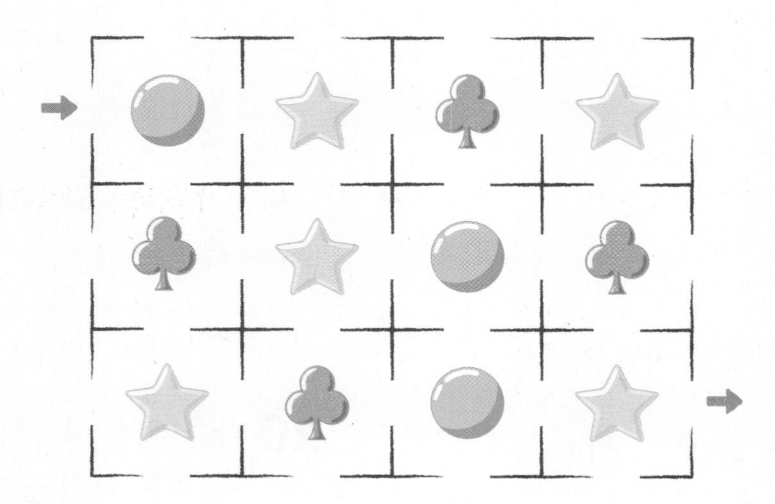

상위권의 기준

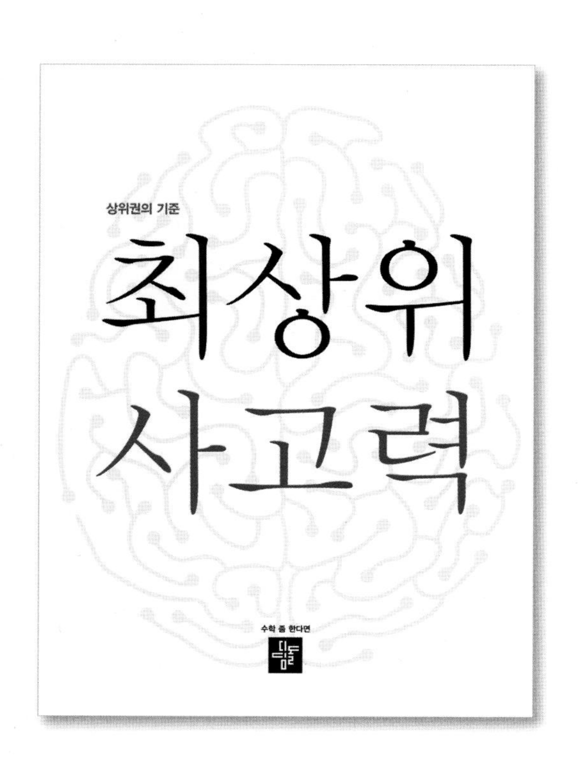

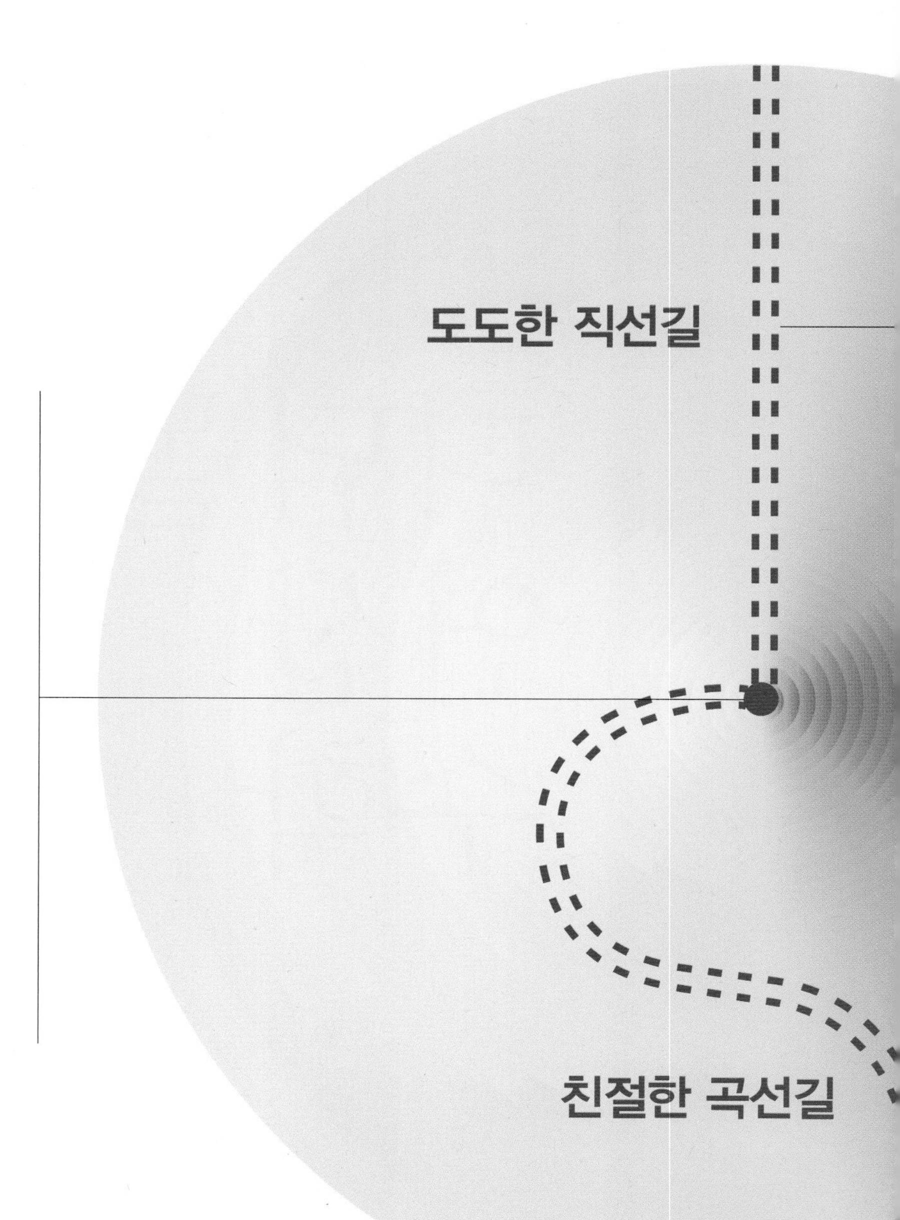

수학 좀 한다면

실력 보강 자료집

1-1

수학 좀 한다면

디딤돌

초등수학

실력 보강 자료집

1-1

- **서술형 문제** | 서술형 문제를 집중 연습해 보세요.
- **단원 평가** | 시험에 잘 나오는 문제를 한번 더 풀어 단원을 확실하게 마무리해요.

서술형 문제

1 자동차의 수보다 1만큼 더 큰 수는 얼마인지 풀이 과정을 쓰고 답을 구해 보세요.

풀이 예 자동차의 수는 5입니다.

따라서 5보다 1만큼 더 큰 수는 6입니다.

답 6

1⁺ 자전거의 수보다 1만큼 더 작은 수는 얼마인지 풀이 과정을 쓰고 답을 구해 보세요.

풀이

답

2 과자를 우진이는 7개 먹었고, 현우는 9개 먹었습니다. 과자를 더 많이 먹은 사람은 누구인지 풀이 과정을 쓰고 답을 구해 보세요.

풀이 예 9는 7보다 큽니다.

따라서 과자를 더 많이 먹은 사람은 현우입니다.

답 현우

2⁺ 젤리를 연지는 5개 먹었고, 다정이는 6개 먹었습니다. 젤리를 더 적게 먹은 사람은 누구인지 풀이 과정을 쓰고 답을 구해 보세요.

풀이

답

3 사과의 수와 관계있는 것을 모두 찾아 기호를 쓰려고 합니다. 풀이 과정을 쓰고 답을 구해 보세요.

▶ 먼저 사과의 수를 알아봅니다.

㉠ 칠　　㉡ 9　　㉢ 일곱　　㉣ 아홉

풀이 ....

....

답 ....

4 그림에 알맞은 이야기를 하는 사람의 이름을 쓰려고 합니다. 풀이 과정을 쓰고 답을 구해 보세요.

▶ 딸기, 빵, 포크는 각각 몇 개인지 세어 봅니다.

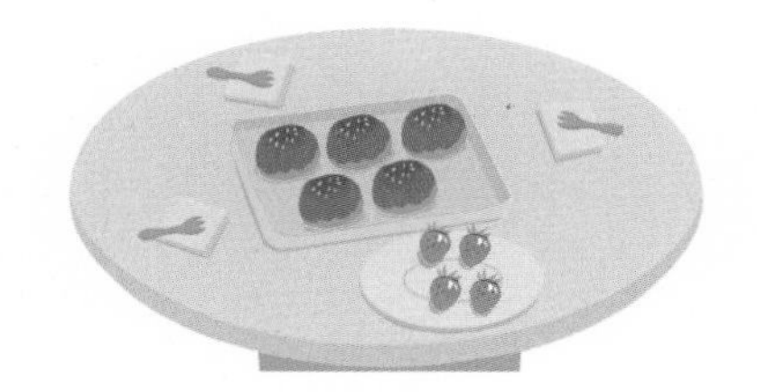

민욱: 딸기는 3개야.
세나: 빵은 5개가 있어.
준이: 포크는 4개가 놓여 있어.

풀이 ....

....

답 ....

5 터진 풍선의 수를 쓰려고 합니다. 풀이 과정을 쓰고 답을 구해 보세요.

▶ 터진 풍선은 없습니다.

풀이 ....

....

답 ....

6 공책을 세호는 5권 가지고 있고, 강우는 7권보다 1권 더 적게 가지고 있습니다. 공책을 더 적게 가지고 있는 사람은 누구인지 풀이 과정을 쓰고 답을 구해 보세요.

▶ 먼저 7보다 1만큼 더 작은 수를 구해 봅니다.

풀이

답

7 1부터 9까지의 수를 순서대로 쓸 때 3과 7 사이에 있는 수를 모두 구하려고 합니다. 풀이 과정을 쓰고 답을 구해 보세요.

▶ 3과 7 사이에 있는 수에 3과 7은 포함되지 않습니다.

풀이

답

8 나타내는 수가 가장 큰 것을 찾아 기호를 쓰려고 합니다. 풀이 과정을 쓰고 답을 구해 보세요.

▶ 수를 순서대로 썼을 때 1만큼 더 큰 수는 바로 뒤의 수이고, 1만큼 더 작은 수는 바로 앞의 수입니다.

㉠ 여섯	㉡ 5보다 1만큼 더 작은 수
㉢ 6보다 1만큼 더 큰 수	㉣ 8

풀이

답

9 수민이는 달리기를 하고 있습니다. 수민이는 앞에서 셋째, 뒤에서 여섯째로 달리고 있습니다. 달리기를 하고 있는 사람은 모두 몇 명인지 풀이 과정을 쓰고 답을 구해 보세요.

▶ 그림을 그려서 알아봅니다.

풀이

답

10 다음을 만족하는 수를 모두 구하려고 합니다. 풀이 과정을 쓰고 답을 구해 보세요.

- 1과 7 사이에 있는 수입니다.
- 5보다 작은 수입니다.

▶ 먼저 1과 7 사이에 있는 수를 알아보고 그중에서 5보다 작은 수를 찾아봅니다.

풀이

답

11 수 카드를 큰 수부터 차례로 늘어놓을 때 오른쪽에서 셋째에 오는 수는 얼마인지 풀이 과정을 쓰고 답을 구해 보세요.

2 7 5 0 3 9

▶ 먼저 수 카드의 수를 큰 수부터 차례로 써 봅니다.

풀이

답

단원 평가 Level 1

점수

확인

1 그림을 보고 알맞은 수를 써넣으세요.

2 병아리의 수를 세어 보고 알맞은 것에 모두 ○표 하세요.

(4 , 이 , 삼 , 3 , 사 , 셋)

3 금붕어의 수를 세어 보세요.

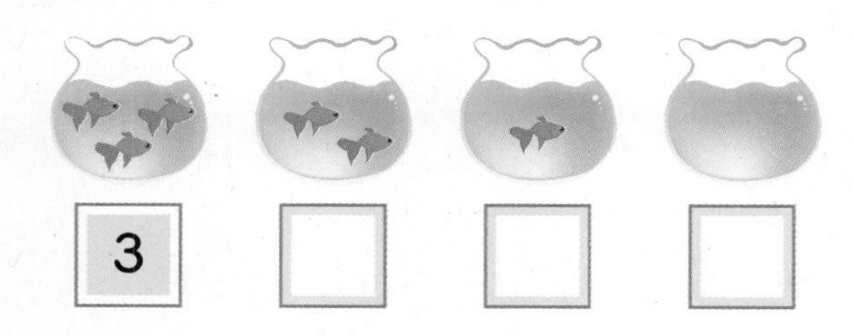

4 순서대로 수를 써 보세요.

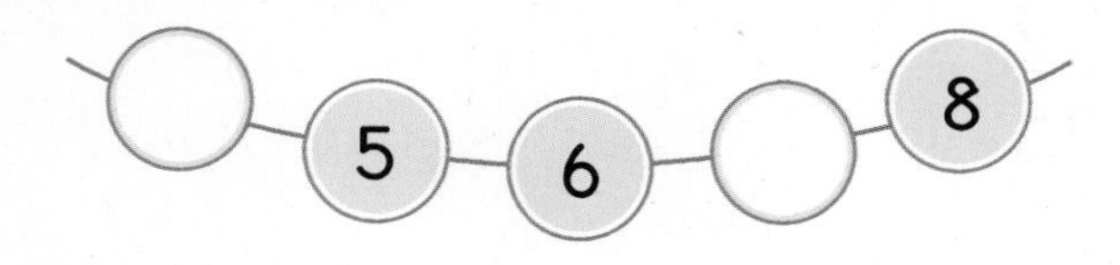

5 알맞게 이어 보세요.

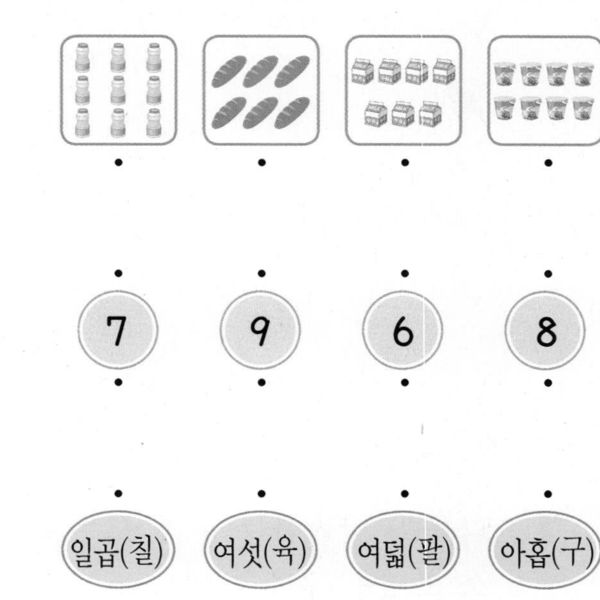

6 순서에 알맞게 이어 보세요.

아홉째 넷째 일곱째

7 주어진 수보다 1만큼 더 큰 수를 나타내는 것에 ○표 하세요.

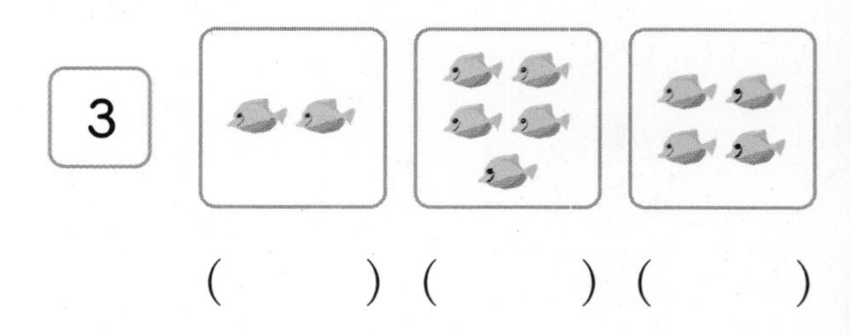

8 왼쪽에서부터 세어 알맞게 색칠해 보세요.

여덟(팔)	🍆🍆🍆🍆🍆🍆🍆🍆🍆
여덟째	🍆🍆🍆🍆🍆🍆🍆🍆🍆

9 그림의 수보다 1만큼 더 작은 수를 빈칸에 써넣으세요.

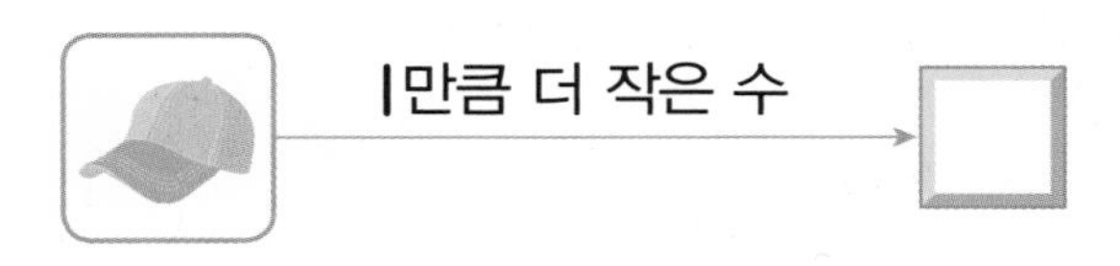

10 순서를 거꾸로 하여 수를 써 보세요.

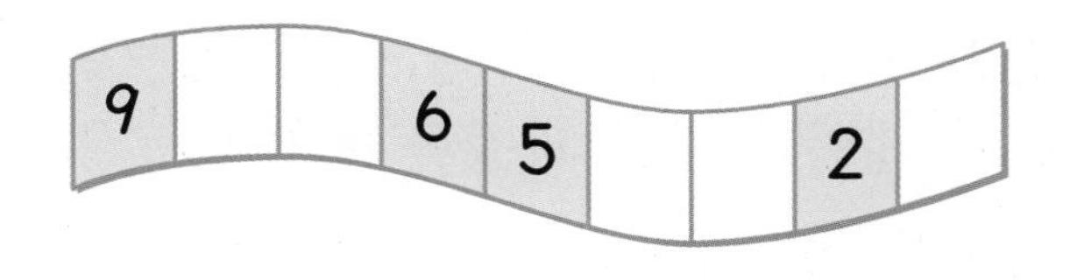

11 나타내는 수가 다른 하나를 찾아 기호를 써 보세요.

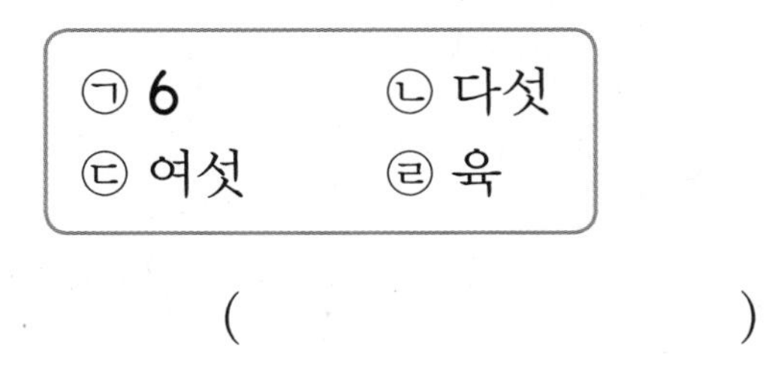

㉠ 6　㉡ 다섯
㉢ 여섯　㉣ 육

(　　　　　　)

12 그림을 보고 알맞게 이어 보세요.

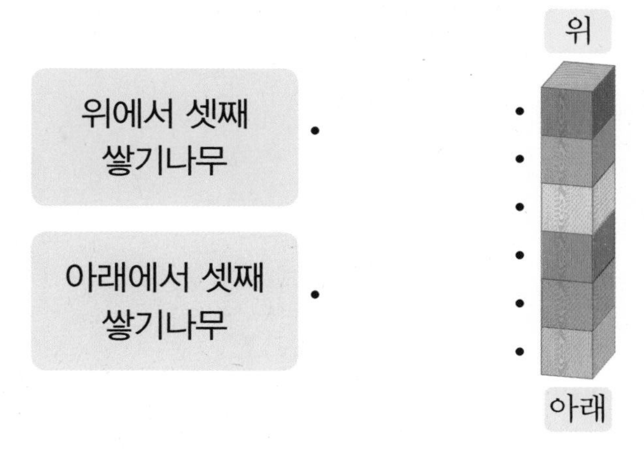

13 7을 바르게 설명한 것을 찾아 기호를 써 보세요.

㉠ 5보다 1만큼 더 큰 수입니다.
㉡ 6보다 1만큼 더 작은 수입니다.
㉢ 6보다 1만큼 더 큰 수입니다.

(　　　　　　)

14 가장 큰 수에 ○표, 가장 작은 수에 △표 하세요.

5　9　2

15 5보다 작은 수를 모두 찾아 써 보세요.

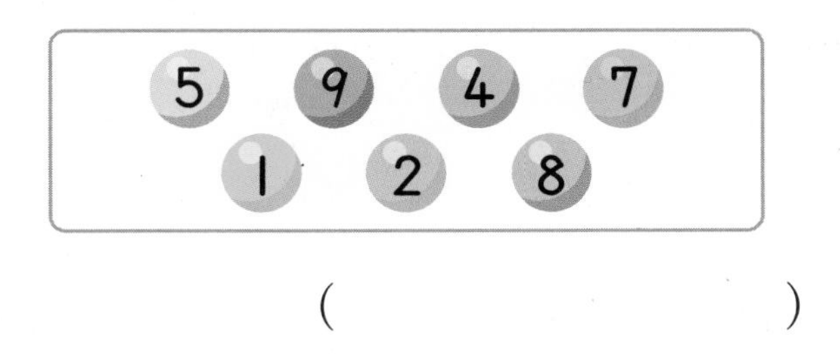

(　　　　　　)

16 동물 인형에 달린 수 카드를 보고 수의 순서대로 줄을 세웠습니다. 수 카드에 알맞은 수를 써넣으세요.

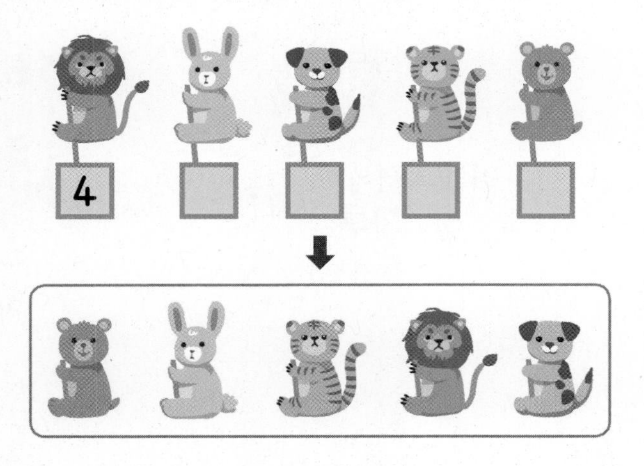

17 4장의 수 카드를 작은 수부터 연속하는 수가 되도록 늘어놓을 때 ★에 알맞은 수를 구해 보세요.

4 ★ 2 5

( )

18 큰 수부터 차례로 쓸 때 넷째에 오는 수를 구해 보세요.

2 8 6 3 0

( )

19 오른쪽에서 셋째에 있는 크레파스는 왼쪽에서 몇째에 있는지 풀이 과정을 쓰고 답을 구해 보세요.

풀이

답

20 5보다 크고 9보다 작은 수는 모두 몇 개인지 풀이 과정을 쓰고 답을 구해 보세요.

풀이

답

단원 평가 Level ❷

점수

확인

1 수를 세어 □ 안에 써넣으세요.

2 연필의 수를 세어 알맞게 이어 보세요.

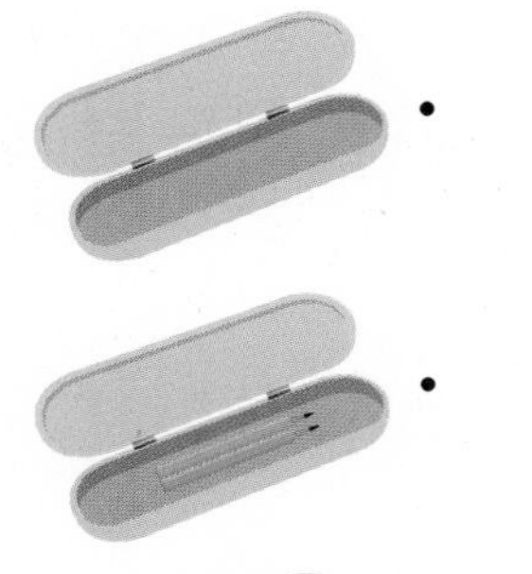

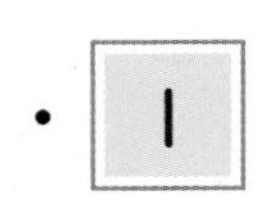

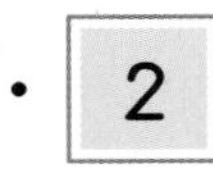

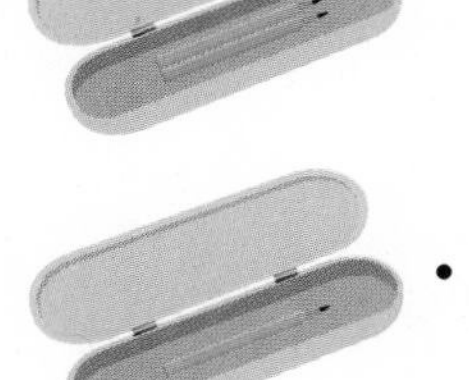

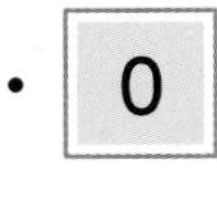

3 ◯ 안의 수만큼 그림을 묶고, 묶지 않은 것의 수를 □ 안에 써넣으세요.

4 왼쪽에서 넷째에 있는 물건에 ○표 하세요.

5 수를 순서대로 이어 보세요.

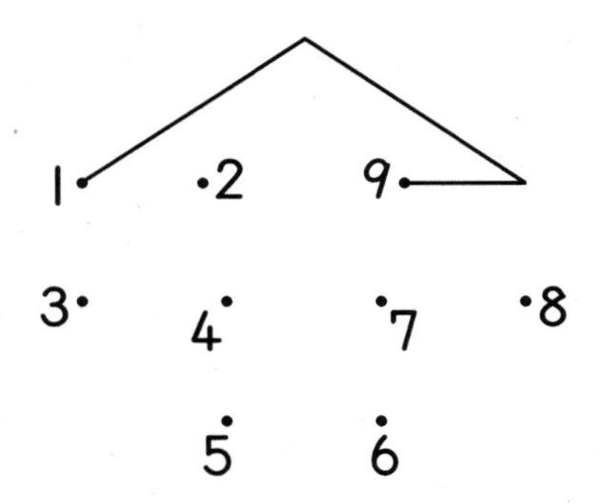

6 배, 사과, 오렌지는 각각 몇 개인지 세어 보세요.

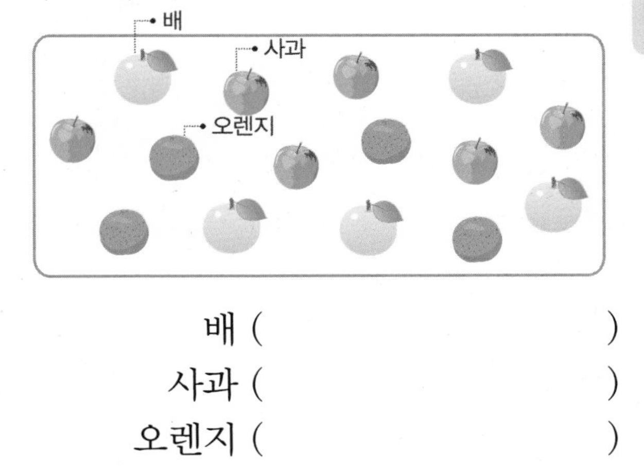

배 (　　　　　　　　)

사과 (　　　　　　　　)

오렌지 (　　　　　　　　)

7 수만큼 ○를 그리고, 두 수의 크기를 비교해 보세요.

5									
8									

5는 8보다 (큽니다 , 작습니다).

8은 5보다 (큽니다 , 작습니다).

8 그림에 알맞게 ○표 또는 △표 하세요.

- 8보다 1만큼 더 큰 수에 ○표
- 7보다 1만큼 더 작은 수에 △표

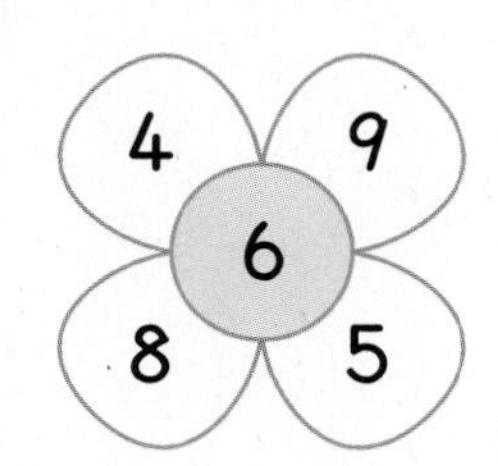

9 순서를 거꾸로 하여 수를 써 보세요.

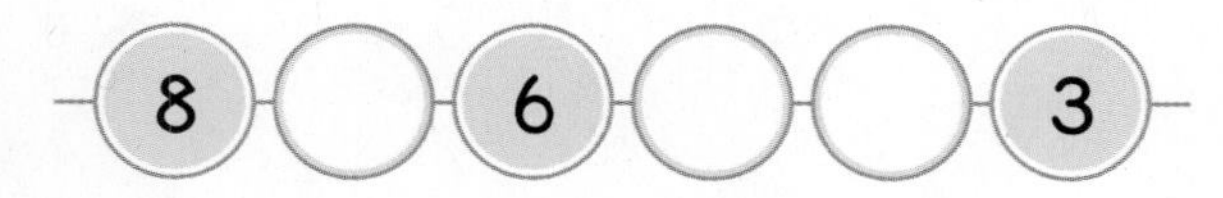

10 □ 안에 알맞은 수를 써넣으세요.

□ 은/는 6보다 1만큼 더 큰 수이고,
□ 보다 1만큼 더 작은 수입니다.

11 가장 큰 수는 어느 것일까요? (　　　)

① 6　② 7　③ 4
④ 9　⑤ 3

12 나무에 감이 4개 달려 있습니다. 바람이 불어 감이 모두 떨어졌습니다. 나무에 달린 감은 몇 개일까요?

(　　　　　　)

13 정훈이는 다음과 같이 쌓기나무를 쌓았습니다. 진주는 정훈이보다 한 층 더 높이 쌓았다면 진주가 쌓은 쌓기나무는 몇 층일까요?

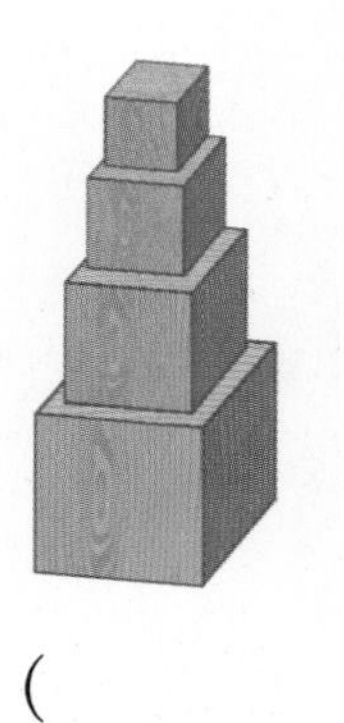

(　　　　　　)

14 수 카드 6장이 놓여 있습니다. 가장 작은 수는 왼쪽에서 몇째에 놓여 있을까요?

4	2	5	9	1	6

(　　　　　　)

15 6명의 학생이 달리기 시합을 하고 있습니다. 경주가 앞에서 넷째로 달리고 있습니다. 경주는 뒤에서 몇째로 달리고 있을까요?

( )

16 작은 수부터 차례로 써 보세요.

2	0	9	6

( )

17 은지는 아래에서 넷째 계단에 서 있습니다. 하연이는 은지보다 세 계단 위에 서 있다면 하연이는 아래에서 몇째 계단에 서 있을까요?

( )

18 1부터 9까지의 수 중에서 다음을 모두 만족하는 수를 구해 보세요.

- 4보다 큽니다.
- 7보다 작습니다.
- 5와 8 사이에 있는 수입니다.

( )

19 보경이는 붙임딱지를 6장 가지고 있고 송이는 보경이보다 한 장 더 많이 가지고 있습니다. 해수는 송이보다 한 장 더 많이 가지고 있다면 해수가 가지고 있는 붙임딱지는 몇 장인지 풀이 과정을 쓰고 답을 구해 보세요.

풀이

답

1

20 매표소 앞에 사람들이 줄을 서 있습니다. 민준이는 앞에서 셋째, 뒤에서 다섯째에 서 있습니다. 매표소 앞에 줄을 서 있는 사람은 모두 몇 명인지 풀이 과정을 쓰고 답을 구해 보세요.

풀이

답

서술형 문제

1 모든 부분이 둥글어서 잘 쌓을 수 없는 모양의 물건은 모두 몇 개인지 풀이 과정을 쓰고 답을 구해 보세요.

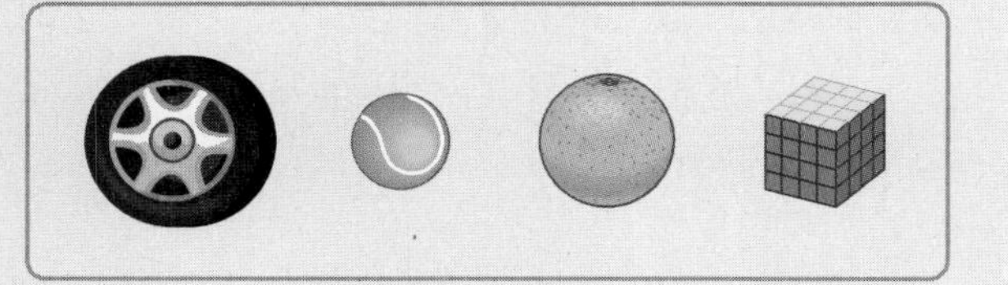

풀이 예 모든 부분이 둥글어서 잘 쌓을 수 없는 모양은 모양입니다. 모양은 테니스공과 오렌지입니다. 따라서 모든 부분이 둥글어서 잘 쌓을 수 없는 모양의 물건은 모두 2개입니다.

답 2개

1+ 뾰족한 부분과 평평한 부분이 있는 모양의 물건은 모두 몇 개인지 풀이 과정을 쓰고 답을 구해 보세요.

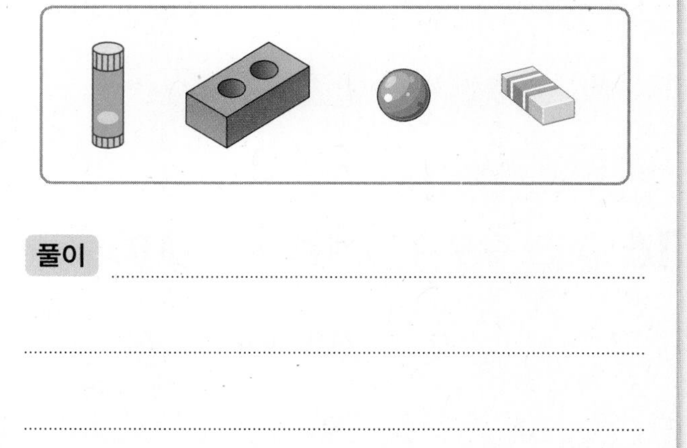

풀이

답

2 다음 모양을 만드는 데 가장 많이 이용한 모양에 ○표 하려고 합니다. 풀이 과정을 쓰고 답을 구해 보세요.

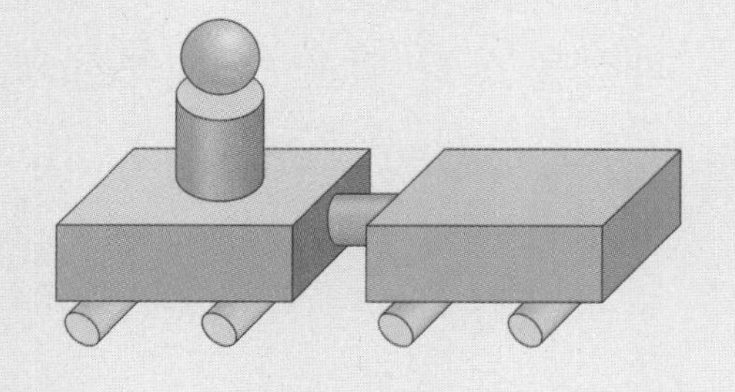

풀이 예 모양 2개, 모양 6개, 모양 1개를 이용했습니다.
따라서 가장 많이 이용한 모양은 모양입니다.

답 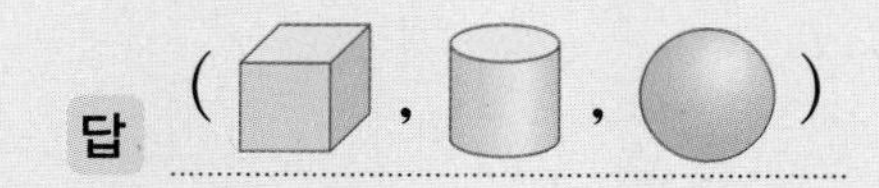

2+ 다음 모양을 만드는 데 가장 적게 이용한 모양에 ○표 하려고 합니다. 풀이 과정을 쓰고 답을 구해 보세요.

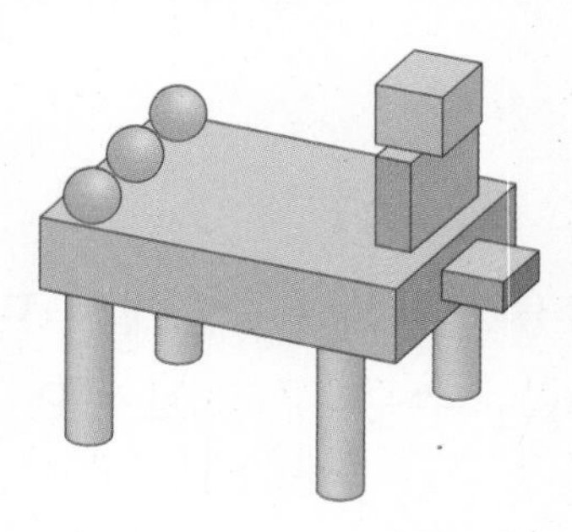

풀이

답 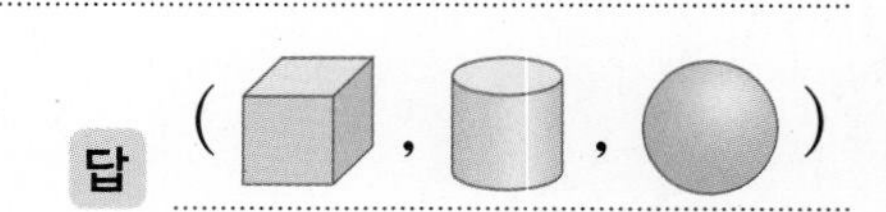

3 모양이 나머지와 다른 하나를 찾아 기호를 쓰려고 합니다. 풀이 과정을 쓰고 답을 구해 보세요.

▶ 먼저 각각 어떤 모양인지 알아봅니다.

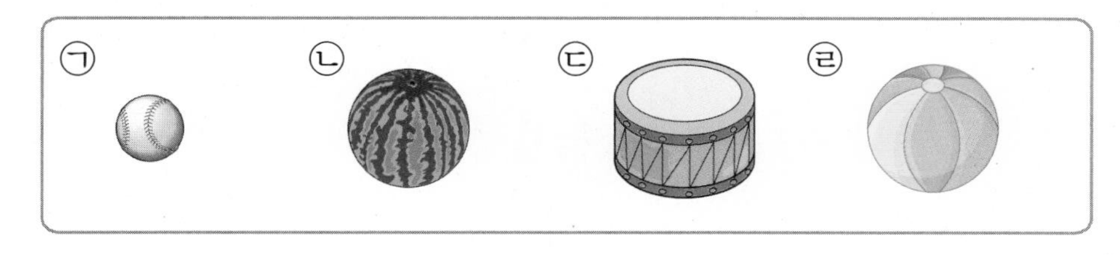

풀이

답

4 같은 모양끼리 모은 것을 찾아 기호를 쓰려고 합니다. 풀이 과정을 쓰고 답을 구해 보세요.

▶ 먼저 가와 나에서 모은 모양은 각각 어떤 모양인지 알아봅니다.

가

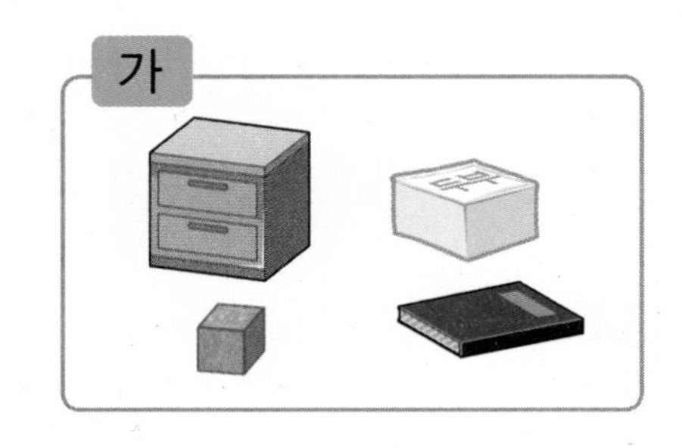

나

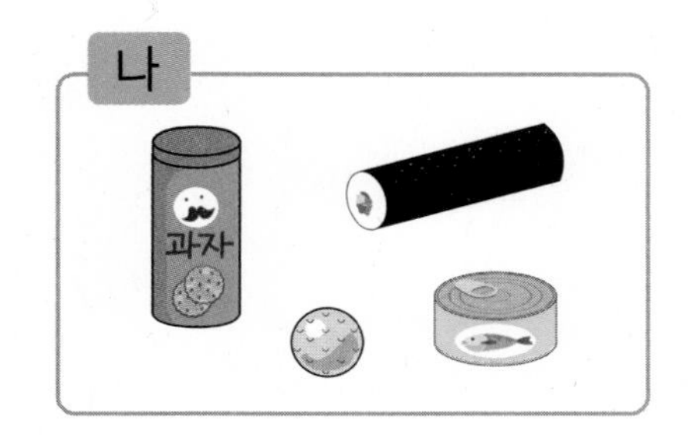

풀이

답

5 과 모양이 같은 물건은 모두 몇 개인지 풀이 과정을 쓰고 답을 구해 보세요.

▶ 먼저 풀이 어떤 모양인지 알아봅니다.

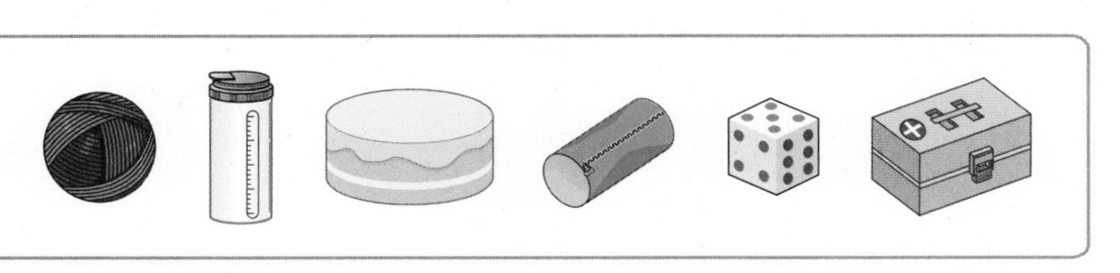

풀이

답

6 축구공이 □ 모양이라면 어떤 일이 생길지 설명해 보세요.

설명 ....

▶ □ 모양의 특징을 생각해 봅니다.

7 □ 모양과 ○ 모양의 같은 점과 다른 점을 각각 써 보세요.

같은 점 ....

다른 점 ....

▶ □ 모양과 ○ 모양의 특징을 생각해 봅니다.

8 연우의 책상 위에 있는 물건입니다. □, □, ○ 모양 중에서 가장 많은 모양을 찾아 ○표 하려고 합니다. 풀이 과정을 쓰고 답을 구해 보세요.

풀이 ....

답 (□ , □ , ○)

▶ 먼저 □, □, ○ 모양의 물건은 각각 몇 개인지 알아봅니다.

9 두 모양을 만드는 데 공통으로 이용한 모양에 ○표 하려고 합니다. 풀이 과정을 쓰고 답을 구해 보세요.

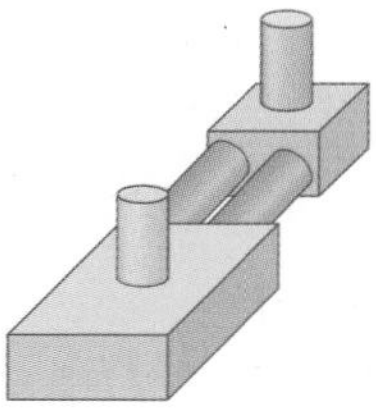

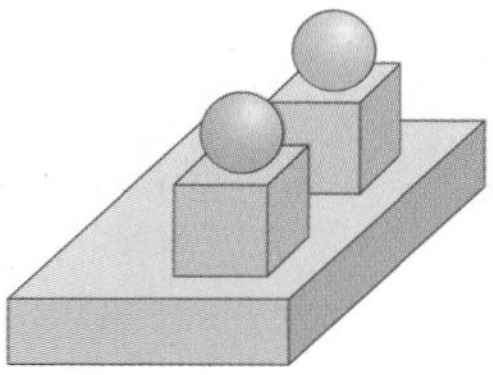

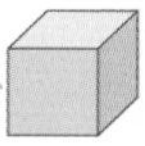

▶ 먼저 두 모양을 만드는 데 이용한 모양을 각각 알아봅니다.

풀이

답 (, ,)

10 오른쪽 모양을 만드는 데  모양은  모양보다 몇 개 더 많이 이용했는지 풀이 과정을 쓰고 답을 구해 보세요.

▶ 모양과  모양을 각각 몇 개 이용했는지 세어 봅니다.

풀이

답

11 오른쪽 모양에서 평평한 부분이 있는 모양을 모두 몇 개 이용했는지 풀이 과정을 쓰고 답을 구해 보세요.

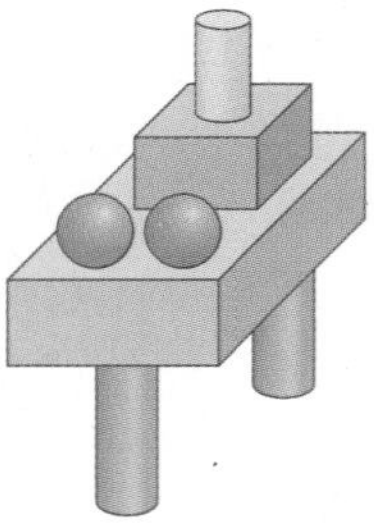

▶ 평평한 부분이 있는 모양은 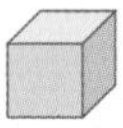 모양과  모양입니다.

풀이

답

단원 평가 Level ❶

점수

확인

1 모양에 ○표 하세요.

(　　) (　　) (　　)

2 모양을 모두 찾아 기호를 써 보세요.

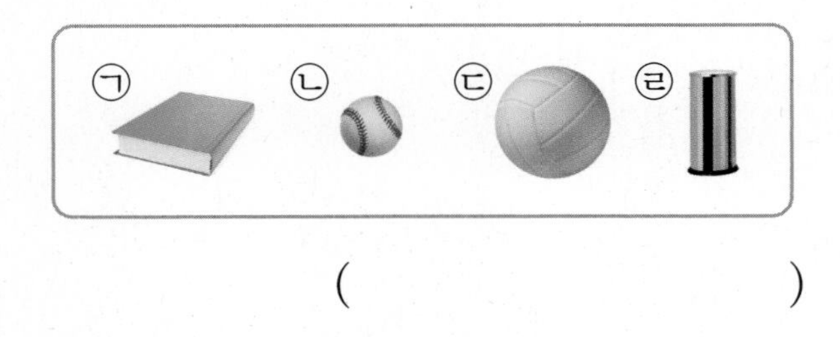

(　　　　　)

3 같은 모양끼리 이어 보세요.

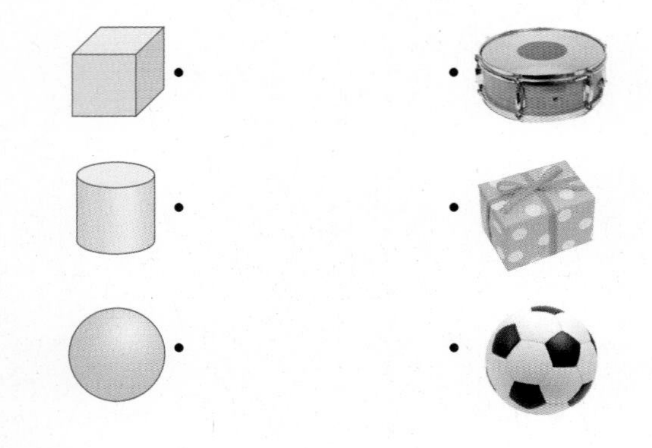

4 모양에 □표, 모양에 △표, 모양에 ○표 하세요.

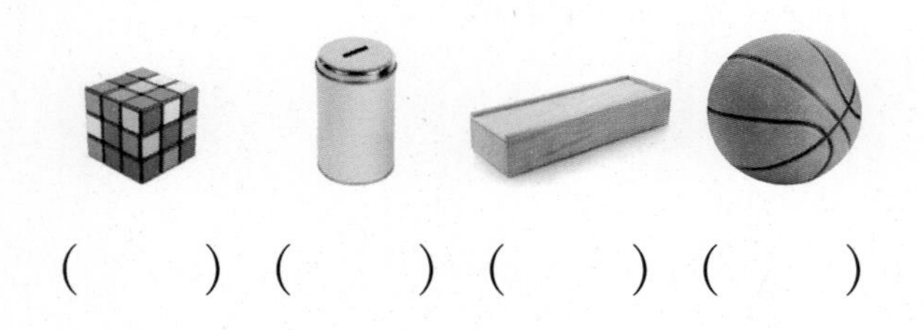

(　　) (　　) (　　) (　　)

5 다음은 어떤 모양을 모아 놓은 것인지 찾아 ○표 하세요.

(, ,)

6 계단으로 이용하기에 알맞은 모양에 ○표 하세요.

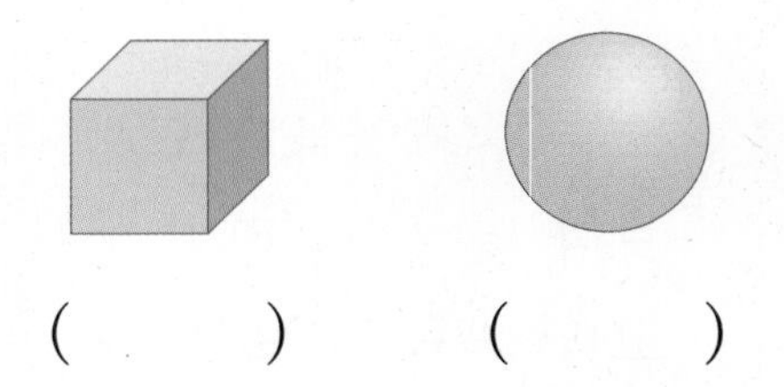

(　　) (　　)

7 가은이가 상자 속에 있는 물건을 손으로 만져 보았더니 둥근 부분만 있었습니다. 이 물건으로 알맞은 것을 찾아 ○표 하세요.

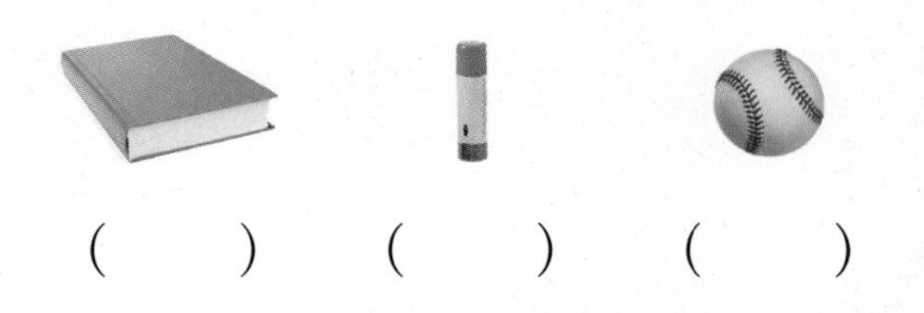

(　　) (　　) (　　)

8 성하와 민형이가 어떤 모양을 보고 이야기를 나누었습니다. 알맞은 모양을 찾아 ○표 하세요.

성하: 둥근 부분이 있어.
민형: 기둥처럼 보여.

9 잘 쌓을 수 있는 물건을 모두 찾아 ○표 하세요.

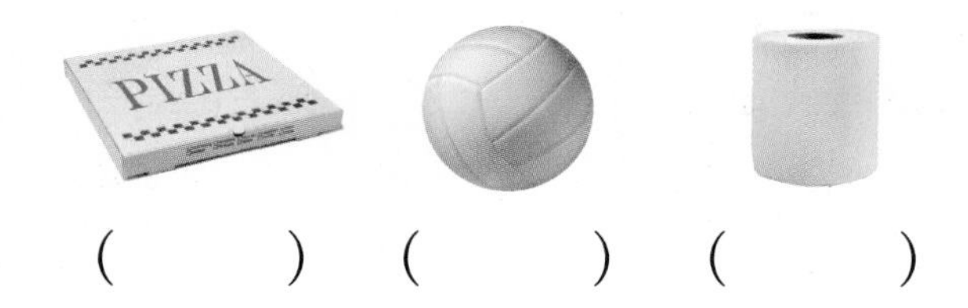

(   ) (   ) (   )

10 설명하는 모양을 찾아 ○표 하세요.

여러 방향으로 잘 굴러갑니다.

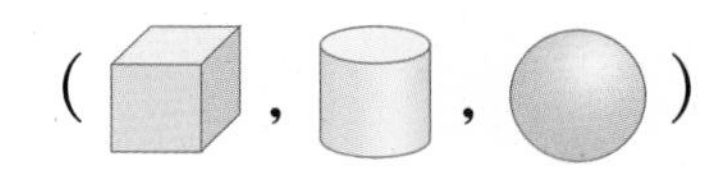

11 일부분만 보이는 오른쪽 모양을 보고 바르게 설명한 것을 찾아 기호를 써 보세요.

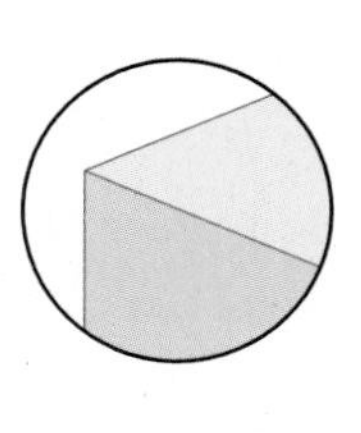

㉠ 둥근 부분만 있습니다.
㉡ 눕혀서 굴리면 잘 굴러갑니다.
㉢ 어느 부분으로도 잘 쌓을 수 있습니다.

(   )

12 평평한 부분이 2개인 모양의 물건을 모두 찾아 기호를 써 보세요.

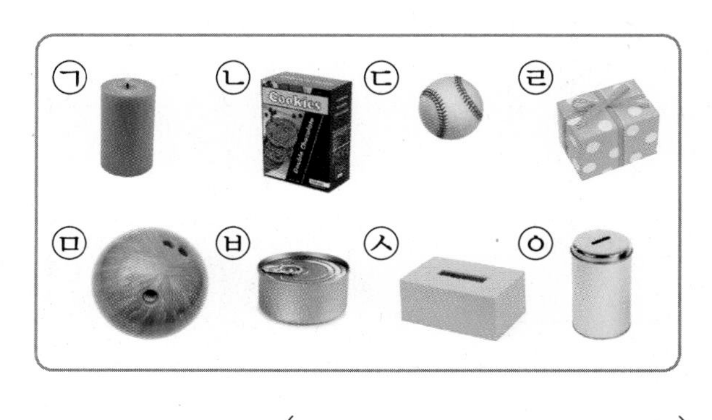

(   )

13 어떤 모양을 이용하여 만든 것인지 찾아 ○표 하세요.

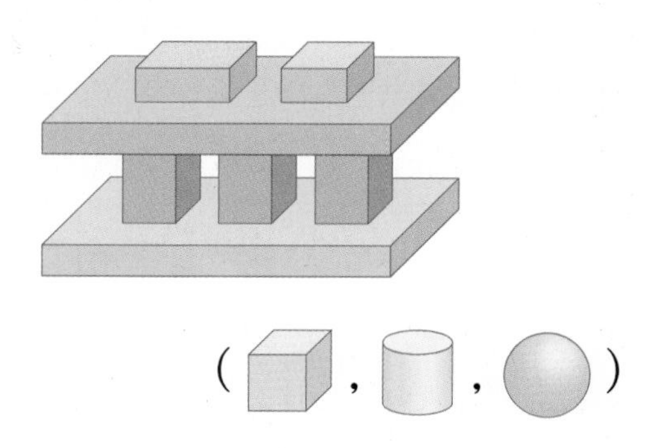

(, ,)

14 그림을 보고 찾을 수 없는 모양에 ○표 하세요.

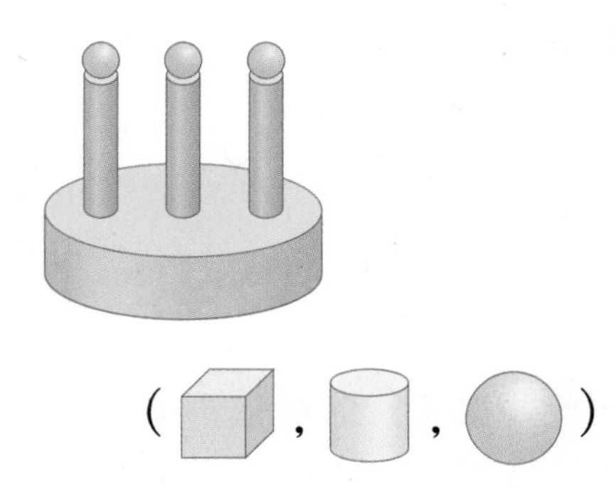

(, ,)

15 서로 다른 부분을 모두 찾아 ○표 하세요.

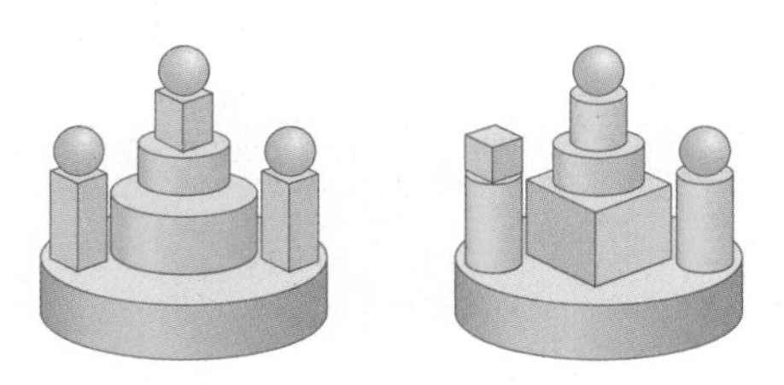

2

16 주어진 모양을 모두 이용하여 만든 모양을 찾아 기호를 써 보세요.

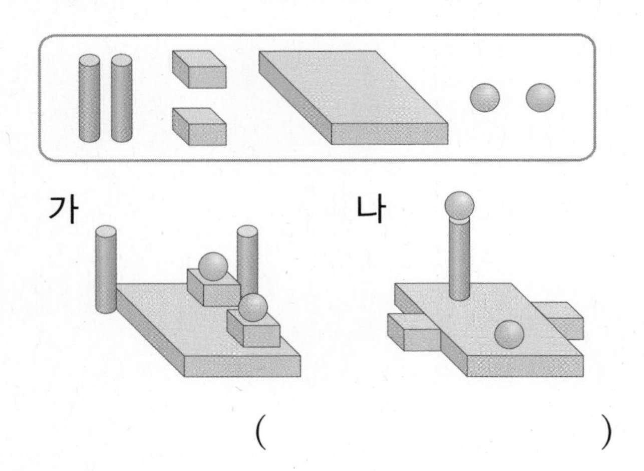

(　　　　　　　　　　)

17 다음 모양을 만드는 데 □ 모양은 □ 모양보다 몇 개 더 많이 이용했을까요?

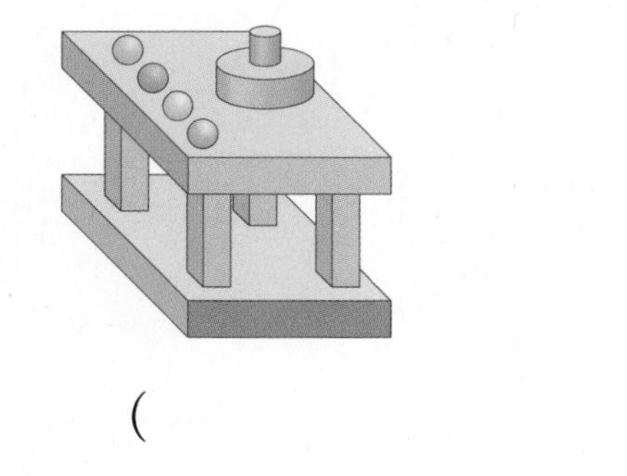

(　　　　　　　　　　)

18 서하가 다음 모양을 만들었더니 □ 모양 1개와 ○ 모양 2개가 남았습니다. 서하가 처음에 가지고 있던 □, □, ○ 모양은 각각 몇 개일까요?

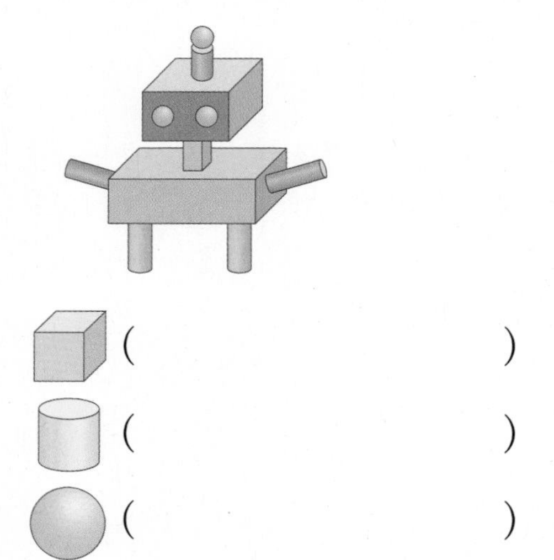

□ (　　　　　　　　　　)

□ (　　　　　　　　　　)

○ (　　　　　　　　　　)

19 □, □, ○ 모양 중에서 가장 많은 모양을 찾아 ○표 하려고 합니다. 풀이 과정을 쓰고 답을 구해 보세요.

풀이

답 (□ , □ , ○)

20 다음 모양을 만드는 데 가장 많이 이용한 모양에 ○표, 가장 적게 이용한 모양에 △표 하려고 합니다. 풀이 과정을 쓰고 답을 구해 보세요.

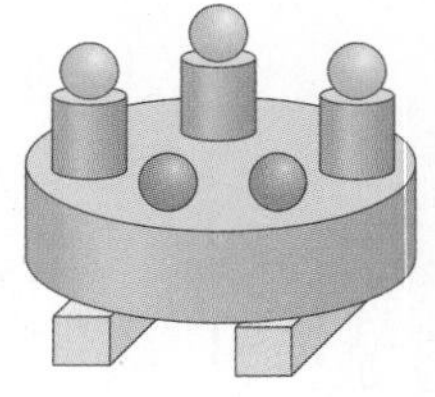

풀이

답 (□ , □ , ○)

단원 평가 Level 2

점수

확인

1 모양을 모두 찾아 ○표 하세요.

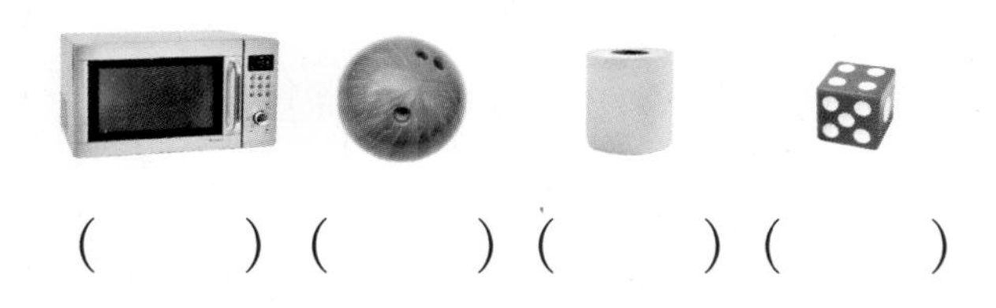

(　　) (　　) (　　) (　　)

2 다음 물건은 어떤 모양인지 찾아 ○표 하세요.

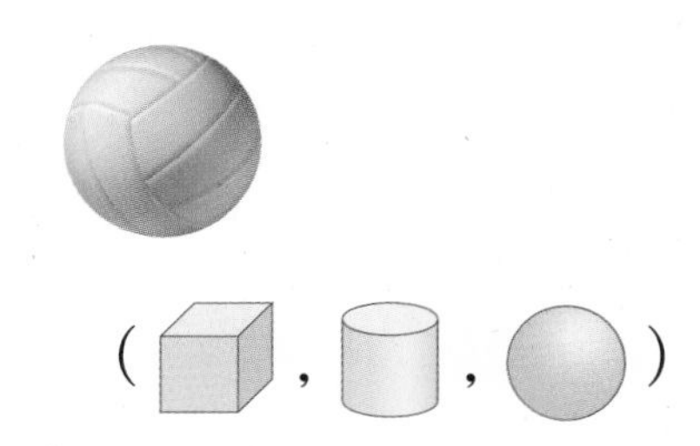

3 왼쪽과 같은 모양의 물건을 찾아 ○표 하세요.

(　　) (　　) (　　)

4 같은 모양끼리 이어 보세요.

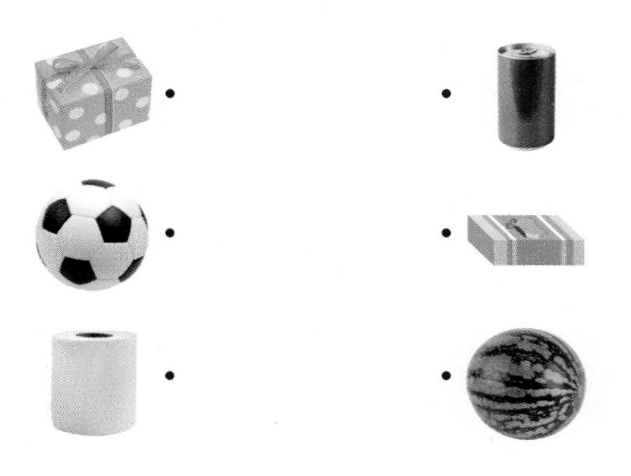

5 모양이 나머지와 다른 하나를 찾아 기호를 써 보세요.

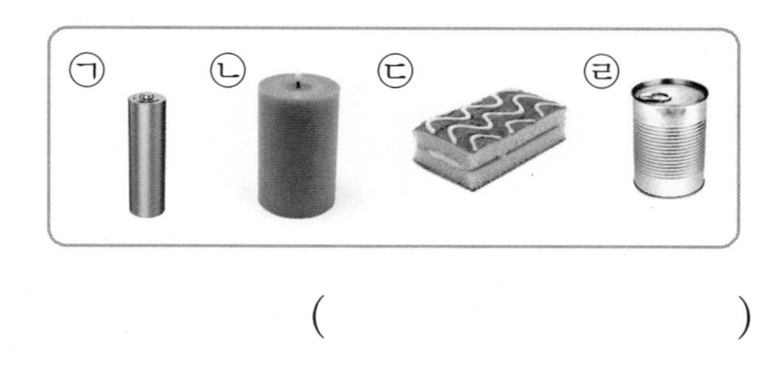

(　　　　　　)

6 다음은 어떤 모양의 물건을 모아 놓은 것인지 찾아 ○표 하세요.

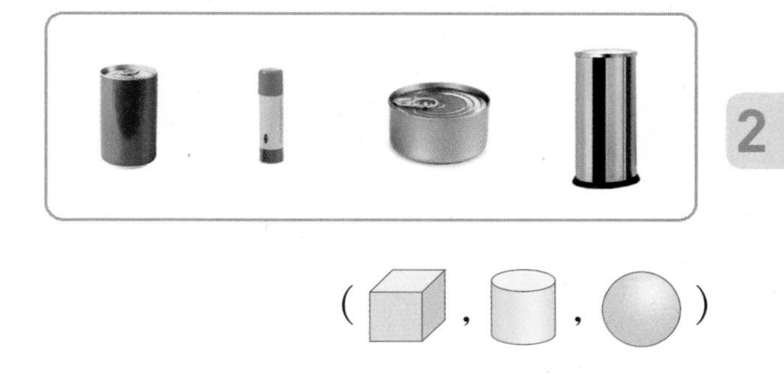

7 일부분이 오른쪽 모양과 같은 모양의 물건을 찾아 기호를 써 보세요.

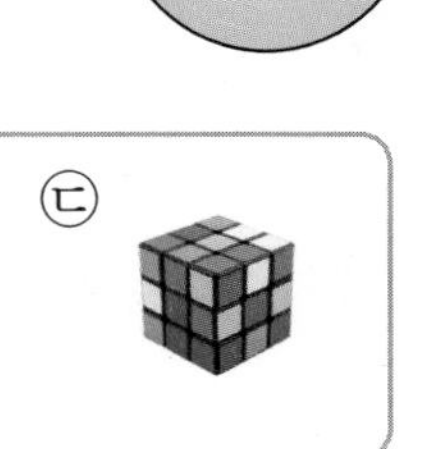

㉠ ㉡ ㉢

(　　　　　　)

8 굴리면 잘 굴러가는 것을 모두 찾아 ○표 하세요.

(　　) (　　) (　　)

9 오른쪽과 같이 자동차 모양을 만드는 데 바퀴로 이용할 물건을 찾으려고 합니다. 알맞은 물건을 모두 고르세요. (　　　　)

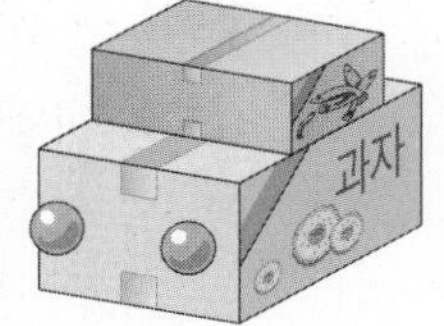

① 　② 　③ 

④ 　⑤ 

10 오른쪽 모양을 바르게 설명한 것을 찾아 기호를 써 보세요.

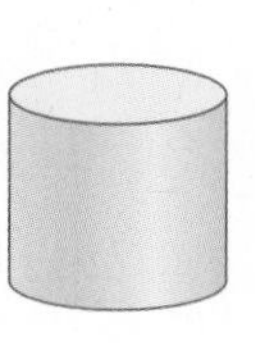

> ㉠ 평평한 부분과 뾰족한 부분이 있습니다.
> ㉡ 눕혀서 굴리면 잘 굴러갑니다.
> ㉢ 잘 쌓을 수 없습니다.

(　　　　　　　　　　)

11 다음 모양을 만드는 데 이용한 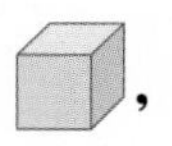, ▢, ○ 모양은 각각 몇 개일까요?

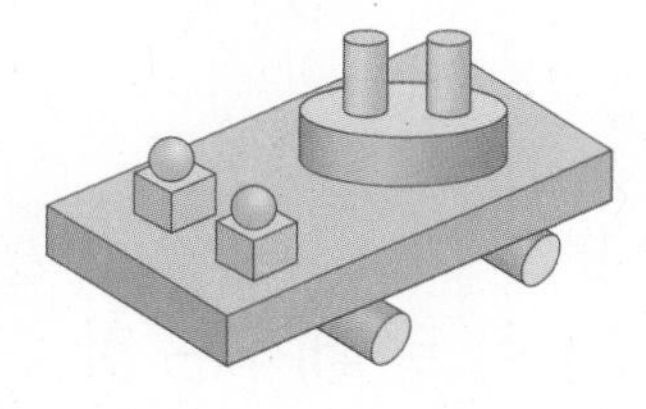

(　　　　　　　　　　)
(　　　　　　　　　　)

(　　　　　　　　　　)

[12~13] 물건을 보고 물음에 답하세요.

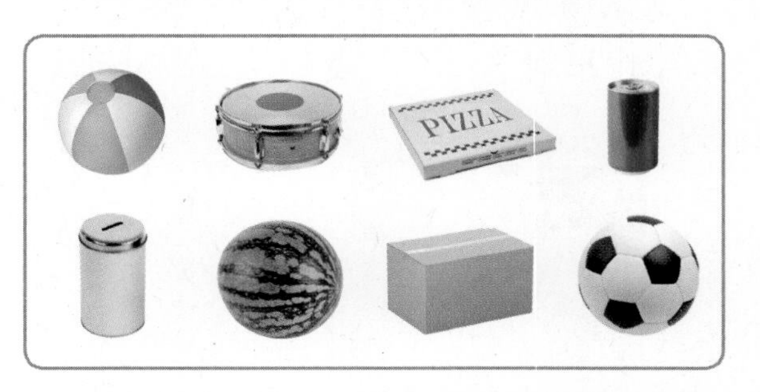

12 전체가 둥글고 평평한 부분이 없는 물건은 모두 몇 개일까요?

(　　　　　　　　　　)

13 평평하고 뾰족한 부분이 있는 물건은 모두 몇 개일까요?

(　　　　　　　　　　)

14 평평한 부분이 6개인 모양은 모두 몇 개일까요?

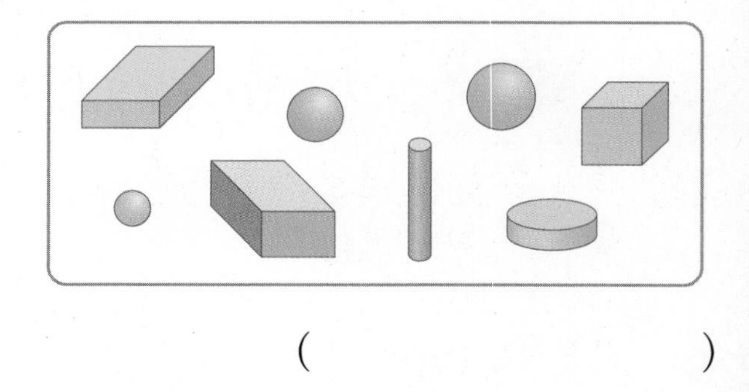

(　　　　　　　　　　)

15 ▢ 모양 2개, ▢ 모양 4개를 이용하여 만든 모양을 찾아 기호를 써 보세요.

가　　　　나　　　　다

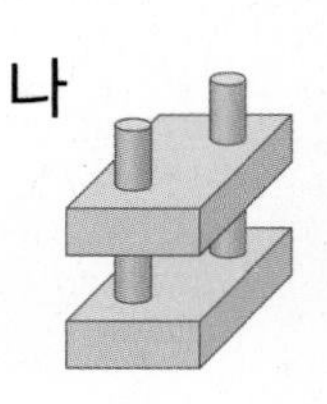
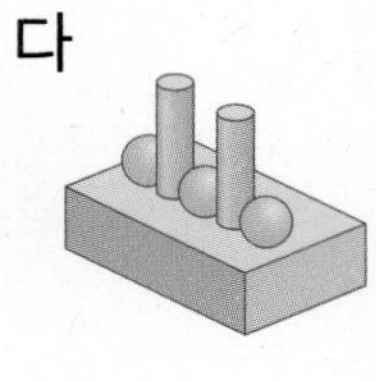

(　　　　　　　　　　)

16 다음 모양을 만드는 데 가장 많이 이용한 모양에 ○표 하세요.

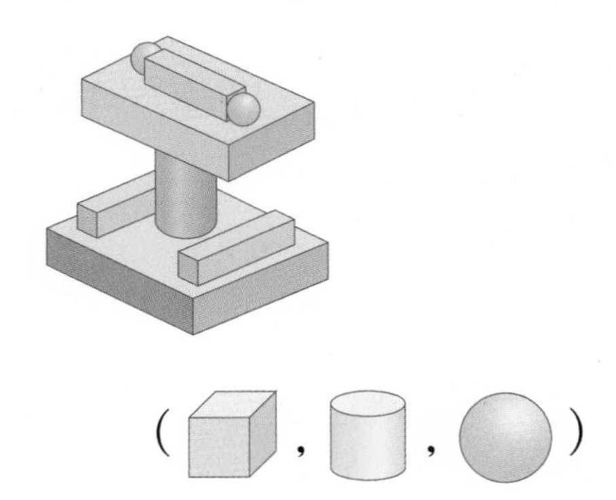

(, ,)

17 다음 모양을 만드는 데 이용한 모양과 모양은 모두 몇 개일까요?

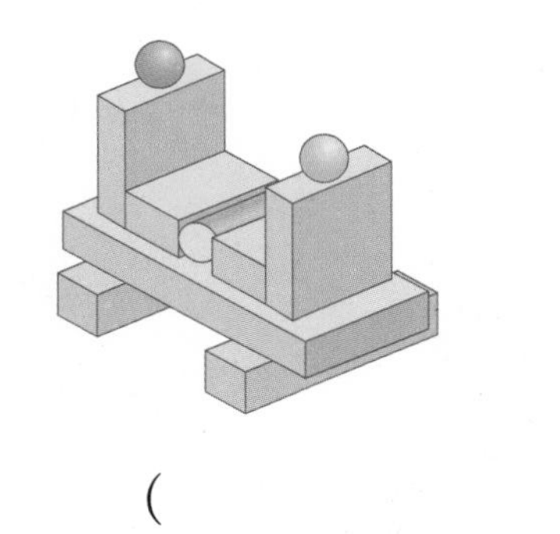

( )

18 다음 모양을 바르게 설명한 사람은 누구인지 써 보세요.

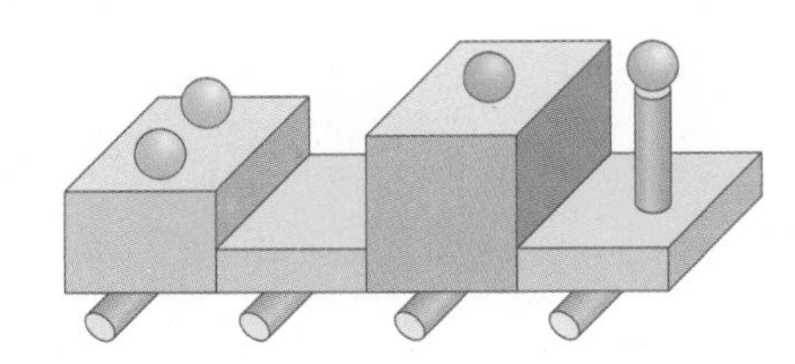

주미: 주사위와 같은 모양을 3개 이용했어.

건우: 모양을 모양보다 더 많이 이용했어.

( )

19 쌓기 어려운 모양을 찾아 기호를 쓰고 그 까닭을 설명해 보세요.

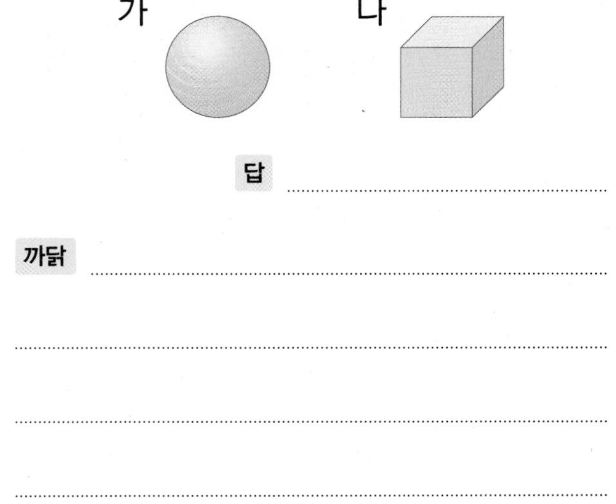

20 가와 나 중에서 모양을 더 많이 이용한 것을 찾아 기호를 쓰려고 합니다. 풀이 과정을 쓰고 답을 구해 보세요.

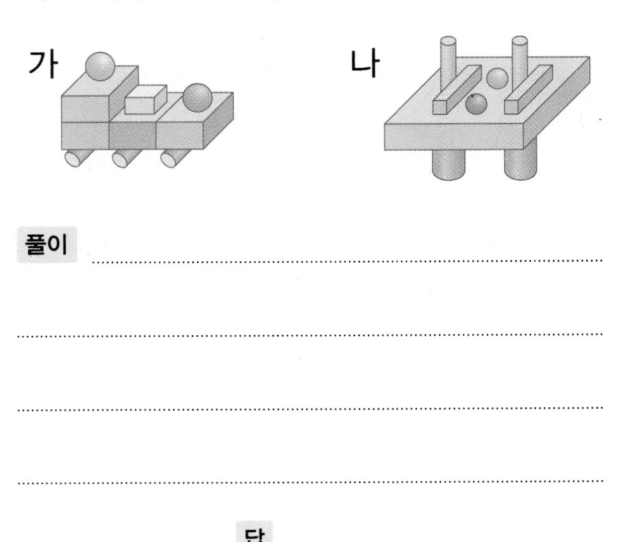

2

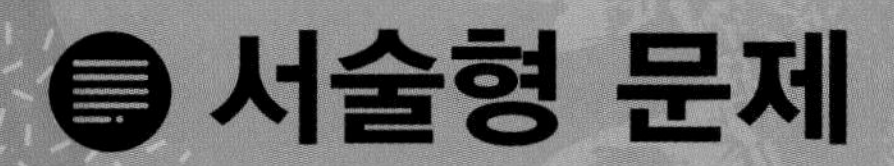

서술형 문제

1 수수깡이 6개 있었는데 2개를 사용했습니다. 남은 수수깡은 몇 개인지 풀이 과정을 쓰고 답을 구해 보세요.

풀이 예 수수깡 6개에서 2개를 사용했으므로 뺄셈식으로 나타내면 $6-2=4$(개)입니다.
따라서 남은 수수깡은 4개입니다.

답 4개

1+ 색종이가 9장 있었는데 3장을 사용했습니다. 남은 색종이는 몇 장인지 풀이 과정을 쓰고 답을 구해 보세요.

풀이

답

2 수 카드 중에서 가장 큰 수와 가장 작은 수의 합을 구하려고 합니다. 풀이 과정을 쓰고 답을 구해 보세요.

1 4 3 8

풀이 예 수 카드 중에서 가장 큰 수는 8이고, 가장 작은 수는 1입니다.
따라서 가장 큰 수와 가장 작은 수의 합은 $8+1=9$입니다.

답 9

2+ 수 카드 중에서 가장 큰 수와 가장 작은 수의 차를 구하려고 합니다. 풀이 과정을 쓰고 답을 구해 보세요.

6 3 7 2

풀이

답

정답과 풀이 46쪽

3 그림을 보고 이야기를 만들어 보세요.

▶ 모은다, 가른다, 더 많다, 더 적다, 모두, 남는다 등을 이용하여 이야기를 만듭니다.

4 그림을 보고 덧셈을 하려고 합니다. 풀이 과정을 쓰고 덧셈식을 써 보세요.

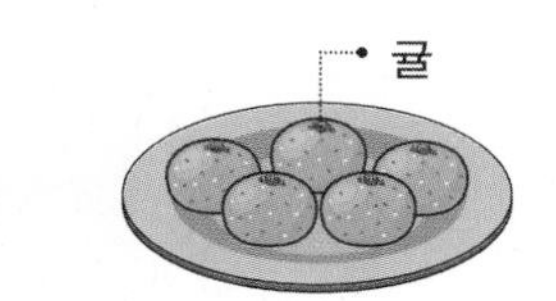

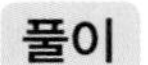

풀이

덧셈식

▶ 왼쪽 접시와 오른쪽 접시에 귤이 몇 개 있는지 알아봅니다.

5 ㉠과 ㉡에 들어갈 수를 모으기하면 얼마인지 풀이 과정을 쓰고 답을 구해 보세요.

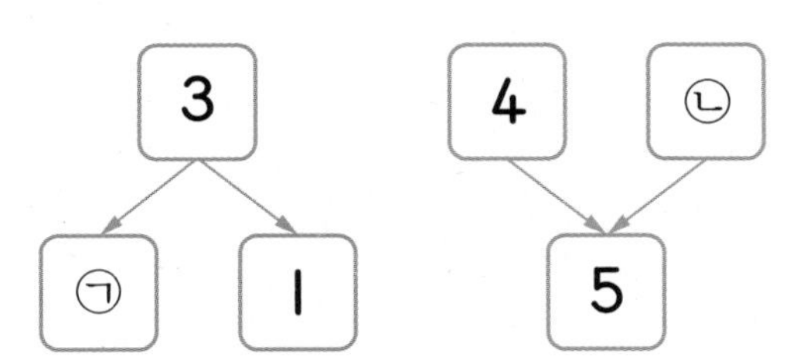

풀이

답

▶ 먼저 1과 모으기하여 3이 되는 수와 4와 모으기하여 5가 되는 수를 각각 구합니다.

3

6 교실에 남학생이 7명, 여학생이 4명 있습니다. 남학생은 여학생보다 몇 명 더 많은지 풀이 과정을 쓰고 답을 구해 보세요.

▶ 남학생의 수에서 여학생의 수를 뺍니다.

풀이

답

7 계산 결과가 더 작은 것을 찾아 기호를 쓰려고 합니다. 풀이 과정을 쓰고 답을 구해 보세요.

▶ 먼저 ㉠과 ㉡은 각각 얼마인지 구합니다.

㉠ 5 + 1　　　㉡ 8 − 3

풀이

답

8 영석이는 딱지 5장과 2장을 모았습니다. 모은 딱지를 3장과 몇 장으로 가를 수 있는지 풀이 과정을 쓰고 답을 구해 보세요.

▶ 먼저 딱지 5장과 2장을 모으면 몇 장이 되는지 구해 봅니다.

풀이

답

9 수민이네 모둠은 어제 칭찬 붙임딱지를 3장 받았고 오늘은 어제보다 2장 더 많이 받았습니다. 수민이네 모둠이 어제와 오늘 받은 칭찬 붙임딱지는 모두 몇 장인지 풀이 과정을 쓰고 답을 구해 보세요.

▶ 먼저 오늘 받은 칭찬 붙임딱지의 수를 구해 봅니다.

풀이 ....

....

....

답 ....

10 5장의 수 카드 중에서 2장을 골라 차가 가장 큰 뺄셈식을 만들어 계산하려고 합니다. 풀이 과정을 쓰고 뺄셈식을 써 보세요.

▶ 차가 가장 크려면 가장 큰 수에서 가장 작은 수를 빼면 됩니다.

4 2 9 5 1

풀이 ....

....

....

뺄셈식 ....

11 ㉠ − ㉡의 값을 구하려고 합니다. 풀이 과정을 쓰고 답을 구해 보세요.

㉠ + 2 = 7
7 − ㉡ = 5

▶ 덧셈은 모으기를 생각하고 뺄셈은 가르기를 생각해 봅니다.

풀이 ....

....

....

답 ....

단원 평가 Level 1

점수

확인

1 가르기를 해 보세요.

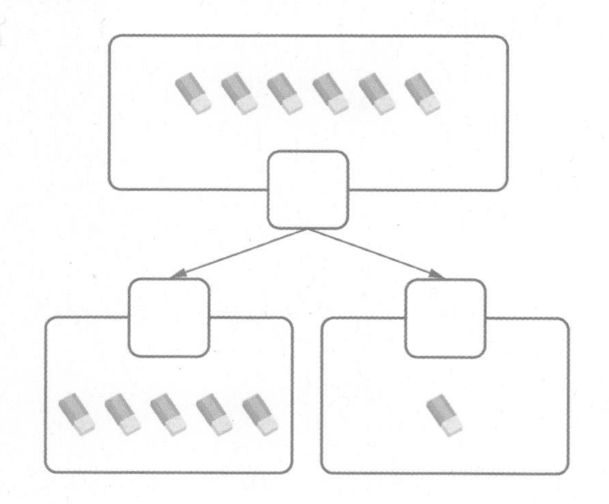

2 그림을 보고 뺄셈식을 쓰고 읽어 보세요.

8 − 4 = ☐

8 빼기 4는 ☐ 와/과 같습니다.

3 그림을 보고 이야기를 만들어 보세요.

어린이 ☐ 명이 그네를 타고 있는데 ☐ 명이 더 와서 모두 ☐ 명이 되었습니다.

4 모으기를 해 보세요.

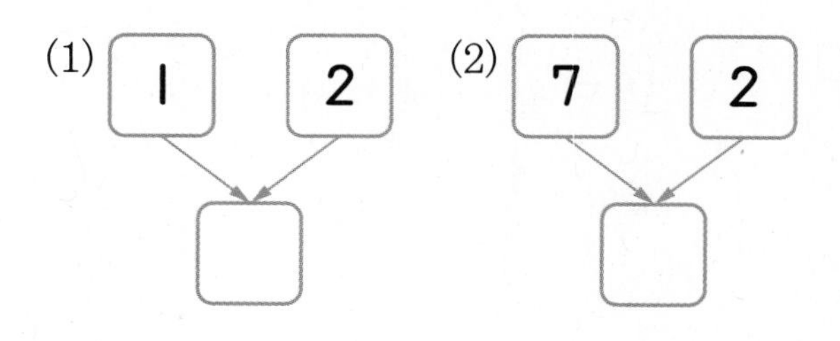

5 알맞은 것끼리 이어 보세요.

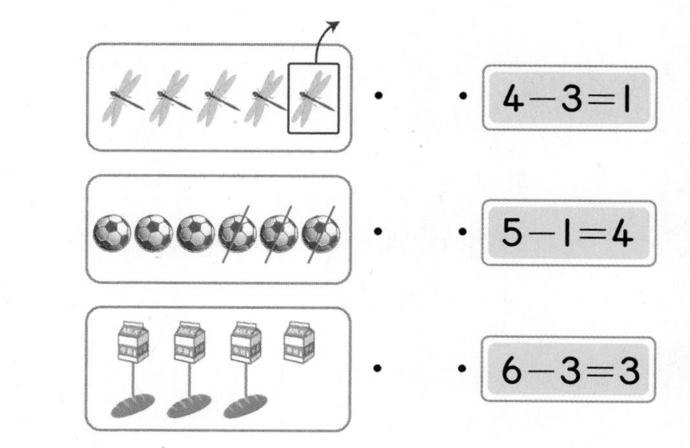

6 덧셈식으로 나타내 보세요.

5와 4의 합은 9입니다.

덧셈식 ....

7 그림을 그려 뺄셈을 해 보세요.

6 − 4 = ☐

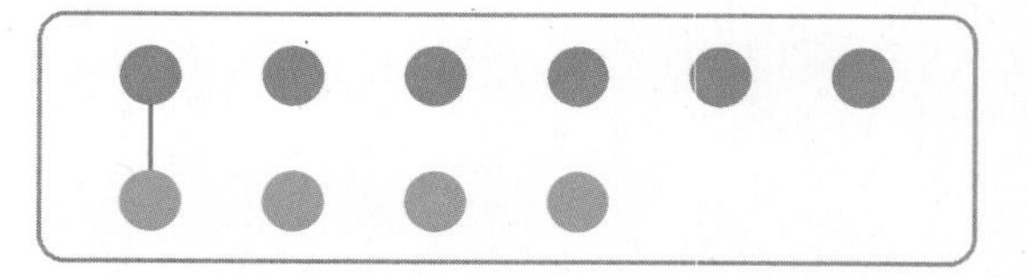

8 그림을 보고 덧셈을 해 보세요.

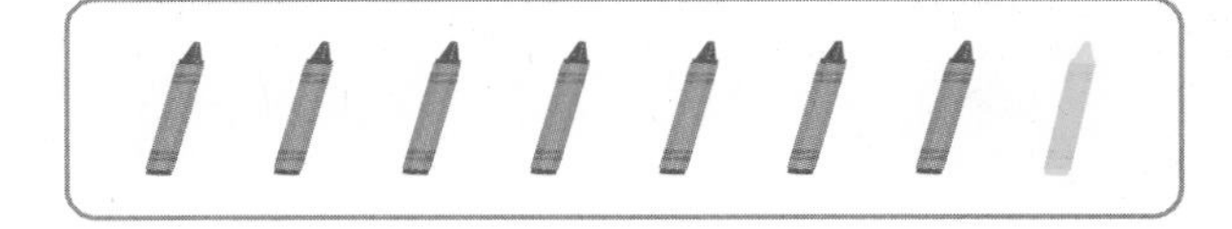

7 + □ = □

9 그림을 보고 뺄셈을 해 보세요.

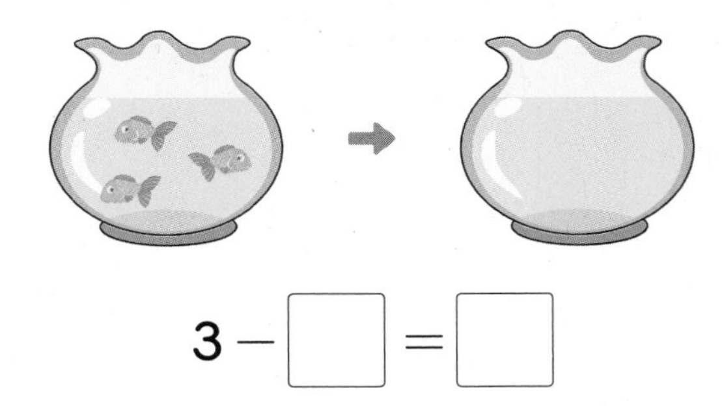

3 − □ = □

10 합이 같은 것끼리 이어 보세요.

6 + 1	2 + 4	3 + 5
5 + 3	4 + 2	1 + 6

11 덧셈을 해 보세요.

4 + 1 = □

4 + 2 = □

4 + 3 = □

4 + 4 = □

12 여러 가지 방법으로 가르기를 해 보세요.

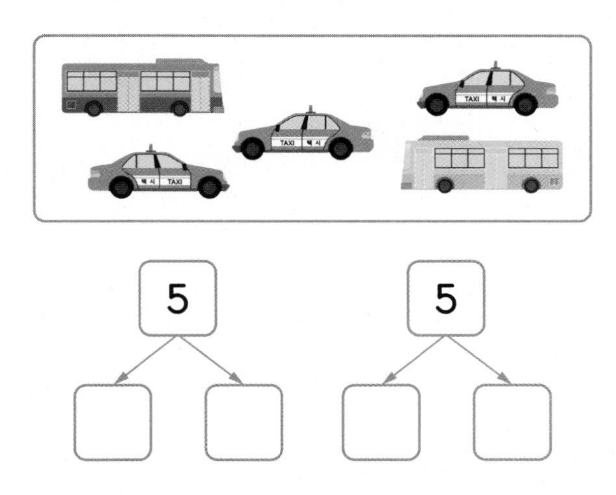

5 → □, □ 5 → □, □

13 ○ 안에 − 가 들어갈 식의 기호를 써 보세요.

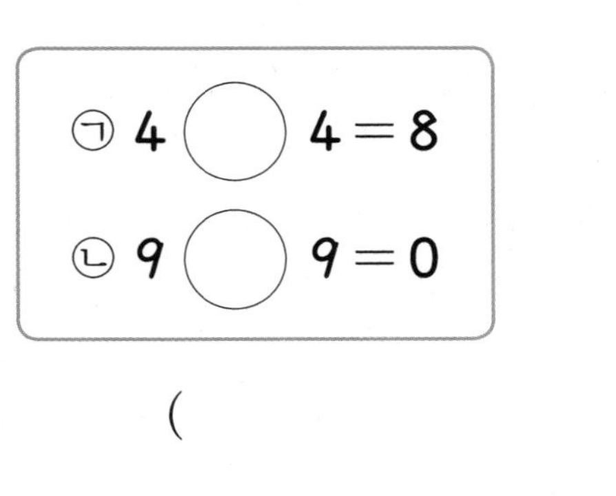

㉠ 4 ○ 4 = 8

㉡ 9 ○ 9 = 0

(　　　　　　　　)

14 빈칸에 차가 같은 식을 써 보세요.

6 − 2	7 − 3
8 − 4	

15 계산 결과가 5인 것을 모두 찾아 색칠해 보세요.

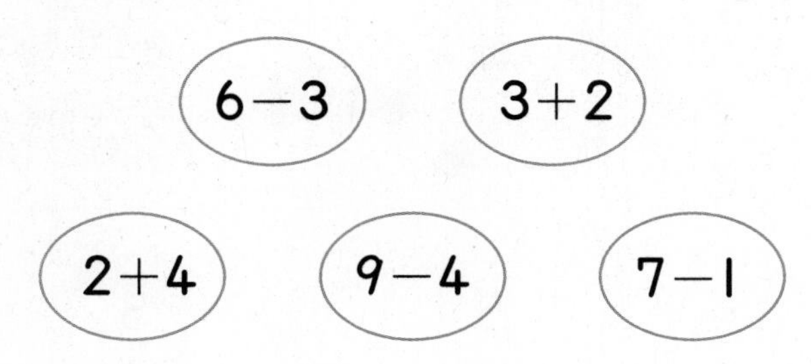

16 연서는 공책 9권을 5명의 친구에게 각각 1권씩 나누어 주었습니다. 남은 공책은 몇 권일까요?

( )

17 계산 결과가 가장 큰 것을 찾아 기호를 써 보세요.

㉠ 5 − 0　㉡ 2 + 1
㉢ 3 + 5　㉣ 6 − 6

( )

18 수 카드 중에서 가장 큰 수와 가장 작은 수의 합은 얼마일까요?

2　5　6　4

( )

19 모으기를 하여 7이 되는 두 수가 아닌 것을 찾아 기호를 쓰려고 합니다. 풀이 과정을 쓰고 답을 구해 보세요.

㉠ 1과 6　㉡ 2와 5　㉢ 3과 3

풀이

답

20 어제는 달걀을 3개 샀고, 오늘은 어제보다 1개 더 많이 샀습니다. 어제와 오늘 산 달걀은 모두 몇 개인지 풀이 과정을 쓰고 답을 구해 보세요.

풀이

답

단원 평가 Level ❷

점수

확인

1 모으기를 해 보세요.

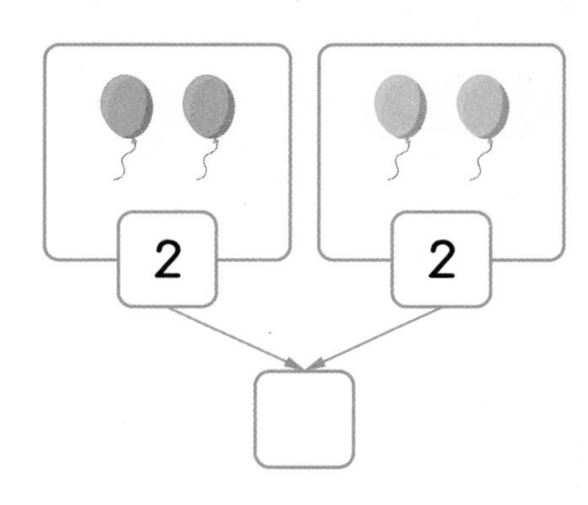

2 모으기와 가르기를 해 보세요.

(1) 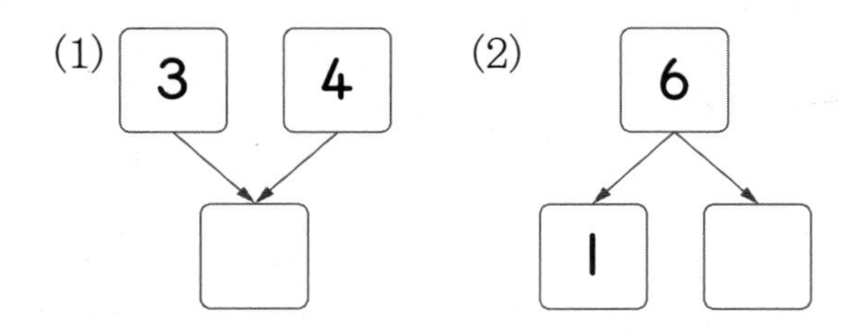

3 인형은 모두 몇 개인지 덧셈식을 쓰고 읽어 보세요.

쓰기 ....

읽기 ....

4 사과가 몇 개 남았는지 뺄셈을 해 보세요.

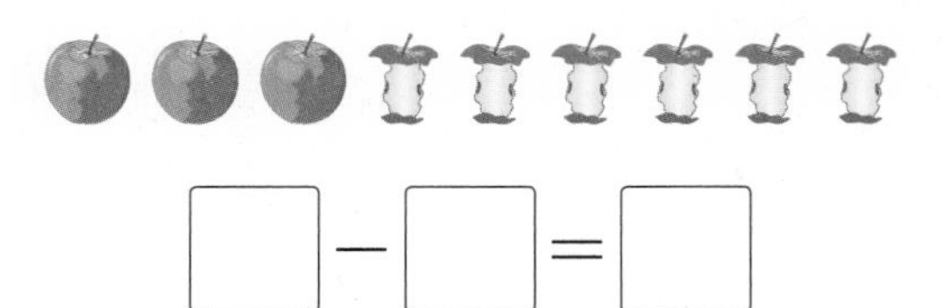

5 알맞은 것끼리 이어 보세요.

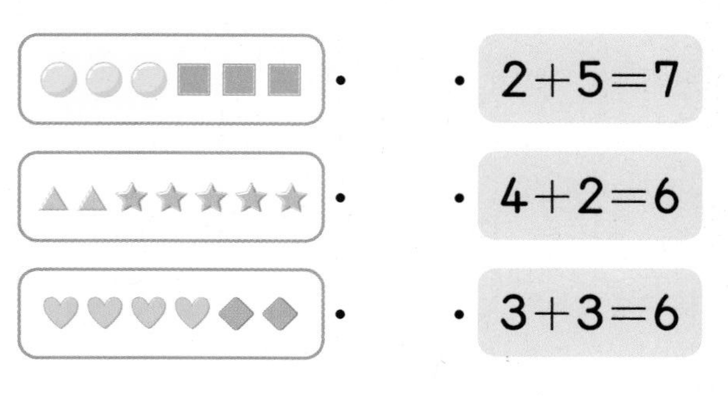

6 사탕은 모두 몇 개인지 덧셈을 해 보세요.

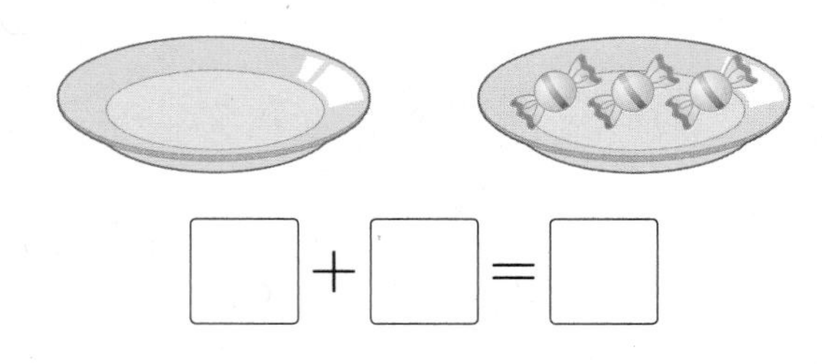

7 가르기를 잘못한 것을 찾아 기호를 써 보세요.

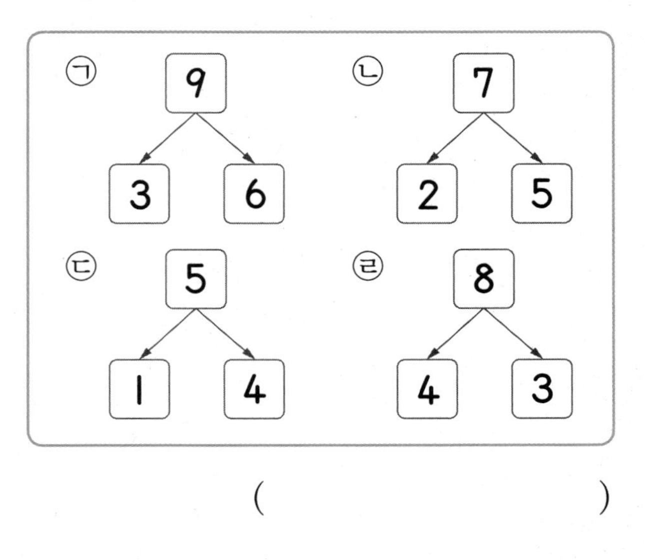

(　　　　　　　　)

3

8 뺄셈을 해 보세요.

$7-1=\square$

$7-2=\square$

$7-3=\square$

$7-4=\square$

9 계산 결과가 6인 것은 어느 것일까요?

(　　　)

① $1+4$　② $2+5$
③ $3+3$　④ $4+5$
⑤ $6+1$

10 차가 가장 큰 것에 ○표 하세요.

$6-4$	$5-1$	$4-3$	$8-5$
(　　)	(　　)	(　　)	(　　)

11 ㉠에 알맞은 수를 구해 보세요.

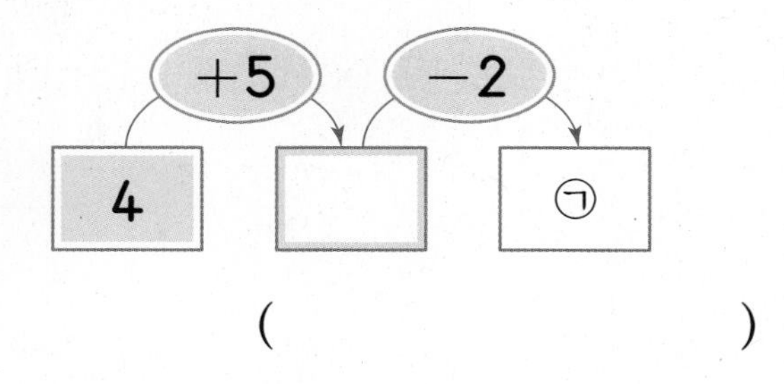

(　　　)

12 계산 결과가 같은 것끼리 이어 보세요.

$3+1$ ·	· $9-2$
$5+2$ ·	· $8-4$
$2+4$ ·	· $7-1$

13 수 카드 3장을 모두 사용하여 2개의 뺄셈식을 만들어 보세요.

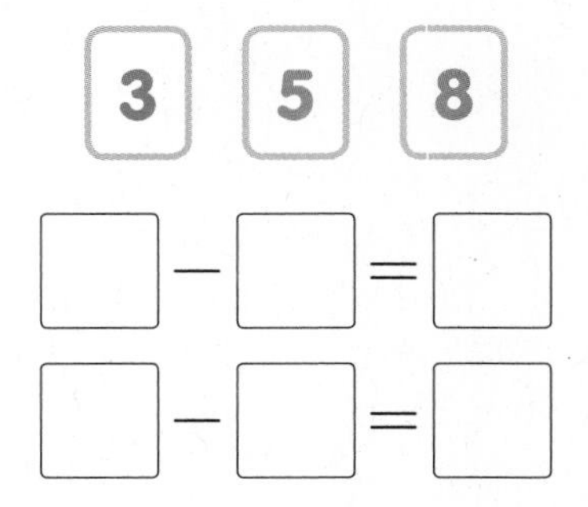

$\square-\square=\square$

$\square-\square=\square$

14 주하는 7살이고 오빠는 주하보다 1살 더 많습니다. 오빠는 몇 살일까요?

(　　　)

15 계산 결과가 큰 것부터 차례로 기호를 써 보세요.

㉠ $0+6$　㉡ $3+0$
㉢ $5-5$　㉣ $9-0$

(　　　)

16 두 수의 차가 7이 되도록 □ 안에 알맞은 수를 써넣으세요.

□ − 2 = 7

8 − □ = 7

□ − 0 = 7

17 준서와 이서가 먹은 과자는 모두 몇 개인지 구해 보세요.

(　　　　　　　　)

18 같은 모양은 같은 수를 나타냅니다. ●에 알맞은 수를 구해 보세요.

1 + 3 = ■　　　■ + ● = 7

(　　　　　　　　)

19 가르기를 하여 ★에 알맞은 수는 얼마인지 풀이 과정을 쓰고 답을 구해 보세요.

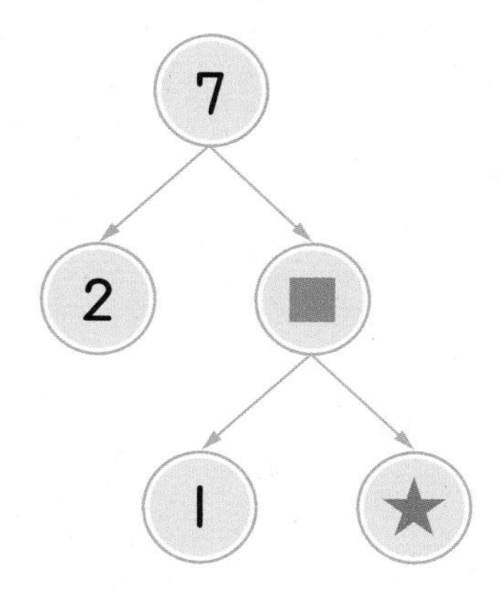

풀이

답

20 곶감이 8개 있었습니다. 그중에서 세연이가 2개, 형이 4개 먹었습니다. 남아 있는 곶감은 몇 개인지 풀이 과정을 쓰고 답을 구해 보세요.

풀이

답

3

서술형 문제

1 유민이와 진수가 시소를 타고 있습니다. 더 무거운 사람은 누구인지 풀이 과정을 쓰고 답을 구해 보세요.

풀이 예 시소에서 아래로 내려간 쪽이 더 무거우므로 유민이가 진수보다 더 무겁습니다.

답 유민

1+ 서희와 호정이가 시소를 타고 있습니다. 더 가벼운 사람은 누구인지 풀이 과정을 쓰고 답을 구해 보세요.

풀이

답

2 은하와 찬우가 똑같은 컵에 우유를 가득 담아 마시고 남은 것입니다. 우유를 더 많이 마신 사람은 누구인지 풀이 과정을 쓰고 답을 구해 보세요.

은하

찬우

풀이 예 우유를 많이 마실수록 남은 우유의 양은 적습니다.
따라서 우유를 더 많이 마신 사람은 남은 우유의 양이 더 적은 은하입니다.

답 은하

2+ 준기와 혜미가 똑같은 컵에 주스를 가득 담아 마시고 남은 것입니다. 주스를 더 적게 마신 사람은 누구인지 풀이 과정을 쓰고 답을 구해 보세요.

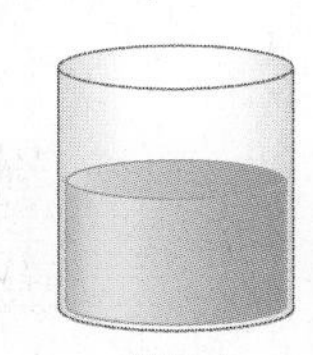
준기

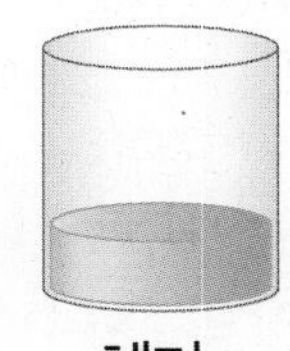
혜미

풀이

답

3 색연필과 연필 중에서 더 긴 것은 어느 것인지 풀이 과정을 쓰고 답을 구해 보세요.

색연필

연필

풀이 ....

답 ....

▶ 물건의 한쪽 끝이 맞추어져 있을 때 다른 쪽 끝을 비교합니다.

4 색종이, 수첩, 스케치북 중에서 가장 넓은 것은 무엇인지 풀이 과정을 쓰고 답을 구해 보세요.

스케치북

색종이 수첩 스케치북

풀이 ....

답 ....

▶ 겹쳤을 때 남는 부분이 많은 것이 더 넓습니다.

5 가장 무거운 것과 가장 가벼운 것은 각각 무엇인지 풀이 과정을 쓰고 답을 구해 보세요.

테니스공 탁구공 농구공

풀이 ....

답 가장 무거운 것: ....

가장 가벼운 것: ....

▶ 손으로 들었을 때 힘이 많이 들수록 무겁습니다.

6 키가 가장 큰 사람은 누구인지 풀이 과정을 쓰고 답을 구해 보세요.

▶ 위쪽 끝이 맞추어져 있으므로 아래쪽을 비교합니다.

풀이 ....

....

답 ....

7 무거운 동물부터 차례로 쓰려고 합니다. 풀이 과정을 쓰고 답을 구해 보세요.

▶ 무게를 두 번 비교한 돼지를 기준으로 무게를 비교합니다.

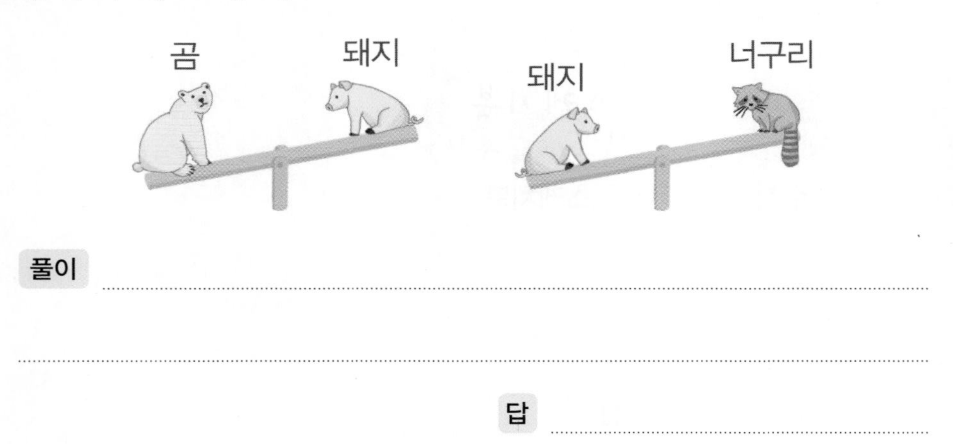

풀이 ....

....

답 ....

8 같은 양의 물이 나오는 수도로 빈 통에 물을 받을 때 물을 가장 오래 받아야 하는 것을 찾아 기호를 쓰려고 합니다. 풀이 과정을 쓰고 답을 구해 보세요.

▶ 담을 수 있는 양이 많을수록 물을 받는 데 시간이 오래 걸립니다.

가　　나　　다

풀이 ....

....

답 ....

9 리코더, 빗자루, 우산 중에서 가장 긴 것은 어느 것인지 풀이 과정을 쓰고 답을 구해 보세요.

- 리코더는 빗자루보다 더 짧습니다.
- 빗자루는 우산보다 더 짧습니다.

풀이

답

▶ 길이를 두 번 비교한 빗자루를 기준으로 길이를 비교합니다.

10 똑같은 컵으로 비어 있는 세 그릇에 각각 물을 가득 채웠더니 다음과 같았습니다. 물을 가장 많이 담을 수 있는 그릇은 어느 것인지 풀이 과정을 쓰고 답을 구해 보세요.

그릇	가 그릇	나 그릇	다 그릇
부은 횟수(번)	5	6	3

풀이

답

▶ 물을 부은 횟수가 많을수록 담을 수 있는 양이 많습니다.

11 작은 한 칸의 넓이가 모두 같을 때 넓은 것부터 차례로 기호를 쓰려고 합니다. 풀이 과정을 쓰고 답을 구해 보세요.

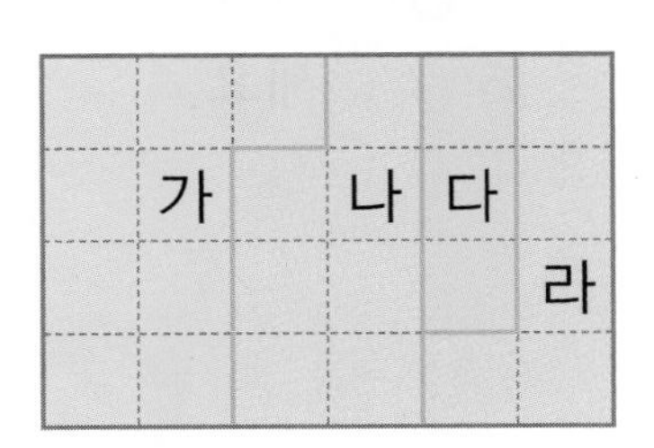

풀이

답

▶ 칸 수가 많을수록 넓습니다.

단원 평가 Level 1

점수

확인

1 더 짧은 것에 △표 하세요.

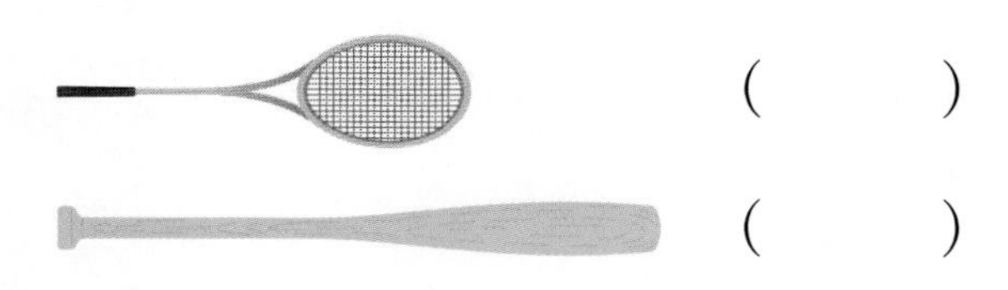

( )

( )

2 담을 수 있는 양이 더 많은 것에 ○표 하세요.

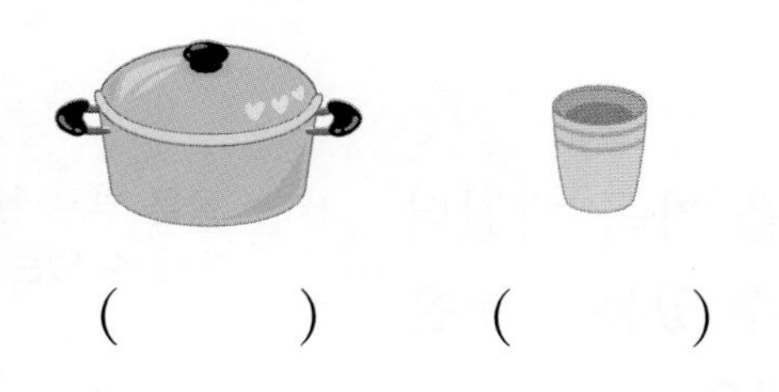

( ) ( )

3 관계있는 것끼리 이어 보세요.

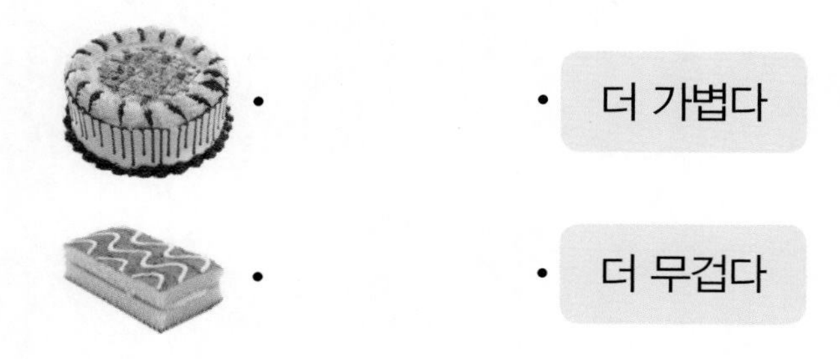

4 공책과 스케치북의 넓이를 비교한 것입니다. 알맞은 말에 ○표 하세요.

스케치북은 공책보다 더
(좁습니다 , 넓습니다).

5 가장 긴 것에 ○표, 가장 짧은 것에 △표 하세요.

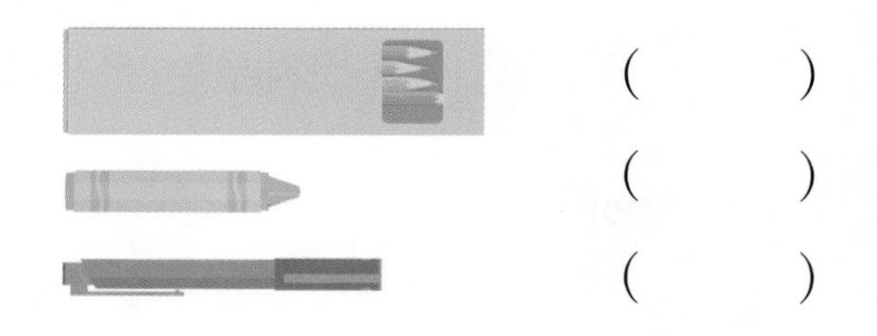

( )

( )

( )

6 빈칸에 □보다는 좁고 □보다는 넓은 □ 모양을 그려 넣으세요.

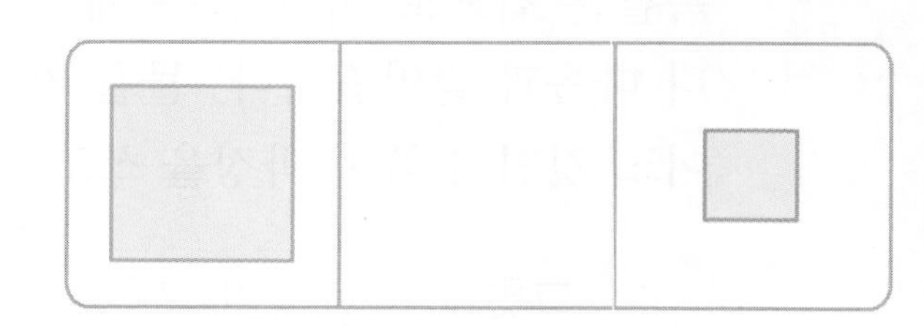

7 야구공보다 더 무거운 것에 ○표 하세요.

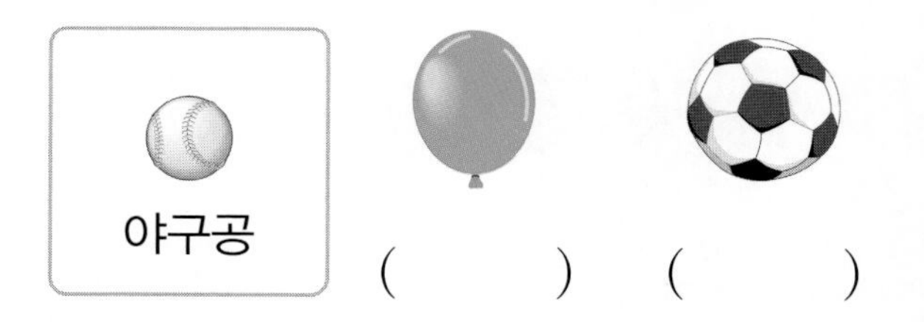

( ) ( )

8 음료수가 가장 많이 담긴 것에 ○표 하세요.

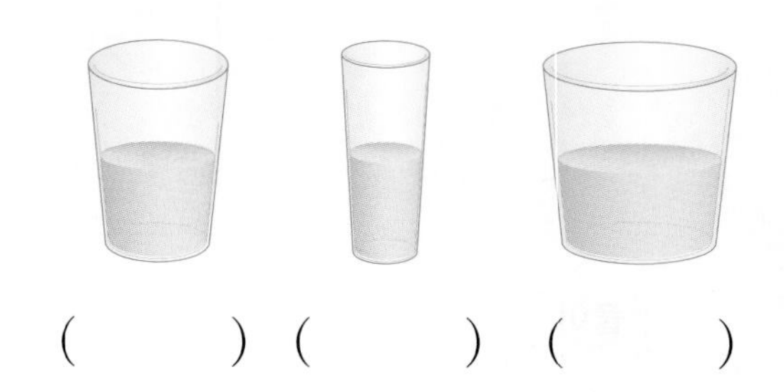

( ) ( ) ( )

9 ◌에 들어갈 수 있는 쌓기나무를 모두 찾아 ○표 하세요.

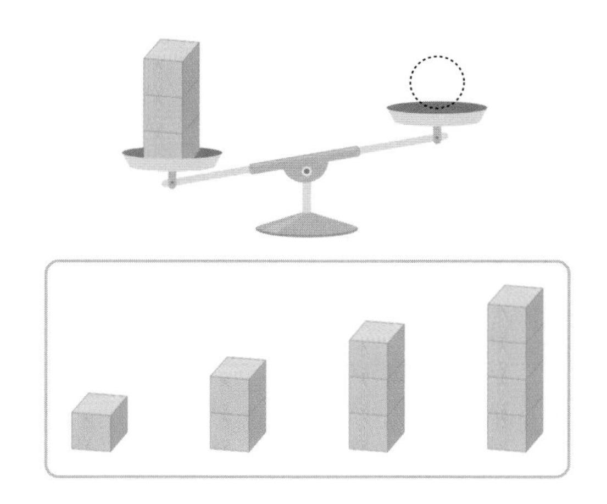

10 담을 수 있는 양이 많은 것부터 차례로 기호를 써 보세요.

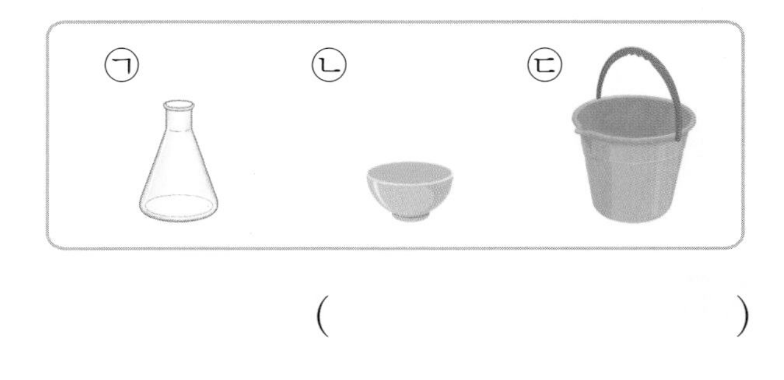

( )

11 가장 긴 것을 찾아 기호를 써 보세요.

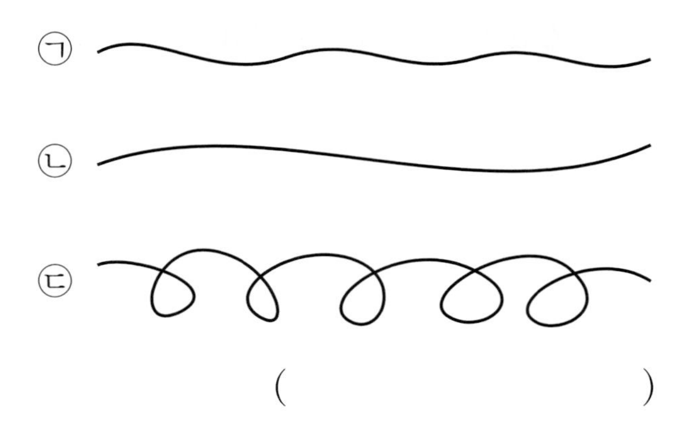

( )

12 ( ) 안에 알맞은 장소를 써넣으세요.

교실보다 더 넓은 곳은
( )입니다.

13 각각의 상자 위에 올려놓았던 물건은 무엇일지 이어 보세요.

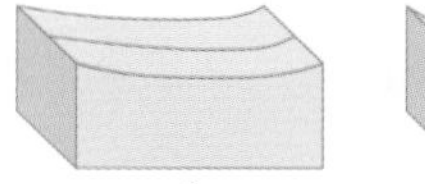  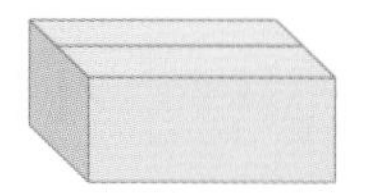

14 똑같은 컵에 가득 차 있는 물을 덜어 내고 남은 것입니다. 가장 적게 덜어 낸 컵의 기호를 써 보세요.

가 나  다 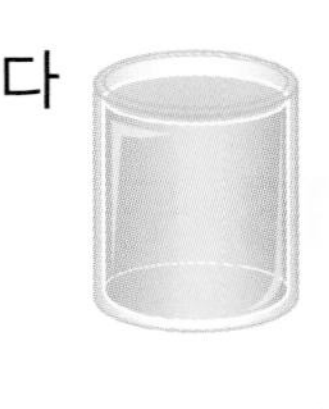

( )

15 똑같은 사탕 5개와 똑같은 초콜릿 8개의 무게가 같습니다. 사탕과 초콜릿 중에서 한 개의 무게가 더 무거운 것은 어느 것일까요?

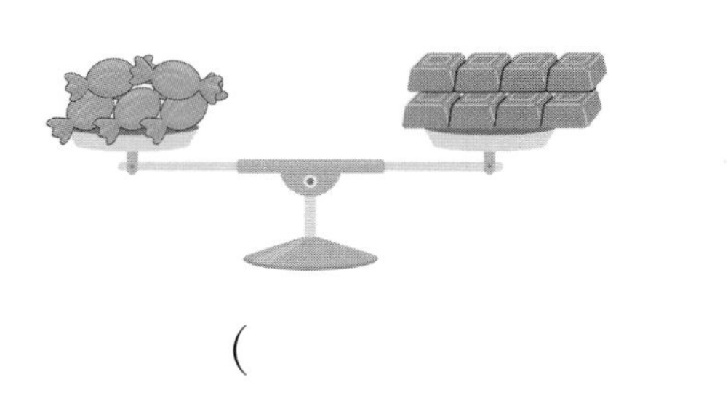

( )

16 가장 넓은 조각과 가장 좁은 조각을 찾아 기호를 써 보세요.

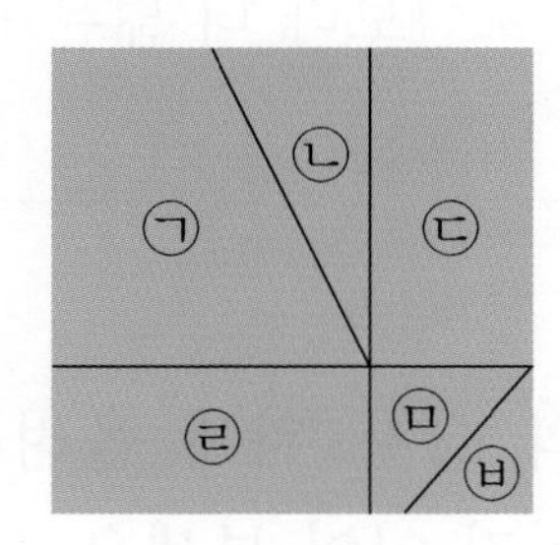

가장 넓은 조각 (　　　　　　)

가장 좁은 조각 (　　　　　　)

17 물병, 컵, 접시 중에서 가장 무거운 것은 어느 것일까요?

- 물병은 컵보다 더 무겁습니다.
- 접시는 컵보다 더 가볍습니다.

(　　　　　　)

18 두 사람의 대화를 읽고 □ 안에 알맞은 건물의 기호를 써넣으세요.

인호: ㉯ 건물이 ㉮ 건물보다 더 높아.
아현: ㉰ 건물은 ㉮ 건물보다 더 낮지.

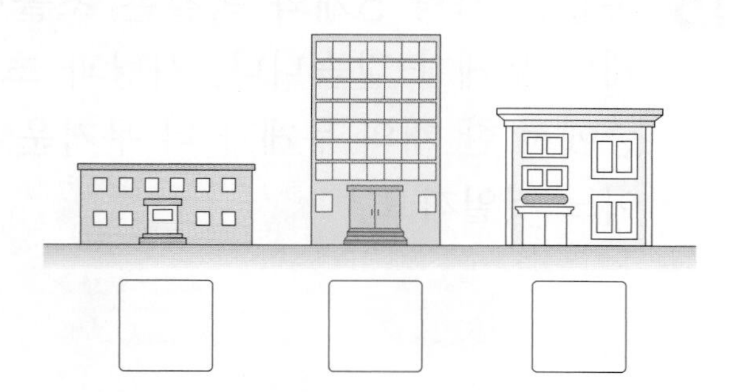

19 작은 한 칸의 길이가 모두 같을 때 긴 것부터 차례로 기호를 쓰려고 합니다. 풀이 과정을 쓰고 답을 구해 보세요.

㉠
㉡
㉢
㉣

풀이

답

20 ㉮ 그릇에 물을 가득 채워 비어 있는 ㉯ 그릇에 부었더니 ㉯ 그릇이 가득 차고 ㉮ 그릇에 물이 조금 남았습니다. ㉮와 ㉯ 그릇 중 물을 더 많이 담을 수 있는 그릇은 어느 것인지 풀이 과정을 쓰고 답을 구해 보세요.

풀이

답

단원 평가 Level 2

점수

확인

1 더 긴 것에 ○표 하세요.

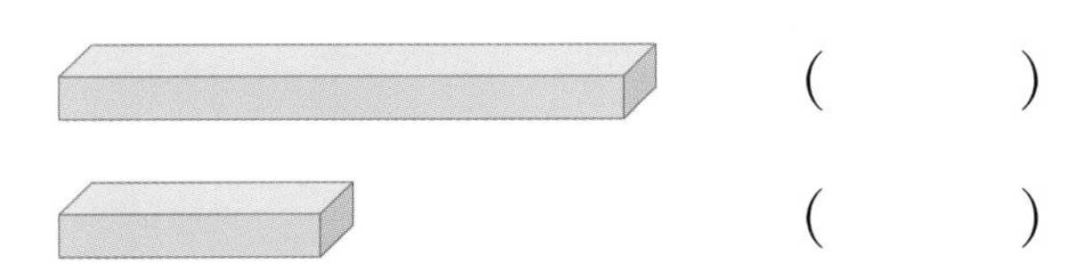

(　　　)

(　　　)

2 더 무거운 쪽에 ○표 하세요.

(　　　)　　(　　　)

3 수첩과 색종이의 넓이를 바르게 비교한 것에 ○표 하세요.

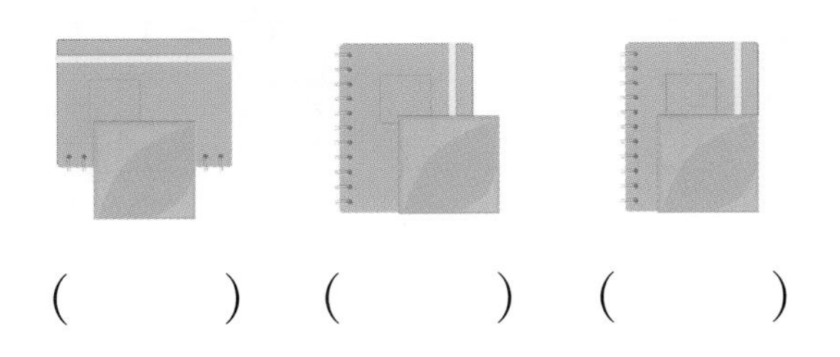

(　　　)　(　　　)　(　　　)

4 수연이와 정우가 블록쌓기를 하였습니다. 더 높이 쌓은 사람은 누구일까요?

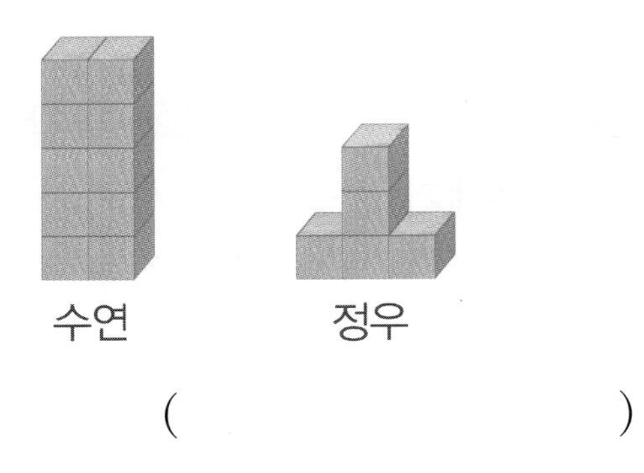

(　　　　　　　)

5 □ 안에 알맞은 말을 써넣으세요.

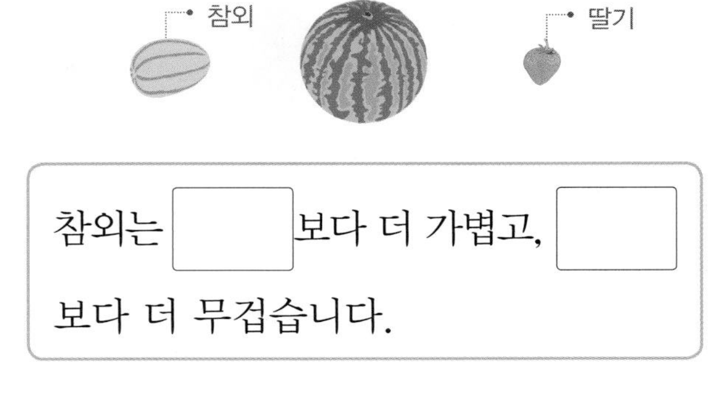

참외는 □보다 더 가볍고, □ 보다 더 무겁습니다.

6 가장 무거운 것에 ○표, 가장 가벼운 것에 △표 하세요.

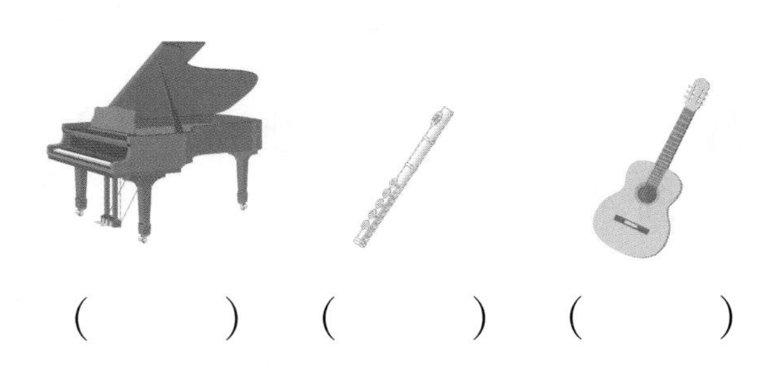

(　　　)　(　　　)　(　　　)

7 담을 수 있는 양이 가장 많은 것에 ○표, 가장 적은 것에 △표 하세요.

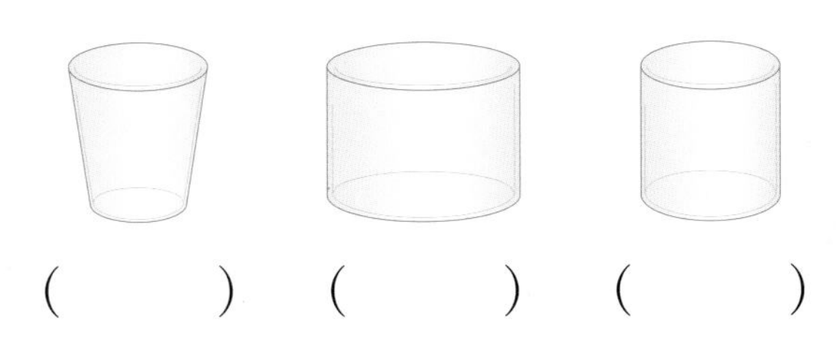

(　　　)　(　　　)　(　　　)

8 보기 의 그릇보다 물이 더 적게 담긴 것에 △표 하세요.

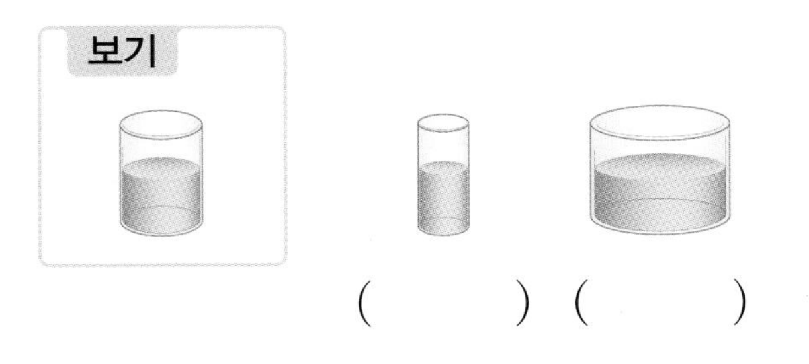

(　　　)　(　　　)

4

9 그림을 보고 알맞은 말에 ○표 하세요.

(1) 영호는 수근이보다 키가 더
(작습니다 , 큽니다).

(2) 종민이의 키가 가장
(작습니다 , 큽니다).

10 보기 에서 알맞은 장소를 찾아 □ 안에 써넣으세요.

보기
운동장　　내 방　　체육관

교실보다 더 좁은 곳은 □ 입니다.

11 물의 양을 바르게 비교한 사람은 누구일까요?

혜진: 그릇의 크기에 관계없이 물의 높이가 더 높으면 담긴 물의 양이 더 많은 거야.
민우: 물의 높이가 같으면 더 큰 그릇에 담긴 물의 양이 더 많아.

(　　　　　　　)

12 길이가 짧은 것부터 차례로 기호를 써 보세요.

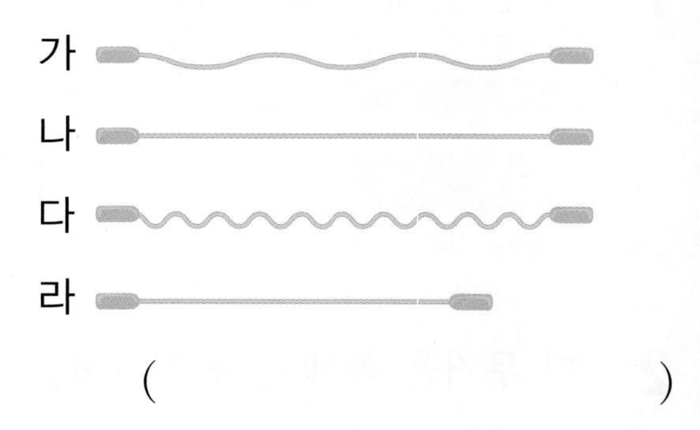

(　　　　　　　)

13 가장 좁은 것을 찾아 기호를 써 보세요.

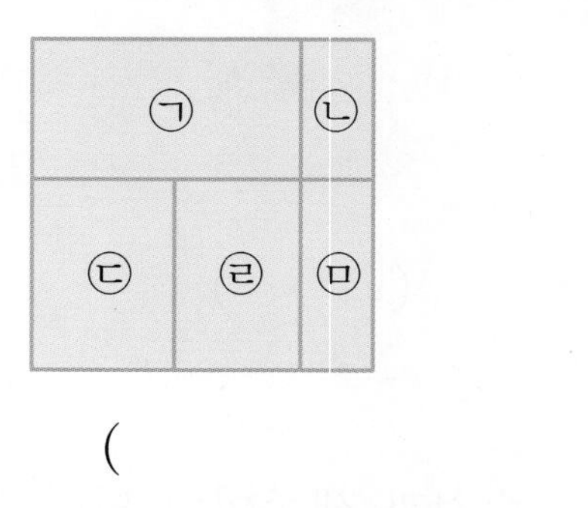

(　　　　　　　)

14 가위보다 더 긴 물건은 모두 몇 개일까요?

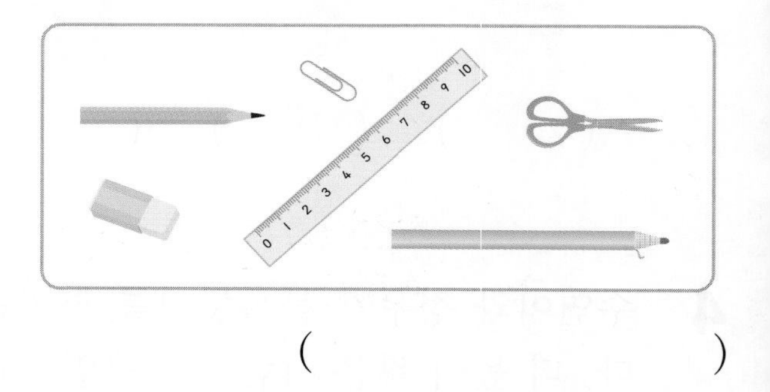

(　　　　　　　)

15 똑같은 사과 4개와 똑같은 배 2개의 무게가 같습니다. 사과와 배 중에서 한 개의 무게가 더 무거운 것은 어느 것일까요?

(　　　　　　　)

정답과 풀이 51쪽

16 똑같은 컵으로 두 물통 가, 나에 들어 있던 물을 모두 퍼내었더니 다음과 같았습니다. 물이 더 많이 들어 있던 물통은 어느 것인지 기호를 써 보세요.

물통	가	나
퍼낸 횟수(번)	6	7

( )

17 소현, 동현, 유진이의 가방 무게를 비교한 것입니다. 누구의 가방이 가장 무거운지 이름을 써 보세요.

- 소현이의 가방이 동현이의 가방보다 더 무겁습니다.
- 동현이의 가방이 유진이의 가방보다 더 무겁습니다.

( )

18 빨간색, 노란색, 파란색 색종이 중에서 한 장의 넓이가 가장 넓은 색종이는 무슨 색깔일까요?

- 빨간색 2장의 넓이는 노란색 4장의 넓이와 같습니다.
- 파란색 8장의 넓이는 노란색 4장의 넓이와 같습니다.

( )

19 한 칸의 넓이가 모두 같을 때 더 넓은 것을 찾아 기호를 쓰려고 합니다. 풀이 과정을 쓰고 답을 구해 보세요.

가 나

풀이

답

20 가장 무거운 사람은 누구인지 풀이 과정을 쓰고 답을 구해 보세요.

지연 현수 지연 훈석

풀이

답

서술형 문제

1 감을 한 봉지에 10개씩 담으려고 합니다. 감 50개를 모두 담으면 몇 봉지가 되는지 풀이 과정을 쓰고 답을 구해 보세요.

풀이 예 50은 10개씩 묶음이 5개입니다.

따라서 감 50개를 모두 담으면 5봉지가 됩니다.

답 5봉지

1+ 사과를 한 봉지에 10개씩 담으려고 합니다. 사과 40개를 모두 담으면 몇 봉지가 되는지 풀이 과정을 쓰고 답을 구해 보세요.

풀이

답

2 딸기 따기 체험학습에서 딸기를 민규는 37개 땄고, 나리는 33개 땄습니다. 딸기를 더 적게 딴 사람은 누구인지 풀이 과정을 쓰고 답을 구해 보세요.

풀이 예 10개씩 묶음의 수가 37과 33은 3으로 같고 낱개의 수가 37은 7, 33은 3이므로 33이 37보다 작습니다.

따라서 딸기를 더 적게 딴 사람은 나리입니다.

답 나리

2+ 밤 줍기 체험학습에서 밤을 윤정이는 23개 주웠고, 현수는 25개 주웠습니다. 밤을 더 많이 주운 사람은 누구인지 풀이 과정을 쓰고 답을 구해 보세요.

풀이

답

정답과 풀이 52쪽

3 선미는 구슬을 4개 가지고 있습니다. 구슬 10개로 목걸이를 만들려면 구슬은 몇 개 더 필요한지 풀이 과정을 쓰고 답을 구해 보세요.

▶ 4와 몇을 모으기하면 10이 되는지 알아봅니다.

풀이

답

4 나타내는 수가 다른 하나를 찾아 기호를 쓰려고 합니다. 풀이 과정을 쓰고 답을 구해 보세요.

㉠ 십오	㉡ 열여섯	㉢ 15	㉣ 열다섯

▶ 먼저 수로 나타내 봅니다.

풀이

답

5 모으기한 수가 다른 사람은 누구인지 풀이 과정을 쓰고 답을 구해 보세요.

8과 9 — 지우
6과 10 — 서아
11과 5 — 민수

▶ 세 사람이 모으기한 수를 각각 알아봅니다.

풀이

답

6 사탕이 10개씩 묶음 3개와 낱개 15개가 있습니다. 사탕은 모두 몇 개인지 풀이 과정을 쓰고 답을 구해 보세요.

▶ 낱개 15개는 10개씩 묶음 1개와 낱개 5개와 같습니다.

풀이

답

7 같은 수가 아닌 것을 찾아 기호를 쓰려고 합니다. 풀이 과정을 쓰고 답을 구해 보세요.

㉠ 39보다 1만큼 더 작은 수
㉡ 36보다 1만큼 더 큰 수
㉢ 10개씩 묶음 3개와 낱개 8개인 수

▶ 수를 순서대로 썼을 때 1만큼 더 작은 수는 바로 앞의 수이고, 1만큼 더 큰 수는 바로 뒤의 수입니다.

풀이

답

8 주은이네 반 학생들이 번호 순서대로 줄을 섰습니다. 19번과 22번 사이에 서 있는 학생은 모두 몇 명인지 풀이 과정을 쓰고 답을 구해 보세요.

▶ 19와 22 사이의 수에 19와 22는 포함되지 않습니다.

풀이

답

9 조건을 모두 만족하는 수를 구하려고 합니다. 풀이 과정을 쓰고 답을 구해 보세요.

> ▶ 20보다 크고 30보다 작은 수는 2■입니다.

• 20보다 크고 30보다 작은 수입니다.
• 낱개의 수는 3개입니다.

풀이 ....

....

....

답 ....

10 ㉠은 ㉡보다 작은 수입니다. 0부터 9까지의 수 중에서 □ 안에 들어갈 수 있는 수는 모두 몇 개인지 풀이 과정을 쓰고 답을 구해 보세요.

> ▶ 10개씩 묶음의 수가 같으므로 낱개의 수를 비교합니다.

㉠ 3□ ㉡ 36

풀이 ....

....

....

답 ....

11 수 카드 3장 중에서 2장을 골라 한 번씩만 사용하여 만들 수 있는 가장 큰 수를 구하려고 합니다. 풀이 과정을 쓰고 답을 구해 보세요.

> ▶ 만들 수 있는 가장 큰 수는 10개씩 묶음의 수에 가장 큰 수를, 낱개의 수에 둘째로 큰 수를 놓습니다.

2 4 1

풀이 ....

....

....

답 ....

단원 평가 Level 1

점수

확인

1 10개를 묶어 보세요.

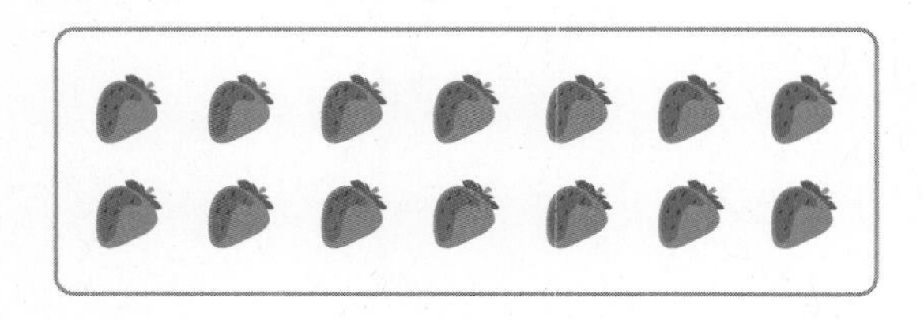

2 모으기와 가르기를 해 보세요.

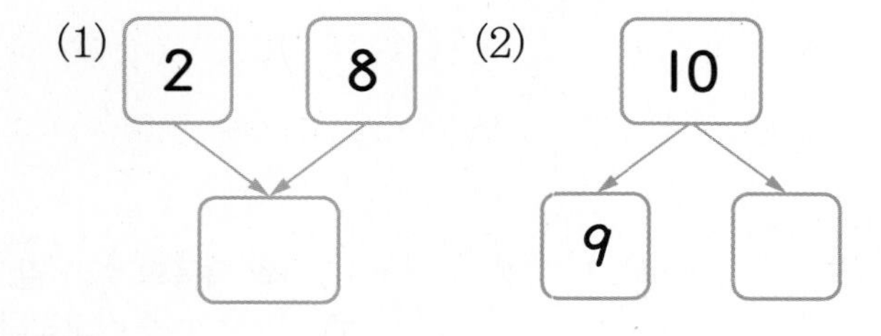

3 그림을 보고 □ 안에 알맞은 수를 써넣으세요.

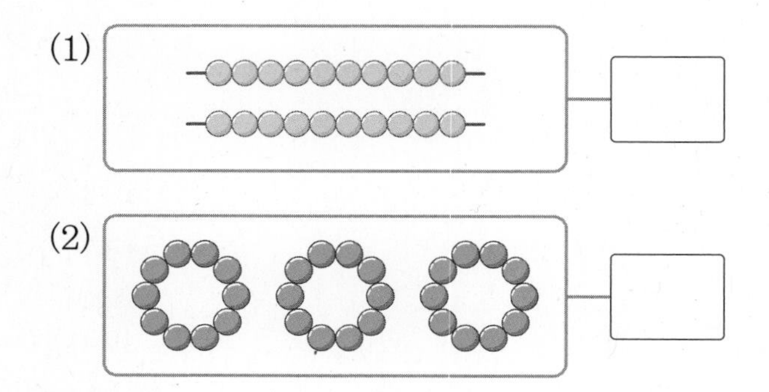

4 수를 잘못 읽은 사람을 찾아 이름을 쓰고 바르게 읽어 보세요.

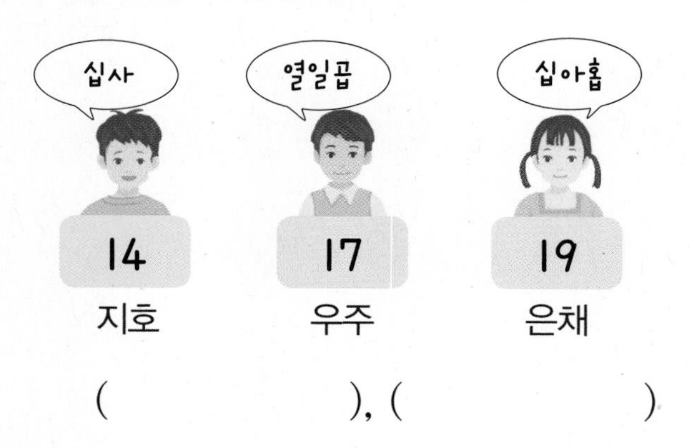

( ), ( )

5 10개씩 묶어 세어 빈칸에 알맞은 수를 써넣으세요.

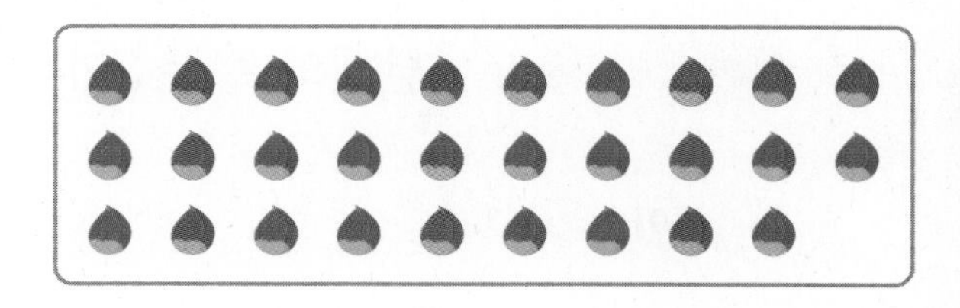

10개씩 묶음	낱개	수

6 수직선을 보고 □ 안에 알맞은 수를 써넣으세요.

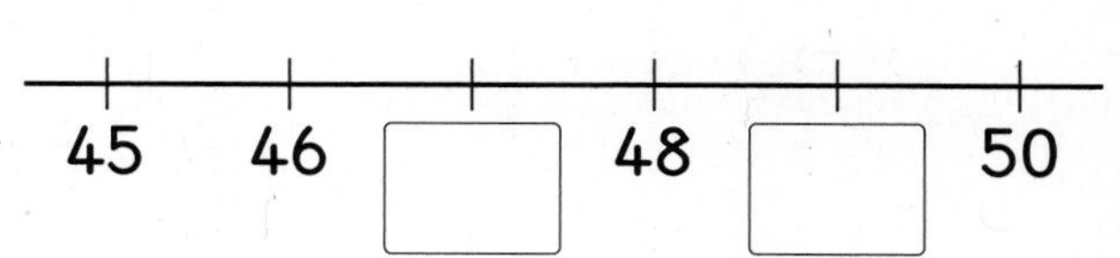

7 12를 잘못 가르기한 것을 찾아 ×표 하세요.

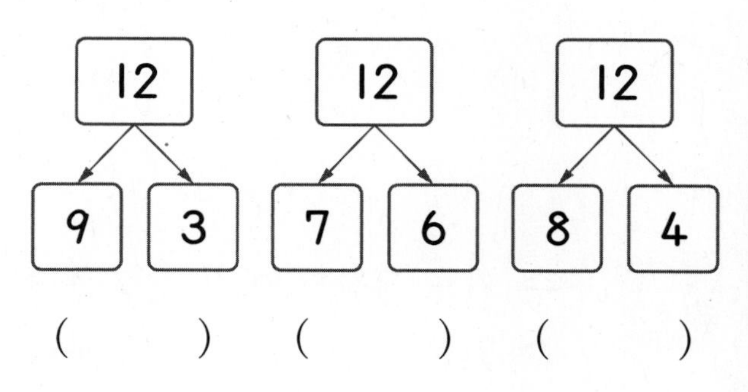

( ) ( ) ( )

8 가장 큰 수를 나타내는 것을 찾아 기호를 써 보세요.

㉠ 20 ㉡ 마흔 ㉢ 삼십 ㉣ 스물

( )

정답과 풀이 53쪽

9 그림을 보고 □ 안에 알맞은 수를 써넣으세요.

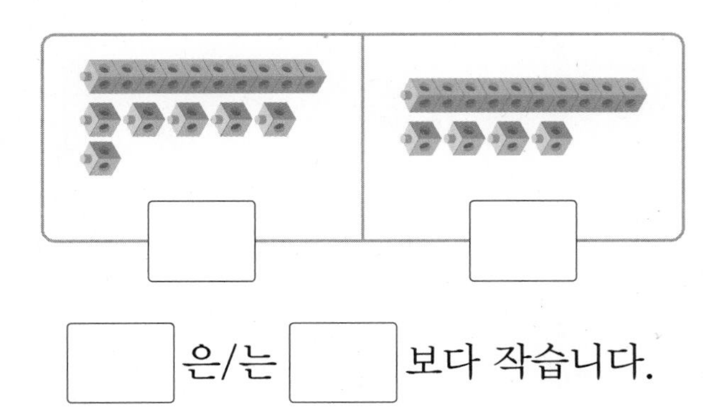

□ 은/는 □ 보다 작습니다.

10 나타내는 수가 나머지와 다른 하나를 찾아 기호를 써 보세요.

㉠ 34
㉡ 서른넷
㉢ 삼십사
㉣ 10개씩 묶음 4개와 낱개 3개

( )

11 50보다 2만큼 더 작은 수를 두 가지 방법으로 읽어 보세요.

( ), ( )

12 가장 큰 수를 찾아 색칠해 보세요.

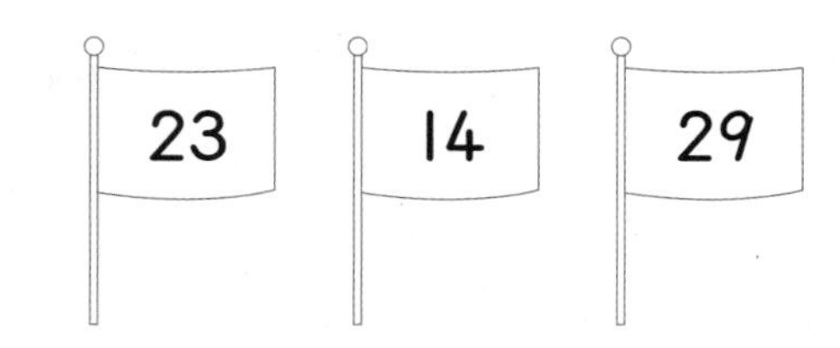

13 예승이는 붙임딱지를 다음과 같이 모았습니다. 붙임딱지가 30장이 되려면 10장씩 묶음 몇 개가 더 필요할까요?

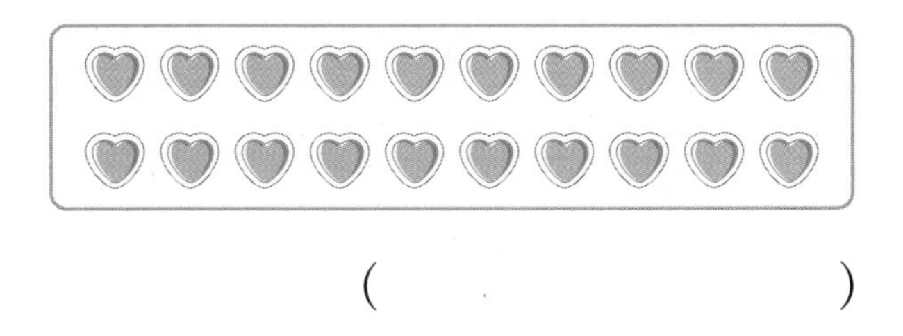

( )

14 다음이 나타내는 수를 구해 보세요.

10개씩 묶음 2개와 낱개 11개

( )

15 출석 번호 순서대로 키를 재고 있습니다. 출석 번호 23번과 27번 사이에 키를 잰 사람은 모두 몇 명일까요?

( )

16 순서를 거꾸로 하여 수 카드를 늘어놓았습니다. 맨 오른쪽에 있는 수 카드에 알맞은 수를 구해 보세요.

32 31 30 ☐ ☐ ☐

(　　　　　)

17 수 카드 3장 중에서 2장을 골라 한 번씩만 사용하여 가장 작은 수를 만들어 보세요.

3 2 4

(　　　　　)

18 구슬을 규현이는 32개, 민주는 서른다섯 개, 세은이는 10개씩 묶음 3개와 낱개 4개를 가지고 있습니다. 구슬을 많이 가지고 있는 사람부터 차례로 이름을 써 보세요.

(　　　　　)

19 ㉠과 ㉡에 들어갈 수를 모으기하면 얼마인지 풀이 과정을 쓰고 답을 구해 보세요.

17 → ㉠, 8

12, ㉡ → 19

풀이

답

20 지희는 색종이를 10장씩 묶음 3개와 낱개 14장을 가지고 있고, 상민이는 42장을 가지고 있습니다. 색종이를 더 많이 가지고 있는 사람은 누구인지 풀이 과정을 쓰고 답을 구해 보세요.

풀이

답

단원 평가 Level 2

점수

확인

1 모으기를 해 보세요.

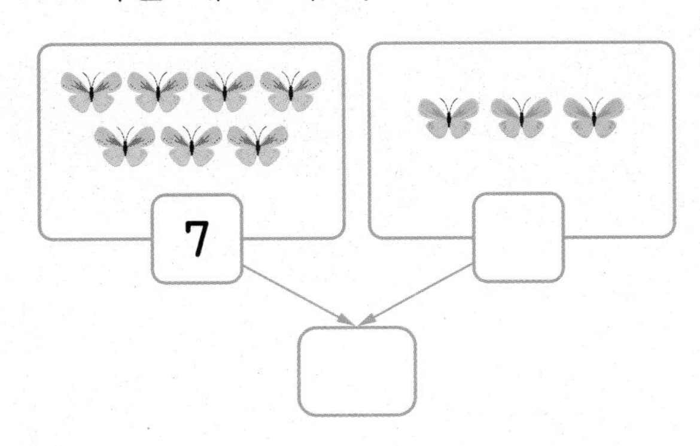

2 같은 수끼리 이어 보세요.

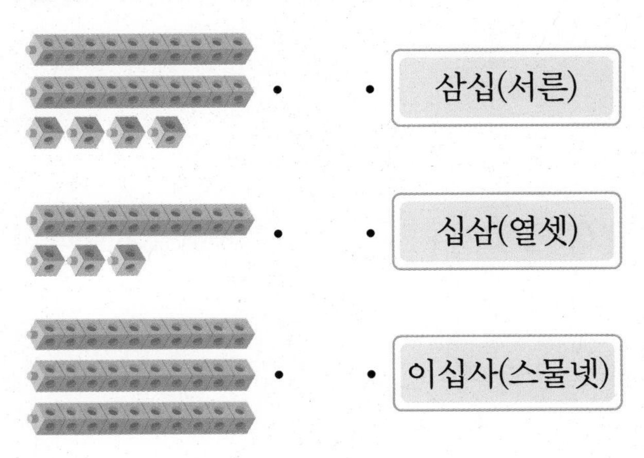

3 연결 모형이 몇 개인지 10개씩 묶어 세어 보세요.

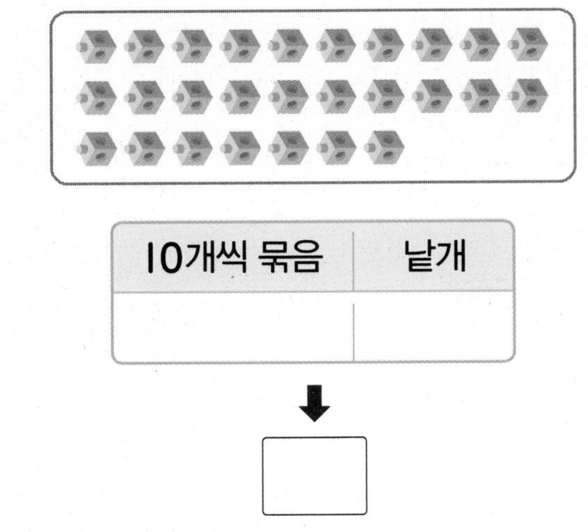

10개씩 묶음	낱개

4 그림을 보고 빈칸에 알맞은 수나 말을 써넣으세요.

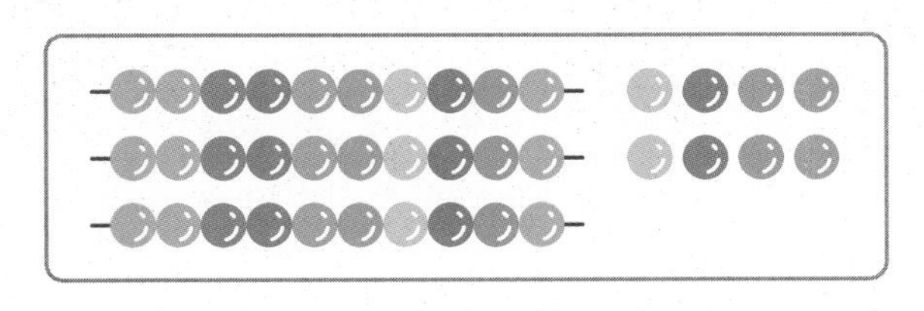

수	읽기	

5 □ 안에 알맞은 수를 써넣으세요.

(1) 10개씩 묶음 4개 ➡ 

(2) 10개씩 묶음 3개와 낱개 6개

➡ □

6 나타내는 수가 나머지와 다른 하나는 어느 것일까요? (　　　)

① 이십구
② 스물아홉
③ 39
④ 30보다 1만큼 더 작은 수
⑤ 10개씩 묶음 2개와 낱개 9개

7 수를 순서대로 써넣으세요.

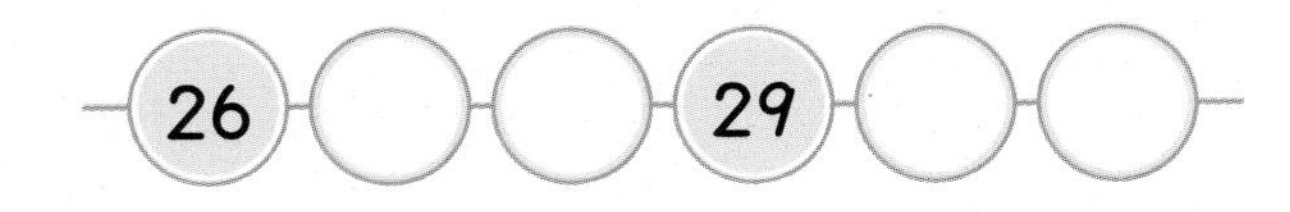

8 수를 잘못 읽은 사람은 누구일까요?

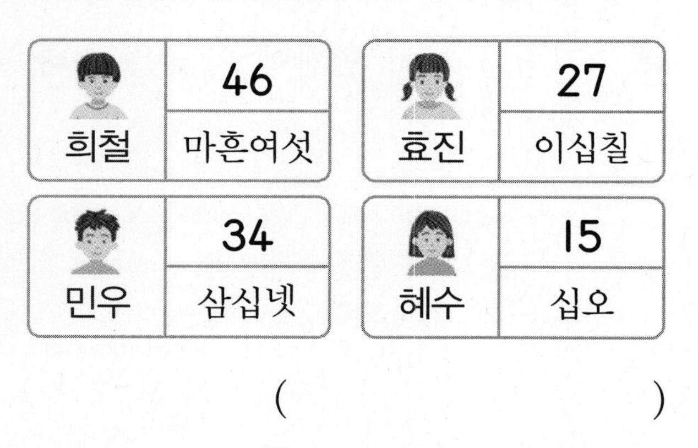

( )

9 정현이는 연필을 10자루씩 묶음 4개와 낱개 5자루를 가지고 있습니다. 정현이가 가지고 있는 연필은 모두 몇 자루일까요?

( )

10 모으기를 하면 12가 되는 두 수를 찾아 색칠해 보세요.

11 아래 두 수 중에서 더 큰 수를 위의 빈칸에 써넣으세요.

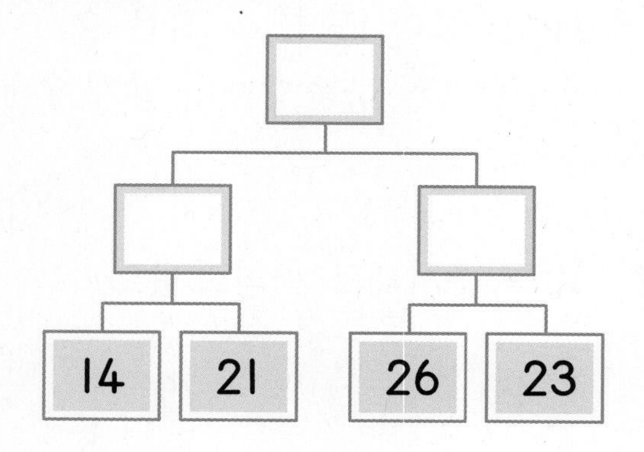

12 가장 큰 수에 ○표, 가장 작은 수에 △표 하세요.

34	27	36	41

13 수직선을 보고 37과 41 사이에 있는 수를 순서대로 모두 써 보세요.

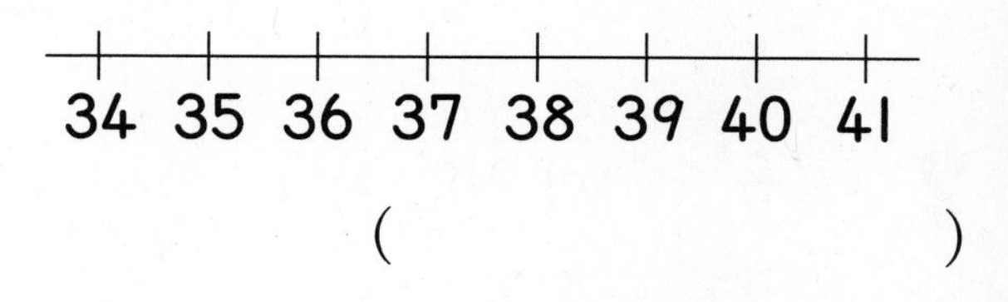

( )

14 50보다 작은 수 중에서 46보다 큰 수를 모두 써 보세요.

( )

15 젤리가 큰 봉지 안에는 10개씩, 작은 봉지 안에는 5개씩 들어 있습니다. 큰 봉지 2개, 작은 봉지 4개에 들어 있는 젤리는 모두 몇 개일까요?

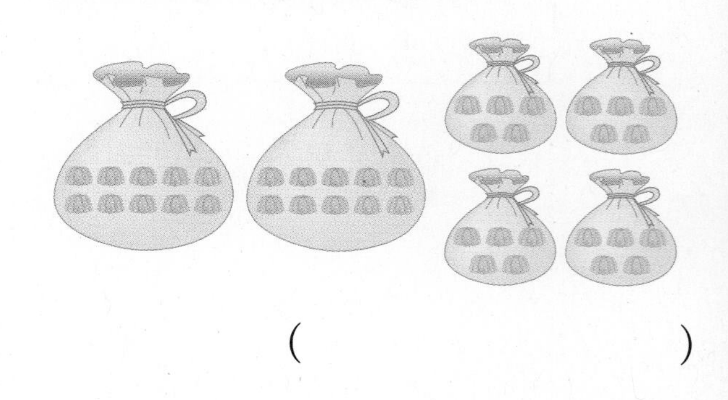

( )

16 ㉠은 ㉡보다 큰 수입니다. 1부터 9까지의 수 중에서 □ 안에 들어갈 수 있는 수는 모두 몇 개일까요?

㉠ 40　　㉡ □9

(　　　　　　)

17 다음 수보다 1만큼 더 작은 수와 1만큼 더 큰 수를 각각 구해 보세요.

10개씩 묶음 3개와 낱개 9개인 수

1만큼 더 작은 수 (　　　　　　)
1만큼 더 큰 수 (　　　　　　)

18 알맞은 수를 모두 써 보세요.

- 26보다 크고 33보다 작은 수입니다.
- 10개씩 묶음의 수가 낱개의 수보다 작습니다.

(　　　　　　)

19 ㉠과 ㉡에 알맞은 수는 0부터 9까지의 수 중 하나입니다. ㉠과 ㉡의 합은 얼마인지 풀이 과정을 쓰고 답을 구해 보세요.

26은 10개씩 묶음 ㉠개와 낱개 ㉡개입니다.

풀이

답

20 수 카드 4장 중에서 2장을 골라 한 번씩만 사용하여 만들 수 있는 수 중에서 낱개의 수가 3인 수는 모두 몇 개인지 풀이 과정을 쓰고 답을 구해 보세요. (단, 10보다 큰 수를 만듭니다.)

4　3　1　0

풀이

답

5

사고력이 반짝

● 모양들을 위에서 보았을 때의 모양을 찾고 색칠해 보세요.

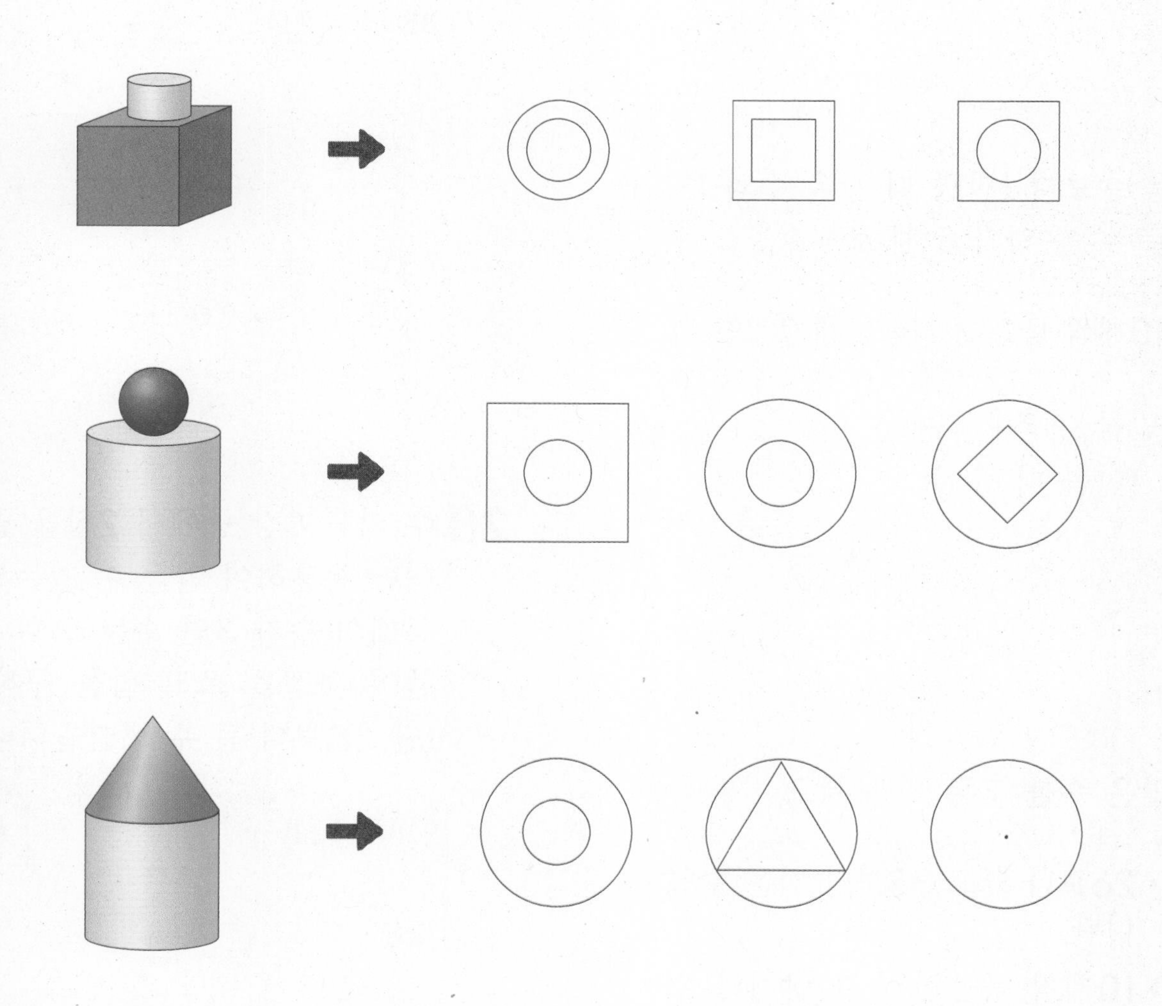

최상위를 위한

심화 학습 서비스 제공!

문제풀이 동영상 ⊕ 상위권 학습 자료

(QR 코드 스캔 혹은 디딤돌 홈페이지 참고)

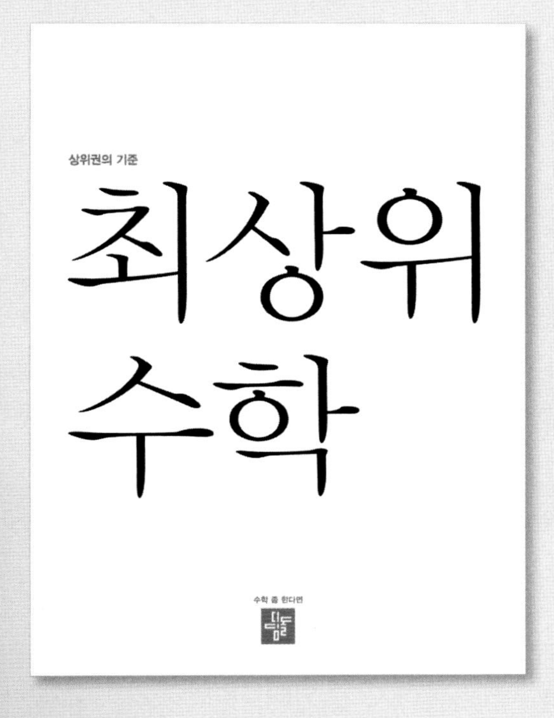

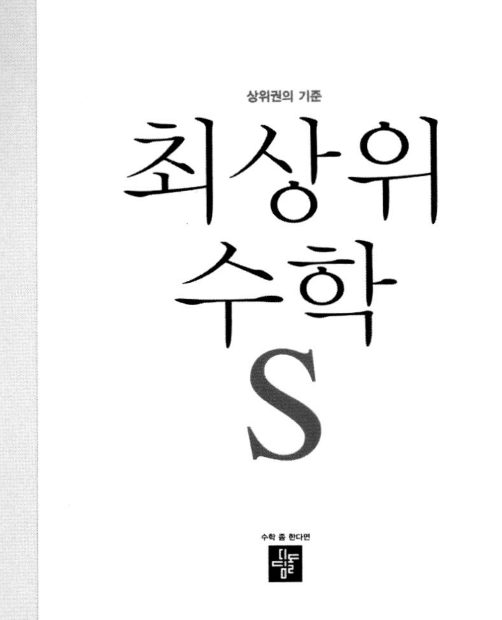

한걸음 한걸음 디딤돌을 걷다 보면 수학이 완성됩니다.

학습 능력과 목표에 따라
맞춤형이 가능한 디딤돌 초등 수학

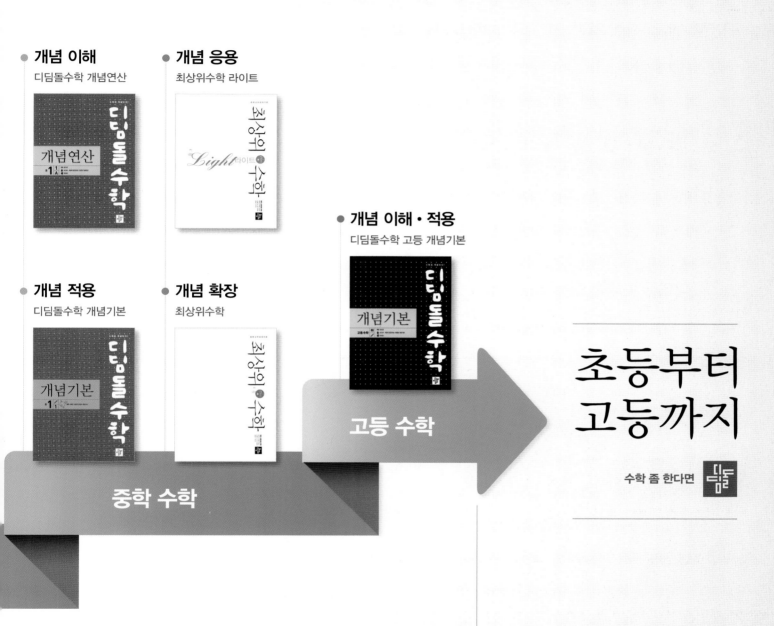

수능까지 연결되는 독해 로드맵

디딤돌 독해력은 수능까지 연결되는 체계적인 라인업을 통하여
수능에서 요구하는 핵심 독해 원리에 대한 이해는 물론,
단계 별로 심화되며 연결되는 학습의 과정을 통해
깊이 있고 종합적인 독해 사고의 능력까지 기를 수 있도록 도와줍니다.

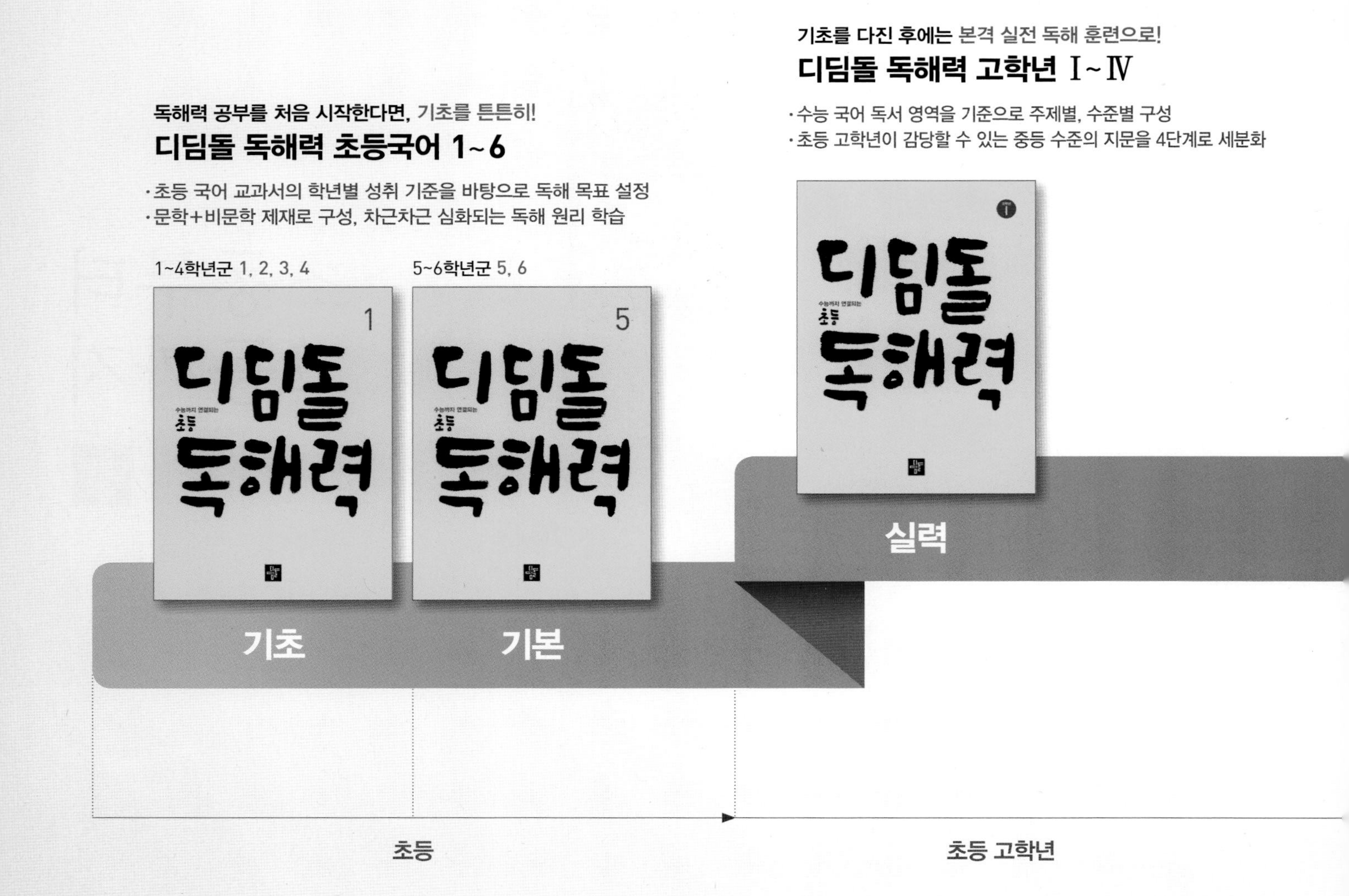

독해력 공부를 처음 시작한다면, 기초를 튼튼히!
디딤돌 독해력 초등국어 1~6
·초등 국어 교과서의 학년별 성취 기준을 바탕으로 독해 목표 설정
·문학+비문학 제재로 구성, 차근차근 심화되는 독해 원리 학습
1~4학년군 1, 2, 3, 4
5~6학년군 5, 6
기초를 다진 후에는 본격 실전 독해 훈련으로!
디딤돌 독해력 고학년 I~IV
·수능 국어 독서 영역을 기준으로 주제별, 수준별 구성
·초등 고학년이 감당할 수 있는 중등 수준의 지문을 4단계로 세분화
디딤돌 독해력
기초
기본
실력
초등
초등 고학년

기본+응용 | 정답과 풀이

1-1

수학 좀 한다면

디딤돌

정답과 풀이

1 9까지의 수

수 개념을 도입하고 한 자리 수를 읽고 쓰며 활용하는 학습입니다. 학교에 오기 전에 가졌던 다양한 수 세기의 경험을 활용하여 9까지의 사물의 개수를 직접 세어 보는 활동을 한 후 수 개념을 도입하고, 물건의 수량이나 순서를 나타내기 위해서 수를 이용하는 경험을 하게 됩니다.
사물의 성질이 달라도 개수라는 측면에서 수가 같음을 인식하여 수 개념을 구성하고, 수가 필요한 상황을 통하여 수를 이용했을 때의 편리함을 인식할 수 있도록 지도합니다.

교과서 개념 이해 1 1, 2, 3, 4, 5를 알아볼까요 8~9쪽

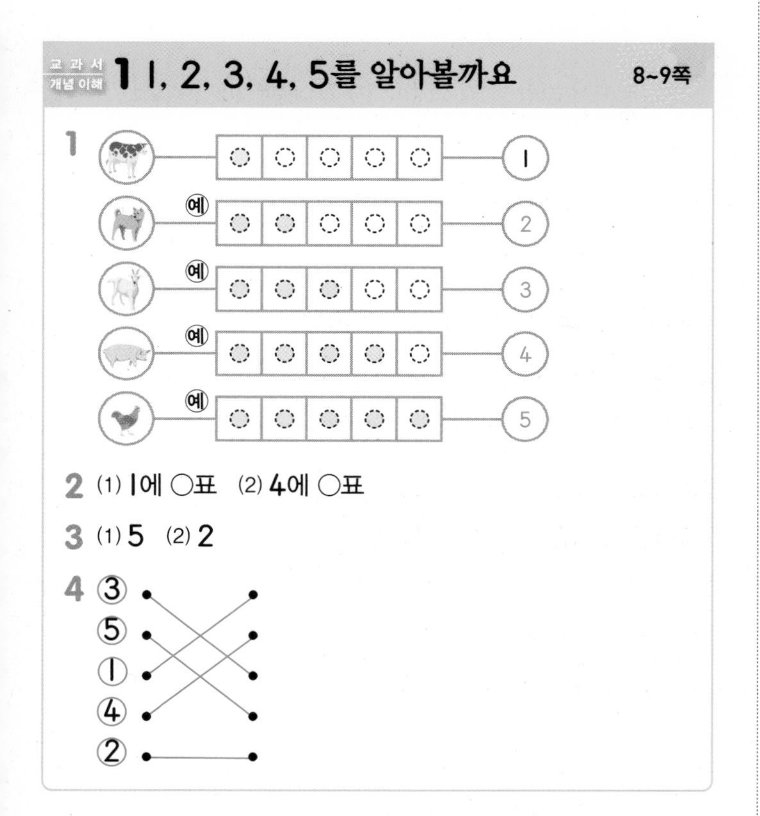

1 1, 예 2, 예 3, 예 4, 예 5

2 (1) 1에 ○표 (2) 4에 ○표

3 (1) 5 (2) 2

4 ③, ⑤, ①, ④, ②

2 (1) 버스의 수는 하나(일)이므로 1입니다.
(2) 배의 수는 넷(사)이므로 4입니다.

3 (1) 자전거의 수는 다섯(오)이므로 5라고 씁니다.
(2) 비행기의 수는 둘(이)이므로 2라고 씁니다.

4 풀의 수는 셋(삼)이므로 3입니다.
연필의 수는 다섯(오)이므로 5입니다.
필통의 수는 하나(일)이므로 1입니다.
지우개의 수는 넷(사)이므로 4입니다.
가위의 수는 둘(이)이므로 2입니다.

교과서 개념 이해 2 6, 7, 8, 9를 알아볼까요 10~11쪽

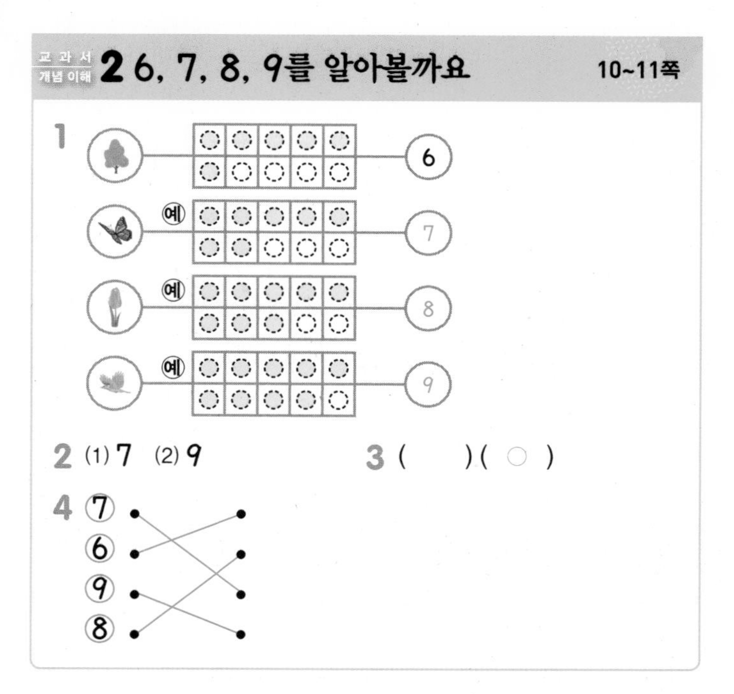

1 6, 예 7, 예 8, 예 9

2 (1) 7 (2) 9

3 ( )(○)

4 ⑦, ⑥, ⑨, ⑧

2 (1) 로봇의 수는 일곱(칠)이므로 7이라고 씁니다.
(2) 해마의 수는 아홉(구)이므로 9라고 씁니다.

3 왼쪽 곰 인형의 수는 일곱(칠)이므로 7입니다.
오른쪽 곰 인형의 수는 여덟(팔)이므로 8입니다.
따라서 수가 8인 것은 오른쪽 곰 인형입니다.

4 과자의 수는 일곱(칠)이므로 7입니다.
빵의 수는 여섯(육)이므로 6입니다.
사탕의 수는 아홉(구)이므로 9입니다.
초콜릿의 수는 여덟(팔)이므로 8입니다.

교과서 개념 이해 3 수로 순서를 나타내 볼까요 12~13쪽

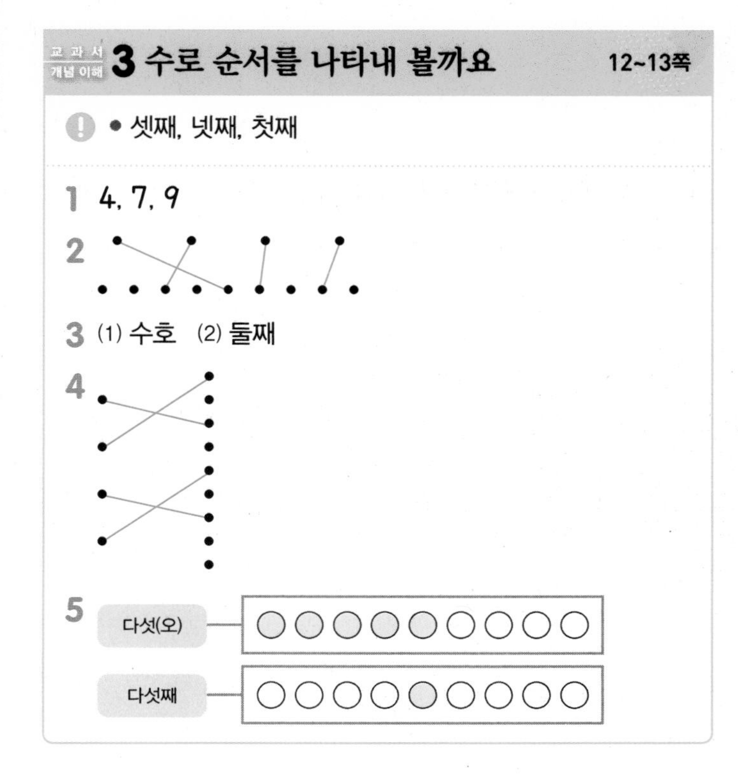

! • 셋째, 넷째, 첫째

1 4, 7, 9

2

3 (1) 수호 (2) 둘째

4

5 다섯(오), 다섯째

1 넷째는 4로 나타내고, 일곱째는 7로 나타내고, 아홉째는 9로 나타냅니다.

2 왼쪽에서부터 순서에 알맞게 수를 이어 봅니다.

4 위 또는 아래에서부터 세어서 순서에 맞는 상자를 찾아 봅니다.

5 다섯(오)은 수를 나타내므로 5개를 색칠하고, 다섯째는 순서를 나타내므로 다섯째에만 색칠합니다.

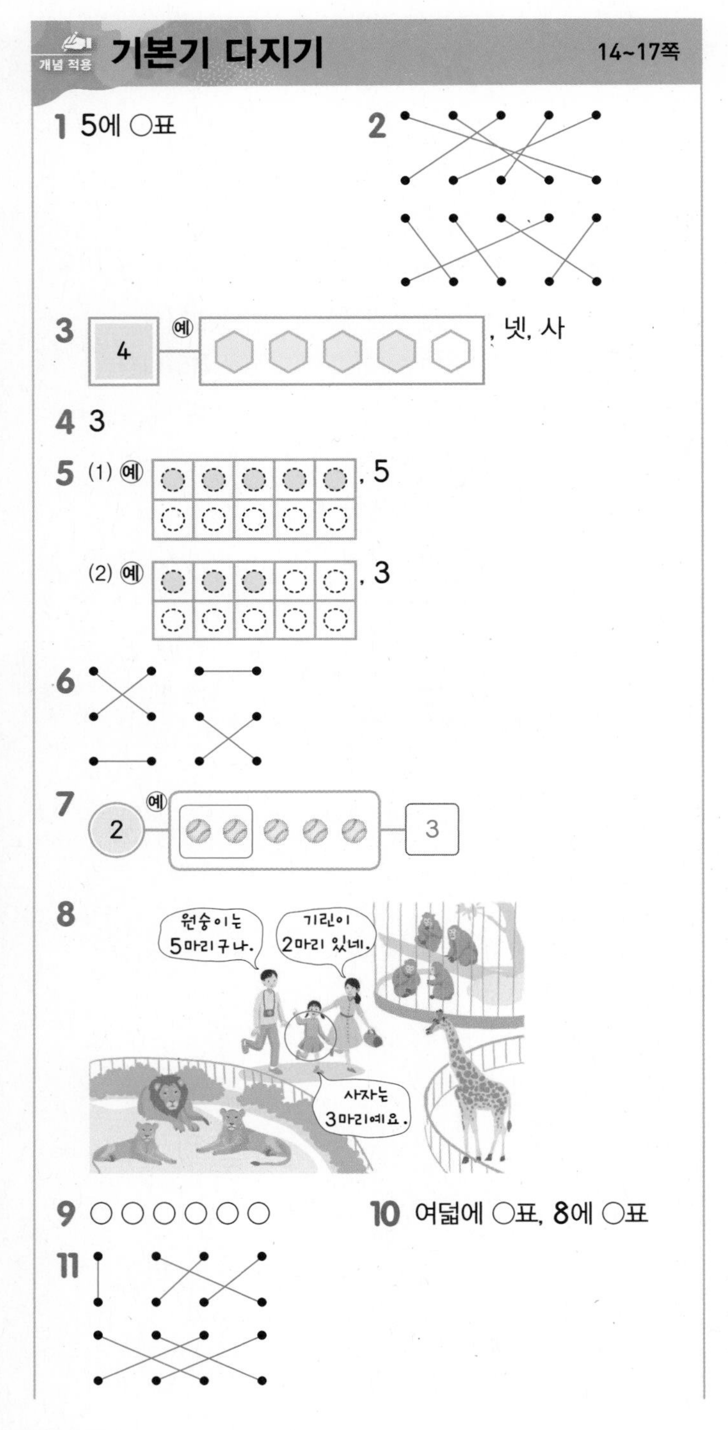

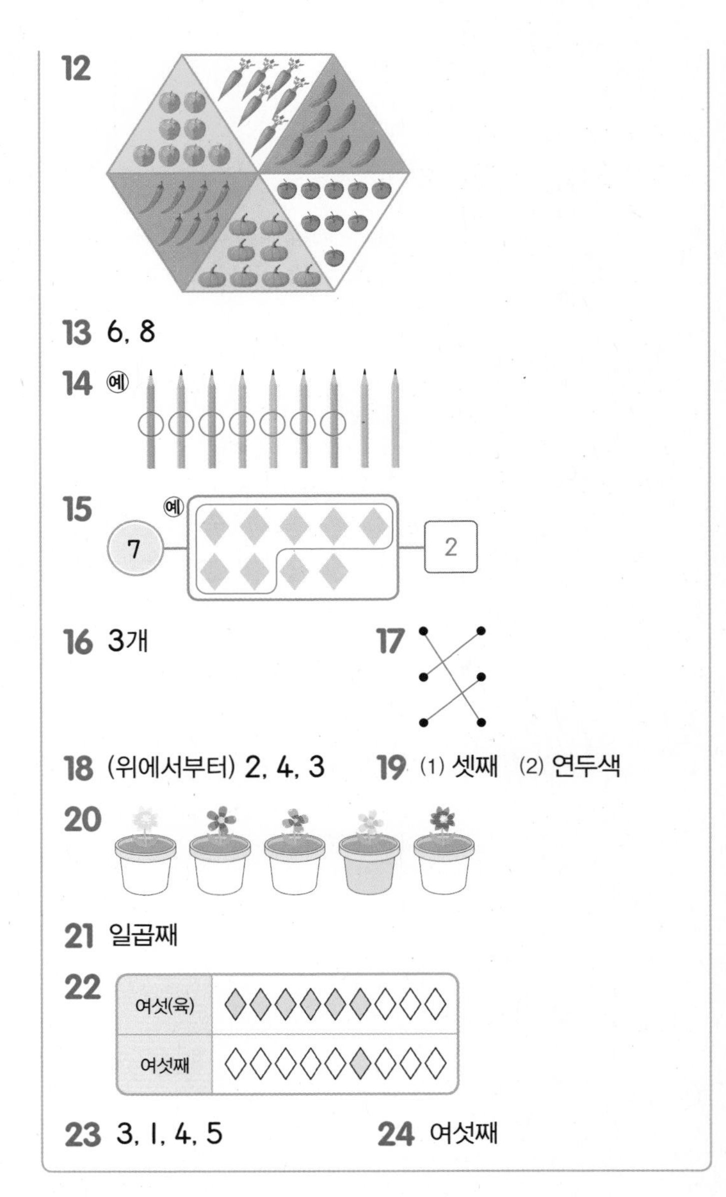

12
13 6, 8
14 예
15 예 7 2
16 3개
17
18 (위에서부터) 2, 4, 3
19 (1) 셋째 (2) 연두색
20
21 일곱째
22 여섯(육) 여섯째
23 3, 1, 4, 5
24 여섯째

1 병아리의 수는 다섯이므로 5입니다.

3 주어진 수가 4이므로 4개를 색칠합니다.
4는 넷 또는 사라고 읽습니다.

4 우산의 수는 셋이므로 3입니다.

5 (1) 바나나의 수는 다섯이므로 ◌를 5개 색칠하고 5라고 씁니다.
(2) 귤의 수는 셋이므로 ◌를 3개 색칠하고 3이라고 씁니다.

6 지우개의 수는 셋(삼)이므로 3입니다.
연필의 수는 하나(일)이므로 1입니다.
클립의 수는 넷(사)이므로 4입니다.

7 2이므로 하나, 둘까지 세어 묶고, 묶지 않은 것을 세어 보면 셋이므로 3을 씁니다.

8 원숭이는 4마리, 기린은 1마리, 사자는 3마리입니다.

9 막대사탕의 수는 여섯이므로 ○를 6개 그립니다.

10 풍선의 수는 여덟이므로 8입니다.

11 딸기의 수는 아홉(구)이므로 9입니다.
레몬의 수는 여섯(육)이므로 6입니다.
복숭아의 수는 일곱(칠)이므로 7입니다.
키위의 수는 여덟(팔)이므로 8입니다.

12 당근은 6개, 오이는 7개, 토마토는 9개, 호박은 8개, 고추는 7개, 사과는 8개입니다.
따라서 오이, 고추에 파란색을, 호박, 사과에 노란색을 칠합니다.

13 그림을 보고 다람쥐와 도토리의 수를 각각 세어 보면 다람쥐는 6마리, 도토리는 8개입니다.

14 하나부터 일곱까지 수를 세며 연필에 ○표 합니다.

15 7이므로 하나, 둘, ..., 일곱까지 세어 묶고, 묶지 않은 것을 세어 보면 둘이므로 2를 씁니다.

16 고리의 수가 다섯이므로 여덟이 되려면 고리를 3개 더 넣어야 합니다.

17 앞에서부터 민아(첫째), 진호(둘째), 다현(셋째), 화진(넷째), 세경(다섯째), 현수(여섯째)의 순서로 달리고 있습니다.

18 딸기는 첫째이므로 1, 귤은 둘째이므로 2, 참외는 셋째이므로 3, 복숭아는 넷째이므로 4입니다.

19 (1) 보라색 캔은 아래에서 셋째입니다.
(2) 위에서 넷째에 있는 캔은 연두색입니다.

20 둘째는 순서를 나타내므로 오른쪽에서 둘째에 있는 화분 하나에만 색칠합니다.

21 다섯째 — 여섯째 — 일곱째 — 여덟째
↑
윤아

22 여섯(육)은 수를 나타내므로 6개를 색칠하고, 여섯째는 순서를 나타내므로 여섯째에 있는 1개에만 색칠합니다.

23 왼쪽에서부터 첫째(1), 둘째(2), 셋째(3), 넷째(4), 다섯째(5)입니다.

서술형
24 예 왼쪽에서 넷째에 있는 구슬은 파란색 구슬입니다. 파란색 구슬은 오른쪽에서 여섯째에 있습니다.

단계	문제 해결 과정
①	왼쪽에서 넷째에 있는 구슬을 찾았나요?
②	①에서 찾은 구슬이 오른쪽에서 몇째인지 구했나요?

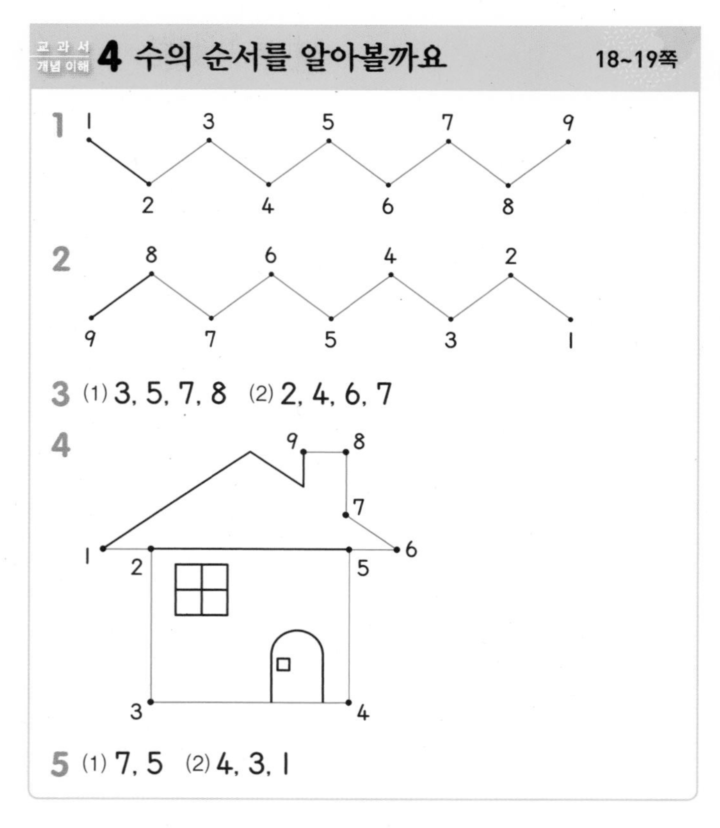

3 1부터 순서대로 수를 쓰면 1, 2, 3, 4, 5, 6, 7, 8, 9입니다.

4 1—2—3—4—5—6—7—8—9를 순서대로 이어서 그림을 완성해 봅니다.

5 (1) 9부터 순서를 거꾸로 하여 수를 쓰면 9, 8, 7, 6, 5, 4입니다.
(2) 6부터 순서를 거꾸로 하여 수를 쓰면 6, 5, 4, 3, 2, 1입니다.

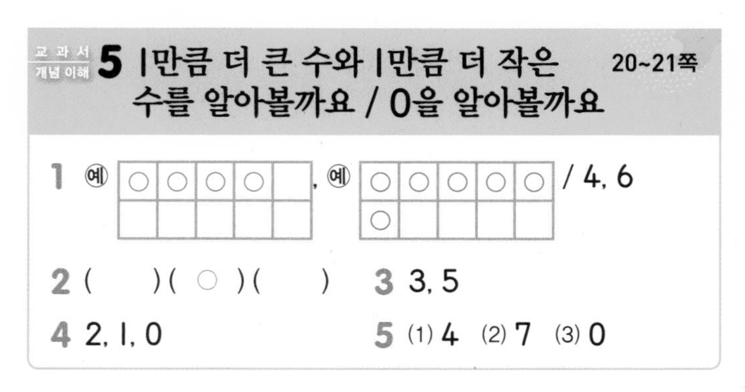

교과서 개념 이해
5 1만큼 더 큰 수와 1만큼 더 작은 수를 알아볼까요 / 0을 알아볼까요
20~21쪽
1 예 , 예 / 4, 6
2 ( )(○)( )
3 3, 5
4 2, 1, 0
5 (1) 4 (2) 7 (3) 0

2 6보다 1만큼 더 큰 수는 7이므로 병아리가 7마리인 것을 찾습니다.

3 수를 순서대로 썼을 때 4 바로 앞의 수는 3이고, 4 바로 뒤의 수는 5입니다.

4 개구리가 하나도 없는 것을 0으로 나타냅니다.

5 (1) 3보다 1만큼 더 큰 수는 3 바로 뒤의 수이므로 4입니다.
(2) 8보다 1만큼 더 작은 수는 8 바로 앞의 수이므로 7입니다.
(3) 1보다 1만큼 더 작은 수는 1 바로 앞의 수이므로 0입니다.

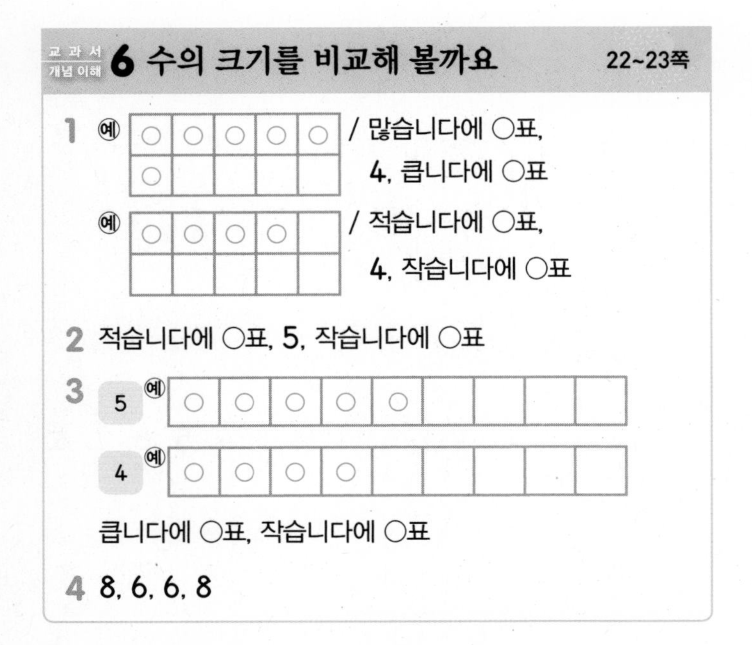

교과서 개념 이해
6 수의 크기를 비교해 볼까요 22~23쪽
1 예 / 많습니다에 ○표, 4, 큽니다에 ○표
예 / 적습니다에 ○표, 4, 작습니다에 ○표
2 적습니다에 ○표, 5, 작습니다에 ○표
3 5 예
4 예
큽니다에 ○표, 작습니다에 ○표
4 8, 6, 6, 8

2 사람은 3명이고 자전거는 5대입니다.
사람이 자전거보다 적으므로 3은 5보다 작습니다.

3 5는 ○를 5개 그리고 4는 ○를 4개 그립니다.
5의 ○가 더 많으므로 5가 4보다 큽니다.

4 수를 순서대로 썼을 때 8이 6보다 뒤에 있으므로 8은 6보다 크고 6은 8보다 작습니다.

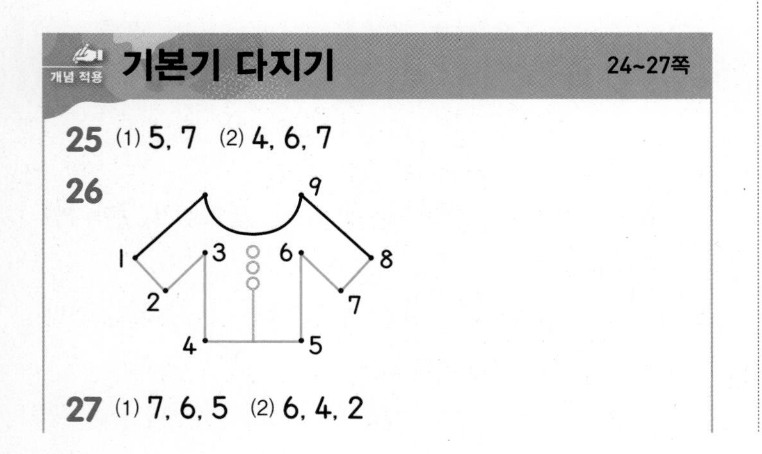

개념 적용
기본기 다지기 24~27쪽
25 (1) 5, 7 (2) 4, 6, 7
26
1
2
3
4
5
6
7
8
9
27 (1) 7, 6, 5 (2) 6, 4, 2

28

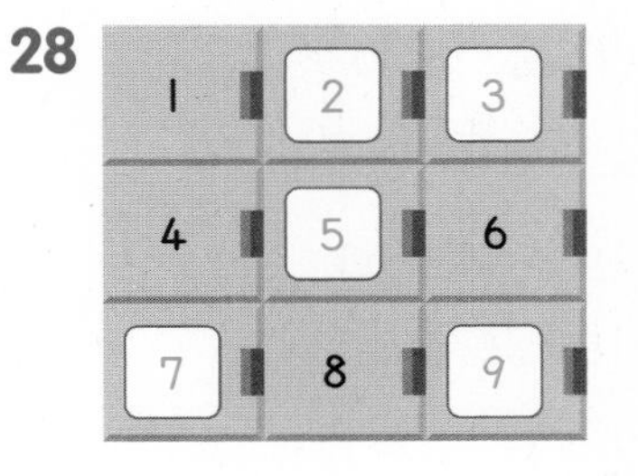

29 8 **30** ( )(○)( )

31 (1) 7 (2) 8

32 (왼쪽에서부터) 2, 4, 6, 8

33 (1) 6, 7 (2) 2, 3 **34** (1) 6, 8 (2) 5, 6

35 8, 8, 9 **36** 태윤

37 0, 1, 2 **38** 3, 0, 5

39 0, 2

40 (1) 6 8 (2) 5 4

41 많습니다에 ○표, 5, 큽니다에 ○표

42 7 예 ○○○○○○○
4 예 ○○○○
큽니다에 ○표, 작습니다에 ○표

43 6에 ○표 **44** 6, 1, 3 / 6, 1

45 0 1 2 3 4 5 6

46 3 4 5 6 7 8 9

47 4, 6, 1 **48** 4

49 3개

25 (1) 3부터 순서대로 수를 쓰면 3, 4, 5, 6, 7입니다.
(2) 5 바로 앞의 수는 4이므로 4부터 순서대로 수를 쓰면 4, 5, 6, 7, 8입니다.

26 1−2−3−4−5−6−7−8−9를 순서대로 이어서 그림을 완성해 봅니다.

27 (1) 9부터 순서를 거꾸로 하여 수를 쓰면 9, 8, 7, 6, 5입니다.
(2) 5 바로 뒤의 수는 6이므로 6부터 순서를 거꾸로 하여 수를 쓰면 6, 5, 4, 3, 2입니다.

28 1부터 9까지 순서대로 수를 써 봅니다.

29 ♥를 제외하고 수 카드를 작은 수부터 차례로 늘어놓으면 6, 7, 9입니다. 연속하는 수가 되려면 ♥는 7과 9

사이에 놓여야 합니다. ➡ 6, 7, ♥, 9
따라서 ♥에 알맞은 수는 8입니다.

30 4보다 1만큼 더 큰 수는 5입니다.

31 (1) 6보다 1만큼 더 큰 수는 6 바로 뒤의 수이므로 7입니다.
(2) 9보다 1만큼 더 작은 수는 9 바로 앞의 수이므로 8입니다.

32 3보다 1만큼 더 작은 수는 3 바로 앞의 수인 2이고, 3보다 1만큼 더 큰 수는 3 바로 뒤의 수인 4입니다.
7보다 1만큼 더 작은 수는 7 바로 앞의 수인 6이고, 7보다 1만큼 더 큰 수는 7 바로 뒤의 수인 8입니다.

33 (1) 5보다 1만큼 더 큰 수는 6이고, 6보다 1만큼 더 큰 수는 7입니다.
(2) 4보다 1만큼 더 작은 수는 3이고, 3보다 1만큼 더 작은 수는 2입니다.

34 (1) 7은 6 바로 뒤의 수이므로 6보다 1만큼 더 큰 수이고, 7은 8 바로 앞의 수이므로 8보다 1만큼 더 작은 수입니다.
(2) 5는 4 바로 뒤의 수이므로 4보다 1만큼 더 큰 수이고, 5는 6 바로 앞의 수이므로 6보다 1만큼 더 작은 수입니다.

35 8보다 1만큼 더 큰 수는 9입니다.

36 진아: 8, 지호: 4, 태윤: 6
따라서 6을 바르게 설명한 사람은 태윤입니다.

37 접시 위에 아무것도 없는 것은 0입니다.

39 1보다 1만큼 더 작은 수는 0, 1만큼 더 큰 수는 2입니다.

40 수를 순서대로 썼을 때 뒤에 있는 수가 더 큰 수입니다.

41 사과는 8개, 멜론은 5개입니다.
사과는 멜론보다 많으므로 8은 5보다 큽니다.

42 7은 ○를 7개 그리고, 4는 ○를 4개 그립니다.
7의 ○가 더 많으므로 7은 4보다 큽니다.

43 6은 0보다 크고 2보다도 크므로 가장 큰 수는 6입니다.

44 연필 6자루, 공책 1권, 지우개 3개가 있습니다.
가장 큰 수는 6이고, 가장 작은 수는 1입니다.

45 수를 순서대로 썼을 때 앞의 수가 뒤의 수보다 작은 수이므로 4보다 작은 수는 0, 1, 2, 3입니다.
주의 | 4보다 작은 수에 4는 포함되지 않습니다.

46 수를 순서대로 썼을 때 뒤의 수가 앞의 수보다 큰 수이므로 5보다 큰 수는 6, 7, 8, 9입니다.

47 작은 수부터 차례로 쓰면 1, 4, 6, 7, 8이므로 7보다 작은 수는 1, 4, 6입니다.

48 큰 수부터 차례로 쓰면 9, 7, 4, 0이므로 셋째에 있는 수는 4입니다.

서술형
49 예 3부터 7까지의 수를 순서대로 쓰면 3, 4, 5, 6, 7입니다. 따라서 3보다 크고 7보다 작은 수는 4, 5, 6으로 모두 3개입니다.

단계	문제 해결 과정
①	3부터 7까지의 수를 순서대로 썼나요?
②	3보다 크고 7보다 작은 수를 모두 구했나요?
③	3보다 크고 7보다 작은 수는 모두 몇 개인지 구했나요?

개념 완성
응용력 기르기

28~31쪽

1 ㉠
1-1 ㉡
1-2 ㉠, ㉣, ㉢, ㉡
2 7, 8
2-1 3, 4
2-2 3개
3 3
3-1 7
3-2 8
4 1단계 예 3보다 1만큼 더 큰 수는 4이므로 병원은 4층입니다.
2단계 예 4보다 3만큼 더 작은 수는 1이므로 약국은 1층입니다.
/ 1층
4-1 6층

1 나타내는 수를 알아보면 ㉠ 6, ㉡ 3, ㉢ 4, ㉣ 2입니다.
따라서 나타내는 수가 가장 큰 것은 ㉠입니다.

1-1 나타내는 수를 알아보면 ㉠ 7, ㉡ 2, ㉢ 3, ㉣ 5입니다.
따라서 나타내는 수가 가장 작은 것은 ㉡입니다.

1-2 나타내는 수를 알아보면 ㉠ 9, ㉡ 4, ㉢ 7, ㉣ 8입니다.
따라서 나타내는 수가 큰 것부터 차례로 기호를 쓰면 ㉠, ㉣, ㉢, ㉡입니다.

2 4와 9 사이에 있는 수는 5, 6, 7, 8이고, 이 중에서 6보다 큰 수는 7, 8이므로 조건을 만족하는 수는 7, 8입니다.

2-1 2와 7 사이에 있는 수는 3, 4, 5, 6이고, 이 중에서 5보다 작은 수는 3, 4이므로 조건을 만족하는 수는 3, 4입니다.

2-2 3과 8 사이에 있는 수는 4, 5, 6, 7이고, 이 중에서 7보다 작은 수는 4, 5, 6이므로 조건을 만족하는 수는 모두 3개입니다.

3 수 카드를 작은 수부터 차례로 늘어놓으면 0, 1, 3, 6, 7입니다.
따라서 왼쪽에서 셋째에 있는 수는 3입니다.

3-1 수 카드를 작은 수부터 차례로 늘어놓으면 1, 2, 4, 7, 8입니다.
따라서 오른쪽에서 둘째에 있는 수는 7입니다.

3-2 수 카드를 큰 수부터 차례로 늘어놓으면 9, 8, 7, 5, 4, 2입니다.
따라서 오른쪽에서 다섯째에 있는 수는 8입니다.

4-1

층	
6층	영화관
5층	서점
4층	
3층	
2층	카페
1층	

5보다 3만큼 더 작은 수는 2이므로 카페는 2층입니다.
2보다 4만큼 더 큰 수는 6이므로 영화관은 6층입니다.

1단원 단원 평가 Level 1

32~34쪽

1 (선 잇기) **2** 9
3 여섯, 육 **4** 4에 ○표, 넷에 ○표
5 종민 **6** 셋째
7 2, 5, 6
8

일곱(칠)	○○○○○○○○○
일곱째	○○○○○○○○○

9 5개, 6개 **10** (위에서부터) 6, 8 / 3, 5
11 (1) 8에 ○표 (2) 4에 ○표
12 6, 5, 3 **13** 9에 ○표, 7에 △표
14 0 **15** 3개
16 0, 4, 6, 7 **17** 일곱째
18 4명 **19** 민지, 1권
20 2개

1 펭귄의 수는 둘이므로 2입니다.
코끼리의 수는 셋이므로 3입니다.
앵무새의 수는 다섯이므로 5입니다.

2 막대사탕의 수는 아홉이므로 9입니다.

3 고양이의 수는 여섯이므로 6입니다.
6은 여섯 또는 육이라고 읽습니다.

4 사과의 수는 넷이므로 4입니다.
4는 넷 또는 사라고 읽습니다.

5

수빈	훈영	준모	종민	유진
첫째	둘째	셋째	넷째	다섯째

7 1부터 순서대로 수를 쓰면 1, 2, 3, 4, 5, 6, 7, 8, 9입니다.

8 일곱(칠)은 수를 나타내므로 7개를 색칠합니다.
일곱째는 순서를 나타내므로 일곱째에만 색칠합니다.

9 축구공을 세어 보면 다섯이므로 5개이고, 농구공을 세어 보면 여섯이므로 6개입니다.

10 7보다 1만큼 더 작은 수는 7 바로 앞의 수인 6이고, 7보다 1만큼 더 큰 수는 7 바로 뒤의 수인 8입니다.
4보다 1만큼 더 작은 수는 4 바로 앞의 수인 3이고, 4보다 1만큼 더 큰 수는 4 바로 뒤의 수인 5입니다.

11 (1) 수를 순서대로 썼을 때 8이 7보다 뒤에 있으므로 8은 7보다 큽니다.
(2) 수를 순서대로 썼을 때 4가 2보다 뒤에 있으므로 4는 2보다 큽니다.

12 7부터 순서를 거꾸로 하여 수를 쓰면 7, 6, 5, 4, 3입니다.

13 튤립의 수는 8입니다.
8보다 1만큼 더 큰 수는 9이고, 8보다 1만큼 더 작은 수는 7입니다.

14 야구 글러브의 수는 1입니다.
1보다 1만큼 더 작은 수는 0입니다.

15 왼쪽의 수가 6이므로 여섯을 묶습니다.
따라서 묶지 않은 것은 셋이므로 3개입니다.

16 작은 수부터 차례로 쓰면 0, 4, 6, 7입니다.

17 왼쪽에서 셋째에 있는 모양은 □입니다.
□는 오른쪽에서 일곱째에 있습니다.

18

연아 다현

○ ○ ● ○ ○ ○ ○ ● ○

첫째 둘째 셋째 넷째 다섯째 여섯째 일곱째 여덟째 아홉째

셋째와 여덟째 사이에 넷째, 다섯째, 여섯째, 일곱째가 있으므로 4명이 서 있습니다.

서술형
19 ㉮ 6은 5보다 1만큼 더 큰 수입니다.
따라서 민지가 동화책을 1권 더 많이 읽었습니다.

평가 기준	배점(5점)
누가 동화책을 더 많이 읽었는지 구했나요?	2점
동화책을 몇 권 더 많이 읽었는지 구했나요?	3점

서술형
20 ㉮ 1과 6 사이에 있는 수는 2, 3, 4, 5입니다. 이 중에서 3보다 큰 수는 4, 5로 조건을 만족하는 수는 모두 2개입니다.

평가 기준	배점(5점)
1과 6 사이에 있는 수를 모두 구했나요?	2점
1과 6 사이에 있는 수 중에서 3보다 큰 수는 몇 개인지 구했나요?	3점

1단원 단원 평가 Level ❷ 35~37쪽

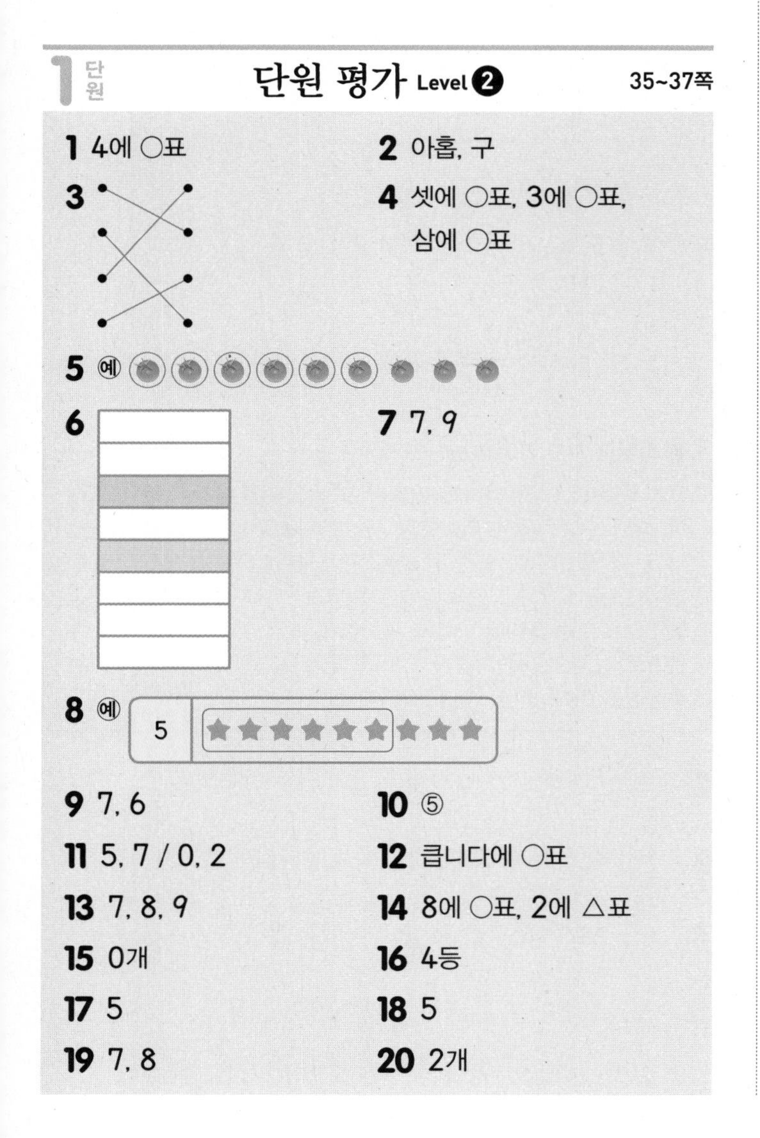

1 4에 ○표
2 아홉, 구
3
4 셋에 ○표, 3에 ○표, 삼에 ○표
5 ㉮
6
7 7, 9
8 ㉮ 5
9 7, 6
10 ⑤
11 5, 7 / 0, 2
12 큽니다에 ○표
13 7, 8, 9
14 8에 ○표, 2에 △표
15 0개
16 4등
17 5
18 5
19 7, 8
20 2개

1 당근의 수를 세어 보면 하나, 둘, 셋, 넷이므로 4입니다.

2 9는 아홉 또는 구라고 읽습니다.

4 나비의 수를 세어 보면 셋이므로 알맞은 것은 셋, 3, 삼입니다.

5 여섯은 6이므로 방울토마토 6개를 ○표 합니다.

7 순서대로 수를 쓰면 5, 6, 7, 8, 9입니다.

8 5보다 1만큼 더 큰 수는 6이므로 하나, 둘, ..., 여섯까지 세어 묶습니다.

9 8부터 순서를 거꾸로 하여 수를 쓰면 8, 7, 6, 5, 4입니다.

10 ①, ②, ③, ④는 모두 8을 나타냅니다.
⑤ 6과 8 사이에 있는 수는 7입니다.

11 조개의 수는 6이므로 6보다 1만큼 더 작은 수는 5이고, 6보다 1만큼 더 큰 수는 7입니다.
레몬의 수는 1이므로 1보다 1만큼 더 작은 수는 0이고, 1보다 1만큼 더 큰 수는 2입니다.

12 수를 순서대로 썼을 때 6이 3보다 뒤에 있으므로 6은 3보다 큽니다.

13 5보다 큰 수는 5보다 뒤에 있는 수입니다.

14 작은 수부터 차례로 쓰면 2, 6, 7, 8이므로 맨 앞에 있는 2가 가장 작은 수이고, 맨 뒤에 있는 8이 가장 큰 수입니다.

15 세윤이가 초콜릿 3개를 사서 모두 먹었으므로 남은 초콜릿은 아무것도 없습니다.
따라서 세윤이에게 남은 초콜릿은 0개입니다.

16 5명의 학생이 달리는데 재환이 앞에 3명이 있으므로 재환이는 넷째로 달리고 있습니다.
따라서 재환이는 4등으로 달리고 있습니다.

17 작은 수부터 차례로 쓰면 0, 1, 5, 6, 9입니다.
따라서 왼쪽에서 셋째에 있는 수는 5입니다.

18 세윤: 7보다 작아요. ➡ 6, 5, 4, 3, 2, 1
안나: 4보다 커요. ➡ 5, 6, 7, 8, 9
세윤이와 안나가 말한 수 중에서 같은 수는 5, 6이고, 선아가 6은 아니라고 했으므로 친구들이 말하는 수는 5입니다.

서술형
19 예 가운데 수가 6이므로 맨 위의 수는 6보다 1만큼 더 큰 수인 7이고, 맨 아래의 수는 7보다 1만큼 더 큰 수인 8입니다.

평가 기준	배점(5점)
맨 위의 수를 구했나요?	2점
맨 아래의 수를 구했나요?	3점

서술형
20 예 작은 수부터 차례로 쓰면 0, 1, 4, 5, 6, 8, 9입니다. 따라서 4보다 크고 8보다 작은 수는 5, 6으로 모두 2개입니다.

평가 기준	배점(5점)
주어진 수를 작은 수부터 차례로 썼나요?	2점
4보다 크고 8보다 작은 수를 구했나요?	2점
조건에 맞는 수는 모두 몇 개인지 구했나요?	1점

2 여러 가지 모양

입체도형 중 ▢, ▢, ○ 모양에 대해 학습합니다.
일상생활에서 접하는 여러 사물들을 기하학적으로 탐구하여 도형에 대한 기초적인 개념과 관계, 직관적 통찰력을 기르는 것은 학생들의 공간 감각 능력을 키우는 데 도움이 됩니다. 다만 일상생활에서 접하는 사물들은 크기, 색, 딱딱함과 같은 여러 가지 속성들을 지니고 있으므로 여러 가지 속성들 중에서 특히 모양 부분에 초점을 두어 인식할 수 있도록 지도합니다.

교과서 개념 이해 1 여러 가지 모양을 찾아볼까요 40~41쪽

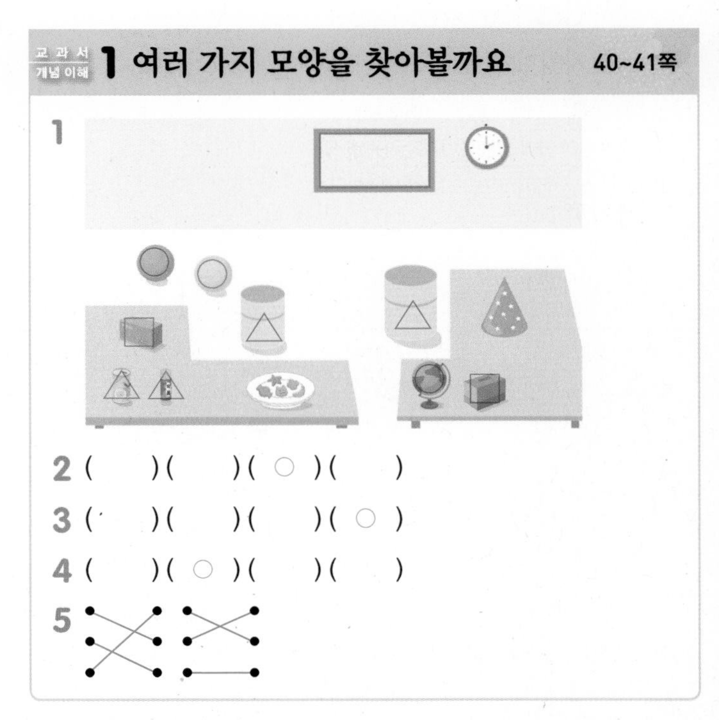

1

2 ( )( )(○)( )

3 ( )( )( )(○)

4 ( )(○)( )( )

5

★ 학부모 지도 가이드

우리 주변의 여러 가지 물건들을 모양의 공통된 특징을 파악하여 상자 모양, 둥근기둥 모양, 공 모양으로 추상화하는 학습입니다. 즉, 축구공의 약간 울록볼록한 부분, 농구공의 질감, 색 같은 것들을 배제하고 공과 같이 생긴 모양만을 특징으로 삼아 공 모양으로 분류합니다. 이와 같은 입체 모양의 추상화를 통해 처음으로 입체도형을 학습하고, 이후 입체도형의 단면을 알아보는 추상화를 통해 평면도형을 배우게 됩니다.

2 ▢ 모양과 같은 모양은 휴지 상자입니다.

3 ▢ 모양과 같은 모양은 양초입니다.

4 ○ 모양과 같은 모양은 비치볼입니다.

5 풀, 두루마리 휴지는 ▢ 모양, 볼링공, 멜론은 ○ 모양, 냉장고, 가방은 ▢ 모양입니다.

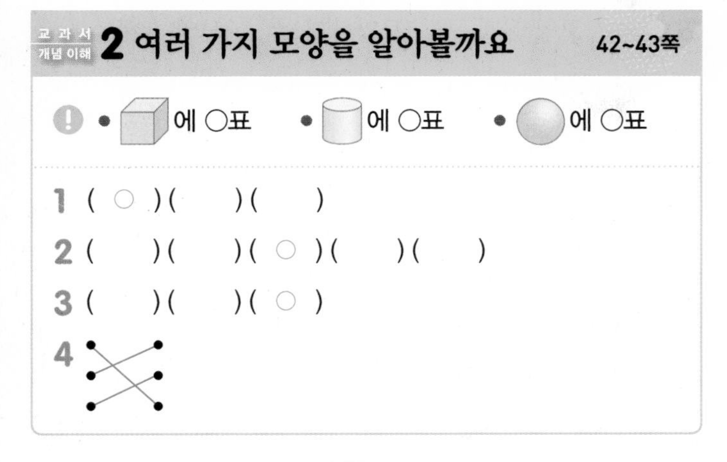

교과서 개념 이해 **2 여러 가지 모양을 알아볼까요** 42~43쪽

! • 에 ○표 • 에 ○표 • 에 ○표

1 (○)( )( )
2 ( )( )(○)( )( )
3 ( )( )(○)
4

2 평평한 부분만 있는 모양은 굴리기 어렵습니다.

3 둥근 부분만 있는 모양은 모양입니다.

4 모든 부분이 다 둥근 모양은 모양, 모든 부분이 다 평평한 모양은 모양, 평평한 부분도 있고 둥근 부분도 있는 모양은 모양입니다.

교과서 개념 이해 **3 여러 가지 모양으로 만들어 볼까요** 44~45쪽

1 (1) 에 ○표 (2) 1, 2, 3
2 (1) 에 ○표 (2) 5개
3 3개, 3개, 1개
4

★ 학부모 지도 가이드

주변의 사물을 상자 모양, 둥근기둥 모양, 공 모양으로 추상화하여 그 모양들로 여러 가지 형상을 만들어 보는 학습입니다. 따라서 색이나 무늬 등은 생각하지 않고 모양만을 생각하여 문제를 해결합니다.

2 모양을 5개 사용했습니다.

3 크기나 색깔은 생각하지 않고 같은 모양을 찾아봅니다.

4 모양 2개, 모양 3개, 모양 3개를 사용한 모양을 찾습니다.
오른쪽 아래 모양은 모양 2개, 모양 4개, 모양 2개를 사용했습니다.

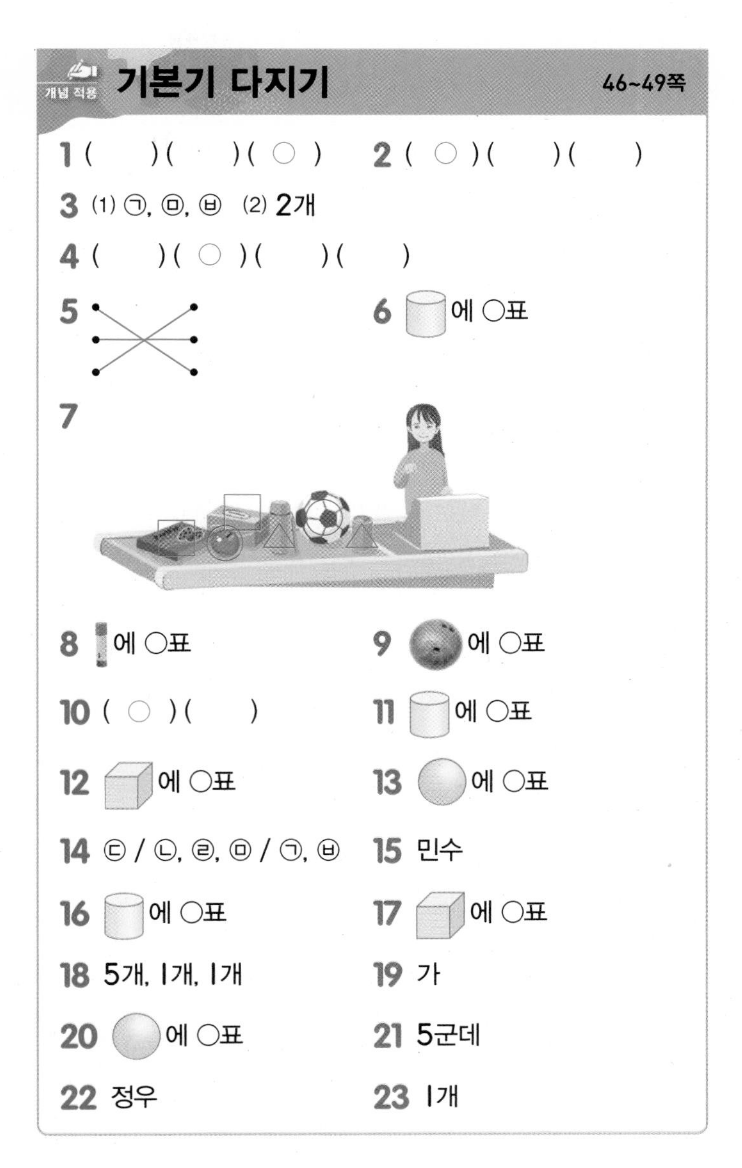

개념 적용 **기본기 다지기** 46~49쪽

1 ( )( )(○)　2 (○)( )( )
3 (1) ㉠, ㉣, ㉥ (2) 2개
4 ( )(○)( )( )
5　6 에 ○표
7
8 에 ○표　9 에 ○표
10 (○)( )　11 에 ○표
12 에 ○표　13 에 ○표
14 ㉢ / ㉡, ㉣, ㉤ / ㉠, ㉥　15 민수
16 에 ○표　17 에 ○표
18 5개, 1개, 1개　19 가
20 에 ○표　21 5군데
22 정우　23 1개

1 케이크는 모양, 멜론은 모양, 가방은 모양입니다.

2 북은 모양, 배구공과 수박은 모양입니다.

3 (1) 모양의 물건은 ㉠ 휴지 상자, ㉤ 피자 상자, ㉥ 빵입니다.
(2) 모양의 물건은 ㉡ 야구공, ㉣ 볼링공으로 2개입니다.

4 과자통, 풀, 통조림 캔은 모양이고, 주사위는 모양입니다.

5 책과 선물 상자는 모양, 두루마리 휴지와 캔은 모양, 농구공과 구슬은 모양입니다.

6 주어진 모양은 모두 모양입니다.

7 모양은 과자 상자, 휴지 상자, 모양은 보온병, 음료수 캔, 모양은 사과, 축구공입니다.

8 둥근 부분도 있고 평평한 부분도 있는 모양은 모양이므로 풀입니다.

9 모든 방향으로 잘 굴러가는 모양은 모양입니다.

10 침대는 평평한 부분이 있어야 하므로 모양이 알맞습니다.

11 모양은 둥근 부분도 있고 평평한 부분도 있어서 잘 굴러도 가지만 잘 쌓을 수도 있습니다.

12 뾰족한 부분이 있고 굴리면 잘 굴러가지 않는 모양은 모양입니다.

13 둥근 부분만 있으므로 모양입니다.

14 평평한 부분이 0개인 모양은 모양으로 ㉢이고, 평평한 부분이 2개인 모양은 모양으로 ㉡, ㉣, ㉤이며, 평평한 부분이 6개인 모양은 모양으로 ㉠, ㉥입니다.

15 평평한 부분도 있고 둥근 부분도 있으므로 종이 뒤에 있는 모양은 모양입니다.
모양은 세우면 잘 쌓을 수 있으므로 잘못 설명한 친구는 민수입니다.

16 모양 4개를 사용하여 만든 모양입니다.

17 모양 3개, 모양 2개를 사용하여 만든 모양입니다.

18 모양 5개, 모양 1개, 모양 1개를 사용하여 만든 모양입니다.

19 모양 1개, 모양 6개를 사용하여 만든 모양은 가입니다.

20 모양 2개, 모양 1개, 모양 4개를 사용했으므로 가장 많이 사용한 모양은 모양입니다.

21

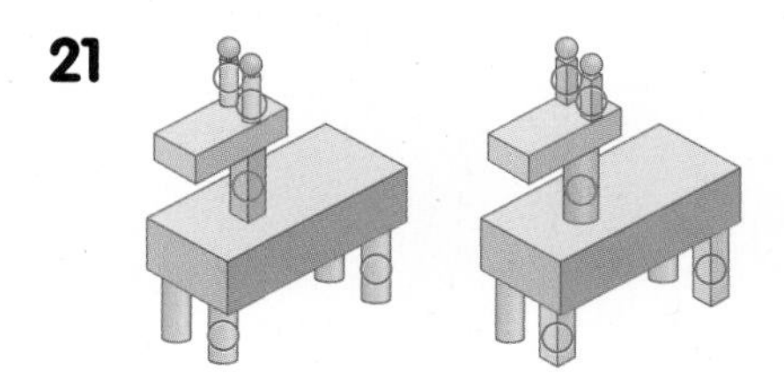

서로 다른 부분은 5군데입니다.

22 모양을 정우는 3개, 하운이는 2개 사용했습니다. 3은 2보다 크므로 모양을 더 많이 사용한 사람은 정우입니다.

서술형
23 예 모양 5개, 모양 4개를 사용했습니다. 5는 4보다 1만큼 더 큰 수이므로 모양은 모양보다 1개 더 많이 사용했습니다.

단계	문제 해결 과정
①	사용한 모양과 모양의 수를 각각 구했나요?
②	모양은 모양보다 몇 개 더 많이 사용했는지 구했나요?

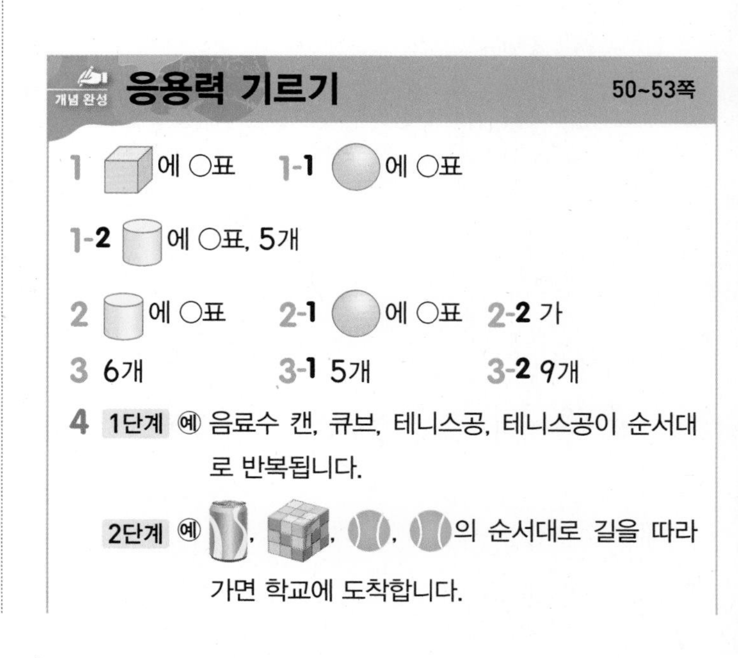

개념 완성 **응용력 기르기** 50~53쪽

1 에 ○표 **1-1** 에 ○표

1-2 에 ○표, 5개

2 에 ○표 **2-1** 에 ○표 **2-2** 가

3 6개 **3-1** 5개 **3-2** 9개

4 1단계 예 음료수 캔, 큐브, 테니스공, 테니스공이 순서대로 반복됩니다.

2단계 예 , , , 의 순서대로 길을 따라가면 학교에 도착합니다.

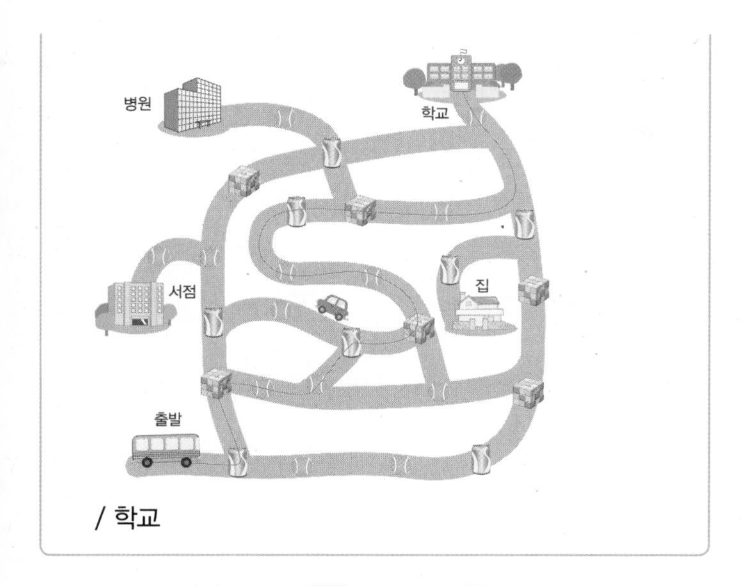

/ 학교

1 왼쪽 모양에서는 모양과 모양을 사용했고, 오른쪽 모양에서는 모양과 모양을 사용했습니다.
따라서 공통으로 사용한 모양은 모양입니다.

1-1 왼쪽 모양에서는 모양과 모양을 사용했고, 오른쪽 모양에서는 모양과 모양을 사용했습니다.
따라서 공통으로 사용한 모양은 모양입니다.

1-2 왼쪽 모양에서는 모양 3개, 모양 2개를 사용했고, 오른쪽 모양에서는 모양 3개, 모양 3개를 사용했습니다.
따라서 공통으로 사용한 모양은 모양이고, 모두 5개를 사용했습니다.

2 모양 2개, 모양 3개, 모양 1개이므로 가장 많이 사용한 모양은 모양입니다.

2-1 모양 4개, 모양 6개, 모양 3개이므로 가장 적게 사용한 모양은 모양입니다.

2-2 가에서 모양 5개, 나에서 모양 4개를 사용했습니다.
따라서 5는 4보다 크므로 모양을 더 많이 사용한 것은 가입니다.

3 평평한 부분이 있는 모양은 모양과 모양입니다. 모양 2개, 모양 4개를 사용했으므로 사용한 모양은 으로 모두 6개입니다.
1 2 3 4 5 6

3-1 둥근 부분이 있는 모양은 모양과 모양입니다. 모양 3개, 모양 2개를 사용했으므로 사용한 모양은 로 모두 5개입니다.
1 2 3 4 5

3-2 뾰족한 부분이 없는 모양은 모양과 모양입니다. 모양 5개, 모양 4개를 사용했으므로 사용한 모양은 로 모두 9개입니다.
1 2 3 4 5 6 7 8 9

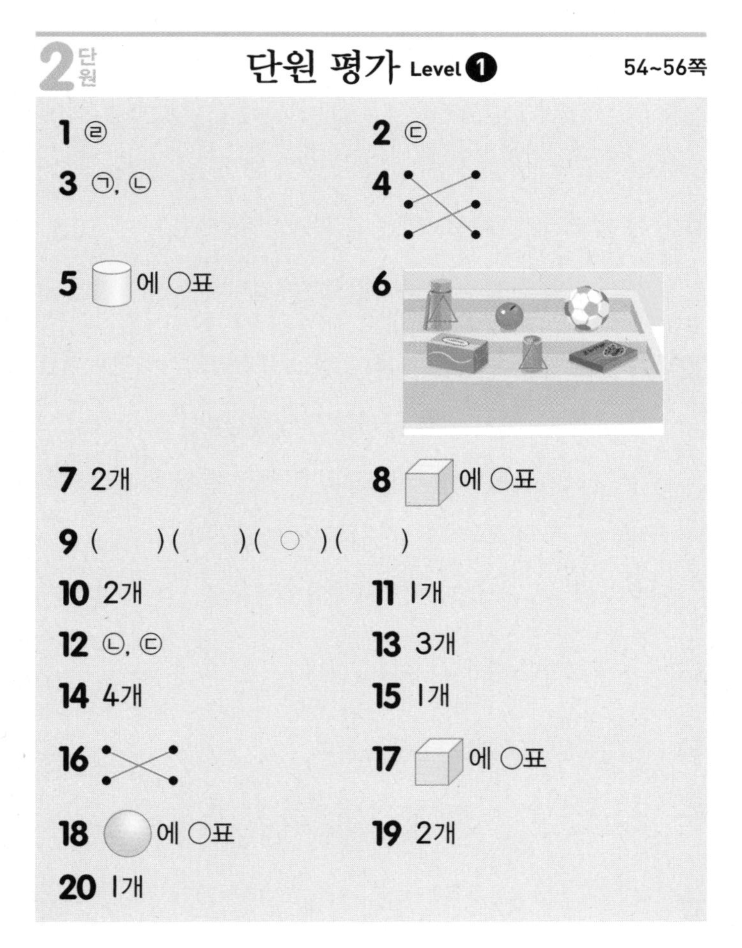

2단원 단원 평가 Level 1

54~56쪽

1 ㉣
2 ㉢
3 ㉠, ㉡
4
5 에 ○표
6
7 2개
8 에 ○표
9 ( )( )(○)( )
10 2개
11 1개
12 ㉡, ㉢
13 3개
14 4개
15 1개
16
17 에 ○표
18 에 ○표
19 2개
20 1개

1 ㉣ 상자는 모양입니다.

2 ㉢ 양초는 모양입니다.

3 전체가 둥근 모양은 모양입니다.

모양은 ㉠ 야구공과 ㉡ 수박입니다.

4 휴지 상자와 수저통은 모양, 농구공과 멜론은 모양, 북과 통조림 캔은 모양입니다.

5 케이크는 평평한 부분과 둥근 부분이 있으므로 모양입니다.

6 보온병, 음료수 캔은 모양, 사과, 축구공은 모양, 휴지 상자, 과자 상자는 모양입니다.

7 모양은 휴지 상자와 과자 상자이므로 2개입니다.

8 냉장고, 빵, 가방은 모두 모양입니다.

9 탬버린, 저금통, 휴지통은 모양이고, 비치볼은 모양입니다.

10 전체가 둥글고 뾰족한 부분이 없는 모양은 모양입니다. 모양은 테니스공, 지구본으로 2개입니다.

11 잘 굴러가지 않는 모양은 모양입니다.

모양의 물건은 주사위로 1개입니다.

12 모양은 평평한 부분이 있고 둥근 부분이 없으므로 잘 쌓을 수 있지만 잘 굴러가지 않습니다.

모양은 평평한 부분도 있고 둥근 부분도 있으므로 세우면 잘 쌓을 수 있고, 눕히면 잘 굴러갑니다.

따라서 모양과 모양의 같은 점은 ㉡, ㉢입니다.

13 모양을 3개 사용했습니다.

14 모양을 4개 사용했습니다.

15 축구공은 모양이고 모양을 1개 사용했습니다.

17 모양 3개, 모양 2개, 모양 1개를 사용했으므로 가장 많이 사용한 모양은 모양입니다.

18 축구공, 주사위가 순서대로 반복됩니다.

따라서 □ 안에 알맞은 물건은 축구공이므로 모양입니다.

서술형 **19** 예 한 방향으로만 잘 굴러가는 모양은 모양입니다.

모양은 과자 통, 건전지로 2개입니다.

평가 기준	배점(5점)
한 방향으로만 잘 굴러가는 모양을 알았나요?	2점
한 방향으로만 잘 굴러가는 물건은 몇 개인지 구했나요?	3점

서술형 **20** 예 모양 3개, 모양 2개를 사용했습니다.

3은 2보다 1만큼 더 큰 수이므로 모양은 모양보다 1개 더 많이 사용했습니다.

평가 기준	배점(5점)
모양과 모양을 각각 몇 개 사용했는지 구했나요?	3점
모양은 모양보다 몇 개 더 많이 사용했는지 구했나요?	2점

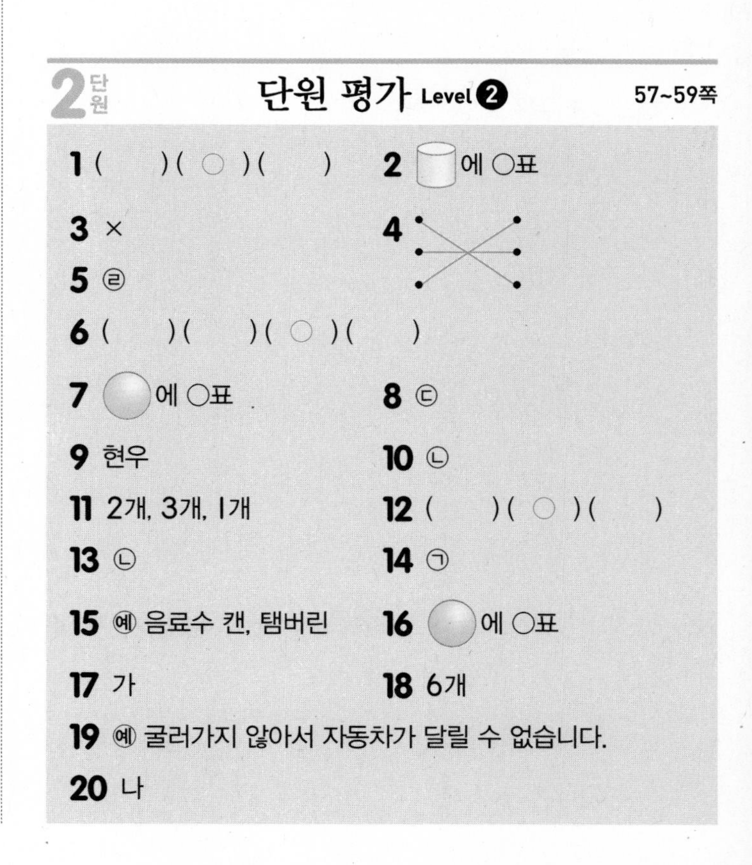

2단원 단원 평가 Level ❷ 57~59쪽

1 ( )(○)( )
2 에 ○표
3 ×
4 (선 잇기)
5 ㉣
6 ( )( )(○)( )
7 에 ○표
8 ㉢
9 현우
10 ㉡
11 2개, 3개, 1개
12 ( )(○)( )
13 ㉡
14 ㉠
15 예 음료수 캔, 탬버린
16 에 ○표
17 가
18 6개
19 예 굴러가지 않아서 자동차가 달릴 수 없습니다.
20 나

1 축구공은 ⚪ 모양, 전자레인지는 ⬜ 모양, 양초는 ⬭ 모양입니다.

2 통조림 캔은 ⬭ 모양입니다.

3 농구공은 ⚪ 모양이므로 틀린 설명입니다.

4 야구공은 ⚪ 모양, 저금통은 ⬭ 모양, 가방은 ⬜ 모양입니다.

5 ㉠, ㉡, ㉢은 ⬜ 모양, ㉣은 ⬭ 모양이므로 ⬜ 모양이 아닌 것은 ㉣입니다.

6 볼링공, 테니스공, 멜론은 모두 ⚪ 모양이고, 빵은 ⬜ 모양입니다.

7 모아 놓은 물건은 모든 부분이 둥근 모양이므로 ⚪ 모양입니다.

8 평평한 부분도 있고 둥근 부분도 있는 모양이므로 ⬭ 모양입니다. ⬭ 모양인 것은 ㉢ 탬버린입니다.

9 풀과 야구공은 둥근 부분이 있으므로 잘 굴러갑니다. 따라서 모양을 잘못 찾은 학생은 현우입니다.

10 ⬜ 모양은 둥근 부분이 없고 뾰족한 부분이 있습니다.

11 ⬜ 모양 2개, ⬭ 모양 3개, ⚪ 모양 1개를 사용하여 만든 모양입니다.

12 기차의 바퀴는 한 방향으로 잘 굴러가야 하므로 ⬭ 모양을 사용해야 합니다.

13 ㉡은 위와 아래의 두 부분이 평평합니다.

14 뾰족한 부분과 평평한 부분이 모두 있는 것은 ⬜ 모양입니다.

15 세우면 잘 쌓을 수 있고 눕히면 잘 굴러가는 모양은 ⬭ 모양입니다.

16 ⬜ 모양 2개, ⬭ 모양 4개를 사용하여 만든 모양입니다.

17 사용한 모양의 개수를 알아보면
가: ⬜ 모양 2개, ⬭ 모양 6개,
나: ⬜ 모양 2개, ⬭ 모양 4개, ⚪ 모양 1개
이므로 ⬜ 모양 2개, ⬭ 모양 6개를 사용하여 만든 모양은 가입니다.

18 사용한 ⬜ 모양은 3개이므로 같은 모양을 2개 만들려면 ⬜ 모양은 모두 6개 필요합니다.

서술형
19

평가 기준	배점(5점)
⬜ 모양의 특징을 알았나요?	2점
어떤 일이 생길지 바르게 설명했나요?	3점

서술형
20 예 ⬭ 모양을 가는 4개 사용했고, 나는 6개 사용했습니다. 6은 4보다 크므로 ⬭ 모양을 더 많이 사용한 것은 나입니다.

평가 기준	배점(5점)
사용한 ⬭ 모양의 수를 각각 구했나요?	3점
⬭ 모양을 더 많이 사용한 것을 찾았나요?	2점

3 덧셈과 뺄셈

한 자리 수끼리의 덧셈과 뺄셈입니다.
1부터 9까지의 수를 모으고 가르는 학습에 이어 합이 9까지인 덧셈과 한 자리 수끼리의 뺄셈을 학습합니다.
+, −와 =를 사용한 식을 처음 접하게 되므로 수와 기호를 사용한 식이 나타내는 뜻을 명확히 이해할 수 있도록 지도합니다. 또한 덧셈에서는 병합과 첨가의 상황을, 뺄셈에서는 제거와 차이의 상황을 모두 경험할 수 있도록 문제를 구성하였으니 덧셈과 뺄셈 상황을 덧셈식과 뺄셈식으로 연결하여 생각할 수 있게 합니다.

교과서 개념 이해 1 모으기와 가르기를 해 볼까요 (1) 62~63쪽

1 7 / 4
2 5, 9 / 4, 1
3 ① [| |] ②
② [| |] ①
4 3, 2, 5 / 7, 예 2, 5

1 윤지가 만든 과자: 과자 3개와 4개를 모으기하면 7개가 됩니다.
동생이 만든 과자: 과자 7개를 3개와 4개로 가르기할 수 있습니다.

2 사과 4개와 5개를 모으기하면 9개가 됩니다.
사과 5개는 4개와 1개로 가르기할 수 있습니다.

3 3은 1과 2, 2와 1로 가르기할 수 있습니다.

4 귤 3개와 2개를 모으기하면 5개가 됩니다.
귤 7개는 1개와 6개, 2개와 5개, 3개와 4개, 4개와 3개, 5개와 2개, 6개와 1개로 가르기할 수 있습니다.

★ 학부모 지도 가이드
이후 차시에 0이 들어간 덧셈과 뺄셈을 학습하므로 0과 7, 7과 0도 답이 될 수 있다고 제시할 수 있습니다.

교과서 개념 이해 2 모으기와 가르기를 해 볼까요 (2) 64~65쪽

1 2, 2, 4
2 7, 4, 3
3 (1) 3 (2) 9
4 (1) 2 (2) 5
5 예 1, 5 / 예 2, 4 / 예 3, 3 / 예 4, 2 / 예 5, 1

1 2와 2를 모으기하면 4가 됩니다.

2 7은 4와 3으로 가르기할 수 있습니다.

3 (1) 2와 1을 모으기하면 3이 됩니다.
(2) 6과 3을 모으기하면 9가 됩니다.

4 (1) 3은 1과 2로 가르기할 수 있습니다.
(2) 8은 3과 5로 가르기할 수 있습니다.

5 6은 1과 5, 2와 4, 3과 3, 4와 2, 5와 1로 가르기할 수 있습니다.

★ 학부모 지도 가이드
6을 1과 5, 5와 1(또는 2와 4, 4와 2)로 가르기한 경우 서로 다른 상황임을 이해할 수 있도록 구체물, 그림 등으로 지도합니다.

교과서 개념 이해 3 이야기를 만들어 볼까요 66~67쪽

1 (1) 8 (2) 2 (3) 2
2 4, 1, 5
3 5, 2, 3
4 (1) 6, 3, 9 (2) 4, 3, 1

2 오리 4마리와 1마리를 합하면 5마리가 됩니다.

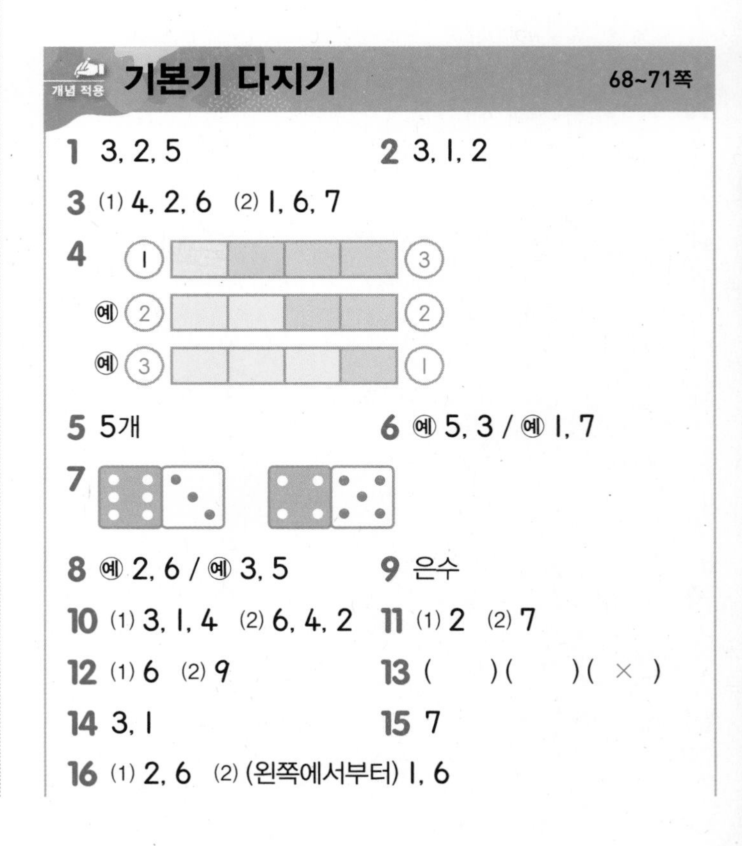
개념 적용 기본기 다지기 68~71쪽

1 3, 2, 5
2 3, 1, 2
3 (1) 4, 2, 6 (2) 1, 6, 7
4 ① [| | |] ③
예 ② [| | |] ②
예 ③ [| | |] ①
5 5개
6 예 5, 3 / 예 1, 7
7
8 예 2, 6 / 예 3, 5
9 은수
10 (1) 3, 1, 4 (2) 6, 4, 2
11 (1) 2 (2) 7
12 (1) 6 (2) 9
13 ( )( )(×)
14 3, 1
15 7
16 (1) 2, 6 (2) (왼쪽에서부터) 1, 6

17

1	3	1	5
7	2	6	4
2	4	2	6
5	4	3	5

18 예 3, 2 **19** (1) 4, 2, 6 (2) 2, 2

20 (1) 2, 7, 9 (2) 2, 7, 5

21 예 주차장에 자동차가 3대 있었는데 2대가 더 들어와서 자동차는 모두 5대가 되었습니다.

22 예 새가 6마리 있었는데 4마리가 날아가서 2마리가 남았습니다.

1 도토리 3개와 2개를 모으기하면 5개가 됩니다.

2 밤 3개는 1개와 2개로 가르기할 수 있습니다.

3 (1) 4와 2를 모으기하면 6이 됩니다.
(2) 1과 6을 모으기하면 7이 됩니다.

4 4는 1과 3, 2와 2, 3과 1로 가르기할 수 있습니다.

5 걸린 고리 3개와 걸리지 않은 고리 2개를 모으기하면 5개가 됩니다.

6 8은 1과 7, 2와 6, 3과 5, 4와 4, 5와 3, 6과 2, 7과 1로 가르기할 수 있습니다.

7 6과 3, 4와 5를 모으기하면 9가 됩니다.

8 구슬 8개를 보라색 바구니보다 초록색 바구니에 더 많게 가르기하는 방법은 1개와 7개, 2개와 6개, 3개와 5개가 있습니다.

서술형
9 예 은수: 5와 1을 모으기하면 6이 됩니다.
지혜: 3과 4를 모으기하면 7이 됩니다.
따라서 점의 수가 6이 되게 모으기한 사람은 은수입니다.

단계	문제 해결 과정
①	점의 수를 모으기한 수를 각각 구했나요?
②	6이 되게 모으기한 사람을 찾았나요?

11 (1) 6과 2를 모으기하면 8이 됩니다.
(2) 2와 7을 모으기하면 9가 됩니다.

12 가르기한 두 수를 모으기하면 처음의 수가 됩니다.
(1) 3과 3을 모으기하면 6이 됩니다.
(2) 4와 5를 모으기하면 9가 됩니다.

13 5는 4와 1(또는 3과 2)로 가르기할 수 있습니다.

14 3과 1을 모으기하면 4가 됩니다.

15 1과 4를 모으기하면 5가 되므로 ㉠에 들어갈 수는 4입니다. 6은 3과 3으로 가르기할 수 있으므로 ㉡에 들어갈 수는 3입니다.
따라서 4와 3을 모으기하면 7이 됩니다.

16 (1) 5와 2를 모으기하면 7이 되고, 7은 1과 6으로 가르기할 수 있습니다.
(2) 8과 1을 모으기하면 9가 되고, 9는 6과 3으로 가르기할 수 있습니다.

17 모으기하여 8이 되는 두 수를 찾으면 2와 6, 6과 2, 4와 4, 2와 6, 3과 5입니다.

18 여학생이 3이면 남학생은 2, 여학생이 4이면 남학생은 1을 들고 있을 수 있습니다.

21 자동차 3대와 2대를 모으기하면 5대가 됩니다.

22 새 6마리를 4마리와 2마리로 가르기할 수 있습니다.

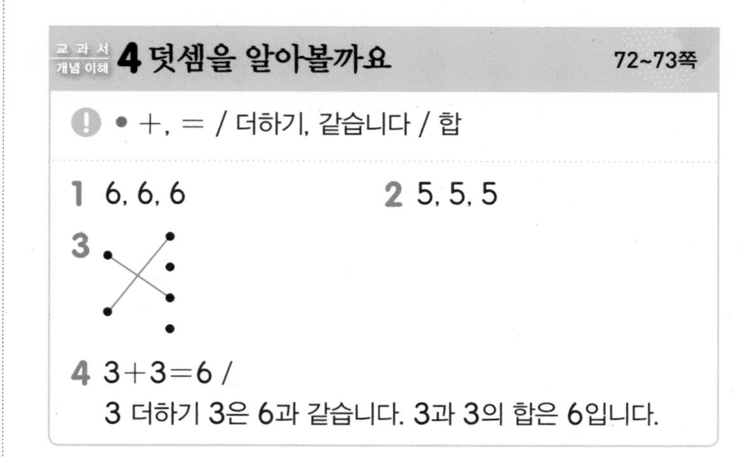

교과서 개념 이해
4 덧셈을 알아볼까요
72~73쪽
• +, = / 더하기, 같습니다 / 합
1 6, 6, 6
2 5, 5, 5
3
4 3+3=6 /
3 더하기 3은 6과 같습니다. 3과 3의 합은 6입니다.

2 꽃에 앉아 있는 나비의 수와 날아오는 나비의 수를 더합니다. ➡ $3+2=5$

3 닭 2마리와 병아리 5마리를 더하면 7마리이므로 덧셈식으로 나타내면 $2+5=7$입니다.
개 1마리와 강아지 4마리를 더하면 5마리이므로 덧셈식으로 나타내면 $1+4=5$입니다.

4 빨간색 튤립 3송이에 노란색 튤립 3송이를 더하면 6송이므로 덧셈식으로 나타내면 $3+3=6$입니다.

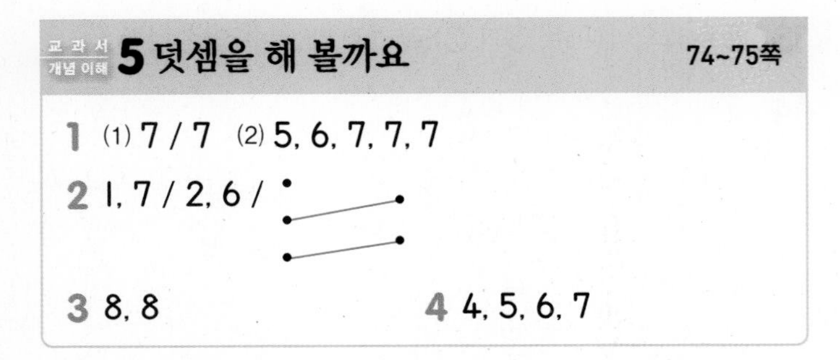

교과서 개념 이해 5 덧셈을 해 볼까요 74~75쪽

1 (1) 7 / 7 (2) 5, 6, 7, 7, 7

2 1, 7 / 2, 6 /

3 8, 8

4 4, 5, 6, 7

2 테니스공 6개와 농구공 1개를 더하면 7개이므로 $6+1=7$입니다.
닭 2마리와 병아리 4마리를 더하면 6마리이므로 $2+4=6$입니다.

3 $5+3=8$, $3+5=8$

> ★ 학부모 지도 가이드
> 두 수를 바꾸어 더해도 합이 같음을 알 수 있습니다.

4 같은 수에 더하므로 더하는 수가 1씩 커지면 결과도 1씩 커집니다.

개념 적용 기본기 다지기 76~79쪽

23 (1) 7 (2) 1, 8

24 5, 5

25 3, 7 / 3, 7

26 (1) $6+3=9$ (2) $7+1=8$

27 예 $4+5=9$ /
4 더하기 5는 9와 같습니다. 4와 5의 합은 9입니다.

28 예 4 / 예 2 / 예 $4+2=6$

29 8 / 예 $5+3=8$

30 (1) 예

○	○	○	○	○
○				

(2) 2, 6

31 9, 예

○	○	○	○	○
○	○	○	○	

32 5, 8

33 2, 8

34

35 7 / 8

36 예 $5+2=7$ / 예 $3+1=4$

37 1, 5 / 1, 5

38 9, 9 / $1+8=9$, $8+1=9$

39

40 6, 7, 8

41 예 $7+1=8$

42 예 $4+2$

43 예 $5+1=6$

44 예 $7+2=9$ / 9살

45 9개

23 (1) 점이 5개, 2개이므로 $5+2=7$입니다.
(2) 점이 1개, 7개이므로 $1+7=8$입니다.

24 펭귄 4마리와 1마리를 더하면 5마리이므로 $4+1=5$입니다.

25 세워져 있는 책 4권과 눕혀져 있는 책 3권의 합은 7권이므로 $4+3=7$입니다.

26 (1) 더하기는 +로, 같습니다는 =로 나타냅니다.
➡ $6+3=9$
(2) 합은 +로, 입니다는 =로 나타냅니다.
➡ $7+1=8$

27 $5+4=9$도 정답이 될 수 있습니다.

28 자신의 필통 안에 들어 있는 연필과 지우개의 수를 세고, 두 수의 합을 구하는 덧셈식을 씁니다.

29 왼쪽 놀이 기구에 타고 있는 5명과 오른쪽 놀이 기구에 타고 있는 3명을 모으기하면 8명입니다.
➡ $5+3=8$
$3+5=8$도 정답이 될 수 있습니다.

30 (2) 파란색 상자 4개와 분홍색 상자 2개를 더하면 모두 6개이므로 $4+2=6$입니다.

31 더하는 수만큼 ○를 이어 그리고 전체 개수를 세어 봅니다.

32 노란색 모자 3개와 검은색 모자 5개를 더하면 8개이므로 $3+5=8$입니다.

> ★ 학부모 지도 가이드
> 손가락, 연결 모형, 수판을 대표 교구로 제시하였지만 바둑돌, 수 모형, 구슬 줄 등 다른 교구를 활용할 수 있습니다.

33 줄무늬가 있는 컵 2개와 노란색 컵 6개를 더하면 8개이므로 $2+6=8$입니다.

34 어린이 3명과 4명을 합한 것은 $3+4$입니다.
어린이 3명에 3명을 더한 것은 $3+3$입니다.

35 $3+4=7$, $6+2=8$

36 그림에서 찾을 수 있는 수로 다양하게 덧셈을 할 수 있습니다.
돌고래 풍선 5개, 펭귄 풍선 2개이므로 풍선은 모두 7개입니다. ➡ $5+2=7$
남자 어린이 3명, 여자 어린이 1명이므로 어린이는 모두 4명입니다. ➡ $3+1=4$

37 점이 4개, 1개이므로 $4+1=5$입니다.
점이 1개, 4개이므로 $1+4=5$입니다.

38 1과 8, 8과 1을 모으기하면 9이므로 덧셈식으로 나타내면 $1+8=9$, $8+1=9$입니다.

39 $6+3=9$, $1+7=8$, $2+3=5$
$3+2=5$, $3+6=9$, $7+1=8$

40 같은 수에 더하므로 더하는 수가 1씩 커지면 결과도 1씩 커집니다.

41 수 카드 중에서 가장 큰 수는 7이고, 가장 작은 수는 1입니다. ➡ $7+1=8$

42 $1+5=6$, $2+4=6$, $3+3=6$이므로 합이 6이 되는 덧셈식을 쓰면 됩니다. ➡ $4+2$, $5+1$

> ★ **학부모 지도 가이드**
> 이후 차시에 0이 들어간 덧셈과 뺄셈을 학습하므로 $6+0$, $0+6$도 답이 될 수 있다고 제시할 수 있습니다.

43 요구르트 5개를 사면 한 개를 더 주므로 $5+1=6$입니다.

44 민우는 7살이고 형은 민우보다 2살 더 많으므로 형은 $7+2=9$(살)입니다.

서술형
45 예 저녁에 먹은 귤은 아침에 먹은 귤보다 1개 더 많으므로 $4+1=5$(개)입니다.
따라서 아침과 저녁에 먹은 귤은 모두 $4+5=9$(개)입니다.

단계	문제 해결 과정
①	저녁에 먹은 귤의 수를 구했나요?
②	아침과 저녁에 먹은 귤은 모두 몇 개인지 구했나요?

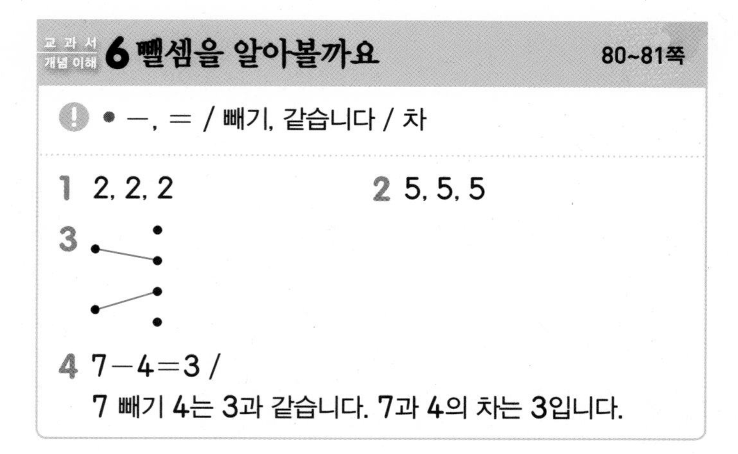

교과서 개념 이해 **6 뺄셈을 알아볼까요** 80~81쪽

❗ • −, = / 빼기, 같습니다 / 차

1 2, 2, 2　　2 5, 5, 5

3

4 $7-4=3$ /
7 빼기 4는 3과 같습니다. 7과 4의 차는 3입니다.

3 오징어 6마리에서 2마리를 덜어 내면 4마리가 남으므로 뺄셈식으로 나타내면 $6-2=4$입니다.
강아지 4마리와 개 3마리를 하나씩 연결하면 강아지가 1마리 남으므로 뺄셈식으로 나타내면 $4-3=1$입니다.

4 숟가락 7개와 포크 4개를 하나씩 연결하면 숟가락이 3개 더 많으므로 뺄셈식으로 나타내면 $7-4=3$입니다.

교과서 개념 이해 **7 뺄셈을 해 볼까요** 82~83쪽

1 (1) 2 / 2 (2) 2　　2 5, 2

3　　4 4, 3, 2, 1

2 도토리 7개와 호두 5개를 하나씩 연결하면 짝이 없는 도토리는 2개입니다. ➡ $7-5=2$
도토리가 호두보다 2개 더 많습니다.

3 토마토 5개와 참외 3개를 하나씩 연결하면 토마토가 2개 남습니다. ➡ $5-3=2$
컵케이크 4개에서 1개를 꺼내면 3개가 남습니다.
➡ $4-1=3$

4 같은 수에서 빼므로 빼는 수가 1씩 커지면 결과는 1씩 작아집니다.

개념 적용 **기본기 다지기** 84~87쪽

46　　47 4, 4

48 1, 1　　49 8, 2

50 $6-4=2$ /
6 빼기 4는 2와 같습니다. 6과 4의 차는 2입니다.

51 (1) $6-2=4$ (2) $8-4=4$

52 2 / $4-2=2$

53 (1) 예

○	○	○	∅	∅
∅				

(2) $6-3=3$

54 $6-1=5$

55 $5-4=1$

56 (1) 6 / 예 ○○○○○○∅∅

(2) 1 / 예

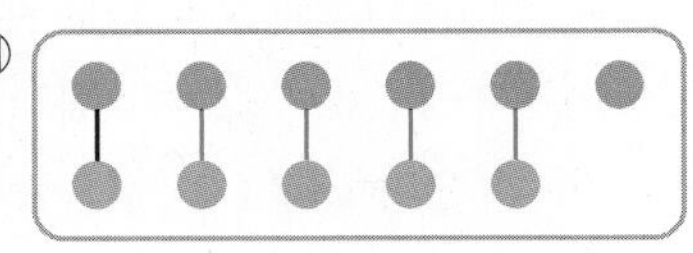

57 2

58 예 $7-5=2$ / 예 $7-4=3$

59 예 가지, 당근에 ○표 / 예 $6-4=2$

60 7, 6, 5, 예 $8-4=4$

61 (1) 4 (2) 4 (3) 4 (4) 4

62 예 $5-2$

63  

64 $9-4=5$

65 3개

66 은우, 2자루

67 6

46 야구공 5개와 글러브 1개를 하나씩 연결하면 야구공이 4개 남으므로 $5-1=4$입니다.
테니스공 5개에서 2개를 덜어 내면 3개가 남으므로 $5-2=3$입니다.
사탕 6개에서 2개를 지우면 4개가 남으므로 $6-2=4$입니다.

47 달걀 7개에서 깨진 달걀 3개를 빼면 남은 달걀은 4개이므로 $7-3=4$입니다.

48 주스 6컵과 빨대 5개의 차는 1이므로 $6-5=1$입니다.

49 컵케이크 8개에서 2개를 먹어서 6개가 남았으므로 $8-2=6$입니다.

52 남학생이 4명, 여학생이 2명 있습니다.
4는 2와 2로 가르기할 수 있습니다. ➡ $4-2=2$

53 물고기 6마리에서 3마리를 빼면 3마리가 남으므로 $6-3=3$입니다.

54 피자 6조각 중에서 1조각을 덜어 내면 남은 피자는 5조각입니다. ➡ $6-1=5$

55 초록색 종이 5장과 주황색 종이 4장을 하나씩 연결하면 초록색 종이가 1장 더 많습니다. ➡ $5-4=1$

58 그림에서 찾을 수 있는 수로 다양하게 뺄셈을 할 수 있습니다.
7명 중 장화를 신은 사람은 5명이므로 장화를 신지 않은 사람은 2명입니다. ➡ $7-5=2$
7명 중 우산을 쓴 사람은 4명이므로 우산을 쓰지 않은 사람은 3명입니다. ➡ $7-4=3$

59 가지, 감자를 고른 경우: $9-6=3$
감자, 당근을 고른 경우: $9-4=5$
더 많은 수의 채소에서 적은 수의 채소를 뺄 수 있습니다.

60 다른 뺄셈식의 예로 $8-5=3$, $8-6=2$, $8-7=1$이 있습니다.

61 빼지는 수와 빼는 수가 1씩 커지면 결과는 같습니다.

62 $8-5=3$, $7-4=3$, $6-3=3$이므로 차가 3이 되는 뺄셈식을 쓰면 됩니다.
➡ $5-2$, $4-1$, $9-6$

63 뽑기 기계 안에 있는 구슬을 뽑기 규칙에 따라 뺄셈을 하여 그 답을 같은 색의 구슬에 적습니다.
➡ $3-2=1$, $4-2=2$, $7-2=5$

64 사탕 9개에서 4개를 먹었으므로 남은 사탕의 수를 뺄셈식으로 나타내면 $9-4=5$입니다.

65 모양 6개와 모양 3개가 있으므로 모양이 모양보다 $6-3=3$(개) 더 많습니다.

66 7이 5보다 크므로 은우가 연필을 $7-5=2$(자루) 더 많이 가지고 있습니다.

서술형
67 예 큰 수부터 차례로 쓰면 8, 7, 4, 2이므로 가장 큰 수는 8이고 가장 작은 수는 2입니다.
따라서 가장 큰 수와 가장 작은 수의 차는 $8-2=6$입니다.

단계	문제 해결 과정
①	가장 큰 수를 구했나요?
②	가장 작은 수를 구했나요?
③	가장 큰 수와 가장 작은 수의 차를 구했나요?

교과서 개념 이해 8 0이 있는 덧셈과 뺄셈을 해 볼까요 88~89쪽

1 4, 4 / 4, 4
2 4, 4 / 0, 0
3 0, 5 / 0, 3
4 (1) 2 (2) 8 (3) 6 (4) 0
5 0, 3 / 3, 0
6 (1) 5 (2) 0 (3) 9 (4) 0

3 아무것도 없는 것은 0이므로 빈 바구니의 사과 수와 빈 연필꽂이의 연필 수를 0으로 나타냅니다.

4 (어떤 수)+0=(어떤 수), 0+(어떤 수)=(어떤 수)

5 아무것도 없는 것은 0이므로 빈 뜰채와 빈 어항의 물고기 수를 0으로 나타냅니다.

6 (어떤 수)−0=(어떤 수), (어떤 수)−(어떤 수)=0

교과서 개념 이해 9 덧셈과 뺄셈을 해 볼까요 90~91쪽

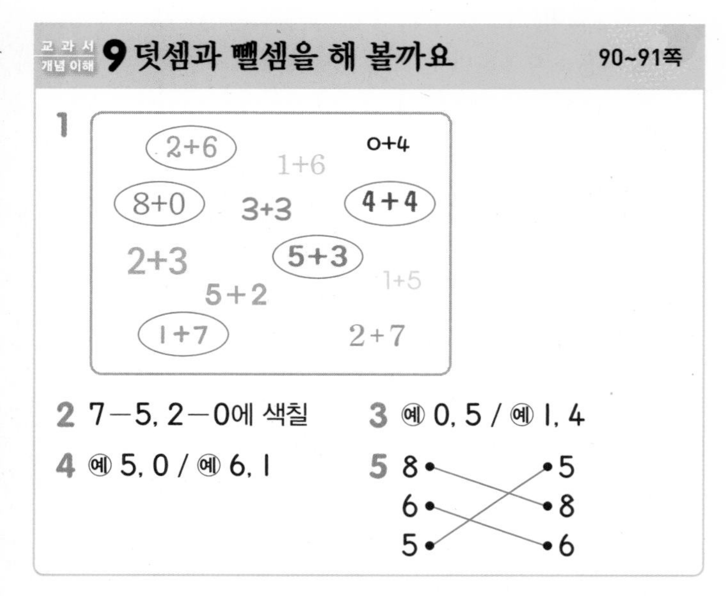

2 7−5, 2−0에 색칠
3 예 0, 5 / 예 1, 4
4 예 5, 0 / 예 6, 1
5 8 – 5, 6 – 8, 5 – 6

1 2+6=8, 1+6=7, 0+4=4, 8+0=8, 3+3=6, 4+4=8, 2+3=5, 5+3=8, 5+2=7, 1+5=6, 1+7=8, 2+7=9 이므로 2+6, 8+0, 4+4, 5+3, 1+7에 ○표 합니다.

2 5−2=3, 7−5=2, 4−3=1, 9−6=3, 2−0=2이므로 7−5, 2−0에 색칠합니다.

3 합이 5가 되는 덧셈식은 2+3=5, 3+2=5, 4+1=5, 5+0=5도 있습니다.

4 차가 5가 되는 뺄셈식은 7−2=5, 8−3=5, 9−4=5도 있습니다.

개념 적용 기본기 다지기 92~93쪽

68 0, 3 / 0, 3
69 4, 0 / 4, 0
70 0, 6 / 0, 6
71 (1) + (2) −
72 (○)( )
73 (1) 예 5, 5 (2) 예 1, 1
74 1+5, 9−3에 색칠
75 (1) −, + (2) +, −
76 ( )(○)( )
77 9와 5에 ○표
78 5
79 4, 4 / 4, 0

68 왼쪽 바구니에 아무것도 없고 오른쪽 바구니에 당근이 3개 있어서 당근은 모두 3개입니다.

69 꽃을 모두 덜어 냈으므로 남은 꽃은 없습니다.

70 점이 6개, 0개이므로 6+0=6입니다.
점이 0개, 6개이므로 0+6=6입니다.

71 (1) 0+(어떤 수)=(어떤 수)이므로 덧셈입니다.
(2) (어떤 수)−(어떤 수)=0이므로 뺄셈입니다.

72 4+0=4, 4−0=4이고, 3−3=0입니다.

74 4+4=8, 1+5=6, 6+3=9, 9−3=6, 8−1=7이므로 1+5, 9−3에 색칠합니다.

75 =를 기준으로 오른쪽의 수가 왼쪽의 두 수보다 크면 덧셈식이고, 가장 왼쪽의 수보다 작으면 뺄셈식입니다.

76 4+2=6, 1+6=7, 5+0=5이므로 합이 가장 큰 것은 1+6입니다.

77 주어진 등번호 중에서 두 수의 차가 4인 경우를 찾아봅니다.
9−2=7, 9−5=4, 5−2=3이므로 등번호 9와 5에 ○표 합니다.

78 접시에는 도넛이 3개 있으므로 상자에는 도넛이 5개 들어 있습니다. ➡ 3+5=8

79 4+0=4 ➡ 4−4=0, 4−0=4

개념 완성 응용력 기르기 94~97쪽

1 (왼쪽에서부터) 6, 2, 3
1-1 ㉠ 4, ㉡ 2, ㉢ 5
1-2 ㉠ 8, ㉡ 2, ㉢ 5

2 2　2-1 6　2-2 3
3 4가지　3-1 5가지　3-2 3가지
4 1단계 예 차가 가장 크려면 가장 큰 수에서 가장 작은 수를 빼야 합니다. 주어진 수 카드 중에서 가장 큰 수는 7이고, 가장 작은 수는 2입니다.
2단계 예 고른 수 카드 2장으로 만들 수 있는 뺄셈식은 $7-2=5$입니다.
/ $7-2=5$
4-1 $8-1=7$
4-2 예 $5+4=9$ / $5-1=4$

1 7은 1과 6으로 가르기할 수 있습니다.
6은 4와 2로 가르기할 수 있습니다.
4는 3과 1로 가르기할 수 있습니다.

1-1 3과 2로 가르기할 수 있는 수는 5이므로 ㉢은 5입니다.
7은 5와 2로 가르기할 수 있으므로 ㉡은 2입니다.
2와 2로 가르기할 수 있는 수는 4이므로 ㉠은 4입니다.

1-2 3과 5로 가르기할 수 있는 수는 8이므로 ㉠은 8입니다.
9는 7과 2로 가르기할 수 있으므로 ㉡은 2입니다.
2와 3을 모으기하면 5가 되므로 ㉢은 5입니다.

2 $3+4=7$이므로 ●$=7$입니다.
●+▲$=9$에서 $7+$▲$=9$이므로 ▲$=2$입니다.

2-1 $7-4=3$이므로 ■$=3$입니다.
■+★$=9$에서 $3+$★$=9$이므로 ★$=6$입니다.

2-2 ♥+♥$=4+4=8$이므로 ♣$=8$입니다.
♣−⊙$=5$에서 $8-$⊙$=5$이므로 ⊙$=3$입니다.

3 지은이와 민정이가 연필 5자루를 나누어 가지는 방법은 5를 가르기하는 방법과 같습니다.
5는 1과 4, 2와 3, 3과 2, 4와 1로 가르기할 수 있습니다.
5를 가르기할 수 있는 방법은 모두 4가지이므로 나누어 가지는 방법은 모두 4가지입니다.

3-1 민주와 정호가 사탕 6개를 나누어 가지는 방법은 6을 가르기하는 방법과 같습니다.
6은 1과 5, 2와 4, 3과 3, 4와 2, 5와 1로 가르기할 수 있습니다.
6을 가르기할 수 있는 방법은 모두 5가지이므로 나누어 가지는 방법은 모두 5가지입니다.

3-2 서아와 형우가 클립을 나누어 가지는 데 서아가 형우보다 더 많이 가지는 방법은 다음과 같습니다.

8		8		8	
7	1	6	2	5	3
서아	형우	서아	형우	서아	형우

따라서 서아가 형우보다 더 많이 가지는 방법은 모두 3가지입니다.

4-1 차가 가장 크려면 가장 큰 수에서 가장 작은 수를 빼야 합니다.
주어진 수 카드 중에서 가장 큰 수는 8이고, 가장 작은 수는 1이므로 차가 가장 큰 뺄셈식은 $8-1=7$입니다.

4-2 합이 가장 크려면 가장 큰 수와 둘째로 큰 수를 더해야 합니다.
주어진 수 카드 중에서 가장 큰 수는 5이고, 둘째로 큰 수는 4이므로 합이 가장 큰 덧셈식은 $5+4=9$ 또는 $4+5=9$입니다.
차가 가장 크려면 가장 큰 수에서 가장 작은 수를 빼야 합니다.
주어진 수 카드 중에서 가장 큰 수는 5이고, 가장 작은 수는 1이므로 차가 가장 큰 뺄셈식은 $5-1=4$입니다.

3단원 단원 평가 Level 1　98~100쪽

1 8, 2, 6　2 3, 2, 5
3 9 / 5　4 ㉢
5 예 $3+4=7$ / 예 3 더하기 4는 7과 같습니다. 또는 3과 4의 합은 7입니다.
6 $7-2=5$　7 2, 8 / 2, 8
8 1 / 예 $4-3=1$　9 예 $4+0=4$
10 (1) 9 (2) 9 (3) 1 (4) 0
11 6, 2　12 8, 4
13 (1) −, + (2) −, +　14 $7-0=7$
15 3, 2, 1　16 3, 5, 6, 0
17 8살　18 6개
19 2문제　20 7명

1 병아리 8마리는 2마리와 6마리로 가르기할 수 있습니다.

2 잠자리 3마리와 나비 2마리를 모으기하면 5마리가 됩니다.

3 7과 2를 모으기하면 9가 됩니다.
6은 1과 5로 가르기할 수 있습니다.

4 ㉢ 9는 1과 8(또는 2와 7)로 가르기할 수 있습니다.

5 바나나 3개와 4개를 더하면 7개이므로 $3+4=7$입니다. $4+3=7$도 답이 될 수 있습니다.

6 별 7개 중에서 2개가 떨어져서 5개가 남았으므로 $7-2=5$입니다.

7 점이 6개, 2개이므로 $6+2=8$입니다.
점이 2개, 6개이므로 $2+6=8$입니다.

8 4는 3과 1로 가르기할 수 있습니다.
➡ $4-3=1$, $4-1=3$

9 빈 꽃병의 꽃의 수는 0이라고 할 수 있으므로 $4+0=4$ 또는 $0+4=4$입니다.

10 (2) 0+(어떤 수)=(어떤 수)
(4) $0-0=0$

11 합: $4+2=6$ 차: $4-2=2$

12 $3+5=8$, $8-4=4$

13 =를 기준으로 오른쪽의 수가 왼쪽의 두 수보다 크면 덧셈식이고, 가장 왼쪽의 수보다 작으면 뺄셈식입니다.

14 수 카드 중에서 가장 큰 수는 7이고, 가장 작은 수는 0입니다. ➡ $7-0=7$

15 $4+2=6$, $8-1=7$, $0+9=9$
따라서 계산 결과가 큰 수부터 차례로 쓰면 9, 7, 6입니다.

16 두 수의 합이 7인 덧셈식은
$0+7=7$, $1+6=7$, $2+5=7$, $3+4=7$,
$4+3=7$, $5+2=7$, $6+1=7$, $7+0=7$
이 있습니다.

17 누나는 6살인 민호보다 2살 더 많으므로 $6+2=8$(살)입니다.

18 9개 중에서 3개를 먹었으므로 남은 사탕은 $9-3=6$(개)입니다.

서술형
19 예 9문제 중에서 7문제를 맞혔으므로 뺄셈식으로 나타내면 $9-7=2$입니다.
따라서 틀린 문제는 2문제입니다.

평가 기준	배점(5점)
뺄셈식을 바르게 세웠나요?	3점
경윤이가 틀린 문제 수를 구했나요?	2점

서술형
20 예 여학생은 4명이고, 남학생은 $4-1=3$(명)입니다.
따라서 예진이네 모둠의 학생은 모두 $4+3=7$(명)입니다.

평가 기준	배점(5점)
예진이네 모둠의 남학생 수를 구했나요?	2점
예진이네 모둠의 전체 학생 수를 구했나요?	3점

3단원 단원 평가 Level 2 101~103쪽

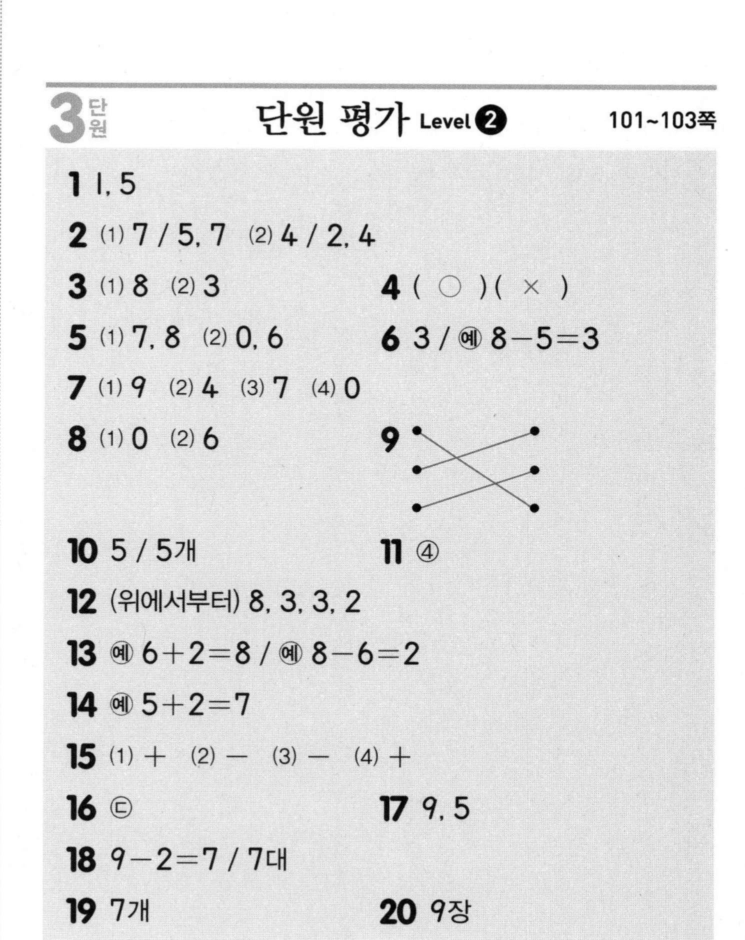

1 1, 5
2 (1) 7 / 5, 7 (2) 4 / 2, 4
3 (1) 8 (2) 3
4 (○)(×)
5 (1) 7, 8 (2) 0, 6
6 3 / 예 $8-5=3$
7 (1) 9 (2) 4 (3) 7 (4) 0
8 (1) 0 (2) 6
9
10 5 / 5개
11 ④
12 (위에서부터) 8, 3, 3, 2
13 예 $6+2=8$ / 예 $8-6=2$
14 예 $5+2=7$
15 (1) + (2) − (3) − (4) +
16 ㉢
17 9, 5
18 $9-2=7$ / 7대
19 7개
20 9장

1 사탕 6개는 1개와 5개로 가르기할 수 있습니다.

2 (1) 초록색 상자 2개와 노란색 상자 5개를 합하면 7개가 됩니다.
➡ $2+5=7$
(2) ● 6개와 ● 2개를 하나씩 연결하면 ● 4개가 남습니다.
➡ $6-2=4$

3 (1) 7과 1을 모으기하면 8이 됩니다.
(2) 6은 3과 3으로 가르기할 수 있습니다.

4 7은 4와 3, 2와 5, 1과 6으로 가르기할 수 있습니다. 2와 6으로 가르기할 수 있는 수는 8입니다.

5 (1) 점이 1개, 7개이므로 $1+7=8$입니다.
(2) 점이 0개, 6개이므로 $0+6=6$입니다.

6 8은 5와 3으로 가르기할 수 있으므로 $8-5=3$입니다. $8-3=5$도 답이 될 수 있습니다.

7 (1) 0+(어떤 수)=(어떤 수)
(4) (어떤 수)−(어떤 수)=0

8 (1) 8에 0을 더해야 8이 됩니다.
(2) 6에서 6을 빼야 0이 됩니다.

9 $5-1=4$, $7-4=3$, $2-2=0$
$6-3=3$, $9-9=0$, $4-0=4$

10 9는 4와 5로 가르기할 수 있으므로 먹은 초콜릿은 5개입니다.

11 ① $9-4=5$
② $7-2=5$
③ $5-0=5$
④ $8-1=7$
⑤ $6-1=5$
따라서 계산 결과가 다른 것은 ④입니다.

12 $5+3=8$, $2+1=3$, $5-2=3$, $3-1=2$

13 6, 8, 2를 사용하여 만들 수 있는
덧셈식은 $6+2=8$, $2+6=8$이고,
뺄셈식은 $8-6=2$, $8-2=6$입니다.

14 필통 속에 연필이 5자루 더 있으므로 $5+2=7$ 또는 $2+5=7$입니다.

15 =를 기준으로 오른쪽의 수가 왼쪽의 두 수보다 크면 덧셈식이고, 가장 왼쪽의 수보다 작으면 뺄셈식입니다.

16 ㉠ $7-5=2$
㉡ $1+4=5$
㉢ $4+2=6$
㉣ $3+0=3$
따라서 계산 결과가 가장 큰 것은 ㉢입니다.

17 $3+6=9$, $9-4=5$

18 자동차 9대 중에서 2대가 빠져나갔으므로 남아 있는 자동차는 $9-2=7$(대)입니다.

서술형
19 예 모양은 3개, 모양은 4개입니다.
덧셈식으로 나타내면 $3+4=7$이므로 모양과 모양은 모두 7개입니다.

평가 기준	배점(5점)
모양과 모양이 각각 몇 개인지 구했나요?	2점
모양과 모양은 모두 몇 개인지 구했나요?	3점

서술형
20 예 노란 색종이 6장 중에서 2장을 민지에게 주었으므로 남은 노란 색종이는 $6-2=4$(장)입니다.
파란 색종이는 5장 가지고 있으므로 재용이가 가지고 있는 색종이는 모두 $4+5=9$(장)입니다.

평가 기준	배점(5점)
남은 노란 색종이의 수를 구했나요?	2점
재용이가 가지고 있는 색종이는 모두 몇 장인지 구했나요?	3점

4 비교하기

길이, 무게, 넓이, 들이를 비교하는 학습입니다.
이 단원에서 여러 가지 대상을 비교하기 위해 관찰과 구체물 조작을 통하여 직관적 또는 직접적으로 길이, 무게, 넓이, 들이를 비교하는 활동을 합니다. 그 과정에서 양에 대한 개념(양의 속성과 보존성)과 양을 표현하는 다양한 용어(길다, 짧다, 무겁다, 가볍다, 넓다, 좁다, 많다, 적다 등)를 경험하게 합니다.

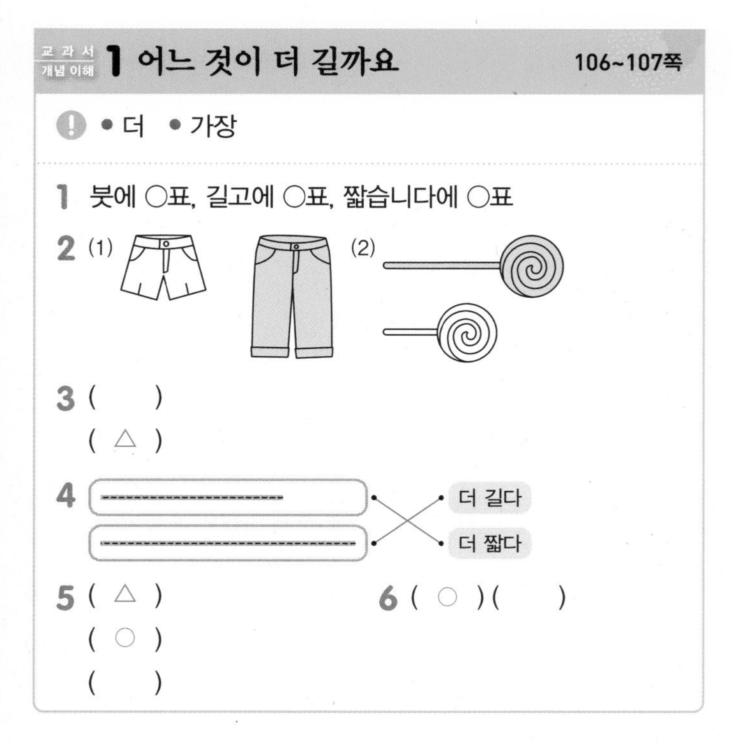

교과서 개념 이해 1 어느 것이 더 길까요 106~107쪽
• 더 • 가장
1 붓에 ○표, 길고에 ○표, 짧습니다에 ○표
2 (1) (2)
3 ( )
(△)
4
더 길다
더 짧다
5 (△)
(○)
( )
6 (○)( )

3 오른쪽 끝이 맞추어져 있으므로 왼쪽 끝이 더 적게 나온 칼이 가위보다 더 짧습니다.

5 왼쪽 끝이 맞추어져 있으므로 오른쪽 끝이 가장 많이 나온 연필이 가장 길고, 오른쪽 끝이 가장 적게 나온 지우개가 가장 짧습니다.

6 아래쪽 끝이 맞추어져 있으므로 위쪽 끝이 더 많이 올라온 노란색 블록이 더 높습니다.

교과서 개념 이해 2 어느 것이 더 무거울까요 108~109쪽

1 책에 ○표, 무겁습니다에 ○표, 가볍습니다에 ○표

2 (1) ( )(○) (2) (○)( )

3 (풍선, 야구공 그림)

4 ( )(△)(○)

5 (선 잇기)

3 직접 들었을 때 힘이 덜 드는 것은 풍선이므로 풍선이 야구공보다 더 가볍습니다.

4 하마의 몸집이 가장 크므로 하마가 가장 무겁고, 강아지의 몸집이 가장 작으므로 강아지가 가장 가볍습니다.

5 아래로 내려간 쪽이 더 무거우므로 더 무거운 것은 필통이고, 위로 올라간 쪽이 더 가벼우므로 더 가벼운 것은 풀입니다.

교과서 개념 이해 3 어느 것이 더 넓을까요 110~111쪽

1 빨간색에 ○표, 넓습니다에 ○표, 좁습니다에 ○표

2 (○)( ) 3 (선 잇기)

4 (○)( )(△) 5 2, 1, 3

6 (1) 예 학교 운동장 (2) 예 학교 교실

2 겹쳐 보았을 때 남는 부분이 있는 것은 편지봉투이므로 편지봉투가 우표보다 더 넓습니다.

4 세 가지 물건의 넓이를 비교하면 교통표지판이 가장 넓고 색종이가 가장 좁습니다.

5 칸 수를 세어 보면 차례로 2칸, 1칸, 4칸이고 칸 수가 적을수록 더 좁습니다.

6 (1) 우리 집 거실보다 더 넓은 곳은 학교 운동장입니다.
(2) 야구 경기장보다 더 좁은 곳은 학교 교실입니다.

교과서 개념 이해 4 어느 것에 더 많이 담을 수 있을까요 112~113쪽

1 차지 않습니다에 ○표, 유리컵에 ○표, 머그잔에 ○표

2 ( )(○) 3 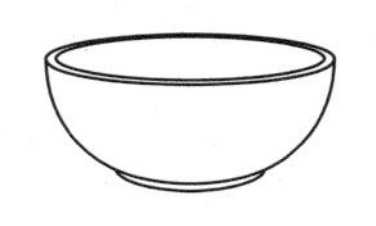

4 2, 3, 1 5 ( )(△)(○)

2 오른쪽 어항이 더 크므로 담을 수 있는 양이 더 많은 것은 오른쪽 어항입니다.

3 왼쪽 그릇의 크기가 더 작으므로 담을 수 있는 양이 더 적은 것은 왼쪽 그릇입니다.

4 그릇의 모양과 크기가 같으므로 물의 높이가 높을수록 물이 더 많이 담긴 것입니다.

5 그릇이 클수록 담을 수 있는 양이 더 많으므로 그릇의 크기를 비교해 봅니다.

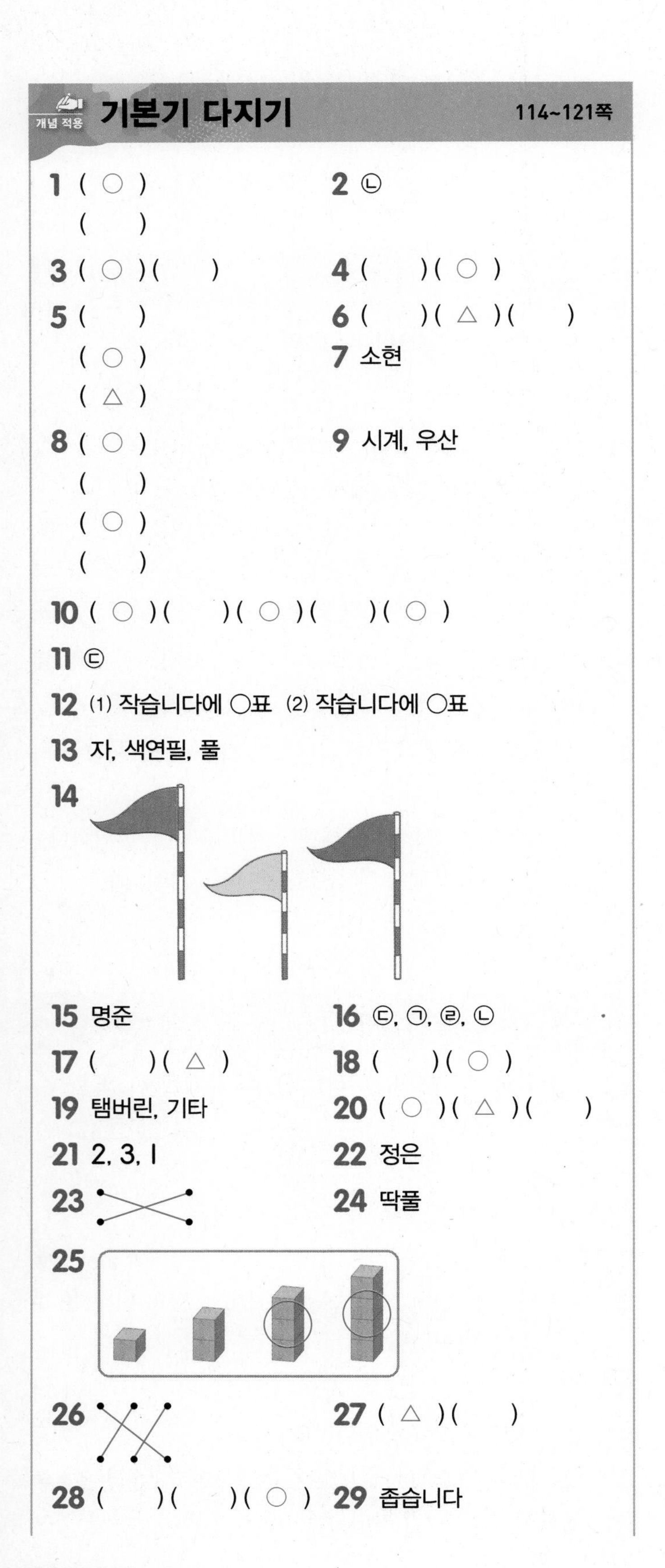

개념 적용 **기본기 다지기** 114~121쪽

1 (○) ( )
2 ㉡
3 (○)( )
4 ( )(○)
5 ( ) (○) (△)
6 ( )(△)( )
7 소현
8 (○) ( ) (○) ( )
9 시계, 우산
10 (○)( )(○)( )(○)
11 ㉢
12 (1) 작습니다에 ○표 (2) 작습니다에 ○표
13 자, 색연필, 풀
14
15 명준
16 ㉢, ㉠, ㉣, ㉡
17 ( )(△)
18 ( )(○)
19 탬버린, 기타
20 (○)(△)( )
21 2, 3, 1
22 정은
23
24 딱풀
25
26
27 (△)( )
28 ( )( )(○)
29 좁습니다

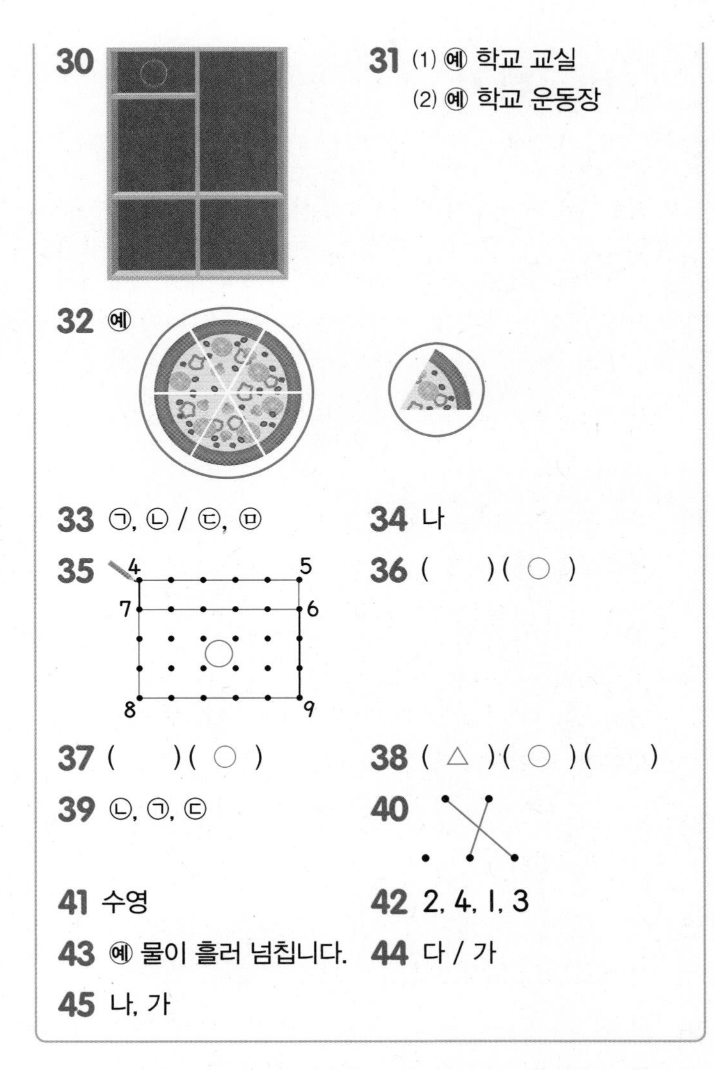

30
31 (1) 예 학교 교실 (2) 예 학교 운동장
32 예
33 ㉠, ㉡ / ㉢, ㉤
34 나
35

36 ( )(○)
37 ( )(○)
38 (△)(○)( )
39 ㉡, ㉠, ㉢
40
41 수영
42 2, 4, 1, 3
43 예 물이 흘러 넘칩니다.
44 다 / 가
45 나, 가

1 왼쪽 끝이 맞추어져 있으므로 오른쪽 끝이 더 많이 나온 물고기가 더 깁니다.

2 길이를 비교할 때에는 한쪽 끝을 맞춘 후 나란히 놓고 다른 쪽 끝을 비교합니다.

3 아래쪽 끝이 맞추어져 있으므로 위쪽 끝이 더 많이 올라온 것의 키가 더 큽니다.

4 아래쪽 끝이 맞추어져 있으므로 위쪽 끝이 더 적게 올라온 건물이 더 낮습니다.

5 왼쪽 끝이 맞추어져 있으므로 오른쪽 끝이 가장 많이 나온 붓이 가장 길고, 가장 적게 나온 물감이 가장 짧습니다.

6 아래쪽 끝을 맞추어 보면 위쪽 끝이 가장 적게 나온 가운데 숟가락이 가장 짧습니다.

7 왼쪽 끝이 맞추어져 있으므로 오른쪽 끝을 비교하면 석기의 줄넘기 줄이 가장 짧습니다. 소현이와 정아의 줄넘기 줄은 양쪽 끝이 맞추어져 있지만 소현이의 줄넘기 줄은 구부러져 있으므로 펴 보면 소현이의 줄넘기 줄이 가장 깁니다.

8 왼쪽 끝이 맞추어져 있으므로 오른쪽 끝이 빗보다 더 많이 나온 것을 찾습니다.

9 길이가 짧은 것부터 쓰면 시계, 리코더, 우산입니다.
리코더는 시계보다 더 길고 우산보다 더 짧습니다.

10 줄자는 감겨져 있으므로 가위보다 더 깁니다.

11 위쪽 끝이 맞추어져 있으므로 아래쪽 끝이 가장 많이 내려온 바지가 가장 길고 가장 적게 내려온 치마가 가장 짧습니다. ㉢ 티셔츠는 바지보다 더 짧고 치마보다 더 깁니다.

12 아래쪽 끝이 맞추어져 있으므로 위쪽 끝이 가장 많이 올라간 아버지의 키가 가장 크고 가장 적게 올라간 윤호의 키가 가장 작습니다.

13 색연필을 기준으로 풀은 색연필보다 더 짧고, 자는 색연필보다 더 깁니다. 따라서 긴 것부터 차례로 쓰면 자, 색연필, 풀입니다.

14 가장 높은 깃발은 빨간색 깃발이고, 가장 낮은 깃발은 노란색 깃발입니다.

15 머리 끝이 맞추어져 있으므로 가장 낮은 계단에 서 있는 명준이의 키가 가장 큽니다.

서술형
16 예 한 칸의 길이가 같으므로 칸 수를 세어 보면 ㉠ 6칸, ㉡ 9칸, ㉢ 5칸, ㉣ 8칸입니다.
따라서 길이가 짧은 것부터 차례로 기호를 쓰면 ㉢, ㉠, ㉣, ㉡입니다.

단계	문제 해결 과정
①	각각의 칸 수를 세어 비교했나요?
②	길이가 짧은 것부터 차례로 기호를 썼나요?

17 손으로 들었을 때 힘이 덜 드는 선풍기가 더 가볍습니다.

18 손으로 들었을 때 힘이 더 드는 벽돌이 더 무겁습니다.

20 자전거는 손으로 들 수 있으므로 가장 가볍고, 트럭과 자동차 중에서 트럭이 더 무거우므로 트럭이 가장 무겁습니다.

21 몸집이 클수록 더 무거우므로 코끼리, 사자, 원숭이의 순서로 무겁습니다.

22 민주는 태민이보다 더 무겁고, 정은이는 태민이보다 더 가벼우므로 가장 가벼운 사람은 정은이입니다.

참고 | 가벼운 쪽, 무거운 쪽을 표시한 다음 두 사람씩 비교하여 이름을 써 보면 태민이를 기준으로 하여 세 사람의 몸무게를 비교할 수 있습니다.

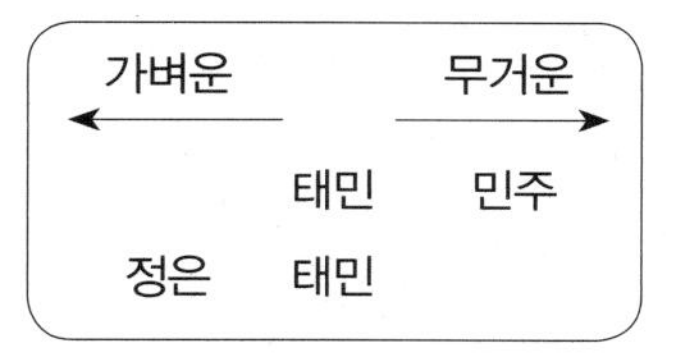

23 쉽게 들 수 있는 빨간색 가방에는 가벼운 배구공이 들어 있고, 무거워 보이는 파란색 가방에는 무거운 볼링공이 들어 있을 것입니다.

24 지우개 6개와 딱풀 4개의 무게가 같습니다. 개수가 적을수록 한 개의 무게가 더 무거우므로 한 개의 무게가 더 무거운 것은 딱풀입니다.

25 저울의 오른쪽이 아래로 내려갔으므로 오른쪽에 있는 쌓기나무는 2개보다 더 무겁습니다.
따라서 쌓기나무 3개, 4개에 ○표를 합니다.

26 상자가 찌그러진 정도를 보고 가장 많이 찌그러진 상자 위에는 가장 무거운 수박을, 가장 적게 찌그러진 상자 위에는 가장 가벼운 오렌지를 올려놓았음을 알 수 있습니다.

27 왼쪽 침대가 오른쪽 침대보다 더 좁습니다.

28 한쪽 끝을 맞추어 겹친 후 넓이를 비교합니다.

29 넓이를 비교할 때에는 '더 넓다'와 '더 좁다'를 사용하여 나타냅니다.

31 (1) 우리 동네 놀이터보다 더 좁은 곳은 학교 교실입니다.
(2) 우리 학교 교실보다 더 넓은 곳은 학교 운동장입니다.

32 피자 조각이 많을수록 접시가 넓어야 합니다.

33 가장 넓은 조각은 ㉠, ㉡으로 넓이가 같고, 가장 좁은 조각은 ㉢, ㉤으로 넓이가 같습니다.

서술형
34 예 한 칸의 넓이가 같으므로 칸 수를 세어 비교합니다.
가는 6칸, 나는 8칸이므로 더 넓은 것은 나입니다.

단계	문제 해결 과정
①	가와 나의 칸 수를 각각 구했나요?
②	칸 수를 비교하여 더 넓은 것을 찾았나요?

35 4부터 9까지 순서대로 이어 만들어지는 두 개의 모양에서 위쪽이 더 좁고 아래쪽이 더 넓습니다.

36 주전자가 더 크므로 담을 수 있는 양이 더 많습니다.

37 컵의 모양과 크기가 같으므로 물의 높이가 더 높은 오른쪽 컵에 물이 더 많이 들어 있습니다.

38 그릇의 크기가 클수록 담을 수 있는 양이 더 많습니다.

39 그릇의 크기가 클수록 담을 수 있는 양이 더 많으므로 ㉡, ㉠, ㉢의 순서로 담을 수 있는 양이 많습니다.

40 담을 수 있는 양이 가장 많은 것은 크기가 가장 큰 컵이고, 담을 수 있는 양이 가장 적은 것은 크기가 가장 작은 컵입니다.

41 남은 음료수의 양이 가장 적은 사람이 음료수를 가장 많이 마신 것입니다.
따라서 수영이가 가장 많이 마셨습니다.

42 크기가 다른 그릇에 담긴 물의 높이가 같으므로 그릇이 클수록 담긴 물의 양이 더 많습니다.

43 가 그릇에 담긴 물의 양이 나 그릇에 담을 수 있는 물의 양보다 더 많으므로 물이 흘러 넘칩니다.

44
- 물을 담는 그릇의 크기가 클수록 담을 수 있는 양이 많으므로 가, 나, 다 순서로 담을 수 있는 양이 많습니다.
- 담을 수 있는 양이 많을수록 물을 오래 받아야 하므로 물을 가장 오래 받아야 하는 것은 가입니다.

서술형
45 예 가장 높은 곳에 있는 그릇은 그릇의 바닥이 가장 위쪽에 있는 나입니다. 물의 높이가 맞추어져 있으므로 가장 많은 양의 물이 담긴 그릇은 그릇의 바닥이 가장 아래쪽에 있는 가입니다.

단계	문제 해결 과정
①	가장 높은 곳에 있는 그릇을 찾았나요?
②	가장 많은 양의 물이 담긴 그릇을 찾았나요?

개념 완성
응용력 기르기 122~125쪽

1 빗 **1-1** 집게
1-2 색연필, 볼펜, 자, 연필
2 근영, 현식, 도윤 **2-1** 민혜, 성주, 나래
2-2 사과 **3** 다
3-1 당근 **3-2** 라, 다, 나, 가
4 1단계 예 컵으로 부은 횟수가 많을수록 물이 더 많이 들어갑니다.
2단계 예 컵으로 부은 횟수가 많은 것부터 차례로 쓰면 5컵, 4컵, 3컵이므로 물이 가장 많이 들어가는 그릇은 ㉮입니다.
/ ㉮
4-1 냄비

1 길이를 두 번 비교한 치약을 기준으로 길이를 비교합니다.
짧다 ◀———▶ 길다
빗 치약 칫솔
따라서 가장 짧은 것은 빗입니다.

1-1 길이를 두 번 비교한 포크를 기준으로 길이를 비교합니다.
짧다 ◀———▶ 길다
숟가락 포크 집게
따라서 가장 긴 것은 집게입니다.

1-2 길이를 두 번 비교한 자를 기준으로 길이를 비교합니다.
짧다 ◀———▶ 길다
색연필 볼펜 자 연필
따라서 짧은 것부터 차례로 쓰면 색연필, 볼펜, 자, 연필입니다.

2 무게를 두 번 비교한 현식을 기준으로 무게를 비교합니다.
가볍다 ◀———▶ 무겁다
도윤 현식 근영
따라서 무거운 사람부터 차례로 이름을 쓰면 근영, 현식, 도윤입니다.

2-1 무게를 두 번 비교한 성주를 기준으로 무게를 비교합니다.
가볍다 ◀———▶ 무겁다
민혜 성주 나래
따라서 가벼운 사람부터 차례로 이름을 쓰면 민혜, 성주, 나래입니다.

2-2 무게를 두 번 비교한 사과를 기준으로 무게를 비교합니다.
가볍다 ◀———▶ 무겁다
귤 감 사과 배
따라서 셋째로 가벼운 과일은 사과입니다.

3 한 칸의 넓이가 모두 같으므로 칸 수를 세어 비교합니다.
가: 8칸, 나: 7칸, 다: 9칸
따라서 가장 넓은 것은 다입니다.

3-1 배추: 6칸, 무: 6칸, 상추: 8칸, 당근: 5칸
따라서 가장 좁은 부분에 심은 채소는 당근입니다.

3-2 가: 9칸, 나: 8칸, 다: 6칸, 라: 5칸
따라서 좁은 것부터 차례로 기호를 쓰면 라, 다, 나, 가입니다.

4-1 부은 횟수가 같으므로 크기가 가장 큰 ㉯ 컵으로 부은 물의 양이 가장 많습니다.
따라서 냄비에 물이 가장 많이 들어갑니다.

4단원 단원 평가 Level ❶ 126~128쪽

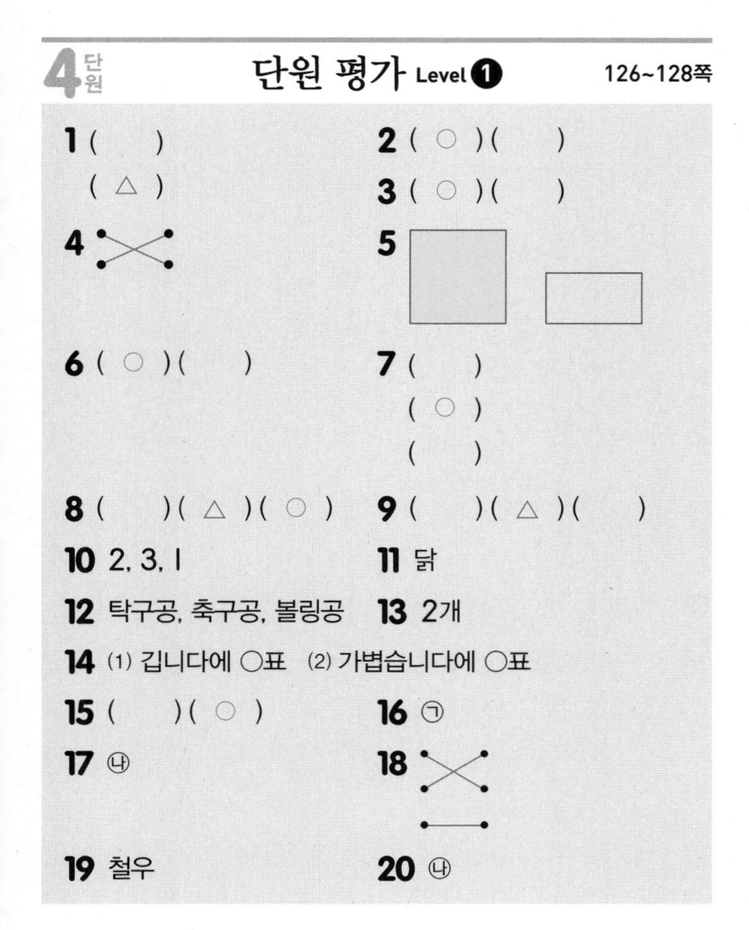
1 (   ) (△)
2 (○)(   )
3 (○)(   )
4
5
6 (○)(   )
7 (   ) (○) (   )
8 (   )(△)(○)
9 (   )(△)(   )
10 2, 3, 1
11 닭
12 탁구공, 축구공, 볼링공
13 2개
14 (1) 깁니다에 ○표 (2) 가볍습니다에 ○표
15 (   )(○)
16 ㉠
17 ㉯
18
19 철우
20 ㉯

1 왼쪽 끝이 맞추어져 있으므로 오른쪽 끝이 더 적게 나온 크레파스가 더 짧습니다.

2 아래쪽이 맞추어져 있으므로 위쪽으로 더 많이 올라온 왼쪽 탑이 더 높습니다.

3 왼쪽 옷의 소매가 오른쪽 옷의 소매보다 더 깁니다.

4 직접 들었을 때 힘이 더 드는 의자가 축구공보다 더 무겁습니다.

5 겹쳐 보았을 때 남는 부분이 있는 것은 왼쪽이므로 왼쪽이 더 넓습니다.

6 물의 높이가 같으므로 크기가 더 큰 왼쪽 컵에 물이 더 많이 담겨 있습니다.

7 왼쪽 끝이 맞추어져 있으므로 오른쪽 끝이 가장 많이 나온 붓이 가장 깁니다.

8 아래쪽이 맞추어져 있으므로 위쪽을 비교하면 오른쪽 사람이 가장 크고 가운데 사람이 가장 작습니다.

9 겹쳐 보았을 때 남는 부분이 많을수록 더 넓으므로 달력이 가장 넓고 수첩이 가장 좁습니다.

10 그릇이 클수록 담을 수 있는 양이 더 많습니다.

11 닭은 고양이보다 더 가볍고 강아지보다 더 가벼우므로 닭이 가장 가볍습니다.

12 가장 가벼운 것은 탁구공이고 가장 무거운 것은 볼링공입니다.

13 양초보다 더 짧은 물건은 휴대전화, 풍선껌이므로 모두 2개입니다.

15 보기 는 4칸이고 왼쪽은 3칸, 오른쪽은 5칸이므로 보기 보다 더 넓은 것은 오른쪽입니다.

16 양쪽 끝이 모두 맞추어져 있으므로 줄이 많이 구부러져 있을수록 폈을 때 더 깁니다.
따라서 가장 긴 줄은 ㉠입니다.

17 ㉮의 물을 ㉯에 부었을 때 ㉯가 가득 차지 않았으므로 ㉯에 더 많은 양의 물을 담을 수 있습니다.

18 물을 많이 마시는 사람부터 차례로 이름을 쓰면 민주, 소영, 성식입니다.

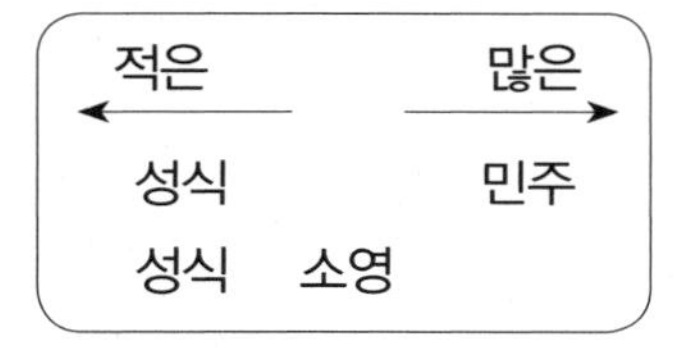

서술형
19 예 방이 좁은 사람부터 차례로 쓰면 민주, 주하, 철우입니다.
따라서 철우의 방이 가장 넓습니다.

평가 기준	배점(5점)
세 사람의 방의 넓이를 비교했나요?	3점
누구의 방이 가장 넓은지 구했나요?	2점

참고 | 좁은 ← → 넓은
민주 주하 철우

서술형
20 예 ㉮는 8칸이고 ㉯는 6칸입니다. 한 칸의 길이는 모두 같으므로 ㉯가 더 짧습니다.
따라서 ㉯가 더 가깝습니다.

평가 기준	배점(5점)
㉮와 ㉯는 각각 몇 칸인지 구했나요?	2점
㉮와 ㉯ 중 어느 길이 더 가까운지 구했나요?	3점

4단원 단원 평가 Level ❷ 129~131쪽

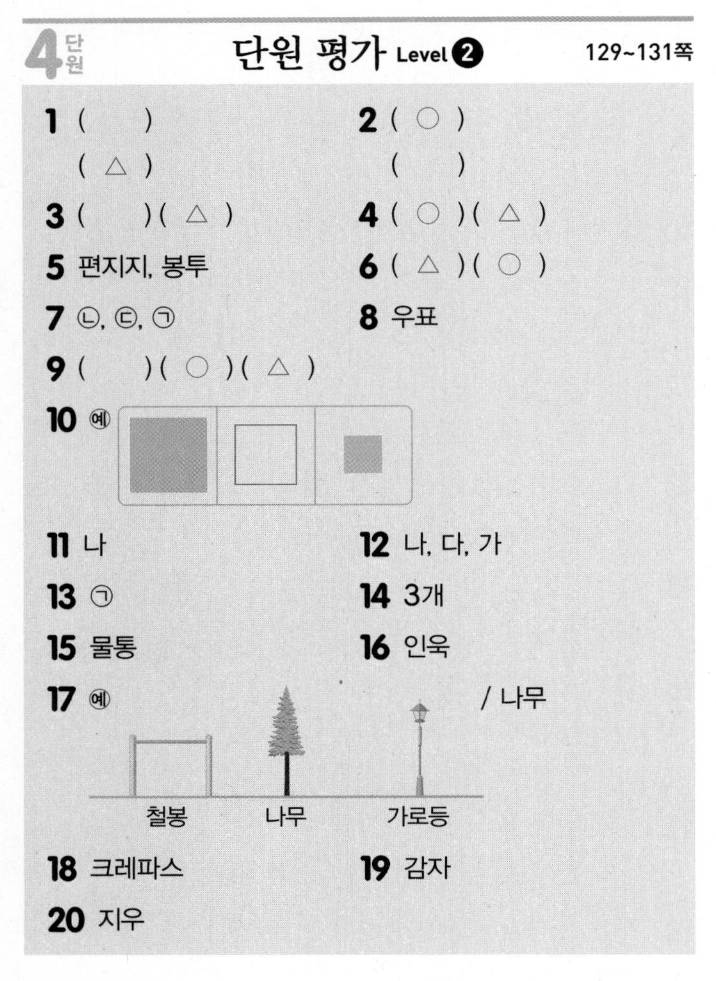

1 ( ) (△)
2 (○) ( )
3 ( )(△)
4 (○)(△)
5 편지지, 봉투
6 (△)(○)
7 ㉡, ㉢, ㉠
8 우표
9 ( )(○)(△)
10 예
11 나
12 나, 다, 가
13 ㉠
14 3개
15 물통
16 인욱
17 예 / 나무

18 크레파스
19 감자
20 지우

1 왼쪽 끝이 맞추어져 있으므로 오른쪽 끝이 더 적게 나온 포크가 더 짧습니다.

2 붓은 가위보다 더 길고, 옷핀은 가위보다 더 짧습니다.

3 아래쪽 끝이 맞추어져 있으므로 위쪽 끝이 더 적게 올라온 오른쪽 깃발이 더 낮습니다.

4 하마가 여우보다 몸집이 더 크므로 더 무겁습니다.

5 편지지 위에 봉투를 겹쳐 보면 편지지가 남으므로 편지지가 더 넓습니다.

6 물의 높이가 같으므로 더 큰 그릇에 담긴 양이 더 많습니다.

7 ㉠은 ㉢보다 더 길고, ㉡은 ㉢보다 더 짧으므로 짧은 것부터 차례로 기호를 쓰면 ㉡, ㉢, ㉠입니다.

8 공책, 사전은 색종이보다 더 넓고, 우표는 색종이보다 더 좁습니다.

9 그릇이 깊고 클수록 더 많이 담을 수 있습니다.

10 크기는 다르더라도 보라색 네모보다 더 좁고 초록색 네모보다 더 넓으면 정답으로 인정합니다.

11 비어 있는 부분이 가장 큰 나에 가장 많은 양의 물이 들어갑니다.

12 가장 넓은 것은 나, 가장 좁은 것은 가이므로 넓은 것부터 차례로 기호를 쓰면 나, 다, 가입니다.

13 무거울수록 고무줄이 더 많이 늘어나므로 가장 무거운 것은 ㉠입니다.

14 주사기보다 길이가 더 긴 물건은 허리띠, 가지, 야구 방망이이므로 모두 3개입니다.

15 물을 퍼낸 횟수가 많을수록 물이 더 많이 들어 있던 것입니다. 따라서 물이 더 많이 들어 있던 것은 퍼낸 횟수가 더 많은 물통입니다.

16 키가 큰 쪽, 작은 쪽을 표시한 다음 두 사람씩 비교하여 이름을 써 보면 민혁을 기준으로 하여 세 사람의 키를 비교할 수 있습니다.

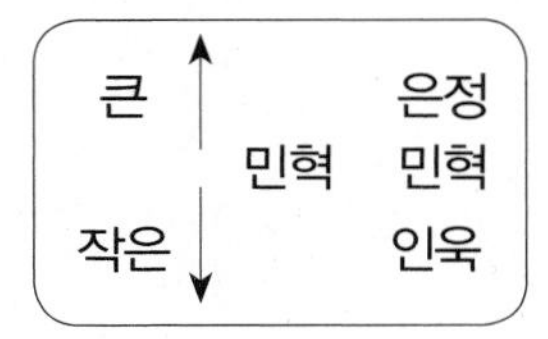

17 가장 높은 것은 나무이고 가장 낮은 것은 철봉입니다.

18 크레파스 3자루의 무게와 색연필 5자루의 무게가 같으므로 개수가 적을수록 한 자루의 무게가 더 무겁습니다. 따라서 한 자루의 무게가 더 무거운 것은 크레파스입니다.

서술형
19 예 옥수수, 감자, 고구마를 심은 부분은 각각 4칸, 6칸, 5칸입니다. 심은 칸 수가 많을수록 넓은 것이므로 가장 넓은 부분에 심은 것은 감자입니다.

평가 기준	배점(5점)
심은 부분이 각각 몇 칸인지 구했나요?	2점
가장 넓은 부분에 심은 것을 구했나요?	3점

서술형
20 예 지우는 호진이보다 더 무겁고 주영이보다 더 가벼우므로 무거운 사람부터 차례로 쓰면 주영, 지우, 호진입니다. 따라서 둘째로 무거운 사람은 지우입니다.

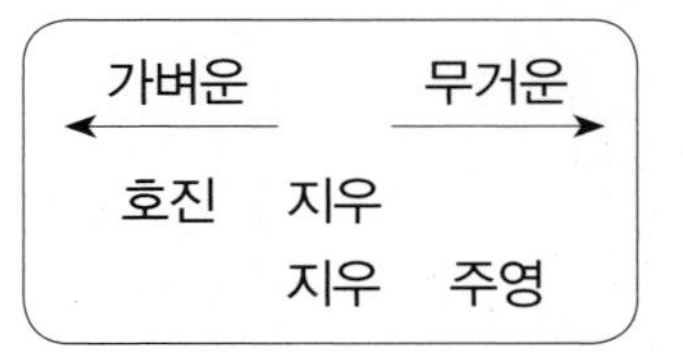

평가 기준	배점(5점)
무거운 사람부터 차례로 썼나요?	3점
둘째로 무거운 사람을 찾았나요?	2점

5 50까지의 수

이 단원에서는 처음으로 두 자리 수를 배우게 됩니다.
우리가 사용하는 수는 십진법에 따른 것으로 0부터 9까지의 수만으로 모든 수를 나타낼 수 있습니다. 그리고 10을 단위로 합니다. 따라서 0부터 9까지의 수는 모두 다르게 나타내지만 9 다음의 수는 새로운 형태가 아니라 1과 0을 사용하여 새로운 '단위'를 사용합니다. 즉, 수의 자리, 자릿값의 개념이 도입됩니다. 1은 1을 나타내지만 10에서의 1은 10을, 100에서의 1은 100을 나타내게 됩니다. 이러한 자릿값의 개념은 이후 배우게 되는 더 큰 수들과 연계될 뿐만 아니라 사칙연산, 중등에서의 다항식과도 연계되므로 처음 두 자리 수를 학습할 때부터 기초를 잘 다질 수 있도록 지도합니다.

교과서 개념 이해 1 10을 알아볼까요 134~135쪽

1 (1) 10 (2) 십 / 열 / 열 / 십, 열
2 예 ●●●●●●●●●●○○○○○
3 (○)( )(○) 4 10 / 5
5 9 / 2

2 ○가 3개 색칠되어 있으므로 4부터 10까지 세어 가며 ○를 색칠합니다.

3 일(하나)부터 십(열)까지 세어 보면 나비 10마리, 잠자리 9마리, 벌 10마리입니다.

4 빨간색 ● 6개와 파란색 ● 4개를 모으기하면 10개가 됩니다.
하트 10개는 초록색 ♥ 5개와 보라색 ♥ 5개로 가르기할 수 있습니다.

5 10이 되려면 1과 9를 모으기해야 합니다.
10은 8과 2로 가르기할 수 있습니다.

교과서 개념 이해 2 십몇을 알아볼까요 136~137쪽

1 1, 4, 14
2 예 / 17
3 예

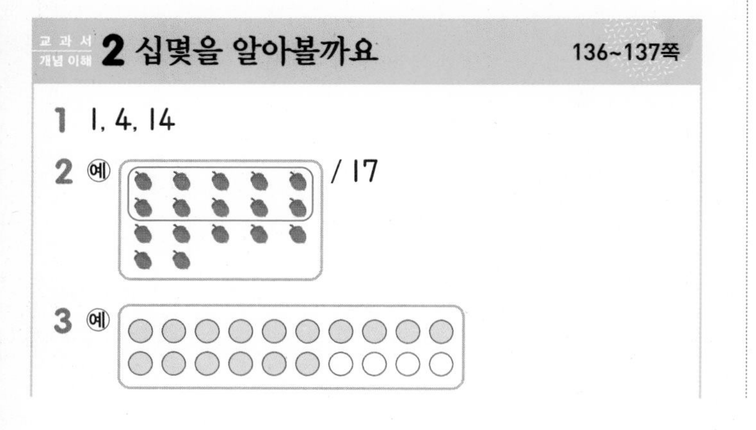

4

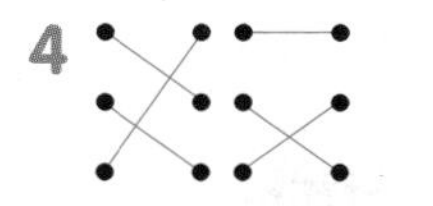

5 14 / 14, 작습니다에 ○표

2 10개씩 묶어 보면 10개씩 묶음 1개와 낱개 7개이므로 17입니다.

> ★ 학부모 지도 가이드
> 물건의 수를 셀 때에는 하나씩 세는 것보다 10개씩 묶음의 수, 낱개의 수로 구분하여 세는 것이 십진법에 근거한 수를 배우는 데 더 도움이 됩니다.

3 10개씩 묶음 1개와 낱개 6개를 색칠합니다.

4 10개씩 묶음 1개와 낱개 3개는 13(십삼, 열셋), 10개씩 묶음 1개와 낱개 6개는 16(십육, 열여섯), 10개씩 묶음 1개와 낱개 5개는 15(십오, 열다섯)입니다.

5 음료수의 수는 10개씩 묶음 1개와 낱개 1개이므로 11입니다.
우유의 수는 10개씩 묶음 1개와 낱개 4개이므로 14입니다.
10개씩 묶음의 수가 같으므로 낱개의 수를 비교하면 11은 14보다 작습니다.

교과서 개념 이해 3 모으기와 가르기를 해 볼까요 138~139쪽

1

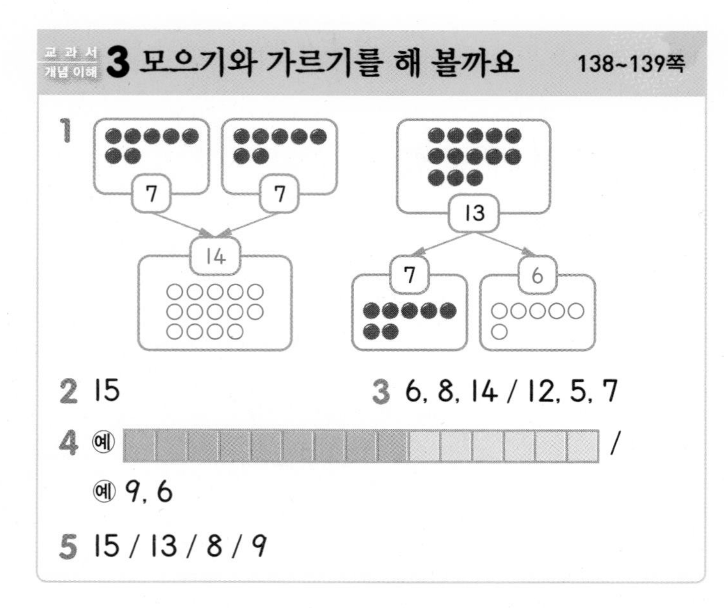

2 15 3 6, 8, 14 / 12, 5, 7
4 예 / 예 9, 6
5 15 / 13 / 8 / 9

1 바둑돌 7개와 7개를 모으기하면 모두 몇 개인지 ○를 그려 봅니다.
바둑돌 13개 중에서 7개를 지우고 남은 바둑돌의 수만큼 ○를 그려 봅니다.

2 귤 6개와 9개를 모으기하면 15개가 됩니다.

3 야구공 6개와 테니스공 8개를 모으기하면 공은 모두 14개가 됩니다.
사과 12개는 빨간 사과 5개와 초록 사과 7개로 가르기할 수 있습니다.

4 15칸 중 9칸과 6칸을 각각 다른 색으로 칠했다면 15는 9와 6으로 가르기할 수 있습니다.
여러 가지 방법으로 15를 바르게 가르기하면 모두 정답으로 인정합니다.

5 모으기는 이어 세기, 가르기는 거꾸로 세기의 방법으로 빈칸에 알맞은 수를 구합니다.

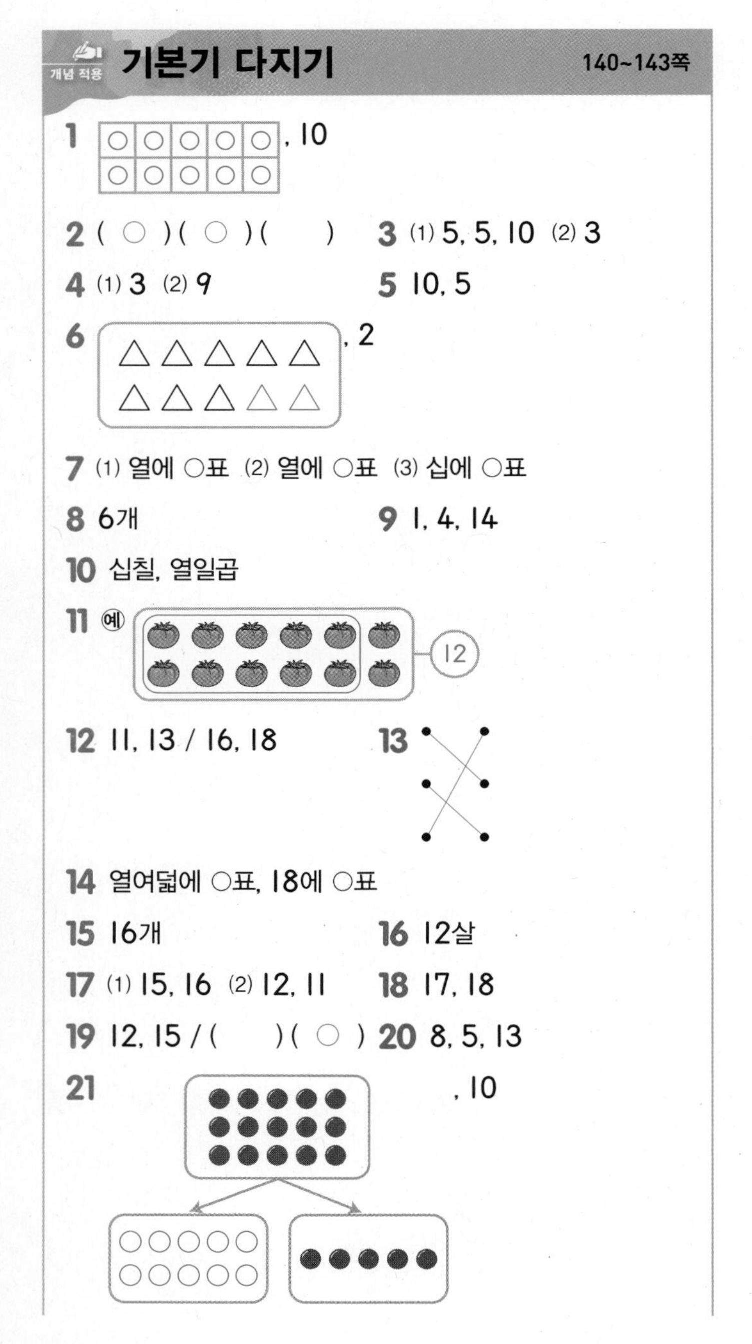

기본기 다지기

개념 적용 140~143쪽

1 (○ 10개), 10

2 (○)(○)( ) **3** (1) 5, 5, 10 (2) 3

4 (1) 3 (2) 9 **5** 10, 5

6 (△ 10개), 2

7 (1) 열에 ○표 (2) 열에 ○표 (3) 십에 ○표

8 6개 **9** 1, 4, 14

10 십칠, 열일곱

11 예 (12)

12 11, 13 / 16, 18 **13** (선 잇기)

14 열여덟에 ○표, 18에 ○표

15 16개 **16** 12살

17 (1) 15, 16 (2) 12, 11 **18** 17, 18

19 12, 15 / ( )(○) **20** 8, 5, 13

21 , 10

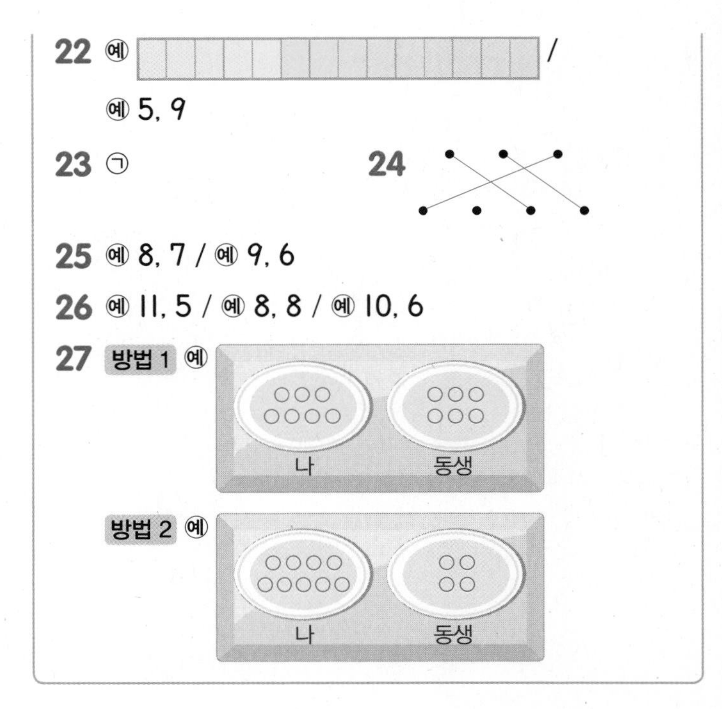

22 예 / 예 5, 9

23 ㉠ **24** (선 잇기)

25 예 8, 7 / 예 9, 6

26 예 11, 5 / 예 8, 8 / 예 10, 6

27 방법 1 예 / 방법 2 예

1 복숭아의 수는 10이므로 ○를 10개 그립니다.

2 9보다 1만큼 더 큰 수가 10입니다.

3 (1) 5와 5를 모으기하면 10이 됩니다.
(2) 10은 3과 7로 가르기할 수 있습니다.

4 (1) 7과 3을 모으기하면 10이 됩니다.
(2) 10은 9와 1로 가르기할 수 있습니다.

5 6에서 오른쪽으로 4칸을 가면 10이 됩니다.
10은 5에서 오른쪽으로 5칸을 가야 합니다.

6 △가 8개 있으므로 9, 10으로 수를 세어 가며 △를 2개 더 그립니다.

7 (1) 재민이는 열 살입니다.
(2) 한 봉지에 고구마가 열 개 들어 있습니다.
(3) 동생의 생일은 4월 십 일입니다.

서술형
8 예 10은 4와 6으로 가르기할 수 있습니다.
따라서 구슬은 6개 더 필요합니다.

단계	문제 해결 과정
①	10을 4와 몇으로 가르기할 수 있는지 구했나요?
②	구슬은 몇 개 더 필요한지 구했나요?

9 10개씩 묶음 1개와 낱개 4개이므로 14입니다.

10 10개씩 묶음 1개와 낱개 7개이므로 17이라 쓰고 십칠 또는 열일곱이라고 읽습니다.

11 10개씩 묶음 1개와 낱개 2개는 12입니다.

12 1만큼 더 작은 수, 1만큼 더 큰 수는 낱개의 수만 1씩 작아지거나 커집니다.

13 10개씩 묶음 1개와 낱개 2개는 12이므로 십이(열둘)입니다.
10개씩 묶음 1개와 낱개 4개는 14이므로 십사(열넷)입니다.
10개씩 묶음 1개와 낱개 9개는 19이므로 십구(열아홉)입니다.

14 10개씩 묶음 1개와 낱개 8개는 18입니다.
18은 십팔 또는 열여덟이라고 읽습니다.

15 연결 모형을 10개씩 묶어서 세면 10개씩 묶음 1개와 낱개 6개이므로 16개입니다.

16 큰 초가 1개, 작은 초가 2개입니다.
10개씩 묶음 1개와 낱개 2개는 12입니다.
따라서 수호 형의 나이는 12살입니다.

17 (1) 13부터 순서대로 수를 쓰면 13, 14, 15, 16입니다.
(2) 14부터 순서를 거꾸로 하여 수를 쓰면 14, 13, 12, 11입니다.

18 15 (16) 17 18 (19) 20
16과 19 사이의 수
따라서 16과 19 사이에 있는 수는 17, 18입니다.

19 참외는 12개, 토마토는 15개입니다.
15는 12보다 큽니다.

20 야구공 8개와 농구공 5개를 모으기하면 13개가 됩니다.

21 15는 10과 5로 가르기할 수 있습니다.

22 14는 (1, 13), (2, 12), (3, 11), (4, 10), (5, 9), (6, 8), (7, 7) 등으로 가르기할 수 있습니다.

서술형
23 예 11은 9와 2로 가르기할 수 있으므로 ㉠은 9이고, 11과 8을 모으기하면 19가 되므로 ㉡은 8입니다.
따라서 더 큰 수는 ㉠입니다.

단계	문제 해결 과정
①	㉠과 ㉡에 알맞은 수를 각각 구했나요?
②	㉠과 ㉡ 중 더 큰 수는 어느 것인지 구했나요?

24 모으기하여 18이 되는 두 수를 알아봅니다.

25 같은 모양 ● 모양이 8개, ■ 모양이 7개이므로 15는 8과 7로 가르기할 수 있습니다.
같은 색깔 파란색이 9개, 빨간색이 6개이므로 15는 9와 6으로 가르기할 수 있습니다.

26 16은 (15, 1), (14, 2), (13, 3), (12, 4), (11, 5), (10, 6), (9, 7), (8, 8) 등으로 가르기할 수 있습니다.

27 13을 두 수로 가르기한 후 내가 가진 방울토마토가 더 많은지 확인합니다.

교과서 개념 이해 4 10개씩 묶어 세어 볼까요 144~145쪽

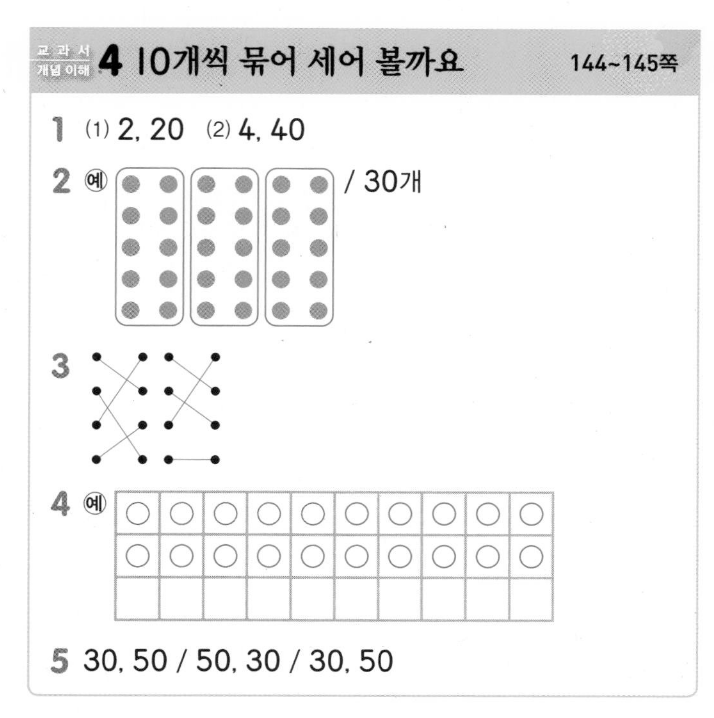

1 (1) 2, 20 (2) 4, 40
2 예 / 30개
3
4 예
5 30, 50 / 50, 30 / 30, 50

2 10개씩 묶어 보면 10개씩 묶음 3개이므로 30개입니다.

4 20개는 10개씩 묶음이 2개이므로 10개씩 2줄에 ○를 그리면 됩니다.

5 10개씩 묶음의 수가 클수록 더 큰 수입니다.
50은 30보다 큽니다.
30은 50보다 작습니다.

교과서 개념 이해 5 50까지의 수를 세어 볼까요 146~147쪽

1 (1) 2, 4 / 2, 4 / 24 (2) 4, 3 / 4, 3 / 43
2 (1) 3, 7 / 37 (2) 2, 5 / 25
3 (왼쪽에서부터) (1) 9 / 29 (2) 30, 9 / 39
4

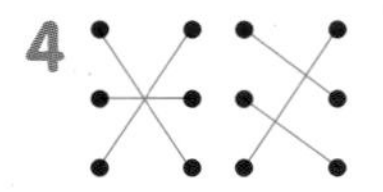

2 (1) 도토리를 10개씩 묶어 보면 10개씩 묶음 3개와 낱개 7개이므로 37입니다.
(2) 아몬드를 10개씩 묶어 보면 10개씩 묶음 2개와 낱개 5개이므로 25입니다.

4 10개씩 묶음 4개와 낱개 2개는 42, 사십이(마흔둘)입니다.
10개씩 묶음 3개와 낱개 4개는 34, 삼십사(서른넷)입니다.
10개씩 묶음 2개와 낱개 6개는 26, 이십육(스물여섯)입니다.

교과서 개념 이해 6 50까지 수의 순서를 알아볼까요 148~149쪽

1

1	2	3	4	5	6	7	8	9	10
11	12	13	14	15	16	17	18	19	20
21	22	23	24	25	26	27	28	29	30
31	32	33	34	35	36	37	38	39	40
41	42	43	44	45	46	47	48	49	50

/ 26, 28

2

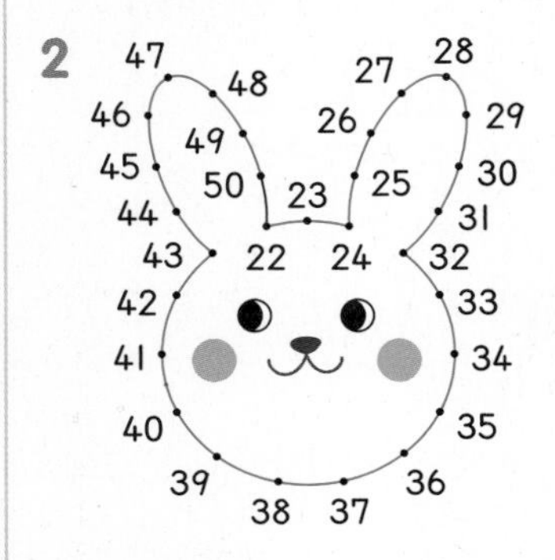

3 (1) 28 (2) 39 **4** 20, 22, 23, 26

5 15, 25, 35

2 22부터 1씩 커지는 수를 따라 이어 봅니다.

3 수를 순서대로 쓰면 오른쪽으로 갈수록 1씩 커집니다.

4 10에서 19까지의 수: 10개씩 묶음의 수는 1로 같고 낱개의 수만 1씩 커집니다.
20에서 29까지의 수: 10개씩 묶음의 수는 2로 같고 낱개의 수만 1씩 커집니다.

5 수직선의 작은 눈금 한 칸은 1임을 생각하여 칸 수를 세어 보고 화살표가 가리키는 눈금의 수를 알아봅니다.

교과서 개념 이해 7 수의 크기를 비교해 볼까요 150~151쪽

1 (1) 큽니다에 ○표 / 작습니다에 ○표
(2) 작습니다에 ○표 / 큽니다에 ○표

2 29, 25 / 25, 29

3 28, 33 / 33, 28 / 28, 33

4 (1) 38에 ○표 (2) 45에 ○표

2 10개씩 묶음은 2개로 같고 낱개는 9개, 5개이므로 낱개의 수가 더 큰 29가 25보다 큽니다.

3 10개씩 묶어 세어 봅니다.
왼쪽 딸기의 수: 10개씩 묶음 2개와 낱개 8개이므로 28입니다.
오른쪽 딸기의 수: 10개씩 묶음 3개와 낱개 3개이므로 33입니다.
따라서 10개씩 묶음의 수가 더 큰 33이 28보다 크고 28은 33보다 작습니다.

4 25 30 35 40 45 (↑29 ↑38 ↑42)

(1) 수직선에서 38이 29보다 오른쪽에 있으므로 38이 29보다 큽니다.
(2) 수직선에서 45가 42보다 오른쪽에 있으므로 45가 42보다 큽니다.

개념 적용 기본기 다지기 152~157쪽

28 50, 오십 또는 쉰

29 (1) 20 (2) 3

30

31 30개

32 예

33 (1) 3, 0 (2) 5, 0

34 4봉지

35 40, 30 / 30, 40

36 3개

37 46, 사십육 또는 마흔여섯

38 (1) 33 (2) 41

39 예 / 2, 8 / 28

40 (1) 30 (2) 3

41 준상

42 (위에서부터) 7, 2, 31

43 ⑤

44 35명

45 (1) 22 (2) 41

46 38, 40

47 (1) 39, 41 (2) 19, 22

48 30개

49

50 19, 20, 21, 22

51 27, 28, 29, 30, 31

52 5명

53

↓	23	22	21	20	19	18
1	24	39	38	37	36	17
2	25	40	47	46	35	16
3	26	41	48	45	34	15
4	27	42	43	44	33	14
5	28	29	30	31	32	13
6	7	8	9	10	11	12

54

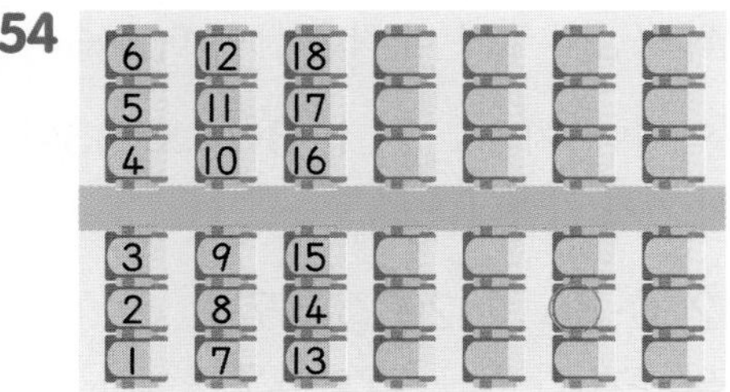

55 31, 30

56 28

57 (1) 32에 ○표 (2) 45에 ○표

58 (1) 작습니다 (2) 큽니다

59 ㉠

60 33에 ○표, 18에 △표

61 ⑤

62 30, 31, 32

63 석기

64

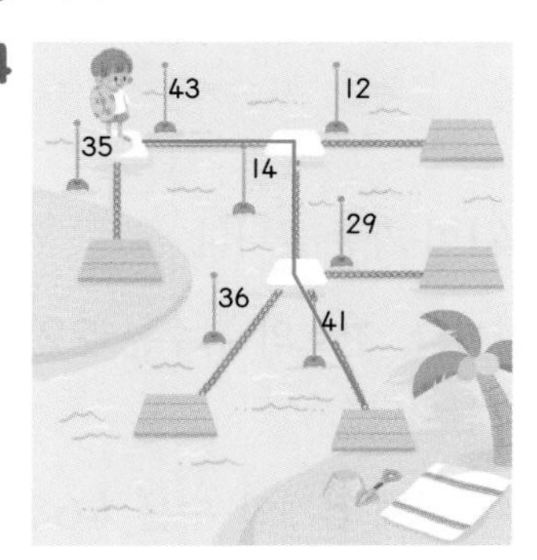

65 우영

66 6개

28 10개씩 묶음 5개를 50이라 쓰고, 오십 또는 쉰이라고 읽습니다.

29 ■0은 10개씩 묶음 ■개입니다.

30 10개씩 묶음 3개 ➡ 30 ➡ 삼십, 서른
10개씩 묶음 2개 ➡ 20 ➡ 이십, 스물
10개씩 묶음 4개 ➡ 40 ➡ 사십, 마흔

31 달걀을 10개씩 묶어 세어 보면 10개씩 묶음 3개이므로 30입니다.
따라서 달걀 1판에는 달걀이 모두 30개 있습니다.

32 ○가 모두 10개씩 4줄이 되도록 그립니다.

34 마흔 개는 40개입니다. 40은 10개씩 묶음 4개이므로 감을 10개씩 담으면 4봉지입니다.

35 노란색 모형의 수는 30이고 빨간색 모형의 수는 40입니다.

36 모양은 연결 모형 10개로 만들어져 있고, 주어진 연결 모형은 30개입니다.
30은 10개씩 묶음 3개이므로 모양을 3개 만들 수 있습니다.

37 10개씩 묶음 4개와 낱개 6개는 46이라 쓰고, 사십육 또는 마흔여섯이라고 읽습니다.

39 10개씩 묶으면 10개씩 묶음 2개와 낱개 8개이므로 28입니다.

40 (1) 35에서 3은 10개씩 묶음의 수이므로 30을 나타냅니다.
(2) 43에서 3은 낱개의 수이므로 3을 나타냅니다.

41 모두 수로 나타내 보면
지혜: 19, 연주: 39, 준상: 48, 명훈: 29입니다.
지혜, 연주, 명훈이는 낱개의 수가 9이고, 준상이는 낱개의 수가 8입니다. 따라서 낱개의 수가 나머지 셋과 다른 사람은 준상입니다.

42 47은 10개씩 묶음 4개와 낱개 7개입니다.
25는 10개씩 묶음 2개와 낱개 5개입니다.
10개씩 묶음 3개와 낱개 1개는 31입니다.

43 ①, ②, ③, ④ 38
⑤ 10개씩 묶음 3개와 낱개 6개 ➡ 36

서술형
44 예 10명씩 3줄은 30명이고 5명이 남았으므로 35명입니다. 따라서 시우네 반 학생은 모두 35명입니다.

단계	문제 해결 과정
①	10명씩 3줄과 남은 5명을 몇십몇으로 나타냈나요?
②	시우네 반 학생은 모두 몇 명인지 구했나요?

45 (1) 21과 23 사이에 있는 수는 22입니다.
(2) 40과 42 사이에 있는 수는 41입니다.

46 39보다 1만큼 더 작은 수는 38이고 39보다 1만큼 더 큰 수는 40입니다.

47 (1) 40보다 1만큼 더 작은 수는 39, 40보다 1만큼 더 큰 수는 41입니다.
(2) 20보다 1만큼 더 작은 수는 19, 21보다 1만큼 더 큰 수는 22입니다.

48 29보다 1만큼 더 큰 수는 30이므로 수민이가 가지고 있는 초콜릿은 30개입니다.

49 49보다 1만큼 더 큰 수는 50입니다.
46보다 2만큼 더 큰 수는 48입니다.
50보다 1만큼 더 작은 수는 49입니다.

50 수직선 위의 수들은 오른쪽으로 갈수록 커지므로 18과 23 사이의 수는 19, 20, 21, 22입니다.

15 16 17 ⑱ 19 20 21 22 ㉓ 24

18과 23 사이의 수

주의 | 18과 23 사이의 수에 18과 23은 포함되지 않습니다.

51 가장 작은 수가 26이므로 27부터 31까지의 수를 순서대로 씁니다.

52 41과 47 사이에 있는 수는 42, 43, 44, 45, 46으로 모두 5명입니다.
주의 | 41과 47 사이의 수에 41과 47은 포함되지 않습니다.

53 1부터 48까지의 수가 回 모양으로 배열되어 있습니다.

54 수가 배열된 규칙에 따라 빈칸을 채우면 32번 자리를 찾을 수 있습니다.

55 35부터 순서를 거꾸로 하여 수를 쓰면 35, 34, 33, 32, 31, 30입니다.

서술형
56 예 22, 24, 26에서 낱개의 수가 2씩 커지므로 22부터 2씩 커집니다.
따라서 26보다 2만큼 더 큰 수는 28입니다.

단계	문제 해결 과정
①	규칙을 찾았나요?
②	빈칸에 알맞은 수를 구했나요?

57 (1) 10개씩 묶음의 수가 29는 2, 32는 3이므로 32는 29보다 큽니다.
(2) 10개씩 묶음의 수가 4로 같고 낱개의 수가 45는 5, 42는 2이므로 45는 42보다 큽니다.

58 (1) 10개씩 묶음의 수가 19는 1, 23은 2이므로 19는 23보다 작습니다.
(2) 10개씩 묶음의 수가 3으로 같고 낱개의 수가 38은 8, 34는 4이므로 38은 34보다 큽니다.

59 10개씩 묶음의 수가 클수록 더 큰 수입니다.
따라서 10개씩 묶음의 수가 더 작은 ㉠이 더 작습니다.

60 10개씩 묶음의 수가 차례로 2, 1, 3이므로 33이 가장 크고, 18이 가장 작습니다.

61 ① 35 ② 42 ③ 36 ④ 20 ⑤ 47
10개씩 묶음의 수가 가장 큰 42와 47 중에서 낱개의 수가 더 큰 47이 가장 큽니다.

62 29보다 큰 수에 29는 포함되지 않으므로 30, 31, 32입니다.

63 10개씩 묶음의 수가 43은 4, 26은 2이므로 43이 26보다 큽니다.
따라서 석기가 줄넘기를 더 많이 넘었습니다.

64 43은 35보다 큽니다.
14는 12보다 큽니다.
36, 41, 29 중에서 41이 가장 큽니다.

65 우영이의 점수는 31점이고, 진호의 점수는 22점이므로 우영이의 점수가 더 큽니다.

서술형
66 예 10개씩 묶음 4개와 낱개 6개인 수는 46입니다.
따라서 40부터 50까지의 수 중 46보다 작은 수는 45, 44, 43, 42, 41, 40으로 모두 6개입니다.

단계	문제 해결 과정
①	10개씩 묶음 4개와 낱개 6개인 수를 구했나요?
②	40부터 50까지의 수 중 46보다 작은 수는 모두 몇 개인지 구했나요?

응용력 기르기 158~161쪽

1 27, 37	1-1 13, 23, 33	1-2 3개
2 승수	2-1 서아	2-2 준모
3 43	3-1 12	3-2 31, 32, 34

4 1단계 예 10개씩 묶음의 수가 2로 같으므로 낱개의 수를 비교하면 □ 안에는 7보다 큰 수가 들어가야 합니다.
2단계 예 0부터 9까지의 수 중에서 7보다 큰 수는 8, 9이므로 □ 안에 들어갈 수 있는 수는 8, 9입니다.
/ 8, 9

4-1 4, 5　　4-2 4, 5, 6

1 19와 41 사이에 있는 수는 20, 21, 22, ..., 38, 39, 40입니다.
이 중에서 낱개의 수가 7인 수는 27, 37입니다.

1-1 12와 35 사이에 있는 수는 13, 14, 15, ..., 32, 33, 34입니다.
이 중에서 낱개의 수가 3인 수는 13, 23, 33입니다.

1-2 20과 50 사이에 있는 수는 21, 22, 23, ..., 47, 48, 49입니다.
이 중에서 10개씩 묶음의 수와 낱개의 수가 같은 수는 22, 33, 44로 모두 3개입니다.

2 33은 10개씩 묶음 3개와 낱개 3개입니다.
준호: 10개씩 묶음 2개와 낱개 8개
승수: 10개씩 묶음 3개와 낱개 3개
10개씩 묶음의 수를 비교하면 3이 2보다 크므로 33이 28보다 큽니다.
따라서 빨대를 더 많이 가지고 있는 사람은 승수입니다.

2-1 27은 10장씩 묶음 2개와 낱개 7장입니다.
서아: 10장씩 묶음 2개와 낱개 5장
은수: 10장씩 묶음 2개와 낱개 7장
10장씩 묶음의 수가 같으므로 낱개의 수를 비교하면 5가 7보다 작으므로 25가 27보다 작습니다.
따라서 색종이를 더 적게 가지고 있는 사람은 서아입니다.

2-2 낱개 17장은 10장씩 묶음 1개와 낱개 7장과 같으므로 10장씩 묶음 3개와 낱개 17장은 10장씩 묶음 $3+1=4$(개)와 낱개 7장으로 47장입니다.
10장씩 묶음의 수가 같으므로 낱개의 수를 비교하면 7이 6보다 크므로 47이 46보다 큽니다.
따라서 딱지를 더 많이 모은 사람은 준모입니다.

3 큰 수부터 차례로 써 보면 4, 3, 1, 0입니다.
가장 큰 몇십몇을 만들려면 가장 큰 수인 4를 10개씩 묶음의 수로 하고 둘째로 큰 수인 3을 낱개의 수로 합니다.
따라서 만들 수 있는 수 중에서 가장 큰 수는 43입니다.

3-1 작은 수부터 차례로 써 보면 1, 2, 5, 7, 8입니다.
가장 작은 몇십몇을 만들려면 가장 작은 수인 1을 10개씩 묶음의 수로 하고 둘째로 작은 수인 2를 낱개의 수로 합니다.
따라서 만들 수 있는 수 중에서 가장 작은 수는 12입니다.

3-2 만들 수 있는 수는 12, 13, 14, 21, 23, 24, 31, 32, 34, 41, 42, 43입니다.
이 중에서 30보다 크고 40보다 작은 수는 31, 32, 34입니다.

4-1 10개씩 묶음의 수가 3과 □이고 낱개의 수를 비교하면 8이 0보다 크므로 □ 안에는 3보다 큰 수가 들어가야 합니다.
따라서 □ 안에 들어갈 수 있는 수는 4, 5입니다.

4-2 10개씩 묶음의 수가 4로 같으므로 낱개의 수를 비교하면 □ 안에는 3보다 크고 7보다 작은 수가 들어가야 합니다.
따라서 □ 안에 들어갈 수 있는 수는 4, 5, 6입니다.

5단원 단원 평가 Level ❶ 162~164쪽

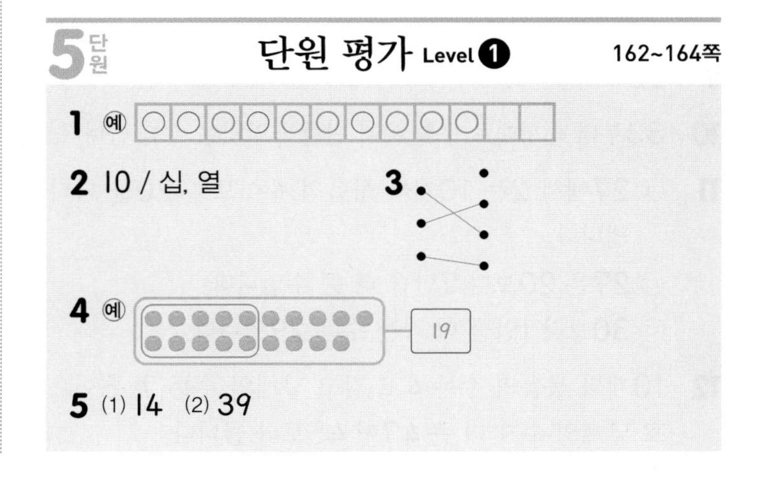

1 예
2 10 / 십, 열
3
4 예
19
5 (1) 14 (2) 39

6 삼십팔에 ○표, 서른여덟에 ○표

7 열

8 (1) 38, 40 (2) 46, 48, 49

9 21, 20

10

33	34	35	36	37	38
39	40	41	42	43	44
45	46	47	48	49	50

11 ㉢

12 47에 ○표

13 (선 잇기)

14 42, 35, 30, 27, 22

15 40

16 지아

17 5개

18 토마토

19 6명

20 세희

1 1부터 10까지 순서대로 세면서 빈칸에 ○를 그려 봅니다.

2 8보다 2만큼 더 큰 수는 10입니다.
10은 십 또는 열이라고 읽습니다.

3 10개씩 묶음 2개 ➡ 이십, 스물
10개씩 묶음 3개 ➡ 삼십, 서른
10개씩 묶음 4개 ➡ 사십, 마흔

4 10개씩 묶음 1개와 낱개 9개는 19입니다.

5 10개씩 묶음 ▲개와 낱개 ●개인 수 ➡ ▲●

6 10개씩 묶음 3개와 낱개 8개는 38입니다.
38은 삼십팔 또는 서른여덟이라고 읽습니다.

7 개수를 나타낼 때에는 10을 열이라고 읽습니다.

8 수직선의 눈금 한 칸은 1을 나타내므로 오른쪽으로 갈수록 1씩 커집니다.

9 25부터 순서를 거꾸로 하여 수를 세어 봅니다.

10 33부터 순서대로 수를 세어 빈칸에 알맞은 수를 씁니다.

11 ㉠ 27에서 2는 10개씩 묶음의 수이므로 20을 나타냅니다.
㉡ 27은 20보다 7만큼 더 큰 수입니다.
㉢ 30보다 1만큼 더 작은 수는 29입니다.

12 10개씩 묶음의 수는 4로 같고 낱개의 수는 7, 5이므로 낱개의 수가 더 큰 47이 45보다 큽니다.

13 모으기하여 15가 되는 수 한 쌍을 찾은 다음 남은 수들에서 다른 쌍을 찾아봅니다.

14 먼저 10개씩 묶음의 수가 큰 수부터 늘어놓으면 42, 35, 30, 22, 27입니다.
10개씩 묶음의 수가 같은 35, 30을 비교하면 낱개의 수가 더 큰 35가 30보다 크고 22, 27을 비교하면 낱개의 수가 더 큰 27이 22보다 큽니다.
따라서 큰 수부터 차례로 쓰면 42, 35, 30, 27, 22입니다.

15 10개씩 묶음 3개와 낱개 8개인 수는 38입니다. 38부터 수를 순서대로 쓰면 38, 39, 40, ...이므로 38보다 2만큼 더 큰 수는 40입니다.

16 10개씩 묶음의 수를 먼저 비교하여 작은 수부터 늘어놓으면 25, 29, 31입니다.
10개씩 묶음의 수가 같은 25, 29의 낱개의 수를 비교하면 25가 29보다 작으므로 가장 작은 수는 25입니다.
따라서 딱지를 가장 적게 가지고 있는 사람은 지아입니다.

17 37보다 큰 수는 38, 39, 40, 41, 42, 43, ...입니다. 이 중에서 43보다 작은 수는 38, 39, 40, 41, 42이므로 모두 5개입니다.

18 서른아홉은 39입니다.
토마토의 수: 10개씩 묶음 4개와 낱개 3개
귤의 수: 10개씩 묶음 3개와 낱개 9개
따라서 10개씩 묶음의 수가 더 큰 토마토가 귤보다 더 많습니다.

서술형
19 예 10부터 15까지의 수를 순서대로 쓰면 10, 11, 12, 13, 14, 15입니다.
따라서 10번부터 15번까지의 학생은 모두 6명입니다.

평가 기준	배점(5점)
10부터 15까지의 수를 순서대로 썼나요?	3점
10번부터 15번까지의 학생 수를 구했나요?	2점

서술형
20 예 10개씩 묶음의 수가 같으므로 낱개의 수를 비교하면 29가 26보다 크므로 붙임딱지를 더 많이 모은 사람은 세희입니다.

평가 기준	배점(5점)
두 수의 크기를 비교했나요?	3점
붙임딱지를 더 많이 모은 사람을 찾았나요?	2점

5 단원 **단원 평가 Level 2** 165~167쪽

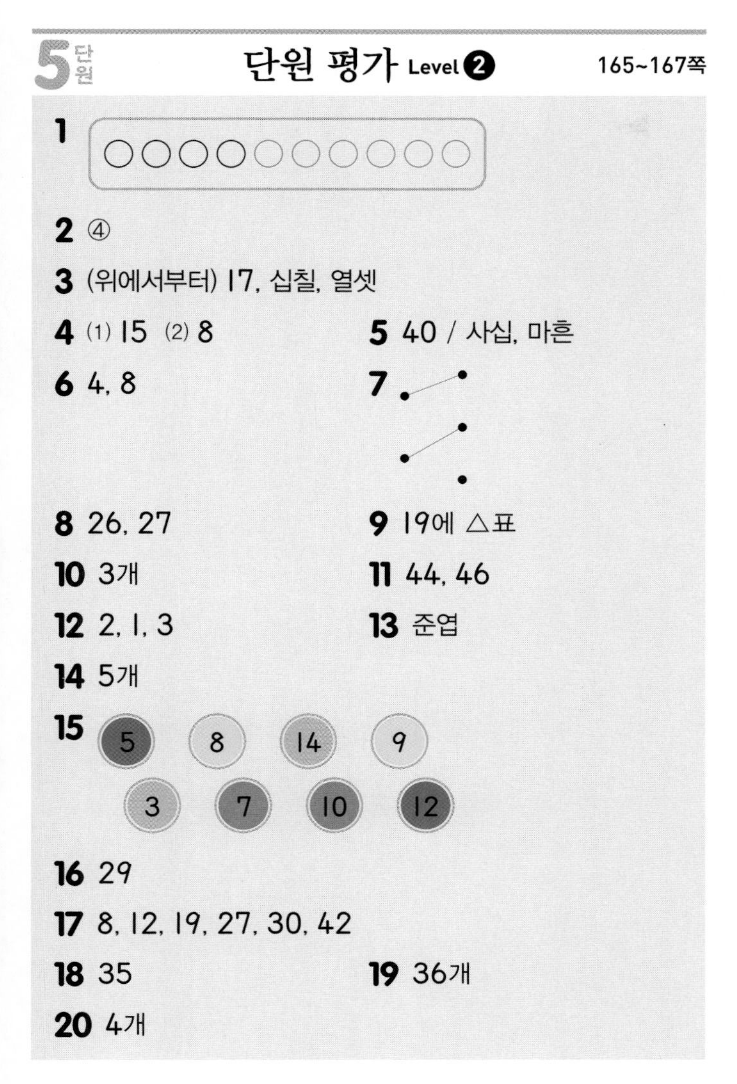

1
2 ④
3 (위에서부터) 17, 십칠, 열셋
4 (1) 15 (2) 8
5 40 / 사십, 마흔
6 4, 8
7
8 26, 27
9 19에 △표
10 3개
11 44, 46
12 2, 1, 3
13 준엽
14 5개
15
5 8 14 9
3 7 10 12
16 29
17 8, 12, 19, 27, 30, 42
18 35
19 36개
20 4개

1 ○가 4개 있으므로 5부터 10이 될 때까지 수를 세어 보며 ○를 그려 넣습니다.

2 ④ 7보다 2만큼 더 큰 수는 9입니다.

3 10개씩 묶음 1개와 낱개 3개를 13이라 쓰고 십삼 또는 열셋이라고 읽습니다.
10개씩 묶음 1개와 낱개 7개를 17이라 쓰고 십칠 또는 열일곱이라고 읽습니다.

4 (1) 8에서부터 7만큼 이어 세면 15가 됩니다.
(2) 17에서 9만큼 거꾸로 세어 17을 8과 9로 가르기 할 수 있습니다.

5 10개씩 묶음 4개를 40이라 쓰고 사십 또는 마흔이라고 읽습니다.

6 48은 10개씩 묶음 4개와 낱개 8개입니다.

7 10개씩 묶음 2개와 낱개 3개 ➡ 23(이십삼, 스물셋)
10개씩 묶음 3개와 낱개 2개 ➡ 32(삼십이, 서른둘)

8 24부터 순서대로 수를 셉니다.

9 10개씩 묶음의 수가 19는 1, 34는 3이므로 19는 34보다 작습니다.

10 연결 모형이 10개씩 묶음 2개이므로 20개입니다.
50개는 10개씩 묶음 5개이므로 10개씩 묶음 3개를 더 놓아야 합니다.

11 45보다 1만큼 더 작은 수는 44이고 1만큼 더 큰 수는 46입니다.

12 10개씩 묶음의 수가 차례로 4, 5, 4이므로 50이 가장 크고 47과 42의 낱개의 수는 42가 더 작으므로 42가 가장 작습니다.

13 10개씩 묶음의 수가 3으로 같고 낱개의 수가 36은 6, 39는 9이므로 39는 36보다 큽니다.
따라서 엽서를 더 많이 가지고 있는 사람은 준엽입니다.

14 ㉖, 27, 28, 29, 30, 31, ㉜
26과 32 사이에 있는 수 ➡ 5개

15 모으기하여 17이 되는 두 수는 (5, 12), (8, 9), (3, 14), (7, 10)입니다.

16 38부터 수를 거꾸로 세어 보면
38 — 37 — 36 — 35 — 34 — 33 — 32 — 31 — 30 — 29이므로 ★이 그려진 공에는 29가 써 있습니다.

17 10개씩 묶음의 수가 작은 것부터 순서대로 씁니다.
10개씩 묶음의 수가 같은 12, 19는 낱개의 수가 더 작은 12가 19보다 작습니다.
따라서 작은 수부터 순서대로 쓰면 8, 12, 19, 27, 30, 42입니다.

18 작은 수부터 차례로 써 보면 3, 5, 6, 8, 9입니다.
가장 작은 몇십몇을 만들려면 가장 작은 수인 3을 10개씩 묶음의 수로 하고 둘째로 작은 수인 5를 낱개의 수로 합니다.
따라서 만들 수 있는 수 중에서 가장 작은 수는 35입니다.

서술형
19 예 낱개 16개는 10개씩 묶음 1개와 낱개 6개입니다.
따라서 어머니께서 사 오신 귤은 10개씩 묶음 2+1=3(개)와 낱개 6개이므로 모두 36개입니다.

평가 기준	배점(5점)
낱개 16개를 10개씩 묶음의 수와 낱개의 수로 나타냈나요?	2점
어머니께서 사 오신 귤의 수를 구했나요?	3점

서술형

20 ㉠ 37과 44 사이에 있는 수는 38, 39, 40, 41, 42, 43입니다.
이 중에서 10개씩 묶음의 수가 낱개의 수보다 큰 수는 40, 41, 42, 43으로 모두 4개입니다.

평가 기준	배점(5점)
37과 44 사이에 있는 수를 구했나요?	2점
설명하는 수는 모두 몇 개인지 구했나요?	3점

사고력이 반짝

168쪽

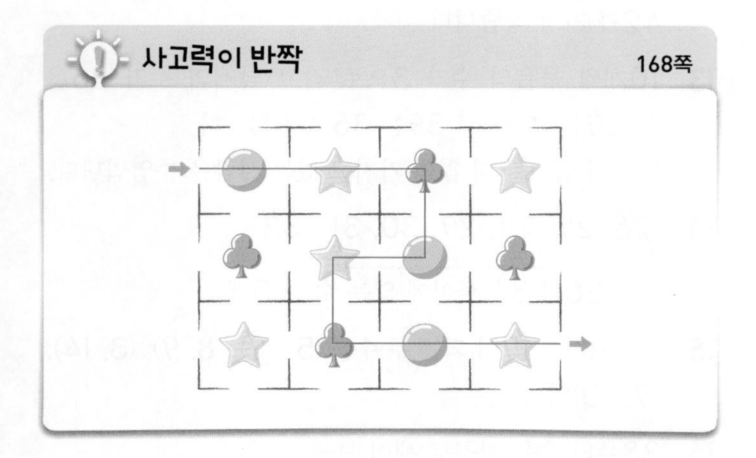

1 9까지의 수

서술형 문제 2~5쪽

1+ 3	2+ 연지
3 ㉠, ㉢	4 세나
5 0	6 세호
7 4, 5, 6	8 ㉣
9 8명	10 2, 3, 4
11 3	

1+ 예 자전거의 수는 4입니다.
따라서 4보다 1만큼 더 작은 수는 3입니다.

단계	문제 해결 과정
①	자전거의 수를 세었나요?
②	자전거의 수보다 1만큼 더 작은 수를 구했나요?

2+ 예 5는 6보다 작습니다.
따라서 젤리를 더 적게 먹은 사람은 연지입니다.

단계	문제 해결 과정
①	두 수의 크기를 비교했나요?
②	젤리를 더 적게 먹은 사람은 누구인지 구했나요?

3 예 사과의 수는 7(일곱, 칠)입니다.
따라서 사과의 수와 관계있는 것을 모두 찾아 기호를 쓰면 ㉠, ㉢입니다.

단계	문제 해결 과정
①	사과의 수를 구했나요?
②	관계있는 것을 모두 찾아 기호를 썼나요?

4 예 딸기는 4개, 빵은 5개, 포크는 3개입니다.
따라서 그림에 알맞은 이야기를 하는 사람은 세나입니다.

단계	문제 해결 과정
①	딸기, 빵, 포크의 수를 각각 세었나요?
②	그림에 알맞은 이야기를 하는 사람을 찾았나요?

5 예 터진 풍선은 없으므로 0입니다.

단계	문제 해결 과정
①	터진 풍선이 없는 것을 수로 나타냈나요?

6 예 7보다 1만큼 더 작은 수는 6이므로 강우는 공책을 6권 가지고 있습니다.
따라서 5는 6보다 작으므로 공책을 더 적게 가지고 있는 사람은 세호입니다.

단계	문제 해결 과정
①	강우가 가지고 있는 공책의 수를 구했나요?
②	공책을 더 적게 가지고 있는 사람을 구했나요?

7 예 1부터 9까지의 수를 순서대로 쓰면 1, 2, 3, 4, 5, 6, 7, 8, 9입니다.
따라서 3과 7 사이에 있는 수는 4, 5, 6입니다.

단계	문제 해결 과정
①	1부터 9까지의 수를 순서대로 썼나요?
②	3과 7 사이에 있는 수를 모두 구했나요?

8 예 각각 나타내는 수를 알아보면 ㉠ 6, ㉡ 4, ㉢ 7입니다.
따라서 나타내는 수가 가장 큰 것은 ㉣입니다.

단계	문제 해결 과정
①	㉠, ㉡, ㉢을 수로 바르게 나타냈나요?
②	나타내는 수가 가장 큰 것을 찾아 기호를 썼나요?

9 예 수민이 앞에 2명, 뒤에 5명이 있으므로 그림으로 나타내면 다음과 같습니다.

수민
(앞) ○○●○○○○○ (뒤) ➡ 8명

따라서 달리기를 하고 있는 사람은 모두 8명입니다.

단계	문제 해결 과정
①	수민이의 위치를 그림으로 나타냈나요?
②	달리기를 하고 있는 사람은 모두 몇 명인지 구했나요?

10 예 1과 7 사이에 있는 수는 2, 3, 4, 5, 6입니다.
이 중에서 5보다 작은 수는 2, 3, 4이므로 조건을 만족하는 수는 2, 3, 4입니다.

단계	문제 해결 과정
①	1과 7 사이에 있는 수를 모두 구했나요?
②	1과 7 사이에 있는 수 중에서 5보다 작은 수를 모두 구했나요?

11 ㉠ 수 카드의 수를 큰 수부터 차례로 쓰면 9, 7, 5, 3, 2, 0입니다.
따라서 오른쪽에서 셋째에 오는 수는 3입니다.

단계	문제 해결 과정
①	수 카드의 수를 큰 수부터 차례로 썼나요?
②	오른쪽에서 셋째에 오는 수를 구했나요?

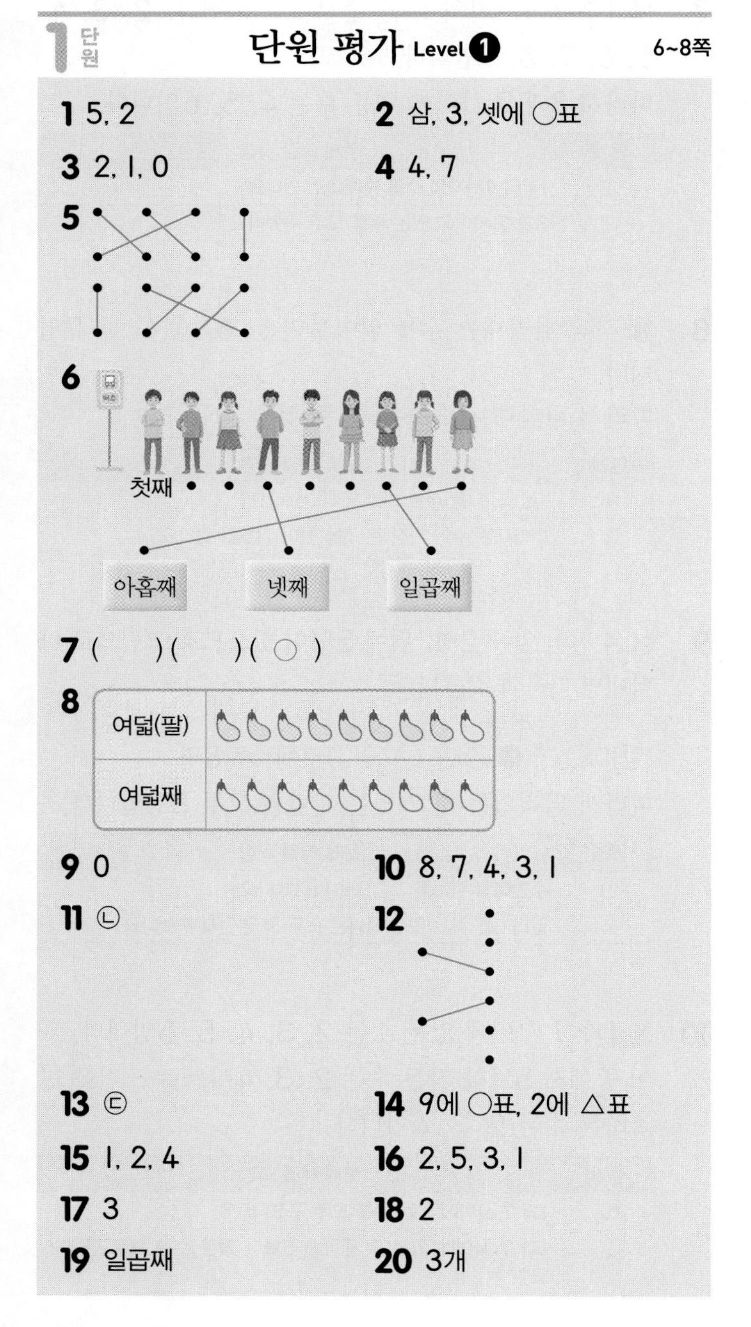

1 단원 **단원 평가** Level ❶ 6~8쪽

1 5, 2　**2** 삼, 3, 셋에 ○표
3 2, 1, 0　**4** 4, 7
5
6

7 (　)(　)(○)
8

9 0　**10** 8, 7, 4, 3, 1
11 ㉡　**12**
13 ㉢　**14** 9에 ○표, 2에 △표
15 1, 2, 4　**16** 2, 5, 3, 1
17 3　**18** 2
19 일곱째　**20** 3개

1 토끼의 수는 다섯이므로 5라고 씁니다.
소의 수는 둘이므로 2라고 씁니다.

2 병아리의 수는 셋이므로 3입니다.
3은 셋 또는 삼이라고 읽습니다.

3 어항 안에 아무것도 없는 것은 0입니다.

4 순서대로 수를 쓰면 4, 5, 6, 7, 8입니다.

5 요구르트 ➡ 9(아홉, 구), 빵 ➡ 6(여섯, 육),
우유 ➡ 7(일곱, 칠), 컵라면 ➡ 8(여덟, 팔)

6 왼쪽에서부터 차례로 첫째, 둘째, 셋째, 넷째, 다섯째, 여섯째, 일곱째, 여덟째, 아홉째입니다.

7 3보다 1만큼 더 큰 수는 4입니다.

8 여덟(팔)은 수를 나타내므로 8개를 색칠하고, 여덟째는 순서를 나타내므로 여덟째에 있는 1개에만 색칠합니다.

9 그림의 수는 1이고 1보다 1만큼 더 작은 수는 아무것도 없으므로 0입니다.

10 9부터 순서를 거꾸로 하여 수를 쓰면 9, 8, 7, 6, 5, 4, 3, 2, 1입니다.

11 ㉡ 5 ㉢ 6 ㉣ 6

12 위 또는 아래에서부터 순서에 맞는 쌓기나무를 찾아봅니다.

13 ㉠ 6 ㉡ 5 ㉢ 7

14 작은 수부터 차례로 쓰면 2, 5, 9이므로 가장 큰 수는 9이고, 가장 작은 수는 2입니다.

15 작은 수부터 차례로 쓰면 1, 2, 4, 5, 7, 8, 9이므로 5보다 작은 수는 1, 2, 4입니다.

16 사자 인형이 4이므로 왼쪽에서부터 센 것입니다.
곰 인형이 첫째이므로 1, 토끼 인형이 둘째이므로 2, 호랑이 인형이 셋째이므로 3, 강아지 인형이 다섯째이므로 5입니다.

17 ★을 제외하고 수 카드를 작은 수부터 차례로 늘어놓으면 2, 4, 5입니다.
연속하는 수가 되려면 ★은 2와 4 사이에 놓여야 합니다.
➡ 2, ★, 4, 5
따라서 ★에 알맞은 수는 3입니다.

18 주어진 수를 큰 수부터 차례로 쓰면 8, 6, 3, 2, 0이므로 넷째에 오는 수는 2입니다.

서술형

19 예 오른쪽에서 셋째에 있는 크레파스는 노란색 크레파스입니다.
노란색 크레파스는 왼쪽에서 일곱째에 있습니다.

평가 기준	배점
오른쪽에서 셋째에 있는 크레파스를 찾았나요?	2점
오른쪽에서 셋째에 있는 크레파스는 왼쪽에서 몇째에 있는지 구했나요?	3점

서술형

20 예 5부터 9까지의 수를 순서대로 쓰면 5, 6, 7, 8, 9입니다.
따라서 5보다 크고 9보다 작은 수는 6, 7, 8로 모두 3개입니다.

평가 기준	배점
5부터 9까지의 수를 순서대로 썼나요?	2점
5보다 크고 9보다 작은 수를 모두 구했나요?	2점
5보다 크고 9보다 작은 수는 모두 몇 개인지 구했나요?	1점

1 단원 단원 평가 Level ❷ 9~11쪽

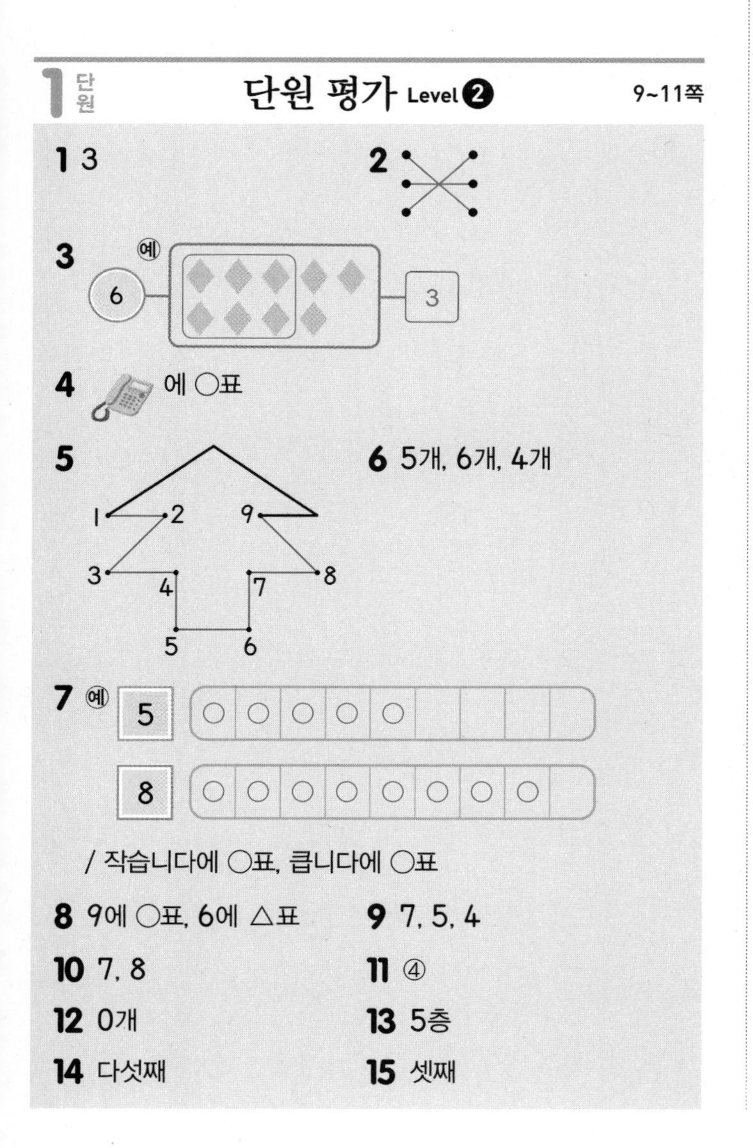

1 3
2
3 예
6
3
4
에 ○표
5
1
2
9
3
4
7
8
5
6
6 5개, 6개, 4개
7 예
5
8
/ 작습니다에 ○표, 큽니다에 ○표
8 9에 ○표, 6에 △표
9 7, 5, 4
10 7, 8
11 ④
12 0개
13 5층
14 다섯째
15 셋째

16 0, 2, 6, 9 **17** 일곱째
18 6 **19** 8장
20 7명

2 필통 안에 아무것도 없는 것은 0입니다.

3 6이므로 하나, 둘, ..., 여섯까지 세어 묶고, 묶지 않은 것을 세어 보면 셋이므로 3을 씁니다.

4 라디오 — 첫째, 책상 — 둘째, 선풍기 — 셋째, 전화기 — 넷째, 의자 — 다섯째

5 1—2—3—4—5—6—7—8—9를 순서대로 이어서 모양을 만들어 봅니다.

6 배는 5개, 사과는 6개, 오렌지는 4개입니다.

7 5는 ○를 5개 그리고, 8은 ○를 8개 그립니다.
○가 더 많은 8이 5보다 큽니다.

8 • 8보다 1만큼 더 큰 수는 9이므로 9에 ○표 합니다.
• 7보다 1만큼 더 작은 수는 6이므로 6에 △표 합니다.

9 8부터 순서를 거꾸로 하여 수를 쓰면 8, 7, 6, 5, 4, 3입니다.

10 7은 6보다 1만큼 더 큰 수이고, 8보다 1만큼 더 작은 수입니다.

11 큰 수부터 차례로 쓰면 9, 7, 6, 4, 3이므로 가장 큰 수는 9입니다.

12 감이 모두 떨어졌으므로 아무것도 없습니다.
따라서 나무에 달린 감은 0개입니다.

13 정훈이는 쌓기나무를 4층으로 쌓았습니다.
4보다 1만큼 더 큰 수는 5이므로 진주는 5층으로 쌓았습니다.

14 수 카드 중에서 가장 작은 수는 1입니다.
1은 왼쪽에서 다섯째에 놓여 있습니다.

15 (앞) ○○○●○○ (뒤) (● = 경주)

16 0부터 순서대로 수를 쓰면 0, 1, 2, 3, 4, 5, 6, 7, 8, 9입니다.
따라서 주어진 수를 작은 수부터 차례로 쓰면 0, 2, 6, 9입니다.

17 넷째에서 세 계단 위는 넷째—다섯째—여섯째—일곱째에서 일곱째입니다.
따라서 하연이는 아래에서 일곱째 계단에 서 있습니다.

18 • 4보다 큰 수: 5, 6, 7, 8, 9
• 7보다 작은 수: 6, 5, 4, ...
• 5와 8 사이에 있는 수: 6, 7
따라서 조건을 모두 만족하는 수는 6입니다.

서술형
19 예 6보다 1만큼 더 큰 수는 7이므로 송이가 가지고 있는 붙임딱지는 7장입니다.
7보다 1만큼 더 큰 수는 8이므로 해수가 가지고 있는 붙임딱지는 8장입니다.

평가 기준	배점
송이가 가지고 있는 붙임딱지는 몇 장인지 구했나요?	2점
해수가 가지고 있는 붙임딱지는 몇 장인지 구했나요?	3점

서술형
20 예 민준이 앞에 2명, 뒤에 4명이 있으므로 그림으로 나타내면 다음과 같습니다.

민준
(앞) ○○●○○○○ (뒤)

따라서 매표소 앞에 줄을 서 있는 사람은 모두 7명입니다.

평가 기준	배점
민준이의 위치를 그림으로 나타냈나요?	3점
매표소 앞에 줄을 서 있는 사람은 모두 몇 명인지 구했나요?	2점

2 여러 가지 모양

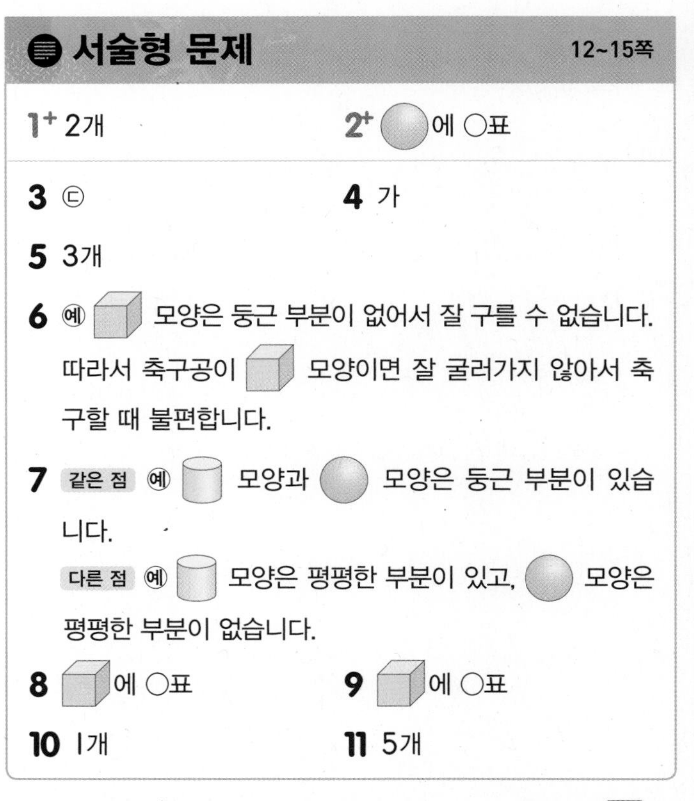

서술형 문제 12~15쪽

1⁺ 2개 2⁺ 에 ○표
3 ㉢ 4 가
5 3개
6 예 모양은 둥근 부분이 없어서 잘 구를 수 없습니다. 따라서 축구공이 모양이면 잘 굴러가지 않아서 축구할 때 불편합니다.
7 같은 점 예 모양과 모양은 둥근 부분이 있습니다.
다른 점 예 모양은 평평한 부분이 있고, 모양은 평평한 부분이 없습니다.
8 에 ○표 9 에 ○표
10 1개 11 5개

1⁺ 예 뾰족한 부분과 평평한 부분이 있는 모양은 모양입니다. 모양은 벽돌과 지우개입니다.
따라서 뾰족한 부분과 평평한 부분이 있는 모양의 물건은 모두 2개입니다.

단계	문제 해결 과정
①	뾰족한 부분과 평평한 부분이 있는 모양은 어떤 모양인지 알고 있나요?
②	뾰족한 부분과 평평한 부분이 있는 모양의 물건은 모두 몇 개인지 구했나요?

2⁺ 예 모양 4개, 모양 4개, 모양 3개를 이용했습니다.
따라서 가장 적게 이용한 모양은 모양입니다.

단계	문제 해결 과정
①	, , 모양을 각각 몇 개 이용했는지 구했나요?
②	가장 적게 이용한 모양을 구했나요?

3 예 ㉠은 모양, ㉡은 모양, ㉢은 모양, ㉣은 모양입니다.
따라서 모양이 나머지와 다른 하나는 ㉢입니다.

단계	문제 해결 과정
①	각각 어떤 모양인지 구했나요?
②	모양이 나머지와 다른 하나를 찾아 기호를 썼나요?

4 예 가는 모양을 모은 것이고, 나는 와 모양을 모은 것입니다.
따라서 같은 모양끼리 모은 것은 가입니다.

단계	문제 해결 과정
①	가와 나는 각각 어떤 모양을 모았는지 구했나요?
②	같은 모양끼리 모은 것을 찾아 기호를 썼나요?

5 예 풀은 모양입니다.
따라서 모양인 물건을 찾으면 물통, 케이크, 필통으로 모두 3개입니다.

단계	문제 해결 과정
①	풀의 모양을 알고 있나요?
②	풀과 모양이 같은 물건은 모두 몇 개인지 구했나요?

6

단계	문제 해결 과정
①	모양의 특징을 이용하여 바르게 설명했나요?

7

단계	문제 해결 과정
①	같은 점을 바르게 썼나요?
②	다른 점을 바르게 썼나요?

8 예 모양은 필통, 사전, 지우개로 3개, 모양은 풀, 휴지로 2개, 모양은 구슬, 야구공으로 2개입니다.
따라서 가장 많은 모양은 모양입니다.

단계	문제 해결 과정
①	, , 모양인 물건은 각각 몇 개인지 구했나요?
②	가장 많은 모양을 구했나요?

9 예 왼쪽 모양에서는 모양과 모양을 이용했고, 오른쪽 모양에서는 모양과 모양을 이용했습니다.
따라서 공통으로 이용한 모양은 모양입니다.

단계	문제 해결 과정
①	두 모양을 만드는 데 이용한 모양을 각각 구했나요?
②	공통으로 이용한 모양을 구했나요?

10 예 모양은 6개, 모양은 5개 이용했습니다.
따라서 6은 5보다 1만큼 더 큰 수이므로 모양은 모양보다 1개 더 많이 이용했습니다.

단계	문제 해결 과정
①	모양과 모양을 각각 몇 개 이용했는지 구했나요?
②	모양은 모양보다 몇 개 더 많이 이용했는지 구했나요?

11 예 평평한 부분이 있는 모양은 모양과 모양입니다.
모양은 2개, 모양은 3개를 이용했으므로 이용한 모양은

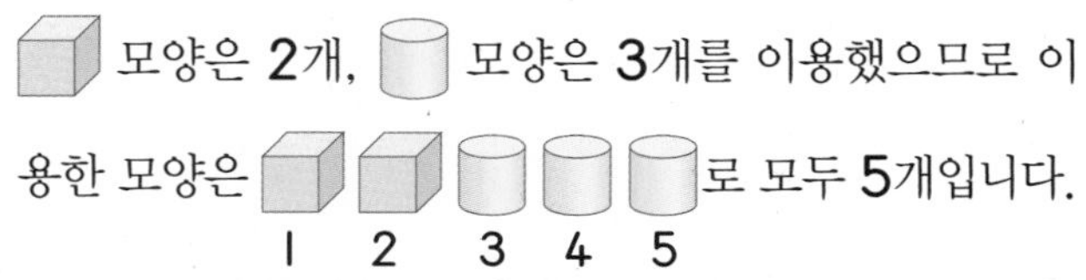

로 모두 5개입니다.

단계	문제 해결 과정
①	평평한 부분이 있는 모양을 알고 있나요?
②	평평한 부분이 있는 모양을 모두 몇 개 이용했는지 구했나요?

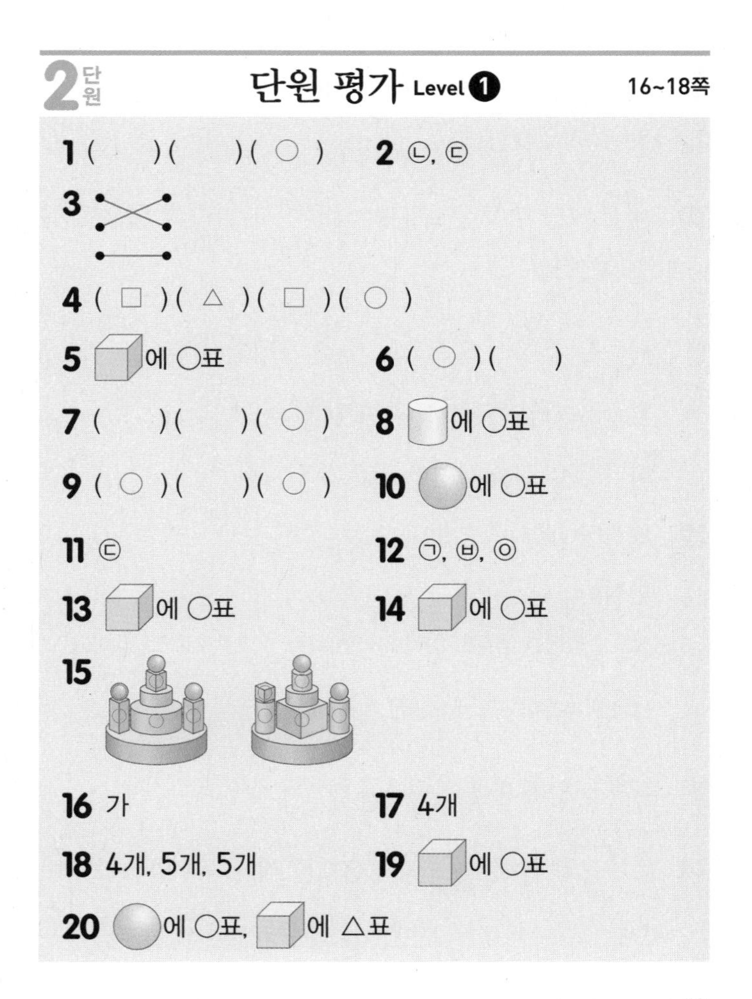

2단원 단원 평가 Level 1 16~18쪽

1 ( )( )(○)　**2** ㉡, ㉢
3
4 (□)(△)(□)(○)
5 에 ○표　**6** (○)( )
7 ( )( )(○)　**8** 에 ○표
9 (○)( )(○)　**10** 에 ○표
11 ㉢　**12** ㉠, ㉥, ㉧
13 에 ○표　**14** 에 ○표
15
16 가　**17** 4개
18 4개, 5개, 5개　**19** 에 ○표
20 에 ○표, 에 △표

1 볼링공은 모양, 휴지 상자는 모양, 음료수 캔은 모양입니다.

2 ㉠은 모양, ㉡, ㉢은 모양, ㉣은 모양입니다.

3 북은 모양, 선물 상자는 모양, 축구공은 모양입니다.

4 큐브, 수저통은 모양, 저금통은 모양, 농구공은 모양입니다.

5 냉장고, 세탁기, 전자레인지는 모두 모양입니다.

6 계단은 평평한 부분이 있어야 하므로 모양이 알맞습니다.

7 둥근 부분만 있는 모양은 모양이므로 야구공입니다.

8 둥근 부분이 있고 기둥처럼 보이는 모양은 모양입니다.

9 평평한 부분이 있는 물건은 평평한 부분으로 쌓으면 잘 쌓을 수 있습니다.

10 모양은 모든 부분이 둥글어서 여러 방향으로 잘 굴러갑니다.

11 뾰족한 부분이 있으므로 모양입니다. ㉠은 모양, ㉡은 모양, ㉢은 모양입니다.
따라서 바르게 설명한 것은 ㉢입니다.

12 평평한 부분이 2개인 모양은 모양으로 ㉠, ㉥, ㉦입니다.
참고 | 평평한 부분이 0개인 모양은 모양으로 ㉢, ㉤이고, 평평한 부분이 6개인 모양은 모양으로 ㉡, ㉣, ㉧입니다.

13 모양 7개를 이용하여 만든 모양입니다.

14 모양 4개, 모양 3개를 이용하여 만든 모양이므로 찾을 수 없는 모양은 모양입니다.

15 각 부분에 어떤 모양을 사용했는지 비교하여 서로 다른 부분을 찾아봅니다.

16 모양 3개, 모양 2개, 모양 2개로 만든 모양은 가입니다.

17 모양 6개, 모양 2개를 이용했습니다.
따라서 모양은 모양보다 4개 더 많이 이용했습니다.

18 모양 3개, 모양 5개, 모양 3개를 이용하여 만든 모양입니다.
따라서 서하가 처음에 가지고 있던 모양은 4개, 모양은 5개, 모양은 5개입니다.

서술형
19 예 모양은 과자 상자, 주사위, 수저통으로 3개, 모양은 풀, 통조림 캔으로 2개, 모양은 수박으로 1개입니다.
따라서 가장 많은 모양은 모양입니다.

평가 기준	배점
, , 모양의 물건은 각각 몇 개인지 구했나요?	3점
가장 많은 모양을 찾았나요?	2점

서술형
20 예 모양 2개, 모양 4개, 모양 5개를 이용했습니다.
따라서 가장 많이 이용한 모양은 모양이고, 가장 적게 이용한 모양은 모양입니다.

평가 기준	배점
모양을 만드는 데 이용한 , , 모양은 각각 몇 개인지 구했나요?	3점
가장 많이 이용한 모양과 가장 적게 이용한 모양을 각각 구했나요?	2점

2단원 단원 평가 Level 2

19~21쪽

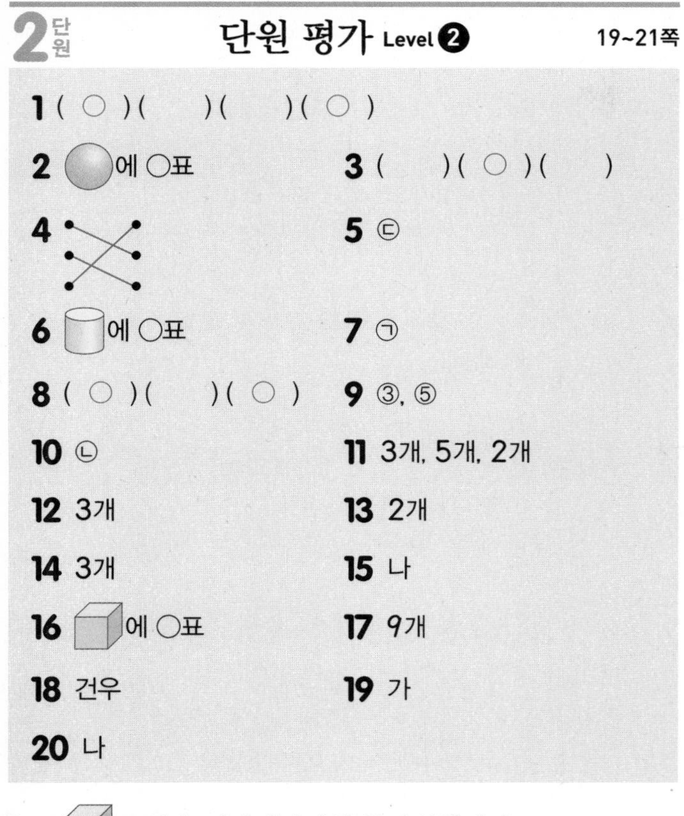

1 (○)(　)(　)(○)

2 에 ○표　　3 (　)(○)(　)

4　　5 ㉢

6 에 ○표　　7 ㉠

8 (○)(　)(○)　　9 ③, ⑤

10 ㉡　　11 3개, 5개, 2개

12 3개　　13 2개

14 3개　　15 나

16 에 ○표　　17 9개

18 건우　　19 가

20 나

1 모양은 전자레인지와 주사위입니다.

2 배구공은 모양입니다.

3 북은 모양이므로 모양을 찾습니다.

4 선물 상자와 지우개는 모양, 축구공과 수박은 모양, 휴지와 음료수 캔은 모양입니다.

5 ㉠, ㉡, ㉣은 모양, ㉢은 모양입니다.

6 모아 놓은 물건은 평평한 부분과 둥근 부분이 있으므로 모양입니다.

7 둥근 부분만 있으므로 모양입니다.

8 둥근 부분이 있는 모양과 모양은 굴리면 잘 굴러갑니다.

9 바퀴는 한 방향으로 잘 굴러가야 하므로 모양을 이용해야 합니다.

10 모양은 뾰족한 부분이 없고 세워서 평평한 부분으로 쌓으면 잘 쌓을 수 있습니다.

11 모양 3개, 모양 5개, 모양 2개를 이용하여 만든 모양입니다.

12 전체가 둥글고 평평한 부분이 없는 모양은 모양입니다.
따라서 비치볼, 수박, 축구공이므로 모두 3개입니다.

13 평평하고 뾰족한 부분이 있는 모양은 모양입니다.
따라서 피자 상자, 택배 상자로 모두 2개입니다.

14 평평한 부분이 6개인 모양은 모양입니다.

15 가: 모양 4개
나: 모양 2개, 모양 4개
다: 모양 1개, 모양 2개, 모양 3개
따라서 모양 2개, 모양 4개를 이용하여 만든 모양은 나입니다.

16 모양 5개, 모양 1개, 모양 2개를 이용하여 만든 모양입니다.
따라서 가장 많이 이용한 모양은 모양입니다.

17 모양 7개, 모양 2개를 이용했으므로 모양과 모양은 로
1 2 3 4 5 6 7 8 9
모두 9개입니다.

18 주사위와 같은 모양은 모양이므로 4개 이용했습니다. 모양 5개, 모양 4개를 이용했으므로 바르게 설명한 사람은 건우입니다.

서술형
19 예 모양은 둥근 부분만 있으므로 잘 굴러가서 쌓기 어렵습니다.

평가 기준	배점
쌓기 어려운 모양을 찾았나요?	2점
쌓기 어려운 까닭을 바르게 설명했나요?	3점

서술형
20 예 모양을 가는 3개, 나는 4개 이용했습니다.
4는 3보다 크므로 모양을 더 많이 이용한 것은 나입니다.

평가 기준	배점
이용한 모양은 각각 몇 개인지 구했나요?	3점
모양을 더 많이 이용한 것을 찾았나요?	2점

3 덧셈과 뺄셈

서술형 문제 22~25쪽

1⁺ 6장 2⁺ 5

3 예 연못에 개구리가 3마리 있었는데 2마리가 더 들어와서 개구리는 모두 5마리가 되었습니다.

4 $0+5=5$
5 3
6 3명
7 ㉡
8 4장
9 8장
10 $9-1=8$
11 3

1⁺ 예 색종이 9장에서 3장을 사용했으므로 뺄셈식으로 나타내면 $9-3=6$(장)입니다.
따라서 남은 색종이는 6장입니다.

단계	문제 해결 과정
①	구하는 식을 바르게 썼나요?
②	남은 색종이는 몇 장인지 구했나요?

2⁺ 예 수 카드 중에서 가장 큰 수는 7이고, 가장 작은 수는 2입니다.
따라서 가장 큰 수와 가장 작은 수의 차는 $7-2=5$입니다.

단계	문제 해결 과정
①	가장 큰 수와 가장 작은 수를 각각 구했나요?
②	가장 큰 수와 가장 작은 수의 차를 구했나요?

3

단계	문제 해결 과정
①	그림에 알맞은 이야기를 만들었나요?

참고 | '개구리는 5마리입니다.'로만 이야기를 만들지 않도록 합니다. '더한다, 합한다, 뺀다, 남는다' 등을 사용하여 더하거나 빼는 이야기를 만들어 봅니다.

4 예 왼쪽 접시에 아무것도 없고 오른쪽 접시에 귤이 5개 있으므로 귤은 모두 5개입니다.

단계	문제 해결 과정
①	그림을 보고 덧셈 상황으로 바르게 설명했나요?
②	덧셈식을 바르게 썼나요?

5 예 3은 2와 1로 가르기할 수 있으므로 ㉠은 2입니다.
4와 1을 모으기하면 5가 되므로 ㉡은 1입니다.
따라서 2와 1을 모으기하면 3입니다.

단계	문제 해결 과정
①	㉠과 ㉡에 들어갈 수를 각각 구했나요?
②	㉠과 ㉡에 들어갈 수를 모으기하면 얼마인지 구했나요?

6 예 남학생의 수에서 여학생의 수를 빼면 $7-4=3$(명)입니다.
따라서 남학생은 여학생보다 3명 더 많습니다.

단계	문제 해결 과정
①	구하는 식을 바르게 썼나요?
②	남학생은 여학생보다 몇 명 더 많은지 구했나요?

7 예 ㉠ $5+1=6$, ㉡ $8-3=5$입니다.
따라서 계산 결과가 더 작은 것은 ㉡입니다.

단계	문제 해결 과정
①	㉠과 ㉡을 계산한 값을 각각 구했나요?
②	㉠과 ㉡ 중 계산 결과가 더 작은 것을 찾아 기호를 썼나요?

8 예 5와 2를 모으기하면 7입니다.
모은 딱지의 수 7은 3과 4로 가르기할 수 있습니다.
따라서 모은 딱지는 3장과 4장으로 가를 수 있습니다.

단계	문제 해결 과정
①	5와 2를 모으기하면 얼마가 되는지 구했나요?
②	모은 딱지를 3장과 몇 장으로 가를 수 있는지 구했나요?

9 예 오늘 받은 칭찬 붙임딱지는 어제보다 2장 더 많으므로 $3+2=5$(장)입니다.
따라서 수민이네 모둠이 어제와 오늘 받은 칭찬 붙임딱지는 모두 $3+5=8$(장)입니다.

단계	문제 해결 과정
①	오늘 받은 칭찬 붙임딱지는 몇 장인지 구했나요?
②	수민이네 모둠이 어제와 오늘 받은 칭찬 붙임딱지는 모두 몇 장인지 구했나요?

10 예 차가 가장 크려면 가장 큰 수에서 가장 작은 수를 빼야 합니다. 주어진 수 카드 중에서 가장 큰 수는 9이고 가장 작은 수는 1입니다.
따라서 차가 가장 큰 뺄셈식은 $9-1=8$입니다.

단계	문제 해결 과정
①	가장 큰 수와 가장 작은 수를 각각 구했나요?
②	뺄셈식을 만들고 바르게 계산했나요?

11 ㉠ $5+2=7$이므로 ㉠$=5$이고, $7-2=5$이므로 ㉡$=2$입니다.

따라서 ㉠$-$㉡$=5-2=3$입니다.

단계	문제 해결 과정
①	㉠과 ㉡의 값을 각각 구했나요?
②	㉠$-$㉡의 값을 구했나요?

3단원 단원 평가 Level ❶ 26~28쪽

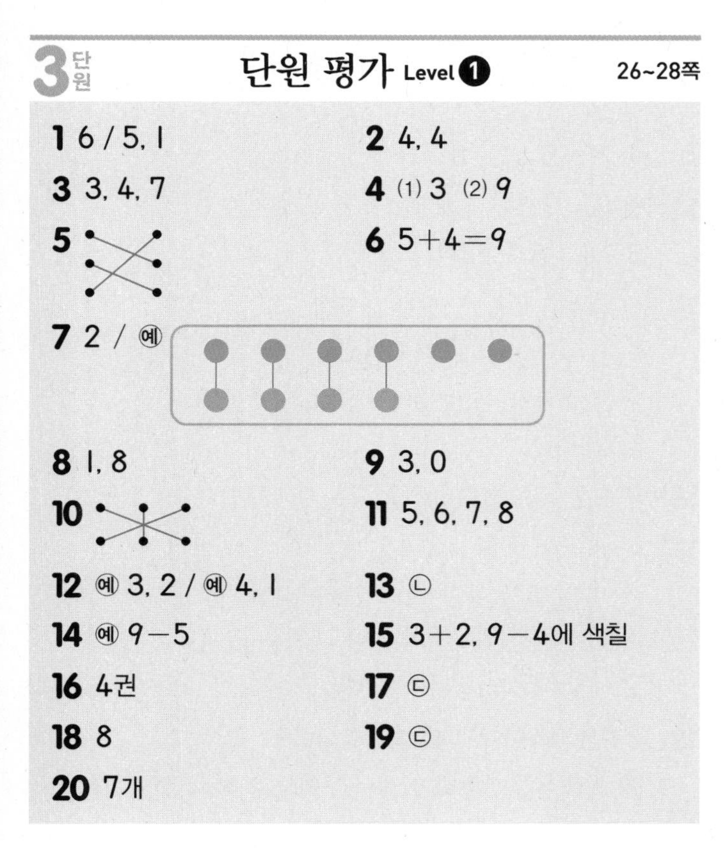

1 6 / 5, 1
2 4, 4
3 3, 4, 7
4 (1) 3 (2) 9
5
6 5+4=9
7 2 / 예
8 1, 8
9 3, 0
10
11 5, 6, 7, 8
12 예 3, 2 / 예 4, 1
13 ㉡
14 예 9−5
15 3+2, 9−4에 색칠
16 4권
17 ㉢
18 8
19 ㉢
20 7개

1 지우개 6개를 지우개 5개와 1개로 가르기할 수 있습니다.

2 바나나 8개에서 먹은 바나나 4개를 빼면 남은 바나나는 4개이므로 $8-4=4$입니다.

5 잠자리 5마리 중에서 1마리를 덜어 냈으므로 $5-1=4$입니다.
축구공 6개에서 3개를 지웠으므로 $6-3=3$입니다.
우유 4개와 빵 3개를 하나씩 연결하면 우유가 1개 남으므로 $4-3=1$입니다.

6 합은 $+$로, 입니다는 $=$로 나타냅니다.
➡ $5+4=9$

8 빨간색 크레파스 7개와 노란색 크레파스 1개를 더하면 8개가 됩니다.
➡ $7+1=8$

9 물고기를 모두 덜어 냈으므로 남은 물고기는 없습니다.
➡ $3-3=0$

10 $6+1=7$, $2+4=6$, $3+5=8$
$5+3=8$, $4+2=6$, $1+6=7$

11 같은 수에 1씩 커지는 수를 더하면 합도 1씩 커집니다.

12 여러 가지 방법으로 가르기할 수 있습니다.
버스와 택시로 나누어 가르기하면 3과 2 또는 2와 3으로 가르기할 수 있습니다.
빨간색과 노란색으로 나누어 가르기하면 4와 1 또는 1과 4로 가르기할 수 있습니다.

13 ㉠ $4+4=8$이므로 덧셈입니다.
㉡ (어떤 수)$-$(어떤 수)$=0$이므로 뺄셈입니다.

14 $6-2=4$, $7-3=4$, $8-4=4$이므로 차가 4가 되는 식을 쓰면 됩니다.
➡ $9-5$, $5-1$, $4-0$

15 $6-3=3$, $3+2=5$, $2+4=6$, $9-4=5$, $7-1=6$이므로 $3+2$, $9-4$에 색칠합니다.

16 5명에게 1권씩 나누어 주었으므로 나누어 준 공책은 5권입니다.
따라서 남은 공책은 $9-5=4$(권)입니다.

17 ㉠ 5, ㉡ 3, ㉢ 8, ㉣ 0이므로 계산 결과가 가장 큰 것은 ㉢입니다.

18 가장 큰 수는 6이고 가장 작은 수는 2입니다.
따라서 가장 큰 수와 가장 작은 수의 합은 $6+2=8$입니다.

서술형
19 예 ㉠ 1과 6을 모으기하면 7입니다.
㉡ 2와 5를 모으기하면 7입니다.
㉢ 3과 3을 모으기하면 6입니다.
따라서 모으기를 하여 7이 되는 두 수가 아닌 것은 ㉢입니다.

평가 기준	배점
㉠, ㉡, ㉢의 두 수를 모으기한 수를 각각 구했나요?	3점
모으기를 하여 7이 되는 두 수가 아닌 것을 찾아 기호를 썼나요?	2점

서술형
20 예 오늘 산 달걀은 어제 산 달걀보다 1개 더 많으므로 $3+1=4$(개)입니다.
따라서 어제와 오늘 산 달걀은 모두 $3+4=7$(개)입니다.

평가 기준	배점
오늘 산 달걀은 몇 개인지 구했나요?	2점
어제와 오늘 산 달걀은 모두 몇 개인지 구했나요?	3점

3단원 단원 평가 Level 2 29~31쪽

1 4	2 (1) 7 (2) 5
3 쓰기 예 $5+3=8$ 읽기 예 5 더하기 3은 8과 같습니다. 또는 5와 3의 합은 8입니다.	
4 9, 6, 3	5
6 예 0, 3, 3	7 ㉣
8 6, 5, 4, 3	9 ③
10 ( )(○)( )( )	
11 7	12
13 8, 5, 3 / 8, 3, 5	14 8살
15 ㉣, ㉠, ㉡, ㉢	16 9, 1, 7
17 5개	18 3
19 4	20 2개

1 분홍색 풍선 2개와 노란색 풍선 2개를 모으기하면 풍선 4개가 됩니다.

2 (1) 3과 4를 모으기하면 7이 됩니다.
(2) 6은 1과 5로 가르기할 수 있습니다.

3 곰 인형 5개와 토끼 인형 3개를 모으기하면 8개이므로 $5+3=8$입니다.
$3+5=8$도 정답이 될 수 있습니다.

4 사과 9개 중에서 먹은 사과 6개를 빼면 3개가 남으므로 $9-6=3$입니다.

5 ● 3개와 ■ 3개를 더하는 식은 $3+3=6$입니다.
▲ 2개와 ★ 5개를 더하는 식은 $2+5=7$입니다.
♥ 4개와 ◆ 2개를 더하는 식은 $4+2=6$입니다.

6 빈 접시의 사탕의 수는 0이라고 할 수 있으므로 $0+3=3$ 또는 $3+0=3$입니다.

7 ㉣ 8은 4와 4 또는 5와 3으로 가르기할 수 있습니다.
이외에도 여러 가지 방법으로 가르기할 수 있습니다.

8 같은 수에서 1씩 커지는 수를 빼면 차는 1씩 작아집니다.

9 ① $1+4=5$ ② $2+5=7$ ③ $3+3=6$
④ $4+5=9$ ⑤ $6+1=7$

10 $6-4=2$, $5-1=4$, $4-3=1$, $8-5=3$

11

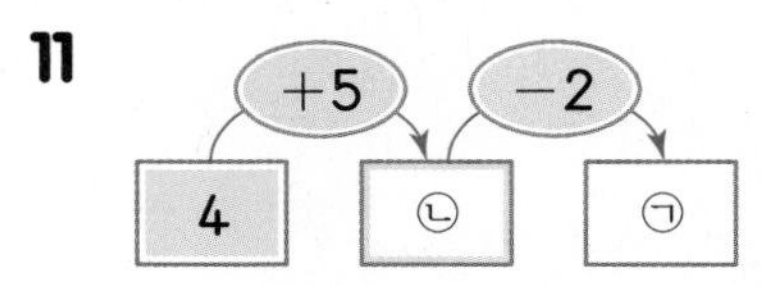

$4+5=9$이므로 ㉡$=9$입니다.
㉡$-2=9-2=7$이므로 ㉠$=7$입니다.

12 $3+1=4$, $5+2=7$, $2+4=6$
$9-2=7$, $8-4=4$, $7-1=6$

13 가장 큰 수인 8에서 나머지 두 수를 각각 빼는 뺄셈식을 2개 만들 수 있습니다.
➡ $8-5=3$, $8-3=5$

14 오빠는 7살인 주하보다 1살 더 많으므로 $7+1=8$(살)입니다.

15 ㉠ $0+6=6$ ㉡ $3+0=3$
㉢ $5-5=0$ ㉣ $9-0=9$
계산 결과가 큰 것부터 차례로 기호를 쓰면 ㉣, ㉠, ㉡, ㉢입니다.

16 $9-2=7$, $8-1=7$, $7-0=7$입니다.

17 이서는 준서보다 과자를 1개 더 많이 먹었으므로 이서가 먹은 과자는 $2+1=3$(개)입니다.
따라서 준서와 이서가 먹은 과자는 모두 $2+3=5$(개)입니다.

18 $1+3=4$이므로 ■$=4$입니다.
■$+$●$=7$에서 $4+$●$=7$이므로 ●$=3$입니다.

서술형
19 예 7은 2와 5로 가르기할 수 있으므로 ■는 5입니다.
5는 1과 4로 가르기할 수 있으므로 ★은 4입니다.

평가 기준	배점
■에 알맞은 수를 구했나요?	2점
★에 알맞은 수를 구했나요?	3점

서술형
20 예 세연이와 형이 먹은 곶감은 모두 $2+4=6$(개)입니다.
따라서 남아 있는 곶감은 $8-6=2$(개)입니다.

평가 기준	배점
세연이와 형이 먹은 곶감은 모두 몇 개인지 구했나요?	2점
남아 있는 곶감은 몇 개인지 구했나요?	3점

4 비교하기

서술형 문제 32~35쪽

1+ 서희	2+ 준기
3 연필	4 스케치북
5 농구공, 탁구공	6 강희
7 곰, 돼지, 너구리	8 나
9 우산	10 나 그릇
11 가, 나, 라, 다	

1+ 예 시소에서 위로 올라간 쪽이 더 가벼우므로 서희가 호정이보다 더 가볍습니다.

단계	문제 해결 과정
①	시소에서 위로 올라간 쪽이 더 가벼운 것을 알고 있나요?
②	더 가벼운 사람은 누구인지 구했나요?

2+ 예 주스를 적게 마실수록 남은 주스의 양은 많습니다. 따라서 주스를 더 적게 마신 사람은 남은 주스의 양이 더 많은 준기입니다.

단계	문제 해결 과정
①	주스를 적게 마실수록 남은 주스의 양이 많음을 알고 있나요?
②	주스를 더 적게 마신 사람은 누구인지 구했나요?

3 예 오른쪽 끝이 맞추어져 있으므로 왼쪽 끝이 더 많이 나온 연필이 더 깁니다.

단계	문제 해결 과정
①	길이를 비교하는 방법을 알고 있나요?
②	길이가 더 긴 것을 구했나요?

4 예 겹쳤을 때 남는 부분이 가장 많은 것이 가장 넓습니다.
따라서 가장 넓은 것은 스케치북입니다.

단계	문제 해결 과정
①	넓이를 비교하는 방법을 알고 있나요?
②	가장 넓은 것은 무엇인지 구했나요?

5 예 손으로 들었을 때 농구공이 힘이 가장 많이 들기 때문에 가장 무겁고 탁구공이 힘이 가장 적게 들기 때문에 가장 가볍습니다.

단계	문제 해결 과정
①	무게를 비교하는 방법을 알고 있나요?
②	가장 무거운 것과 가장 가벼운 것을 각각 구했나요?

6 예 위쪽 끝이 맞추어져 있으므로 아래쪽을 비교합니다. 따라서 가장 낮은 곳에 서 있는 강희의 키가 가장 큽니다.

단계	문제 해결 과정
①	위쪽 끝이 맞추어져 있으므로 아래쪽을 비교해야 함을 알고 있나요?
②	키가 가장 큰 사람은 누구인지 구했나요?

7 예 무게를 두 번 비교한 돼지를 기준으로 무게를 비교합니다.

가볍다 ←——→ 무겁다
너구리 돼지 곰

따라서 무거운 동물부터 차례로 쓰면 곰, 돼지, 너구리입니다.

단계	문제 해결 과정
①	돼지를 기준으로 무게를 비교했나요?
②	무거운 동물부터 차례로 썼나요?

8 예 담을 수 있는 양이 많을수록 물을 받는 데 시간이 오래 걸립니다.
따라서 물을 가장 오래 받아야 하는 것은 나입니다.

단계	문제 해결 과정
①	담을 수 있는 양이 많을수록 물을 받는 데 시간이 오래 걸림을 알고 있나요?
②	물을 가장 오래 받아야 하는 것을 찾아 기호를 썼나요?

9 예 길이를 두 번 비교한 빗자루를 기준으로 길이를 비교합니다.

짧다 ←——→ 길다
리코더 빗자루 우산

따라서 가장 긴 것은 우산입니다.

단계	문제 해결 과정
①	빗자루를 기준으로 길이를 비교했나요?
②	가장 긴 것을 구했나요?

10 예 그릇을 가득 채우기 위해 물을 부은 횟수를 비교하면 나 그릇이 가장 많습니다. 따라서 물을 가장 많이 담을 수 있는 그릇은 나 그릇입니다.

단계	문제 해결 과정
①	물을 부은 횟수가 많을수록 담을 수 있는 양이 많음을 알고 있나요?
②	물을 가장 많이 담을 수 있는 그릇을 구했나요?

11 예 한 칸의 넓이가 모두 같으므로 칸 수를 세어 비교합니다.
가: 9칸, 나: 7칸, 다: 3칸, 라: 5칸
따라서 넓은 것부터 차례로 기호를 쓰면 가, 나, 라, 다입니다.

단계	문제 해결 과정
①	가, 나, 다, 라는 각각 몇 칸인지 세었나요?
②	넓은 것부터 차례로 기호를 썼나요?

4단원 단원 평가 Level 1 36~38쪽

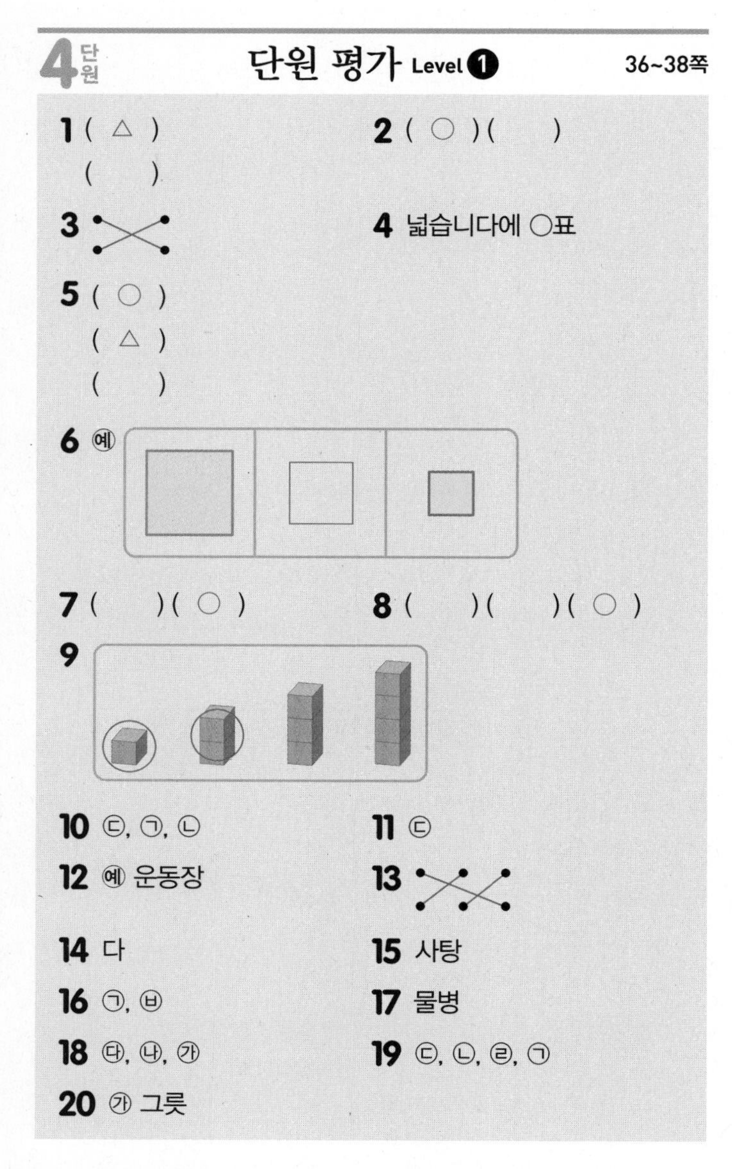

1 (△) ( )
2 (○)( )
3
4 넓습니다에 ○표
5 (○) (△) ( )
6 예
7 ( )(○)
8 ( )( )(○)
9
10 ㉢, ㉠, ㉡
11 ㉢
12 예 운동장
13
14 다
15 사탕
16 ㉠, ㉥
17 물병
18 ㉰, ㉯, ㉮
19 ㉢, ㉡, ㉣, ㉠
20 ㉮ 그릇

1 왼쪽 끝이 맞추어져 있으므로 오른쪽 끝이 더 적게 나온 배드민턴 라켓이 더 짧습니다.

2 냄비가 컵보다 더 크므로 담을 수 있는 양이 더 많습니다.

3 손으로 들었을 때 힘이 더 많이 드는 케이크가 더 무겁고 힘이 더 적게 드는 빵이 더 가볍습니다.

4 한쪽 끝을 맞추어 겹쳐 보았을 때 남는 부분이 있는 스케치북이 공책보다 더 넓습니다.

5 왼쪽 끝이 맞추어져 있으므로 오른쪽 끝이 가장 많이 나온 필통이 가장 길고, 가장 적게 나온 크레파스가 가장 짧습니다.

6 크기는 다르더라도 분홍색 네모보다 더 좁고 보라색 네모보다 더 넓으면 정답으로 인정합니다.

7 풍선과 축구공 중 야구공보다 더 무거운 것은 축구공입니다.

8 크기가 다른 그릇에 담긴 음료수의 높이가 같으므로 옆으로 넓은 그릇일수록 음료수의 양이 더 많습니다.

9 저울이 왼쪽으로 기울어져 있으므로 오른쪽에 들어갈 쌓기나무는 쌓기나무 3개보다 더 가벼워야 합니다.
따라서 쌓기나무 1개, 2개에 ○표 합니다.

10 각 그릇에 물을 가득 채우면 ㉢, ㉠, ㉡ 순서로 물이 많이 들어갑니다.

11 양쪽 끝이 맞추어져 있을 때 많이 구부러져 있을수록 폈을 때 더 깁니다.
따라서 가장 긴 것은 가장 많이 구부러져 있는 ㉢입니다.

12 주위에서 교실보다 더 넓은 곳을 찾아봅니다.

13 상자가 찌그러진 정도를 보고 가장 많이 찌그러진 상자 위에는 가장 무거운 물건을, 가장 적게 찌그러진 상자 위에는 가장 가벼운 물건을 올려놓았음을 알 수 있습니다.

14 남은 물의 양이 가장 많은 컵이 가장 적게 덜어 낸 것이므로 다입니다.

15 사탕 5개와 초콜릿 8개의 무게가 같습니다.
수가 적을수록 한 개의 무게가 더 무거우므로 한 개의 무게가 더 무거운 것은 사탕입니다.

16 가장 큰 조각이 가장 넓은 조각이므로 가장 넓은 조각은 ㉠이고, 가장 작은 조각이 가장 좁은 조각이므로 가장 좁은 조각은 ㉥입니다.

17 무게를 두 번 비교한 컵을 기준으로 무게를 비교합니다.
가볍다 ←——→ 무겁다
접시 컵 물병
따라서 가장 무거운 것은 물병입니다.

18 ㉯ 건물은 ㉮ 건물보다 더 높고, ㉮ 건물은 ㉰ 건물보다 더 높습니다.
따라서 높은 건물부터 차례로 쓰면 ㉯, ㉮, ㉰입니다.

서술형
19 예 한 칸의 길이가 모두 같으므로 칸 수를 세어 비교합니다. ㉠ 5칸, ㉡ 7칸, ㉢ 8칸, ㉣ 6칸입니다.
따라서 긴 것부터 차례로 기호를 쓰면 ㉢, ㉡, ㉣, ㉠입니다.

평가 기준	배점
㉠, ㉡, ㉢, ㉣은 각각 몇 칸인지 세었나요?	2점
긴 것부터 차례로 기호를 썼나요?	3점

서술형
20 예 ㉯ 그릇을 가득 채우고 ㉮ 그릇에 물이 남았으므로 ㉮ 그릇이 ㉯ 그릇보다 더 큽니다.
따라서 물을 더 많이 담을 수 있는 그릇은 ㉮ 그릇입니다.

평가 기준	배점
㉮와 ㉯ 그릇의 크기를 비교했나요?	3점
물을 더 많이 담을 수 있는 그릇을 구했나요?	2점

4단원 단원 평가 Level ❷ 39~41쪽

1 (○) ( )
2 ( )(○)
3 ( )( )(○)
4 수연
5 수박, 딸기
6 (○)(△)( )
7 (△)(○)( )
8 (△)( )
9 (1) 큽니다에 ○표 (2) 큽니다에 ○표
10 내 방
11 민우
12 라, 나, 가, 다
13 ㉡
14 3개
15 배
16 나
17 소현
18 빨간색
19 가
20 훈석

1 왼쪽 끝이 맞추어져 있으므로 오른쪽 끝이 더 많이 나온 위쪽 막대가 더 깁니다.

3 한쪽 끝을 맞추어 겹쳐지도록 한 후 넓이를 비교합니다.

4 아래쪽 끝이 맞추어져 있으므로 위쪽으로 더 많이 올라간 수연이의 블록이 더 높이 쌓여 있습니다.

5 참외는 수박보다 더 가볍고, 딸기보다 더 무겁습니다.

6 피아노가 가장 무겁고 플루트가 가장 가볍습니다.

7 그릇의 크기가 클수록 담을 수 있는 양이 많습니다.

8 그릇에 담긴 물의 높이가 같으므로 옆으로 더 좁은 왼쪽 그릇이 보기 의 그릇보다 물이 더 적게 담겼습니다.

9 아래쪽 끝이 맞추어져 있으므로 위쪽 끝이 가장 많이 올라간 종민이가 가장 크고 가장 적게 올라간 수근이가 가장 작습니다.

10 운동장은 교실보다 더 넓습니다.
내 방은 교실보다 더 좁습니다.
체육관은 교실보다 더 넓습니다.

11 물의 높이가 더 높아도 그릇의 모양과 크기에 따라 담긴 물의 양이 더 적을 수 있으므로 바르게 비교한 사람은 민우입니다.

12 양쪽 끝이 맞추어져 있을 때 많이 구부러져 있을수록 폈을 때 더 깁니다.

13 겹쳤을 때 남는 부분이 없는 것이 더 좁은 것이므로 ㉡이 가장 좁습니다.

14 가위보다 더 긴 물건은 연필, 자, 색연필로 모두 3개입니다.

15 사과 4개와 배 2개의 무게가 같습니다.
수가 적을수록 한 개의 무게가 더 무거우므로 한 개의 무게가 더 무거운 것은 배입니다.

16 물을 퍼낸 횟수가 많을수록 물이 더 많이 들어 있던 것이므로 물이 더 많이 들어 있던 물통은 나입니다.

17 무게를 두 번 비교한 동현이의 가방을 기준으로 무게를 비교합니다.
가볍다 ◀────▶ 무겁다
유진 동현 소현
따라서 소현이의 가방이 가장 무겁습니다.

18 빨간색 2장, 노란색 4장, 파란색 8장의 넓이가 같으므로 한 장의 넓이가 가장 넓은 색종이는 빨간색입니다.

서술형
19 예 한 칸의 넓이가 모두 같으므로 칸 수를 세어 비교합니다. 가는 9칸, 나는 6칸입니다.
따라서 더 넓은 것은 칸 수가 더 많은 가입니다.

평가 기준	배점
가와 나는 각각 몇 칸인지 세었나요?	2점
더 넓은 것을 찾아 기호를 썼나요?	3점

서술형
20 예 지연이는 현수보다 더 무겁고 훈석이는 지연이보다 더 무겁습니다.
따라서 가장 무거운 사람은 훈석입니다.

평가 기준	배점
두 사람씩 무게를 비교했나요?	3점
가장 무거운 사람을 구했나요?	2점

5 50까지의 수

서술형 문제 42~45쪽

1⁺ 4봉지	2⁺ 현수
3 6개	4 ㉡
5 지우	6 45개
7 ㉡	8 2명
9 23	10 6개
11 42	

1⁺ 예 40은 10개씩 묶음이 4개입니다.
따라서 사과 40개를 모두 담으면 4봉지가 됩니다.

단계	문제 해결 과정
①	40은 10개씩 묶음 몇 개인지 구했나요?
②	사과를 한 봉지에 10개씩 담으면 몇 봉지가 되는지 구했나요?

2⁺ 예 10개씩 묶음의 수가 23과 25는 2로 같고 낱개의 수가 23은 3, 25는 5이므로 25가 23보다 큽니다.
따라서 밤을 더 많이 주운 사람은 현수입니다.

단계	문제 해결 과정
①	두 수의 크기를 비교했나요?
②	밤을 더 많이 주운 사람은 누구인지 구했나요?

3 예 4와 6을 모으기하면 10이 됩니다.
따라서 구슬은 6개 더 필요합니다.

단계	문제 해결 과정
①	4와 몇을 모으기하면 10이 되는지 알고 있나요?
②	구슬은 몇 개 더 필요한지 구했나요?

4 예 수로 나타내면 ㉠ 15, ㉡ 16, ㉣ 15입니다.
따라서 나타내는 수가 다른 하나는 ㉡입니다.

단계	문제 해결 과정
①	㉠, ㉡, ㉣을 각각 수로 나타냈나요?
②	나타내는 수가 다른 하나를 찾아 기호를 썼나요?

5 예 지우: 8과 9를 모으기하면 17이 됩니다.
서아: 6과 10을 모으기하면 16이 됩니다.
민수: 11과 5를 모으기하면 16이 됩니다.
따라서 모으기한 수가 다른 사람은 지우입니다.

단계	문제 해결 과정
①	세 사람이 모으기한 수를 각각 구했나요?
②	모으기한 수가 다른 사람은 누구인지 구했나요?

6 예 낱개 15개는 10개씩 묶음 1개와 낱개 5개와 같습니다.
따라서 사탕은 10개씩 묶음 $3+1=4$(개)와 낱개 5개이므로 45개입니다.

단계	문제 해결 과정
①	낱개 15개는 10개씩 묶음 1개와 낱개 5개임을 알고 있나요?
②	사탕은 모두 몇 개인지 구했나요?

7 예 ㉠ 39보다 1만큼 더 작은 수는 38입니다.
㉡ 36보다 1만큼 더 큰 수는 37입니다.
㉢ 10개씩 묶음 3개와 낱개 8개인 수는 38입니다.
따라서 같은 수가 아닌 것은 ㉡입니다.

단계	문제 해결 과정
①	㉠, ㉡, ㉢이 나타내는 수를 각각 구했나요?
②	같은 수가 아닌 것을 찾아 기호를 썼나요?

8 예 19부터 22까지의 수를 순서대로 쓰면 19, 20, 21, 22입니다.
따라서 19번과 22번 사이에 서 있는 학생은 20번, 21번으로 모두 2명입니다.

단계	문제 해결 과정
①	19부터 22까지의 수를 순서대로 썼나요?
②	19번과 22번 사이에 서 있는 학생은 모두 몇 명인지 구했나요?

9 예 20보다 크고 30보다 작은 수이므로 10개씩 묶음의 수가 2개입니다.
낱개의 수는 3개이므로 조건을 모두 만족하는 수는 23입니다.

단계	문제 해결 과정
①	조건을 만족하는 수의 10개씩 묶음의 수를 구했나요?
②	조건을 모두 만족하는 수를 구했나요?

10 예 10개씩 묶음의 수가 3으로 같으므로 낱개의 수를 비교하면 □ 안에는 6보다 작은 수가 들어가야 합니다.
따라서 □ 안에 들어갈 수 있는 수는 0, 1, 2, 3, 4, 5로 모두 6개입니다.

단계	문제 해결 과정
①	□ 안에 들어갈 수가 6보다 작은 수임을 알았나요?
②	□ 안에 들어갈 수 있는 수는 모두 몇 개인지 구했나요?

11 예 수 카드의 수를 큰 수부터 차례로 쓰면 4, 2, 1입니다.
따라서 10개씩 묶음의 수에 가장 큰 수인 4를, 낱개의 수에 둘째로 큰 수인 2를 놓으면 만들 수 있는 가장 큰 수는 42입니다.

단계	문제 해결 과정
①	수 카드의 수의 크기를 비교했나요?
②	만들 수 있는 가장 큰 수를 구했나요?

5단원 단원 평가 Level ❶ 46~48쪽

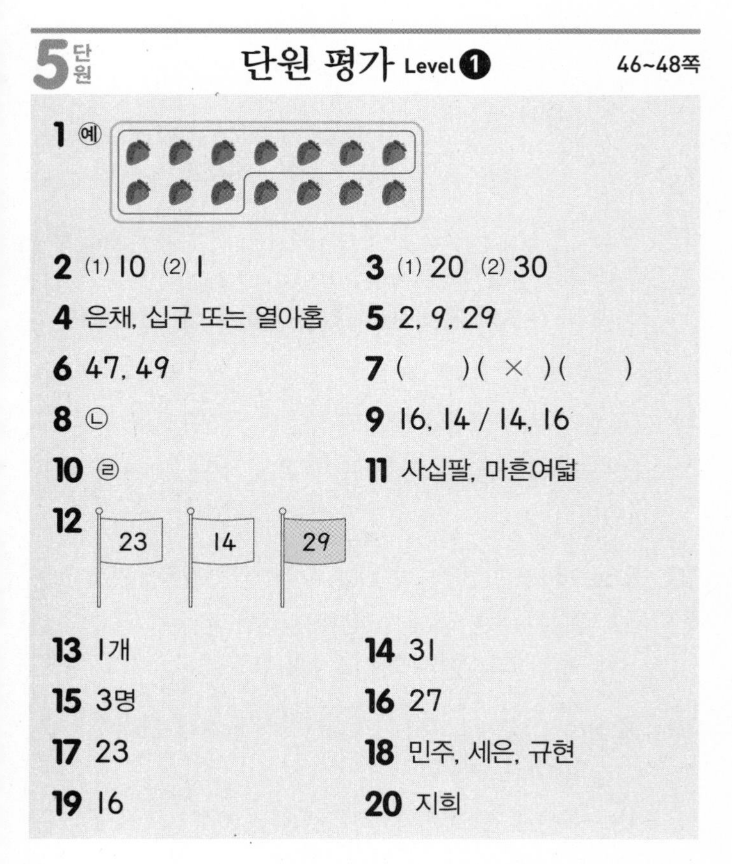

1 예

2 (1) 10 (2) 1
3 (1) 20 (2) 30
4 은채, 십구 또는 열아홉
5 2, 9, 29
6 47, 49
7 ( )(×)( )
8 ㉡
9 16, 14 / 14, 16
10 ㉣
11 사십팔, 마흔여덟
12 23 14 29
13 1개
14 31
15 3명
16 27
17 23
18 민주, 세은, 규현
19 16
20 지희

1 그림을 1부터 순서대로 세어 가며 10개를 묶어 봅니다.

3 (1) 10개씩 묶음 2개는 20입니다.
(2) 10개씩 묶음 3개는 30입니다.

4 은채: 19는 십구 또는 열아홉이라고 읽습니다.

7 12는 7과 5 또는 6과 6으로 가르기할 수 있습니다.

8 ㉠ 20 ㉡ 40 ㉢ 30 ㉣ 20
따라서 가장 큰 수를 나타내는 것은 ㉡입니다.

10 ㉠, ㉡, ㉢ 34
㉣ 10개씩 묶음 4개와 낱개 3개 ➡ 43

11 50보다 2만큼 더 작은 수는 48입니다.
48은 사십팔 또는 마흔여덟이라고 읽습니다.

12 10개씩 묶음의 수가 23과 29는 2이고 14는 1이므로 23과 29가 14보다 큽니다.
23과 29의 크기를 비교하면 낱개의 수가 23은 3, 29는 9이므로 29가 가장 큽니다.

13 붙임딱지가 10장씩 묶음 2개 있습니다.
붙임딱지 30장은 10장씩 묶음 3개이므로 10장씩 묶음 1개가 더 필요합니다.

14 낱개 11개는 10개씩 묶음 1개와 낱개 1개와 같습니다.
따라서 주어진 수는 10개씩 묶음 $2+1=3$(개)와 낱개 1개이므로 31입니다.

15 23번과 27번 사이에 있는 번호는 24번, 25번, 26번입니다.
따라서 23번과 27번 사이에 키를 잰 사람은 모두 3명입니다.
주의 | 23과 27 사이의 수에 23과 27은 포함되지 않습니다.

16 32부터 순서를 거꾸로 하여 세면 32, 31, 30, 29, 28, 27입니다. 따라서 맨 오른쪽에 있는 수 카드에 알맞은 수는 27입니다.

17 수 카드의 수를 작은 수부터 차례로 쓰면 2, 3, 4입니다.
따라서 10개씩 묶음의 수에 가장 작은 수인 2를, 낱개의 수에 둘째로 작은 수인 3을 놓으면 만들 수 있는 가장 작은 수는 23입니다.

18 규현: 32개, 민주: 35개, 세은: 34개
따라서 구슬을 많이 가지고 있는 사람부터 차례로 이름을 쓰면 민주, 세은, 규현입니다.

서술형
19 예 17은 9와 8로 가르기할 수 있으므로 ㉠은 9입니다.
12와 7을 모으기하면 19가 되므로 ㉡은 7입니다.
따라서 9와 7을 모으기하면 16입니다.

평가 기준	배점
㉠과 ㉡에 들어갈 수를 각각 구했나요?	3점
㉠과 ㉡에 들어갈 수를 모으기하면 얼마인지 구했나요?	2점

서술형
20 예 낱개 14장은 10장씩 묶음 1개와 낱개 4장과 같으므로 지희가 가지고 있는 색종이는 44장입니다.
44와 42는 10개씩 묶음의 수가 같고 낱개의 수가 44가 더 크므로 44가 42보다 큽니다.
따라서 색종이를 더 많이 가지고 있는 사람은 지희입니다.

평가 기준	배점
지희가 가지고 있는 색종이는 몇 장인지 구했나요?	3점
색종이를 더 많이 가지고 있는 사람은 누구인지 구했나요?	2점

5단원 단원 평가 Level ❷ 49~51쪽

1 (위에서부터) 3, 10
2 (선 잇기)
3 2, 7 / 27
4 38, 삼십팔, 서른여덟
5 (1) 40 (2) 36
6 ③
7 27, 28, 30, 31
8 민우
9 45자루
10 8, 4에 색칠
11 (위에서부터) 26, 21, 26
12 41에 ○표, 27에 △표
13 38, 39, 40
14 47, 48, 49
15 40개
16 3개
17 38, 40
18 27, 28, 29
19 8
20 2개

2 10개씩 묶음 2개와 낱개 4개는 24이므로 이십사(스물넷)입니다.
10개씩 묶음 1개와 낱개 3개는 13이므로 십삼(열셋)입니다.
10개씩 묶음 3개는 30이므로 삼십(서른)입니다.

3 10개씩 묶으면 10개씩 묶음 2개와 낱개 7개이므로 27입니다.

4 10개씩 묶음 3개와 낱개 8개를 38이라 쓰고 삼십팔 또는 서른여덟이라고 읽습니다.

5 (1) 10개씩 묶음 ■개 ➡ ■0
(2) 10개씩 묶음 ■개와 낱개 ▲개 ➡ ■▲

6 ①, ②, ④, ⑤ 29

7 26부터 수를 순서대로 쓰면 26, 27, 28, 29, 30, 31입니다.

8 민우: 34는 삼십사 또는 서른넷이라고 읽습니다.

9 10자루씩 묶음 4개와 낱개 5자루는 45자루입니다.

10 8과 4를 모으기하면 12가 됩니다.

11 14와 21은 10개씩 묶음의 수가 21이 더 크므로 21이 14보다 큽니다.
26과 23은 10개씩 묶음의 수가 같고 낱개의 수가 26이 더 크므로 26이 23보다 큽니다.
21과 26은 10개씩 묶음의 수가 같고 낱개의 수가 26이 더 크므로 26이 21보다 큽니다.

12 10개씩 묶음의 수가 가장 큰 41이 가장 큰 수이고, 10개씩 묶음의 수가 가장 작은 27이 가장 작은 수입니다.

13 수직선 위의 수들은 오른쪽으로 갈수록 커지므로 37과 41 사이에 있는 수는 38, 39, 40입니다.
주의 | 37과 41 사이에 있는 수에 37과 41은 포함되지 않습니다.

14 50보다 작은 수는 49, 48, 47, 46, ...입니다. 이 중에서 46보다 큰 수는 47, 48, 49입니다.

15 5개씩 2봉지는 10개씩 1봉지와 같으므로 5개씩 4봉지는 10개씩 2봉지와 같습니다.
따라서 젤리는 10개씩 $2+2=4$(봉지)와 같으므로 모두 40개입니다.

16 10개씩 묶음의 수가 4와 □이고 낱개의 수를 비교하면 0이 9보다 작으므로 □ 안에는 4보다 작은 수가 들어가야 합니다.
따라서 □ 안에 들어갈 수 있는 수는 1, 2, 3으로 모두 3개입니다.

17 10개씩 묶음 3개와 낱개 9개인 수는 39입니다.
39보다 1만큼 더 작은 수는 38, 1만큼 더 큰 수는 40입니다.

18 26보다 크고 33보다 작은 수는 27, 28, 29, 30, 31, 32이고 이 중에서 10개씩 묶음의 수가 낱개의 수보다 작은 수는 27, 28, 29입니다.

서술형
19 예 26은 10개씩 묶음 2개와 낱개 6개이므로 ㉠은 2, ㉡은 6입니다.
따라서 ㉠과 ㉡의 합은 $2+6=8$입니다.

평가 기준	배점
㉠과 ㉡에 알맞은 수를 각각 구했나요?	3점
㉠과 ㉡의 합은 얼마인지 구했나요?	2점

서술형
20 예 낱개의 수가 3인 수를 □3이라고 하면 10개씩 묶음의 수에 1, 4가 들어갈 수 있습니다.
따라서 13, 43으로 모두 2개입니다.

평가 기준	배점
낱개의 수가 3일 때 10개씩 묶음의 수가 될 수 있는 수를 구했나요?	3점
만들 수 있는 수 중에서 낱개의 수가 3인 수는 모두 몇 개인지 구했나요?	2점

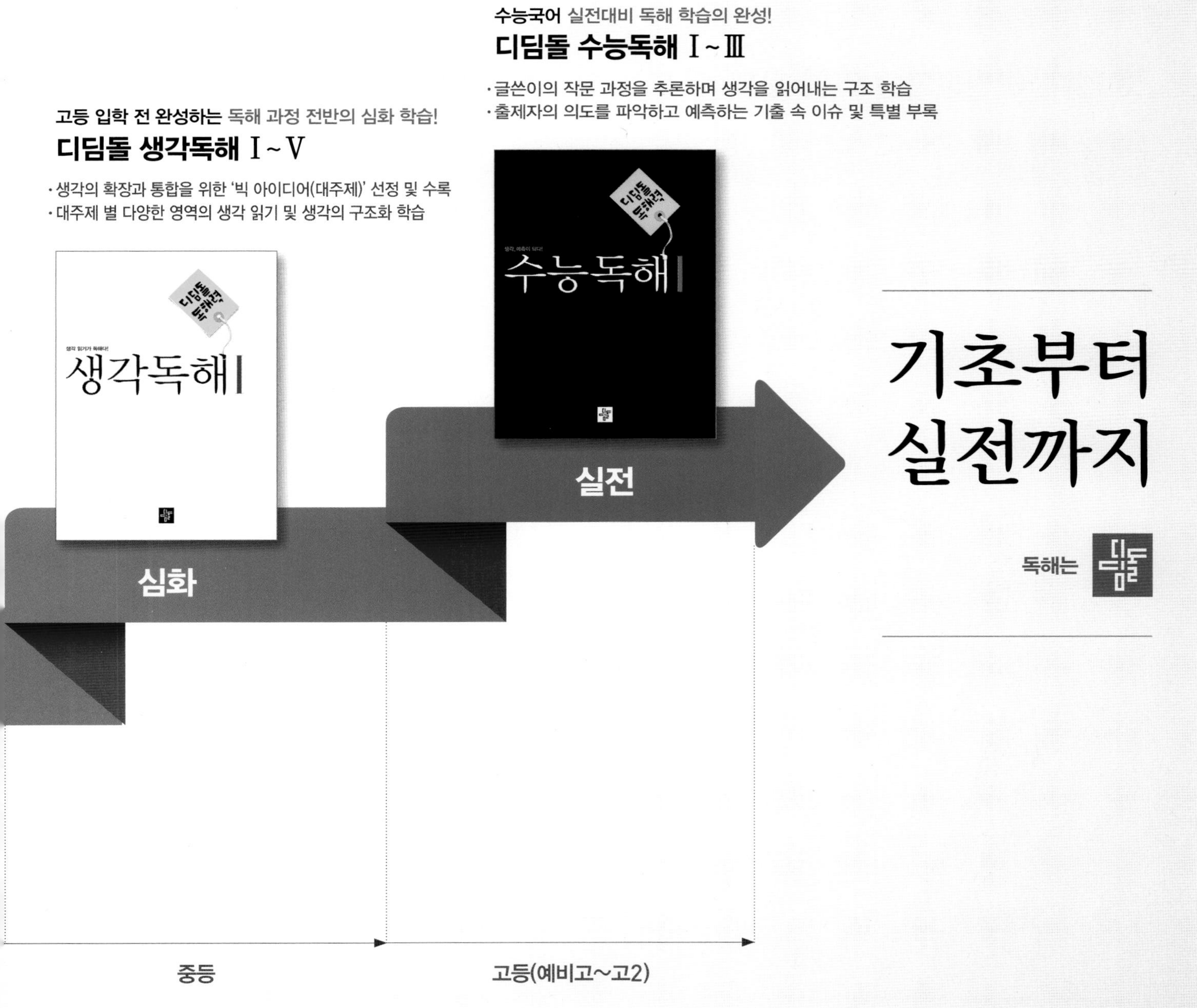

수능국어 실전대비 독해 학습의 완성!
디딤돌 수능독해 Ⅰ~Ⅲ
·글쓴이의 작문 과정을 추론하며 생각을 읽어내는 구조 학습
·출제자의 의도를 파악하고 예측하는 기출 속 이슈 및 특별 부록
고등 입학 전 완성하는 독해 과정 전반의 심화 학습!
디딤돌 생각독해 Ⅰ~Ⅴ
·생각의 확장과 통합을 위한 '빅 아이디어(대주제)' 선정 및 수록
·대주제 별 다양한 영역의 생각 읽기 및 생각의 구조화 학습
생각독해 Ⅰ
수능독해 Ⅰ
심화
실전
중등
고등(예비고~고2)
기초부터 실전까지
독해는 디딤돌

다음에는 뭐 풀지?

다음에 공부할 책을 고르기 어려우시다면, 현재 성취도를 먼저 체크해 보세요.
최상위로 가는 맞춤 학습 플랜만 있다면 내 실력에 꼭 맞는 교재를 선택할 수 있어요!
단계에 따라 내 실력을 진단해 보고, 다음 학습도 야무지게 준비해 봐요!

첫 번째, 단원평가의 맞힌 문제 수 또는 점수를 모두 더해 보세요.

단원		맞힌 문제 수	OR 점수 (문항당 5점)
1단원	1회		
	2회		
2단원	1회		
	2회		
3단원	1회		
	2회		
4단원	1회		
	2회		
5단원	1회		
	2회		
합계			

※ 단원평가는 각 단원의 마지막 코너에 있는 20문항 문제지입니다.